RUDOLF STEINER GESAMTAUSGABE

VORTRÄGE

VORTRÄGE ÜBER NATURWISSENSCHAFT

RUDOLF STEINER

Das Verhältnis der verschiedenen naturwissenschaftlichen Gebiete zur Astronomie

Dritter naturwissenschaftlicher Kurs

Himmelskunde in Beziehung zum Menschen und zur Menschenkunde

Achtzehn Vorträge, gehalten in Stuttgart
vom 1. bis 18. Januar 1921

1997
RUDOLF STEINER VERLAG
DORNACH / SCHWEIZ

Nach vom Vortragenden nicht durchgesehenen Nachschriften
herausgegeben von der Rudolf Steiner-Nachlaßverwaltung

Die Herausgabe besorgten Gian Andrea Balastèr,
Hendrik Knobel und Georg Unger

1. Auflage Dornach 1926

2., neu durchgesehene Auflage
Gesamtausgabe Dornach 1983

3. Auflage Gesamtausgabe Dornach 1997

Bibliographie-Nr. 323

Zeichnungen im Text nach Zeichnungen in den Nachschriften,
ausgeführt von Leonore Uhlig, siehe Seite 341

Druck: Greiserdruck, Rastatt / Bindung: Spinner GmbH, Ottersweier
Printed in Germany

ISBN 3-7274-3230-6

Zu den Veröffentlichungen aus dem Vortragswerk von Rudolf Steiner

Die Gesamtausgabe der Werke Rudolf Steiners (1861–1925) gliedert sich in die drei großen Abteilungen: Schriften – Vorträge – Künstlerisches Werk (siehe die Übersicht am Schluß des Bandes).

Von den in den Jahren 1900 bis 1924 sowohl öffentlich wie für die Mitglieder der Theosophischen, später Anthroposophischen Gesellschaft zahlreichen frei gehaltenen Vorträgen und Kursen hatte Rudolf Steiner ursprünglich nicht gewollt, daß sie schriftlich festgehalten würden, da sie von ihm als «mündliche, nicht zum Druck bestimmte Mitteilungen» gedacht waren. Nachdem aber zunehmend unvollständige und fehlerhafte Hörernachschriften angefertigt und verbreitet wurden, sah er sich veranlaßt, das Nachschreiben zu regeln. Mit dieser Aufgabe betraute er Marie Steiner-von Sivers. Ihr oblag die Bestimmung der Stenographierenden, die Verwaltung der Nachschriften und die für die Herausgabe notwendige Durchsicht der Texte. Da Rudolf Steiner aus Zeitmangel nur in ganz wenigen Fällen die Nachschriften selbst korrigieren konnte, muß gegenüber allen Vortragsveröffentlichungen sein Vorbehalt berücksichtigt werden: «Es wird eben nur hingenommen werden müssen, daß in den von mir nicht nachgesehenen Vorlagen sich Fehlerhaftes findet.»

Über das Verhältnis der Mitgliedervorträge, welche zunächst nur als interne Manuskriptdrucke zugänglich waren, zu seinen öffentlichen Schriften äußert sich Rudolf Steiner in seiner Selbstbiographie «Mein Lebensgang» (35. Kapitel). Der entsprechende Wortlaut ist am Schluß dieses Bandes wiedergegeben. Das dort Gesagte gilt gleichermaßen auch für die Kurse zu einzelnen Fachgebieten, welche sich an einen begrenzten, mit den Grundlagen der Geisteswissenschaft vertrauten Teilnehmerkreis richteten.

Nach dem Tode von Marie Steiner (1867–1948) wurde gemäß ihren Richtlinien mit der Herausgabe einer Rudolf Steiner Gesamtausgabe begonnen. Der vorliegende Band bildet einen Bestandteil dieser Gesamtausgabe. Nähere Angaben zu den Textunterlagen finden sich am Beginn der Hinweise.

INHALT

LITERATUR-HINWEIS

Faksimile-Wiedergaben von sämtlichen handschriftlichen Aufzeichnungen Rudolf Steiners zum vorliegenden Kurs – insgesamt 114 Seiten – mit zahlreichen Skizzen und einer separat beigefügten Transkription (Lesehilfe) der Handschrift in der Schriftenreihe

BEITRÄGE ZUR RUDOLF STEINER GESAMTAUSGABE
Heft 104, Rudolf Steiner Verlag, Dornach 1990

*

Verzeichnis von Büchern, Broschüren und Zeitschriftenartikeln in der Bibliothek Rudolf Steiners zu den Fachgebieten Astronomie, Physikalische Kosmologie, Mathematik, Relativitätstheorie u. a. in

BEITRÄGE ZUR RUDOLF STEINER GESAMTAUSGABE
Heft 114/115 «Rudolf Steiner und der mehrdimensionale Raum»
Rudolf Steiner Verlag, Dornach 1995

ERSTER VORTRAG

Stuttgart, 1. Januar 1921

Meine lieben Freunde! Zu den Auseinandersetzungen, die ich hier in den folgenden Tagen geben will, möchte ich heute eine Einleitung sprechen. Schon aus dem Grunde möchte ich dieses tun, damit Sie von vorneherein unterrichtet sind über die Absicht dieser Besprechungen. Es soll nicht meine Aufgabe sein, irgendein engbegrenztes Fach gerade in diesen Tagen abzuhandeln, sondern einige weitere Gesichtspunkte mit einem ganz bestimmten Ziele in wissenschaftlicher Beziehung zu geben. Ich möchte warnen davor, diesen sogenannten «Kurs» als einen «astronomischen Kurs» zu bezeichnen. Das soll er nicht sein. Sondern er soll gerade etwas behandeln, was in dieser Zeit zu behandeln mir von ganz besonderer Wichtigkeit scheint. Ich habe deshalb als Titel angegeben: «Das Verhältnis der verschiedenen naturwissenschaftlichen Gebiete zur Astronomie.» Und ich will heute namentlich auseinandersetzen, was ich mit dieser Titelgebung eigentlich meine.

Es ist durchaus so, daß in verhältnismäßig kurzer Zeit innerhalb des sogenannten wissenschaftlichen Lebens, wenn es nicht zu einem vollständigen Verfall kommen soll, manches sich wird ändern müssen. Namentlich werden gewisse Wissenschaftsmassen, die man jetzt unter gewissen Titeln zusammenfaßt und die man unter diesen Titeln vertreten läßt durch unsere gebräuchlichen Schulen, aus ihrem Gefüge genommen werden müssen und nach anderen Rücksichten einzuteilen sein, so daß gewissermaßen eine weitgehende Umgruppierung unserer wissenschaftlichen Gebiete wird stattfinden müssen. Denn die Gruppierung, welche man jetzt hat, reicht eben durchaus nicht aus, um zu einer wirklichkeitsgemäßen Weltanschauung zu kommen. Auf der anderen Seite haftet so stark unser gegenwärtiges Leben an dieser Gliederung, daß eben einfach die Lehrkanzeln besetzt werden nach dieser traditionellen Gliederung. Man beschränkt sich höchstens darauf, die bestehenden wissenschaftlich umgrenzten Gebiete wiederum in Spezialgebiete zu zerlegen und für die Spezial-

gebiete einzelne Fachleute, wie man sie nennt, zu suchen. Aber in diesem ganzen Wissenschaftsleben wird insofern eine Änderung eintreten müssen, als ganz andere Kategorien werden erscheinen müssen, und in diesen Kategorien wird man Verschiedenes, das heute, sagen wir, in der Zoologie behandelt wird, meinetwillen in der Physiologie behandelt wird, dann wiederum in der Erkenntnistheorie behandelt wird, zusammengefaßt finden in ein neu entstehendes Wissenschaftsgebiet. Dagegen die älteren Wissenschaftsgebiete, die stark mit Abstraktionen arbeiten, die werden verschwinden müssen. Es werden eben ganz neue wissenschaftliche Zusammenfassungen stattfinden müssen. Das wird zunächst Schwierigkeiten begegnen nach der Richtung hin, daß ja heute die Leute dressiert werden auf die bestimmten wissenschaftlichen Kategorien und nur sehr schwer eine Brücke finden zu dem, was sie notwendig brauchen für ein wirklichkeitsgemäßes Zusammenfügen des wissenschaftlichen Stoffes.

Wenn ich mich schematisch ausdrücken soll, so möchte ich sagen: Wir haben heute eine Astronomie, wir haben eine Physik, wir haben eine Chemie, wir haben eine Philosophie, wir haben eine Biologie, meinetwillen, wir haben eine Mathematik und so weiter. Dadrinnen hat man Spezialgebiete geschaffen, mehr, möchte ich sagen, aus dem Grunde, damit die einzelnen Fachleute nicht so viel zu tun haben, um sich zurechtzufinden, auch damit sie nicht zuviel zu tun haben, um all die einschlägige Literatur, die ja ins Unermeßliche sich ausweitet, zu beherrschen. Aber es wird sich darum handeln, daß man neue Gebiete schafft, welche ganz anderes umfassen, ein Gebiet, das vielleicht etwas von der Astronomie, etwas von der Biologie und so weiter umfaßt. Dazu wird natürlich ein Umgestalten unseres ganzen Wissenschaftslebens unbedingt notwendig sein. Da muß gerade das, was wir Geisteswissenschaft nennen und was ja etwas Universelles sein will, nach dieser Richtung hin wirken. Sie muß es sich zur besonderen Aufgabe machen, nach dieser Richtung hin zu wirken. Denn wir kommen einfach mit den alten Gliederungen nicht mehr weiter. Unsere Hochschulen stehen heute so vor der Welt, daß sie eigentlich ganz lebensfremd sind. Sie bilden uns

Mathematiker, Physiologen, sie bilden uns Philosophen aus, aber die haben alle eigentlich gar keinen besonderen Bezug zur Welt. Die können alle nichts anderes, als gerade in ihren engbegrenzten Gebieten arbeiten. Sie machen uns die Welt immer abstrakter und abstrakter, immer wirklichkeitsunmöglicher und -unmöglicher. Und diesem in der Zeitnotwendigkeit Liegenden möchte ich gerade in diesen Vorträgen Rechnung tragen. Ich möchte Ihnen zeigen, wie es auf die Dauer unmöglich sein wird, bei den alten Gliederungen zu bleiben. Und daher möchte ich zeigen, wie die verschiedensten anderen Gebiete, die sich heute um Astronomie nicht kümmern, gewisse Beziehungen haben zu einer ja räumlich universellen Erkenntnis, zur Astronomie, so daß einfach gewisse astronomische Erkenntnisse in anderen Gebieten werden auftauchen müssen, damit man diese anderen Gebiete in einer wirklichkeitsgemäßen Weise bezwingen lernt.

Also darum wird es sich handeln in diesen Vorträgen, daß die Brücke geschlagen wird von verschiedenen Wissenschaftsgebieten hinüber in das Gebiet des Astronomischen und daß in richtiger Weise in den einzelnen Wissenschaftsgebieten das Astronomische erscheine.

Damit ich nicht mißverstanden werde, möchte ich noch eine methodische Bemerkung dazu vorausschicken. Sehen Sie, die Art und Weise des Darstellens in der Wissenschaft, die heute üblich ist, die wird ja manche Änderung erfahren müssen aus dem Grunde, weil sie eigentlich auch herausgeboren ist aus unserer heute zu überwindenden wissenschaftlichen Struktur. Es ist heute üblich, daß, gerade wenn auf irgendwelche Tatsachen hingewiesen wird, die dem Menschen ferner liegen, weil er heute mit seinen Wissenschaften eben gar nicht darauf kommt, oftmals gesagt wird: Das wird behauptet, aber nicht bewiesen. – Es handelt sich allerdings darum, daß man einfach bei der wissenschaftlichen Betätigung heute eben in die Notwendigkeit versetzt wird, manches zunächst rein aus der Anschauung heraus zu sagen, was man dann zu verifizieren hat, indem man immer mehr und mehr Tatsachen heranträgt, die die Verifizierung leisten. Daß man also nicht voraussetzen kann, daß, sagen

wir, gleich im Beginne irgendeiner Betrachtung alles so erscheint, daß nicht irgendeiner einhaken könnte und sagen könnte: Es ist nichts bewiesen. Es wird schon im Laufe der Zeit bewiesen, verifiziert werden, aber es muß manches zunächst aus der Anschauung heraus einfach dargestellt werden, damit der betreffende Begriff, die betreffende Idee geschaffen ist. Und so bitte ich Sie, diese Vorträge als ein Ganzes zu fassen, also für manches, was in den ersten Stunden so erscheinen wird, als ob es zunächst nur hingestellt wäre, die deutlichen Belege dann in den letzten Stunden zu suchen. Da wird sich dann eben manches verifizieren, was ich zunächst so behandeln werde, daß überhaupt einmal Ideen und Begriffe vorhanden sind.

Sehen Sie, dasjenige, was wir heute Astronomie nennen, einschließlich des Gebietes der Astrophysik, das ist ja im Grunde genommen eine Schöpfung der neueren Zeit erst. Vor der Zeit des *Kopernikus,* des *Galilei* hat man über astronomische Dinge wesentlich anders gedacht, als man heute denkt. Es ist heute sogar schon außerordentlich schwierig, auf die besondere Art hinzuweisen, wie man astronomisch, ich will sagen, noch im 13., 14. Jahrhundert gedacht hat, weil das dem Menschen von heute ganz und gar fremd geworden ist. Wir leben nur mehr in den Vorstellungen – das ist ja von einer gewissen Seite her sehr berechtigt –, welche seit der Galilei-, *Kepler-,* Kopernikus-Zeit her geschaffen worden sind, und das sind Vorstellungen, welche im Grunde die weiten Erscheinungen des Weltenraumes, insofern sie für Astronomie in Betracht kommen, in einer mathematisch-mechanischen Weise behandeln. Man denkt über diese Erscheinungen mathematisch-mechanisch. Man legt dasjenige zugrunde bei der Betrachtung dieser Erscheinungen, was man aus einer abstrakten Wissenschaft der Mathematik oder einer abstrakten Wissenschaft der Mechanik gewinnt. Man rechnet mit Entfernungen, mit Bewegungen und mit Kräften, aber die qualitative Art der Betrachtung, welche eben noch im 13., 14. Jahrhundert durchaus vorhanden war, so daß man unterschied Individualitäten in den Sternen, daß man unterschied eine Individualität des Jupiter, eine Individualität des Saturn, die ist der heutigen

Menschheit ganz abhanden gekommen. Ich will jetzt mich nicht kritisch ergehen über diese Dinge, sondern ich will nur darauf hinweisen, daß die mechanische und mathematische Behandlungsweise die ausschließliche geworden ist für dasjenige, was wir das astronomische Gebiet nennen. Auch wenn wir, ohne daß wir Mathematik oder Mechanik verstehen, uns in populärer Weise heute Kenntnisse verschaffen über den Sternenhimmel, so geschieht es trotzdem, wenn es auch in laienhafter Weise geschieht, nach rein räumlich-zeitlichen Begriffen, also nach mathematisch-mechanischen Vorstellungen. Und es besteht bei unseren Zeitgenossen, die über diese Dinge glauben maßgebend urteilen zu können, gar kein Zweifel darüber, daß man nur so den Sternenhimmel betrachten könne, daß alles andere etwas Dilettantisches sei.

Wenn man sich nun frägt, wie es denn eigentlich gekommen ist, daß diese Betrachtung des Sternenhimmels heraufgezogen ist in unsere Zivilisationsentwickelung, dann wird man bei denjenigen, die die heutige wissenschaftliche Denkweise als etwas Absolutes betrachten, eine andere Antwort bekommen müssen, als wir sie geben können. Derjenige, der die wissenschaftliche Entwickelung, wie sie heute üblich ist, als etwas absolut Gültiges betrachtet, wird sagen: Nun ja, bei der früheren Menschheit lagen eben noch nicht streng wissenschaftlich ausgebildete Vorstellungen vor; zu denen hat man sich erst durchgerungen. Und das, wozu man sich durchgerungen hat, die mathematisch-mechanische Betrachtungsweise der Himmelserscheinungen, das entspricht eben der Objektivität, das ist in der Wirklichkeit begründet. – Mit andern Worten wird man sagen: Die früheren Leute haben etwas Subjektives in die Welterscheinungen hereingebracht; die neuere Menschheit hat sich durchgearbeitet zur streng wissenschaftlichen Erfassung desjenigen, was nun der Wirklichkeit eigentlich entspricht.

Diese Antwort können wir nicht geben, sondern wir müssen uns auf den Gesichtspunkt der Entwickelung der Menschheit stellen, die im Laufe ihres Daseins verschiedene innere Kräfte ins Bewußtsein hereingebracht hat. Wir müssen uns sagen: Für diejenige Art, die Himmelserscheinungen anzuschauen, wie sie bestanden hat bei den

alten Babyloniern, den Ägyptern, vielleicht auch bei den Indern, für diese war maßgebend eine bestimmte Art der Entwickelung der menschlichen Seelenkräfte. – Diese Seelenkräfte der Menschheit mußten dazumal entwickelt werden mit derselben inneren Notwendigkeit, mit der ein Kind zwischen dem zehnten und fünfzehnten Jahr gewisse Seelenkräfte entwickeln muß, während es in einer anderen Zeit andere Seelenkräfte entwickelt. Entsprechend kommt die Menschheit in anderen Zeiten zu anderen Forschungen. – Dann ist gekommen das ptolemäische Weltsystem. Es ging wiederum aus anderen Seelenkräften hervor. Dann unser kopernikanisches Weltsystem. Es ging wiederum aus anderen Seelenkräften hervor. Die entwickelten sich nicht deshalb, weil wir gerade jetzt als Menschheit glücklich so geworden sind, daß wir uns nun zur Objektivität durchgerungen haben, während die anderen vorher alle Kinder waren, sondern weil die Menschheit seit der Mitte des 15. Jahrhunderts die Entwickelung gerade der mathematisch-mechanischen Fähigkeiten braucht, die früher nicht da waren. Die Menschheit braucht für sich das Hervorholen dieser mathematisch-mechanischen Fähigkeiten, und daher sieht die Menschheit heute die Himmelserscheinungen in dem Bilde der mathematisch-mechanischen Fähigkeiten an. Und sie wird sie einmal wieder anders anschauen, wenn sie zu ihrer eigenen Entwickelung, zu ihrem eigenen Heil und Besten andere Kräfte aus den Tiefen der Seele hervorgeholt haben wird. Es hängt also von der Menschheit ab, welche Gestalt die Weltanschauung annimmt, und es kommt nicht darauf an, daß man mit Hochmut zurückschauen kann auf frühere Zeiten, wo die Menschen kindlich waren, um auf die jetzige Zeit zu schauen, wo man sich endlich zur Objektivität, die nun für alle Zukunft bleiben könne, durchgerungen hat.

Dasjenige, was ein besonderes Bedürfnis der neueren Menschheit geworden ist und was dann abgefärbt hat auch auf das wissenschaftliche Bedürfnis, das ist, daß man zwar darnach strebt, auf der einen Seite möglichst leicht überschaubare Vorstellungen zu haben – das sind die mathematischen –, auf der anderen Seite strebt man aber darnach, Vorstellungen zu bekommen, bei denen man möglichst stark sich einem inneren Zwang hingeben kann. Der

moderne Mensch wird sogleich unsicher und nervös, wenn er nicht einen so starken inneren Zwang vorliegend hat, wie bei dem Urteil, das dem pythagoreischen Lehrsatz zugrunde liegt, sondern wenn er verspürt: Er muß selber entscheiden, es entscheidet für ihn nicht die aufgezeichnete Figur, sondern er muß selber entscheiden, muß Aktivität der Seele entwickeln. Da wird er sogleich unsicher und nervös. Da geht er nicht mit, der moderne Mensch. Da sagt er, das ist nicht exakte Wissenschaft, da kommt Subjektivität hinein. Der moderne Mensch ist eigentlich furchtbar passiv. Er möchte, daß er überall am Gängelband ganz objektiver Verkettungen der Urteilsteile geführt würde. Diesem genügt die Mathematik, wenigstens in den meisten Teilen, und wo sie nicht genügt, wo der Mensch in der neueren Zeit eingegriffen hat mit seinem Urteil – ja, da ist es auch danach! Da glaubt er zwar noch exakt zu sein, aber er gerät in die unglaublichsten Vorstellungen hinein. Also, in der Mathematik und Mechanik, da glaubt sich der Mensch am Gängelband der sich selbst verbindenden Begriffe fortgezogen. Da ist er so, daß er Boden unter den Füßen fühlt. Und in dem Augenblick, wo er da heraustritt, will er nicht mehr mit. Diese Überschaubarkeit auf der einen Seite und dieser innere Zwang auf der anderen Seite, das ist das, was die moderne Menschheit braucht zu ihrem Heil. Und aus dem heraus hat sie im Grunde genommen auch die moderne Wissenschaft der Astronomie in ihrer besonderen Gestalt gebildet als Weltbild. Ich sage jetzt nichts über die einzelnen Wahrheiten, sondern über das Ganze als Weltbild zunächst.

Nun ist das so in das Bewußtsein der Menschheit eingedrungen, daß man überhaupt dazu gekommen ist, alles andere mehr oder weniger als unwissenschaftlich zu betrachten, was nicht auf diese Art behandelt werden kann. Daraus ging dann hervor so etwas wie der Ausspruch *Kants*, der gesagt hat: In allen einzelnen Wissenschaftsgebieten ist nur so viel wirkliche Wissenschaft darinnen, als Mathematik darin angetroffen werden kann. Also, man müßte eigentlich das Rechnen in alle Wissenschaften hineintragen oder die Geometrie hineintragen. Aber das scheitert ja daran, daß die einfachsten mathematischen Vorstellungen wiederum ferne liegen den-

jenigen Menschen, die zum Beispiel Medizin studieren. Mit denen läßt sich heute aus unserer wissenschaftlichen Gliederung heraus über einfache mathematische Vorstellungen gar nicht mehr reden. Und so kommt es, daß auf der einen Seite als Ideal hingestellt worden ist dasjenige, was man astronomische Erkenntnis nennt. *Du Bois-Reymond* hat das in seiner Rede über die Grenzen des Naturerkennens formuliert, indem er sagte: Wir begreifen nur dasjenige in der Natur und befriedigen nur mit dem unser Kausalitätsbedürfnis, was uns astronomische Erkenntnis werden kann. – Also die Himmelserscheinungen übersehen wir so, daß wir aufzeichnen die Himmelstafel mit den Sternen, daß wir rechnen mit dem, was uns als Material gegeben ist. Wir können genau angeben: Da ist ein Stern, er übt eine Anziehungskraft auf andere Sterne aus. Wir beginnen zu rechnen, wir haben die einzelnen Dinge, die wir in unsere Rechnung einbeziehen, anschaulich vor uns. Das ist dasjenige, was wir in die Astronomie zunächst hineingetragen haben. Jetzt betrachten wir, sagen wir, das Molekül. Wir haben darin, in dem Molekül, wenn es kompliziert ist, allerlei Atome, die aufeinander Anziehungskraft ausüben, die umeinander sich bewegen. Wir haben ein kleines Weltenall. Und wir betrachten dieses Molekül nach dem Muster, wie wir sonst den Sternenhimmel betrachten. Wir nennen das «astronomische Erkenntnis». Wir betrachten die Atome als kleine Weltkörper, das Molekül als ein kleines Weltsystem und sind befriedigt, wenn uns das gelingt. Aber es ist ja der große Unterschied: Wenn wir den Sternenhimmel anschauen, sind uns all die Einzelheiten gegeben. Wir können höchstens fragen, ob wir sie richtig zusammenfassen, ob nicht etwas doch anders ist, als es zum Beispiel *Newton* angegeben hat. Wir spinnen darüber ein mathematisch-mechanisches Netz. Das ist eigentlich hinzugefügt. Aber es befriedigt die modernen Menschheitsbedürfnisse in bezug auf das Wissenschaftliche. In die Atomen-Moleküle-Welt, da tragen wir dann das System hinein, das wir erst ausgedacht haben, und denken die Moleküle und Atome hinzu. Da denken wir dasjenige dazu, was uns sonst gegeben ist. Aber wir befriedigen unser sogenanntes Kausalitätsbedürfnis, indem wir sagen: Wenn sich das, was wir als kleinste

Teile denken, so und so bewegt, ist das das Objektive für das Licht, für den Schall, für die Wärme und so weiter. Wir tragen astronomische Erkenntnisse in alle Welterscheinungen hinein und befriedigen so unser Kausalitätsbedürfnis. Du Bois-Reymond hat es geradezu trocken ausgesprochen: Wo man das nicht kann, da gibt es überhaupt keine wissenschaftliche Erklärung.

Sehen Sie, dem, was da geltend gemacht wird, müßte eigentlich entsprechen, wenn man zum Beispiel zu einer rationellen Therapie kommen wollte, also einsehen wollte die Wirksamkeit eines Heilmittels, daß man in der Substanz dieses Heilmittels die Atome so verfolgen können müßte, wie man sonst den Mond, die Sonne, die Planeten und die Fixsterne verfolgt. Es müßten das alles kleine Weltsysteme werden können. Man müßte aus dem Errechnen heraus sagen können, wie irgendein Mittel wirkt. Das ist ja allerdings für manche ein Ideal sogar gewesen vor nicht zu ferner Zeit. Jetzt hat man solche Ideale ja aufgegeben. Aber es scheiterte nicht nur in bezug auf so entlegene Gebiete wie etwa die rationelle Therapie, sondern für viel näherliegende schon einfach daran, daß unsere Wissenschaften so gegliedert sind, wie es heute ist. Sehen Sie, der heutige Mediziner wird ja so gebildet, daß er außerordentlich wenig wirkliche Mathematik innehaben kann. Also man kann mit ihm vielleicht von der Notwendigkeit astronomischer Erkenntnisse reden, aber man kann nichts anfangen mit ihm, wenn man davon spricht, mathematische Vorstellungen in sein Gebiet einzugliedern. Daher müßte also dasjenige, was wir außer der Mathematik und Mechanik und Astronomie haben, im strengen Sinne des Wortes heute als unwissenschaftlich bezeichnet werden. Das tut man natürlich nicht. Man bezeichnet auch diese anderen Wissenschaften als exakt, aber das ist ja wiederum nur eine Inkonsequenz. Aber charakteristisch für die Gegenwart ist es, daß man die Forderung, man solle alles nach dem Muster der Astronomie verstehen, überhaupt aufstellen konnte.

Wie schwer es ist, heute mit den Leuten wirklich durchgreifend über gewisse Dinge zu reden, möchte ich Ihnen durch ein Beispiel anschaulich machen. Sie wissen ja, es hat eine große Rolle gespielt in der modernen Biologie die Frage nach der Form der mensch-

lichen Schädelknochen. Ich habe ja auch im Zusammenhang unserer anthroposophischen Vorträge über diese Sache vielfach gesprochen. Die Form der menschlichen Schädelknochen: *Goethe, Oken* haben großartige Vorausnahmen gemacht in bezug auf diese Sache. Dann hat klassische Untersuchungen darüber angestellt die Schule des *Gegenbaur.* Aber etwas, was ein tiefergehendes Erkenntnisbedürfnis nach dieser Richtung befriedigen könnte, liegt im Grunde heute nirgends vor. Man streitet sich herum, ob Goethe mehr oder weniger Recht hatte, indem er sagte, die Schädelknochen seien umgewandelte Wirbelknochen, Knochen der Wirbelsäule, aber zu irgendeiner durchgreifenden Ansicht über diese Sache kann man ja heute aus einem ganz bestimmten Grunde heraus nicht kommen, weil man da, wo man über diese Dinge redet, kaum verstanden werden kann. Und wo man verstanden werden könnte, da redet man über diese Dinge nicht, weil sie nicht interessieren. Sehen Sie, es ist heute fast ein unmögliches Kollegium, das entstehen würde, wenn man einen richtigen heutigen Mediziner, einen richtigen heutigen Mathematiker, das heißt einen solchen, der die höhere Mathematik beherrscht, und einen Menschen zusammenbrächte, der beides ziemlich gut verstünde. Diese drei Menschen könnten sich heute kaum verständigen. Derjenige, der da in der Mitte säße, der beides ein bißchen verstünde, der würde zur Not mit dem Mathematiker reden können, auch mit dem Mediziner. Aber der Mathematiker und der Mediziner würden sich über wichtige Probleme nicht verständigen können, weil, was der Mediziner dazu zu sagen hat, den Mathematiker nicht interessiert, und was der Mathematiker zu sagen hat – oder hätte, wenn es überhaupt zur Sprache käme –, das versteht der Mediziner nicht, weil er nicht die nötigen mathematischen Voraussetzungen hat. Das wird gerade anschaulich bei dem Problem, das ich eben angeführt habe.

Man stellt sich heute eben vor: Wenn die Schädelknochen umgewandelte Wirbelknochen sind, so muß man in gerader Richtung fortgehen können durch irgendeine räumlich vorstellbare Metamorphose von dem Wirbelknochen zu dem Schädelknochen. Die Vorstellung noch auszudehnen auf den Röhrenknochen, das gelingt aus

den angegebenen Untergründen eben schon gar nicht. Der Mathematiker wird sich heute nach seinen mathematischen Studien eine Vorstellung machen können, was es eigentlich bedeutet, wenn ich einen Handschuh umdrehe, wenn ich die Innenseite nach außen drehe. Man muß sich eine gewisse mathematische Behandlung der Tatsache denken, daß man das, was früher nach außen gekehrt war, nach innen kehrt, und das, was früher innen war, nach außen. Ich will das schematisch so aufzeichnen (Fig. 1): irgendein Gebilde, das nach außen hin zunächst weiß sei und nach innen rot. Dieses Gebilde behandeln wir nach dem Muster des Handschuhumdrehens, so daß es also jetzt außen rot wird und innen weiß ausgekleidet ist (Fig. 2).

Fig. 1 Fig. 2

Aber jetzt gehen wir weiter. Stellen wir uns vor, daß das, was wir da haben, mit inneren Kräften ausgestattet ist, daß also das sich nicht so einfach umdrehen läßt wie ein Handschuh, der umgedreht auch wie ein Handschuh ausschaut, sondern nehmen wir an, daß das, was wir umdrehen, nach außen mit andern Kräftespannungen auftritt als nach innen. Dann werden wir erleben, daß durch die einfache Umdrehung eine ganz andere Form herauskommt. Dann wird das Gebilde eben *so* sein, bevor wir es umgedreht haben (Fig. 1). Drehen wir es um, so kommen andere Kräfte in Betracht beim Roten, andere beim Weißen, und die Folge ist vielleicht, daß durch die bloße Umdrehung *dieses* Gebilde entsteht (Fig. 3, S. 26). Es ist die Möglichkeit, daß durch die bloße Umdrehung dieses Gebilde entsteht. Als das Rote nach innen gestülpt war, konnte es nicht seine Kraft entwickeln. Jetzt kann es sie anders entwickeln, wenn es nach

außen gestülpt wird. Und ebenso das Weiße. Es kann seine Kraft erst nach innen gestülpt entwickeln.

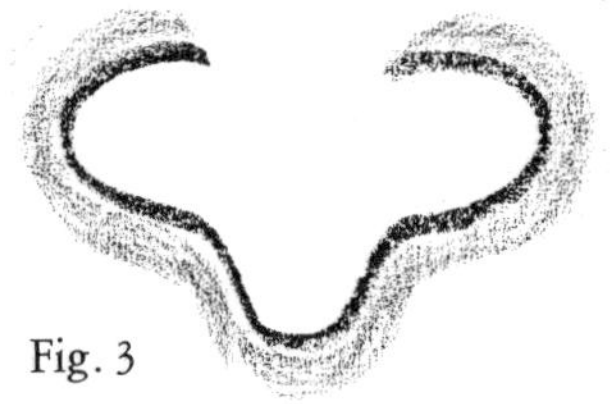

Fig. 3

Es ist natürlich durchaus denkbar, daß man eine solche Sache einer mathematischen Behandlung unterwirft. Aber man ist heute ganz und gar abgeneigt, dasjenige, was man so in Begriffe bekommen kann, auf die Wirklichkeit anzuwenden. Denn in dem Augenblick, wo man lernt, dieses auf die Wirklichkeit anzuwenden, kommt man dazu, in unseren Röhrenknochen, also im Oberarmknochen, im Ober- oder Unterschenkelknochen und Unterarmknochen ein Gebilde zu sehen, das umgedreht zum Schädelknochen wird! Es sei das hier nach innen bis zum Mark hin durch Rot charakterisiert, nach außen durch das Weiße (Fig. 4). Es wendet nach innen diejenige Struktur, diejenigen Kräfteverhältnisse, die wir untersuchen können; nach außen das, was wir sehen, wenn wir den Muskel abziehen vom Röhrenknochen. Denken Sie diesen Röhrenknochen aber nach demselben Prinzip, das ich Ihnen angegeben habe, umgedreht und seine anderen Spannungsverhältnisse geltend gemacht,

Fig. 4

Fig. 5

dann können Sie ganz gut *das* bekommen (Fig. 5). Jetzt hat er innerlich dieses (weiß) und nach außen macht sich dasjenige, was ich durch Rot kennzeichnete, *so* geltend. So ist in der Tat das Verhältnis

eines Schädelknochens zu einem Röhrenknochen. Und in der Mitte drinnen steht der eigentliche Rückenknochen oder Wirbelknochen der Rückenmarksäule. Sie müssen einen Röhrenknochen umdrehen wie einen Handschuh nach seinen in ihm wirkenden Kräften, dann bekommen Sie den Schädelknochen heraus. Die Umwandlung des Schädelknochens aus dem Röhrenknochen ist nur zu verstehen, wenn Sie sich diese Umdrehung denken. Und Sie bekommen die ganze Bedeutung davon, wenn Sie sich vorstellen, daß das, was der Röhrenknochen nach außen wendet, beim Schädelknochen nach innen gewendet ist, daß der Schädelknochen einer Welt sich zuwendet, die im Inneren des Schädels liegt. Da ist eine Welt. Dahin ist der Schädelknochen orientiert, so wie der Röhrenknochen nach außen orientiert ist, nach der äußeren Welt. Beim Knochensystem kann man es besonders leicht anschaulich machen. Aber so ist der ganze menschliche Organismus orientiert, daß er zunächst eine Schädelorganisation und auf der anderen Seite eine Gliedmaßenorganisation hat so, daß die Schädelorganisation nach innen, die Gliedmaßenorganisation nach außen orientiert ist. Der Schädel faßt eine Welt nach innen, der Gliedmaßenmensch faßt eine Welt nach außen, und zwischen beiden ist wie eine Art von Ausgleichsystem dasjenige, was dem Rhythmus dient.

Nehmen Sie heute irgendeine Schrift in die Hand, die von der Funktionentheorie handelt oder von der nichteuklidischen Geometrie, und sehen Sie sich an, was da für eine Summe von allerlei Erwägungen aufgewendet wird, um über die gewöhnliche geometrische Vorstellungsweise im dreigliederigen Raum hinauszukommen, um das, was euklidische Geometrie ist, zu erweitern, so werden Sie sehen, daß da ein großer Fleiß und großer Scharfsinn aufgewendet wird. Aber nun, sagen wir, sind Sie ein großer mathematischer Knopf geworden, der gut die Funktionentheorie kennt, der auch alles versteht, was heute über nichteuklidische Geometrie verstanden werden kann. Nun möchte ich aber die Frage aufwerfen – verzeihen Sie, es sieht etwas geringschätzig aus, wenn man in diese Trivialität hinein die Sache kleidet, aber ich möchte es doch tun gegenüber vielem, was nach dieser Richtung hintendiert, und ich bitte die

Anwesenden, besonders geschulte Mathematiker, sich die Sache zu überlegen, ob es nicht so ist –, ich kann die Frage aufwerfen: Was kaufe ich mir für all dasjenige, was da rein mathematisch ausersonnen worden ist? Es interessiert einen gar nicht das Gebiet, wo es vielleicht eine reale Anwendung findet. Wenn man alles das, was man da ausersonnen hat über nichteuklidische Geometrie, auf den Bau des menschlichen Organismus anwenden würde, dann würde man in der Wirklichkeit stehen und ungeheuer Bedeutsames auf die Wirklichkeit anwenden und nicht in wirklichkeitslosen Spekulationen sich ergehen. Wenn der Mathematiker entsprechend vorbereitet würde, damit ihn auch die Wirklichkeit interessierte, damit ihn interessierte, wie zum Beispiel das Herz ausschaut, so daß er eine Vorstellung darüber gewinnen kann, wie er durch mathematische Operationen den Herzorganismus umdrehen kann und wie dadurch die ganze menschliche Gestalt entstehen würde; wenn er eine Anleitung darüber bekäme, so zu mathematisieren, dann würde dieses Mathematisieren in der Wirklichkeit drinnenstehen. Dann würde das nicht mehr möglich sein, daß man auf der einen Seite den geschulten Mathematiker sitzen hat, den die anderen Dinge nicht interessieren, die der Mediziner lernt, und auf der anderen Seite den Mediziner, der nichts versteht davon, wie der Mathematiker Formen umwandelt, metamorphosiert, aber im rein abstrakten Elemente.

Das ist dasjenige, über das wir hinauskommen müssen. Wenn wir nicht über dieses hinauskommen, so versumpfen unsere Wissenschaften. Sie gliedern sich immer mehr und mehr. Die Leute verstehen einander nicht mehr. Wie soll man denn die Wissenschaft überführen in sozialwissenschaftliche Betrachtungen, wie alles das, was ich Ihnen zeigen werde in diesen Vorträgen, fordert? Aber sie ist nicht da, diese Wissenschaft, die übergeführt werden könnte in eine Sozialwissenschaft.

Nun, wir haben also auf der einen Seite die Astronomie, die immer mehr und mehr zu der mathematischen Vorstellungsweise hintendiert, und die in ihrer jetzigen Gestalt dadurch groß geworden ist, daß sie eben rein mathematisch-mechanische Wissenschaft ist. Wir haben aber auch einen anderen Pol zu dieser Astronomie, der

ohne diese Astronomie seiner Wirklichkeit gemäß überhaupt nicht studiert werden kann unter den heutigen wissenschaftlichen Verhältnissen. Aber es ist gar nicht möglich, eine Brücke zu bauen zwischen der Astronomie und diesem anderen Pol unserer Wissenschaften. Dieser andere Pol ist nämlich die Embryologie. Und nur derjenige studiert die Wirklichkeit, der auf der einen Seite den Sternenhimmel studiert und auf der anderen Seite die Entwickelung namentlich des menschlichen Embryos studiert. Aber wie studiert man nun in der heute üblichen Weise den menschlichen Embryo? Nun, man sagt: Der menschliche Embryo entsteht durch das Zusammenwirken von zwei Zellen, den Geschlechtszellen, der männlichen und der weiblichen Zelle. Diese Zellen entwickeln sich in dem übrigen Organismus so, daß sie bis zu ihrer Zusammenwirkensmöglichkeit eine gewisse Selbständigkeit erreichen, daß sie dann einen gewissen Gegensatz darstellen, daß die eine Zelle in der anderen Zelle andere Entwickelungsmöglichkeiten hervorruft, als sie vorher hat. Es bezieht sich das auf die weibliche Keimzelle. Davon ausgehend studiert man die Zellenlehre überhaupt. Man frägt sich: Was ist eine Zelle? – Sie wissen ja, ungefähr seit dem ersten Drittel des 19. Jahrhunderts baut man die Biologie eigentlich auf die Zellenlehre auf. Man sagt sich: Eine solche Zelle besteht aus einem mehr oder weniger großen oder kleinen Kügelchen von Substanz, die aus Eiweißverbindungen besteht. Sie hat in sich einen Kern, der etwas andere Struktur aufweist, und um sich herum eine Membran, die zum Abschließen notwendig ist. Sie ist so der Baustein alles desjenigen, was als organisches Wesen entsteht. Solche Zellen sind ja auch die Geschlechtszellen, nur in verschiedener Weise gestaltet als weibliche und männliche Zellen. Und aus solchen Zellen baut sich ein jeder komplizierter Organismus auf.

Ja nun, was meint man eigentlich, wenn man sagt: Aus solchen Zellen baut sich ein Organismus auf? Man meint: Das, was man sonst an Substanzen in der übrigen Natur hat, wird in diese Zellen aufgenommen und es wirkt nun nicht mehr unmittelbar wie sonst in der Natur. Wenn in diesen Zellen zum Beispiel Sauerstoff, Stickstoff oder Kohlenstoff enthalten ist, so wirkt dieser Kohlenstoff auf

irgendeine andere Substanz außerhalb nicht so wie sonst, sondern es ist diese unmittelbare Wirkung ihm entzogen. Er ist aufgenommen in den Organismus der Zelle und kann nur so wirken, wie er eben in der Zelle wirken kann, er wirkt nicht unmittelbar, sondern die Zelle wirkt und sie bedient sich seiner besonderen Eigenschaften, indem sie ihn in einer gewissen Menge in sich eingegliedert hat. Was wir zum Beispiel im Menschen haben als Metall, als Eisen, das wirkt erst auf dem Umweg durch die Zelle. Die Zelle ist der Baustein. Nun geht man also zurück, indem man den Organismus studiert, auf die Zelle. Und wenn man zunächst nur die sogenannte Hauptmasse der Zelle betrachtet, außer dem Kern, außer der Membran, so kann man in ihr zwei voneinander zu unterscheidende Teile nachweisen. Man hat einen dünnflüssigen, durchsichtigen Teil, und man hat einen Teil, welcher eine Art Gerüst bildet. So daß man schematisch gezeichnet eine Zelle etwa so darstellen kann, daß man sagt, man habe das Zellengerüst und dann dieses Zellengerüst gewissermaßen eingebettet in derjenigen Substanz, die nicht in dieser Weise geformt ist wie das Zellengerüst selbst (Fig. 6). Also, die Zelle würde

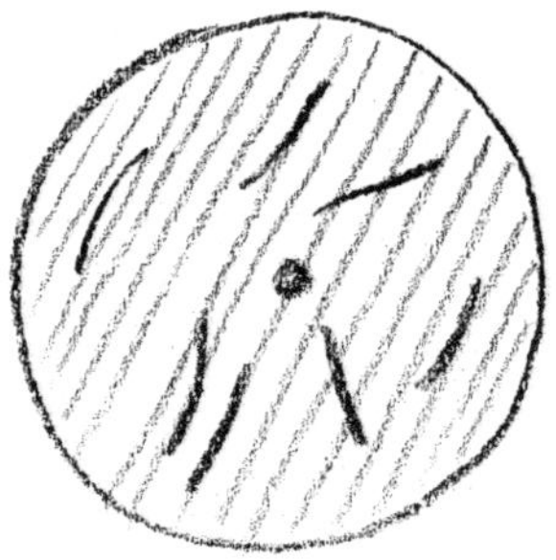

Fig. 6

man sich aufgebaut zu denken haben aus einer dünnflüssig bleibenden Masse, die nicht in sich Form annimmt, und aus ihrem Gerüste, das in sich Form annimmt, das in der verschiedensten Weise gestaltet ist. Das studiert man nun. Man bekommt es mehr oder weniger fertig, so die Zelle studieren zu können: Gewisse Teile in ihr sind färbbar, andere sind nicht färbbar. Dadurch bekommt man

durch Karmin oder Safranin oder so etwas, was man anwendet, um die Zellen zu färben, eine überschaubare Gestalt der Zelle, so daß man also sich gewisse Vorstellungen bilden kann auch über das innere Gefüge der Zelle. Und man studiert das. Man studiert, wie sich dieses innere Gefüge ändert, während die weibliche Keimzelle zum Beispiel befruchtet wird. Man verfolgt die einzelnen Stadien, wie die Zelle sich in ihrer inneren Struktur ändert, wie sie sich dann teilt, wie sich der Teil, Zelle an Zelle, angliedert und aus der Zusammenfügung eine kompliziert aufgebaute Gestalt entsteht. Das studiert man. Aber es fällt einem nicht ein, sich zu fragen: Ja, womit hängt denn eigentlich dieses ganze Leben in der Zelle zusammen? Was liegt denn da eigentlich vor? – Es fällt einem nicht ein, das zu fragen.

Was da vorliegt in der Zelle, das ist ja zunächst mehr abstrakt so zu fassen: Ich habe die Zelle. Nehmen wir sie zunächst in ihrer am häufigsten vorkommenden Form, in der kugeligen Form. Diese kugelige Form wird ja mitbedingt von der dünnflüssigen Substanz. Diese kugelige Form hat in sich eingeschlossen die Gerüstform. Und die kugelige Form, was ist sie? Die dünnflüssige Masse ist noch ganz sich selbst überlassen, sie folgt also denjenigen Impulsen, die um sie herum sind. Was tut sie? Ja – sie bildet das Weltenall nach! Sie hat deshalb ihre kugelige Form, weil sie den ganzen Kosmos, den wir uns auch zunächst ideell als eine Kugelform, als eine Sphäre vorstellen, weil sie den ganzen Kosmos in Kleinheit nachbildet. Jede Zelle in ihrer Kugelform ist nichts anderes als eine Nachbildung der Form des ganzen Kosmos. Und das Gerüst darin, jede Linie, die da im Gerüst gezogen ist, ist abhängig von den Strukturverhältnissen des ganzen Kosmos. – Wenn ich mich jetzt zunächst abstrakt ausdrücken soll: Nehmen Sie an, Sie haben die Weltensphäre, ideell begrenzt (Fig. 7). Darin meinetwillen haben Sie hier einen Planeten und hier einen Planeten (a, a_1). Die wirken so, daß die Impulse, mit denen sie aufeinander wirken, in dieser Linie liegen. Hier (m) bildet sich, natürlich schematisch gezeichnet, eine Zelle, sagen wir. Ihre Umgrenzung bildet die Sphäre nach. Hier innerhalb ihres Gerüstes (Fig. 8) hat sie ein Festes, welches von der Wirkung dieses

Planeten (a) auf diesen (a_1) abhängt. Nehmen Sie an, hier wäre eine andere Planetenkonstellation, die so aufeinander wirkt (b, b_1).

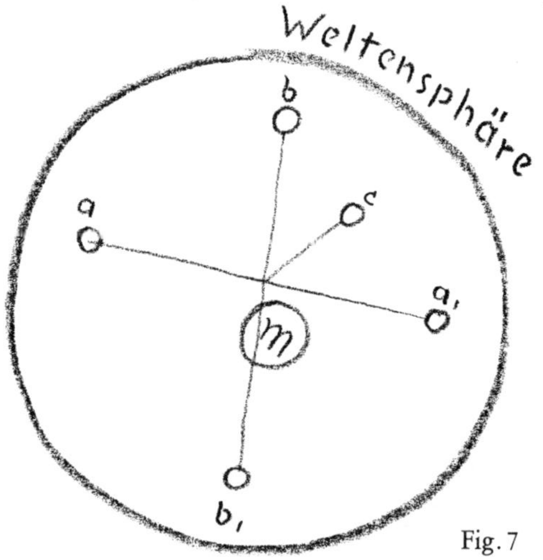

Fig. 7

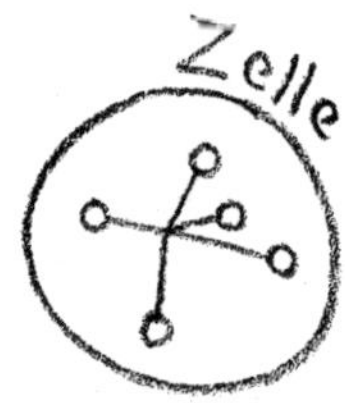

Fig. 8

Hier wäre wiederum ein anderer Planet (c), der keinen Gegensatz hat. Der verrenkt diese ganze Sache, die sonst vielleicht rechtwinkelig stünde. Es entsteht die Bildung etwas anders. Sie haben in der Gerüststruktur eine Nachbildung der ganzen Verhältnisse im Planetensystem, überhaupt im Sternensystem. Sie können konkret hineingehen in den Aufbau der Zelle, und Sie bekommen eine Erklärung für diese konkrete Gestalt nur, wenn Sie in der Zelle sehen ein Abbild des ganzen Kosmos.

Und nun nehmen Sie die weibliche Eizelle und stellen sich vor, diese weibliche Eizelle hat die kosmischen Kräfte zu einem gewissen inneren Gleichgewicht gebracht. Diese Kräfte haben Gerüstform angenommen und sind in der Gerüstform in einer gewissen Weise zur Ruhe gekommen, gestützt durch den weiblichen Organismus. Nun geschieht die Einwirkung der männlichen Geschlechtszelle. Die hat nicht den Makrokosmos in sich zur Ruhe gebracht, sondern sie wirkt im Sinne irgendwelcher Spezialkraft. Sagen wir, es wirkt die männliche Geschlechtszelle im Sinne gerade *dieser* Kraftlinie auf die

weibliche Eizelle, die zur Ruhe gekommen ist, ein. Dann geschieht durch diese Spezialwirkung eine Unterbrechung der Ruheverhältnisse. Es wird gewissermaßen die Zelle, die ein Abbild ist des ganzen Makrokosmos, dazu veranlaßt, ihre ganze mikrokosmische Gestalt wiederum hineinzustellen in das Wechselspiel der Kräfte. In der weiblichen Eizelle ist zunächst in ruhiger Abbildung der ganze Makrokosmos zur Ruhe gekommen. Durch die männliche Geschlechtszelle wird die weibliche herausgerissen aus dieser Ruhe, wird wiederum in ein Spezialwirkungsgebiet hineingezogen, wird wiederum zur Bewegung gebracht, wird wiederum herausgezogen aus der Ruhe. Sie hat sich zur Nachbildung des Kosmos in die ruhige Form zusammengezogen, aber diese Nachbildung wird hineingezogen in die Bewegung durch die männlichen Kräfte, die Bewegungsnachbildungen sind. Es werden die weiblichen Kräfte, die Nachbildungen der Gestalt des Kosmos und zur Ruhe gekommen sind, aus der Ruhe, aus der Gleichgewichtslage gebracht.

Da bekommen Sie Anschauungen über die Form und Gestaltung des Kleinsten, des Zellenhaften, von der Astronomie aus. Und Sie können gar nicht Embryologie studieren, ohne daß Sie Astronomie studieren. Denn das, was Ihnen die Embryologie zeigt, ist nur der andere Pol desjenigen, was Ihnen die Astronomie zeigt. Wir müssen gewissermaßen auf der einen Seite den Sternenhimmel verfolgen, wie er aufeinanderfolgende Stadien zeigt, und wir müssen nachher verfolgen, wie eine befruchtete Keimzelle sich entwickelt. Beides gehört zusammen, denn das eine ist nur das Abbild des anderen. Wenn Sie nichts von Astronomie verstehen, werden Sie niemals die Kräfte verstehen, die im Embryo wirken. Und wenn Sie nichts von Embryologie verstehen, so werden Sie niemals den Sinn verstehen von den Wirkungen, die dem Astronomischen zugrunde liegen. Denn diese Wirkungen zeigen sich im Kleinen in den Vorgängen der Embryologie.

Es ist denkbar, daß man aufbaut eine Wissenschaft, daß man rechnet auf der einen Seite, daß man die astronomischen Vorgänge beschreibt, und auf der anderen Seite alles das beschreibt, was zu ihnen gehört in der Embryologie, denn es ist ja nur die andere Seite.

Nun schauen Sie sich den heutigen Zustand an in den Wissenschaften. Da finden Sie: Die Embryologie wird als Embryologie studiert. Es würde als Wahnsinn aufgefaßt, wenn Sie einem heutigen Embryologen zumuten würden, er müsse Astronomie studieren, um die Erscheinungen seines Gebietes zu verstehen. Und doch ist es so. Das ist das, was notwendig macht eine vollständige Umgruppierung der Wissenschaften. Man wird kein Embryologe werden können, wenn man nicht Astronomie studiert hat. Man wird nicht Menschen ausbilden können, die bloß ihre Augen und ihre Teleskope auf die Sterne richten. Denn so die Sterne zu studieren, hat ja keinen weiteren Sinn, wenn man nicht weiß, daß aus der großen Welt nun wirklich die kleinste Welt hervorgebildet wird.

Aber das alles, was ganz konkret ist, hat sich ja in der Wissenschaft in äußerste Abstraktionen verwandelt. Denken Sie, es gibt eine Wirklichkeit, wo man sagen kann: Man muß nach astronomischer Erkenntnis streben in der Zellenlehre, besonders in der Embryologie. Würde also Du Bois-Reymond gesagt haben: Man muß wirklich konkret Astronomie wiederum so für die Zellenlehre anwenden, dann hätte er aus der Wirklichkeit geschöpft. Er hat aber etwas verlangt, was keiner Wirklichkeit entspricht, was erdacht ist: Das Molekül; die Atome drinnen sollen astronomisch untersucht werden. Da soll das astronomische Mathematisieren, das hinzugefügt wurde zur Sternenwelt, wieder gesucht werden. Also, Sie sehen, auf der einen Seite liegt die Wirklichkeit: Die Bewegung, die Kraftwirkung der Sterne und die embryologische Entwickelung, worin nichts anderes lebt, als was in der Sternenwelt lebt. Da liegt die Wirklichkeit. Da müßte man sie suchen; auf der anderen Seite liegt die Abstraktion. Da rechnet der Mathematiker und Mechaniker die Bewegungen und Kraftwirkungen der Himmelskörper aus und erfindet die molekulare Struktur, auf die er seine astronomischen Erkenntnisse anwendet. Da hat er sich entfernt vom Leben, da lebt er in reinen Abstraktionen drinnen.

Das ist dasjenige, was wir doch so betrachten sollen, daß wir uns ein bißchen erinnern, wie wir mit voller Bewußtheit wiederum dazu kommen müssen, etwas zu erneuern, was ja in früheren Zeiten tat-

sächlich in einem gewissen Sinne vorhanden war. Gehen wir zurück zu den ägyptischen Mysterien, so finden wir da in den ägyptischen Mysterien astronomische Beobachtungen, so wie man sie damals gemacht hat. Aber aus diesen Beobachtungen hat man nicht nur berechnet, wann wiederum eine Sonnenfinsternis und eine Mondfinsternis sein wird, sondern was in der sozialen Entwickelung zu geschehen hat. Man hat sich nach dem, was man am Himmel gesehen hat, gerichtet in dem, was man den Leuten sagte, was sie tun müßten, was in der sozialen Entwickelung eingetreten ist. Man hat also Soziologie und Astronomie als eines behandelt. Wir müssen auch wiederum lernen, wenn auch jetzt in anderer Weise als die Ägypter, wir müssen lernen dasjenige, was im sozialen Leben geschieht, anzuknüpfen an die Erscheinungen des großen Weltenalls. Wir verstehen ja nicht, was sich in der Mitte des 15. Jahrhunderts vollzogen hat, wenn wir nicht anknüpfen können an die Erscheinungen des Weltenalls, an dasjenige, was dazumal erschienen ist. Es redet einer wie ein Blinder von der Farbe, wenn er von den Umwandlungen in der zivilisierten Welt in der Mitte des 15. Jahrhunderts spricht und dieses nicht berücksichtigt. Geisteswissenschaft ist davon schon ein Ansatz. Aber wir können nicht dazu kommen, dieses komplizierte Gebiet der Soziologie, der Sozialwissenschaft mit dem Gebiet der Naturbetrachtung zusammenzubringen, wenn wir es nicht auf dem Umwege tun, daß wir zuerst Astronomie mit Embryologie zusammenbringen, die embryologischen Tatsachen anknüpfen an die astronomischen Erscheinungen.

Das ist das, was ich heute als Einleitung geben wollte und was morgen fortgesetzt werden soll.

ZWEITER VORTRAG

Stuttgart, 2. Januar 1921

Ich habe gestern zwei nach unseren gegenwärtigen Anschauungen zunächst scheinbar weit auseinanderliegende Wissenschaftszweige in einer Art von Verbindung gezeigt. Ich versuchte nämlich zu zeigen, daß die Wissenschaft der Astronomie uns gewisse Erkenntnisse geben soll, welche verwertet werden müssen in einem ganz anderen Wissenschaftszweige, von dem man heute eine solche Betrachtung, die sich auf astronomische Tatsachen bezieht, gänzlich ausschließt; daß, mit anderen Worten, die Astronomie verbunden werden muß mit der Embryologie; daß man die Erscheinungen der Entwickelung der Zelle, insbesondere der Geschlechtszelle, nicht verstehen kann, ohne zu Hilfe zu rufen die scheinbar von der Embryologie so entfernt liegenden Tatsachen der Astronomie.

Ich habe darauf hingewiesen, wie eine wirkliche Umgruppierung innerhalb unseres wissenschaftlichen Lebens wird eintreten müssen, weil man heute ja vor der Tatsache steht, daß einfach der Mensch, der einen gewissen Bildungsgang durchmacht, sich nur hineinfindet in die heutigen abgezirkelten Wissenschaftskategorien und dann nicht die Möglichkeit hat, dasjenige, was nur so behandelt wird in abgezirkelten Wissenschaftskategorien, anzuwenden auf Gebiete, die der Sache nach naheliegen, die er aber eigentlich nur nach Gesichtspunkten kennenlernt, nach denen sie nicht ihr volles Antlitz zeigen. Wenn es einfach, wie im Verlauf dieser Vorträge sich zeigen wird, wahr ist, daß wir die aufeinanderfolgenden Stadien der embryonalen Entwickelung des Menschen nur verstehen können, wenn wir ihr Gegenbild verstehen, die Erscheinungen des Himmels; wenn das wahr ist – und es wird sich eben zeigen, daß das wahr ist –, dann können wir nicht Embryologie treiben, ohne Astronomie zu treiben. Und wir können auf der anderen Seite nicht Astronomie treiben, ohne gewisse Ausblicke zu schaffen in die embryologischen Tatsachen. Wir studieren mit der Astronomie ja dann etwas, was eigentlich seine bedeutsamste Wirkung zeigt bei der Ent-

wickelung des menschlichen Embryos. Und wie sollen wir uns denn über Sinn und Vernünftigkeit der astronomischen Tatsachen aufklären, wenn wir dasjenige, worin sie gerade diesen Sinn und diese Vernünftigkeit zeigen, in gar keinen Zusammenhang mit ihnen bringen?

Sie sehen, wieviel heute notwendig ist, um zu einer vernünftigen Weltanschauung zu kommen heraus aus dem Chaos, in dem wir gerade im wissenschaftlichen Leben drinnen stecken. Wenn man aber nur dasjenige nimmt, was heute gang und gäbe ist, so wird es einem außerordentlich schwer, zunächst auch nur in einem allgemeinen Gedanken so etwas zu fassen, wie ich gestern charakterisiert habe. Denn es hat eben die Zeitentwickelung mit sich gebracht, daß man die astronomischen Tatsachen nur mit Mathematik und Mechanik erfaßt und daß man die embryologischen Tatsachen in einer solchen Weise registriert, daß man bei ihnen gänzlich absieht von alledem, was mathematisch-mechanisch ist, oder höchstens, wenn man das Mathematisch-Mechanische in irgendeine Beziehung zu ihnen bringt, dies in einer ganz äußerlichen Weise tut, ohne darauf Rücksicht zu nehmen, wo der Ursprung desjenigen ist, was sich auch als Mathematisch-Mechanisches ausdrücken könnte in der embryologischen Entwickelung.

Nun braucht man nur auf ein Diktum hinzuweisen, das *Goethe* aus einer gewissen Empfindung, Erkenntnisempfindung möchte ich es nennen, heraus gesprochen hat, das aber im Grunde doch auf etwas außerordentlich Bedeutsames hinweist. Sie können darüber nachlesen in Goethes «Sprüchen in Prosa» und in dem Kommentare, den ich dazugefügt habe in der Ausgabe in der «Deutschen National-Litteratur», wo ich über diese Stelle ausführlich spreche. Goethe sagt da, daß man die Naturerscheinungen so abgesondert vom Menschen betrachtet, daß man immer mehr und mehr bestrebt ist, die Naturerscheinungen nur so zu betrachten, daß man auf den Menschen gar keine Rücksicht nimmt. Er glaubte dagegen, daß die Naturerscheinungen ihre wahre Bedeutung erst dann zeigen, wenn man sie durchwegs im Zusammenhang mit dem Menschen, mit der ganzen menschlichen Organisation ins Auge faßt. Damit hat Goethe

hingewiesen auf eine Forschungsart, die heute im Grunde genommen verpönt ist. Man möchte heute zur Objektivität dadurch kommen, daß man über die Natur ganz in Absonderung vom Menschen forscht. Nun zeigt sich ja das ganz besonders bei solchen Wissenschaftszweigen, wie die Astronomie einer ist. Da nimmt man ja heute schon gar nicht mehr irgendwie Rücksicht auf den Menschen. Man ist im Gegenteil stolz darauf geworden, daß die scheinbar objektiven Tatsachen das Resultat zutage gefördert haben, daß der Mensch nur solch ein Staubpunkt ist auf der zum Planeten zusammengeschmolzenen Erde, welche sich im Raume, zunächst um die Sonne, dann mit der Sonne oder sonst im Raume bewegt; daß man keine Rücksicht zu nehmen braucht auf diesen Staubpunkt, der da auf der Erde herumwandelt; daß man nur Rücksicht zu nehmen braucht auf das, was außermenschlich ist, wenn man vor allen Dingen die großen Himmelserscheinungen ins Auge faßt. Nur frägt es sich, ob denn wirklich auf eine solche Weise reale Resultate zu gewinnen sind.

Ich möchte noch einmal aufmerksam darauf machen, wie der Gang der Betrachtung gerade in diesen Vorträgen sein muß: Dasjenige, was Sie als Beweise empfinden werden, wird sich erst im Laufe der Vorträge ergeben. Es muß manches heute aus der Anschauung herausgeholt werden, um zunächst gewisse Begriffe zu bilden. Wir werden zunächst gewisse Begriffe bilden müssen, die wir erst haben müssen, und dann werden wir zum Verifizieren dieser Begriffe schreiten können.

Woher können wir denn überhaupt etwas Reales über die Himmelserscheinungen gewinnen? Diese Frage muß uns vor allen Dingen beschäftigen. Können wir durch die bloße Mathematik, die wir anwenden auf die Himmelserscheinungen, über dieselben irgend etwas gewinnen? Der Gang der menschlichen Erkenntnisentwickelung kann schon enthüllen – wenn man nicht gerade auf dem Hochmutsstandpunkt steht, daß wir es heute «ganz herrlich weit gebracht» haben und alles übrige, was vorher gelegen hat, kindisch war –, wie die Gesichtspunkte sich verschieben können.

Sehen Sie, man kommt von gewissen Ausgangspunkten aus zu

einer großen Verehrung desjenigen, was für die Himmelsbeobachtung geleistet haben zum Beispiel die alten Chaldäer. Die alten Chaldäer haben außerordentlich genaue Beobachtungen über den Zusammenhang der menschlichen Zeitrechnung mit den Himmelserscheinungen gehabt. Sie haben eine außerordentlich bedeutsame Kalenderwissenschaft gehabt. Und vieles, was heute uns wie eine selbstverständliche Handhabung der Wissenschaft erscheint, führt eigentlich in seinen Anfängen auf die Chaldäer zurück. Und dennoch waren die Chaldäer zufrieden damit, sich das mathematische Bild des Himmels so vorzustellen, daß die Erde eine Art von flacher Scheibe wäre, über die sich hinübergewölbt hat die halbe Hohlkugel des Himmelsgewölbes, an der die Fixsterne angeheftet waren, gegenüber welcher sich die Planeten bewegt haben – zu den Planeten haben sie auch die Sonne gerechnet. Sie haben ihre Rechnungen angestellt, indem sie dieses Bild zugrunde gelegt haben, und sie haben in hohem Maße richtige Berechnungen gemacht trotz der Zugrundelegung dieses Bildes, das selbstverständlich die heutige Wissenschaft als einen Grundirrtum, als etwas Kindliches bezeichnen kann.

Die Wissenschaft, oder besser gesagt die Wissenschaftsrichtung, ist dann fortgeschritten. Wir können auf eine Etappe hinweisen, in welcher man sich vorgestellt hat, daß die Erde zwar stillsteht, daß aber Venus und Merkur sich um die Sonne bewegen, daß also gewissermaßen die Sonne den Mittelpunkt abgibt für die Bewegung von Venus und Merkur, die anderen Planeten, Mars, Jupiter und Saturn, sich aber noch um die Erde bewegen, nicht um die Sonne, der Fixsternhimmel wiederum sich um die Erde bewegt.

Wir finden dann, wie fortgeschritten wird dazu, daß man nun auch um die Sonne sich herumbewegen ließ den Mars, den Jupiter, den Saturn, daß man aber immer noch die Erde stille stehen ließ und nun die Sonne mit den sich um sie herumbewegenden Planeten um die Erde herum sich bewegen ließ und den Sternenhimmel dazu. Im Grunde genommen war das noch die Ansicht des *Tycho de Brahe,* während sein Zeitgenosse *Kopernikus* dann die andere Auffassung geltend gemacht hat, daß die Sonne als stillstehend anzu-

sehen wäre, die Erde zu den Planeten hinzuzurechnen sei und sich mit den Planeten um die Sonne herumbewege. Hart aneinander stoßen in der Zeit des Kopernikus eine Anschauung, die schon im alten Ägypten da war, von der stillstehenden Erde, von den um die Sonne sich bewegenden anderen Planeten, die noch Tycho de Brahe vertrat, und die Anschauung des Kopernikus, die radikal brach mit dem Annehmen des Koordinatenmittelpunktes im Mittelpunkt der Erde, die den Koordinatenmittelpunkt einfach in den Mittelpunkt der Sonne verlegte. Denn im Grunde genommen war das ganze Umändern des Kopernikus nichts anderes als dieses, daß der Koordinatenmittelpunkt verlegt worden ist von dem Mittelpunkt der Erde in den Mittelpunkt der Sonne.

Welches war denn eigentlich die Frage des Kopernikus? – Die Frage des Kopernikus war: Wie kommt man dazu, diese kompliziert erscheinende Planetenbewegung – denn so erscheint sie von der Erde aus beobachtet – auf einfachere Linien zurückzuführen? Wenn man von der Erde aus die Planeten betrachtet, muß man allerlei Schleifenlinien ihren Bewegungen zugrunde legen, etwa solche Linien

Fig. 1

(Fig. 1). Wenn man also den Mittelpunkt der Erde als Koordinatenmittelpunkt ansieht, hat man nötig, außerordentlich komplizierte Bewegungskurven den Planeten zugrunde zu legen. Kopernikus sagte sich etwa: Ich verlege einmal zunächst probeweise den Mittelpunkt des ganzen Koordinatensystems in den Mittelpunkt der Sonne, dann reduzieren sich die komplizierten Planetenbewegungs-Kurven auf einfache Kreisbewegungen oder, wie später gesagt worden ist, auf Ellipsenbewegungen. Es war das Ganze nur ein Kon-

struieren eines Weltensystems mit dem Zwecke, die Planetenbahnen in möglichst einfachen Kurven darstellen zu können.

Nun, heute liegt ja eine sehr merkwürdige Tatsache vor. Dieses kopernikanische System, das läßt natürlich, wenn man es anwendet als rein mathematisches System, die Berechnungen, die man braucht, ebensogut auf die Wirklichkeit anwenden wie irgendein anderes früheres. Man kann mit dem alten chaldäischen, mit dem ägyptischen, mit dem tychonischen, mit dem kopernikanischen System Mond- und Sonnenfinsternisse berechnen. Man kann also die äußeren auf Mechanik, auf Mathematik beruhenden Vorgänge am Himmel voraussagen. Das eine System eignet sich dazu ebensogut wie das andere. Es kommt nur darauf an, daß man gewissermaßen mit dem kopernikanischen System die einfachsten Vorstellungen verbinden kann. Nur liegt das Eigentümliche vor, daß eigentlich in der praktischen Astronomie *nicht* mit dem kopernikanischen System gerechnet wird. Kurioserweise wendet man, um die Dinge herauszubekommen, die man zum Beispiel in der Kalenderwissenschaft braucht, das tychonische System an! So daß man eigentlich heute folgendes hat: Man rechnet nach dem tychonischen System, richtig ist das kopernikanische System. Aber gerade daraus zeigt sich ja, wie wenig ganz Prinzipielles, wie wenig Wesenhaftes eigentlich bei diesen Darstellungen in rein mathematischen Linien und mit der Zugrundelegung mechanischer Kräfte in Betracht gezogen wird.

Nun liegt noch etwas anderes, sehr Merkwürdiges vor, das ich heute zunächst nur andeuten will, damit wir, möchte ich sagen, über das Ziel unserer Vorträge uns verständigen, über das ich schon in den nächsten Vorträgen sprechen will. Es liegt das Merkwürdige vor, daß nun Kopernikus aus seinen Erwägungen heraus drei Hauptsätze seinem Weltensystem zugrunde legt. Der eine Hauptsatz ist der, daß sich die Erde in 24 Stunden um die eigene Nord-Süd-Achse dreht. Das zweite Prinzip, das Kopernikus seinem Himmelsbilde zugrunde legt, ist dieses, daß die Erde sich um die Sonne herum bewegt, daß also eine Revolution der Erde um die Sonne vorhanden ist, daß dabei natürlich sich die Erde auch in einer

gewissen Weise dreht. Diese Drehung geschieht aber nicht um die Nord-Süd-Achse der Erde, die immer nach dem Nordpol hinweist, sondern um die Ekliptikachse, die ja einen Winkel bildet mit der eigentlichen Erdachse. So daß also gewissermaßen die Erde eine Drehung erfährt während eines vierundzwanzigstündigen Tages um ihre Nord-Süd-Achse, und dann, indem sie ungefähr 365 solcher Drehungen im Jahre ausführt, kommt noch dazu eine andere Drehung, eine Jahresdrehung, wenn wir absehen von der Bewegung um die Sonne. Nicht wahr, wenn sie sich immer so umdreht und sich noch einmal um die Sonne dreht, ist das so, wie sich der Mond um die Erde dreht, der dieselbe Fläche uns immer zuwendet. Das tut die Erde auch, indem sie sich um die Sonne dreht, aber nicht um dieselbe Achse, um die sie sich dreht, indem sie die tägliche Achsendrehung ausführt. Sie dreht sich also gewissermaßen in diesem Jahrestag, der zu den Tagen hinzukommt, die nur 24 Stunden lang sind, um eine andere Achse.

Das dritte Prinzip, das Kopernikus geltend macht, ist dieses, daß nun nicht nur eine solche Drehung zustande kommt der Erde um die Nord-Süd-Achse und eine zweite um die Ekliptikachse, sondern daß noch eine dritte Drehung stattfindet, welche sich darstellt als eine rückläufige Bewegung der Nord-Süd-Achse um die Ekliptikachse selber. Dadurch wird in einem gewissen Sinne die Drehung um die Ekliptikachse wiederum aufgehoben. Dadurch weist die Erdachse stets auf den Nordpol (den Polarstern) hin. Während sie sonst, indem sie um die Sonne herumgeht, eigentlich einen Kreis beziehungsweise eine Ellipse beschreiben müßte um den Ekliptikpol, weist sie durch ihre eigene Drehung, die im entgegengesetzten Sinne erfolgt – jedesmal, wenn die Erde ein Stück weiter rückt, dreht sich die Erdachse zurück –, immerfort auf den Nordpol hin. Kopernikus hat dieses dritte Prinzip angenommen, daß das Hinweisen auf den Nordpol dadurch geschieht, daß die Erdachse selber durch eine Drehung in sich, eine Art Inklination, fortwährend die andere Drehung aufhebt. So daß diese eigentlich im Laufe des Jahres nichts bedeutet, indem sie fortwährend aufgehoben wird.

In der neueren Astronomie, die auf Kopernikus aufgebaut hat, ist das Eigentümliche eingetreten, daß man die zwei ersten Hauptsätze gelten läßt und den dritten ignoriert und sich über dieses Ignorieren des dritten Satzes in einer Art, ich möchte sagen, mit leichter Hand hinwegsetzt, indem man sagt: Die Sterne sind so weit weg, daß eben die Erdachse, auch wenn sie immerfort parallel bleibt, nach demselben Punkte immer zeigt. – So daß man also sagt: Die Nord-Süd-Erdachse bleibt bei dieser Drehung um die Sonne immer zu sich parallel. – Das hat Kopernikus nicht angenommen, sondern er hat eine fortwährende Drehung der Erdachse angenommen. Man steht also nicht auf dem Standpunkte des kopernikanischen Systems, sondern man hat, weil es einem bequem war, die zwei ersten Hauptsätze des Kopernikus genommen, den dritten weggelassen und sich in das Geflunker verloren, daß man das nicht anzunehmen brauche, daß die Erdachse sich bewegen müßte, um nach demselben Punkte zu zeigen, sondern der Punkt sei so weit weg, daß, wenn die Achse sich auch vorwärtsschiebt, sie doch auf denselben Punkt zeigt. Jeder wird einsehen, daß das einfach ein Geflunker ist. So daß wir also heute ein kopernikanisches System haben, das eigentlich ein ganz wichtiges Element wegläßt.

Fig. 2

Man stellt die Geschichte der modernen Astronomie-Entwickelung durchaus so dar, daß kein Mensch diese Tatsache bemerkt, daß man eine wichtige Sache wegläßt. Nur dadurch aber ist man überhaupt imstande, noch immer die Geschichte so schön zu zeichnen, daß man sagt: Hier die Sonne, die Erde geht herum in einer Ellipse, in deren einem Brennpunkt die Sonne steht (Fig. 2).

Und nun ist man ja nicht mehr in der Lage gewesen, bei dem kopernikanischen Ausgangspunkt stehen zu bleiben, daß die Sonne stillstehe. Man gibt der Sonne eine Bewegung, aber man bleibt dabei, daß die Sonne fortrückt mit der ganzen Ellipse, daß irgend etwas entsteht, immer neue Ellipsen (Fig. 3). Man fügt einfach, indem man genötigt ist, die Sonnenbewegung einzuführen, zu dem,

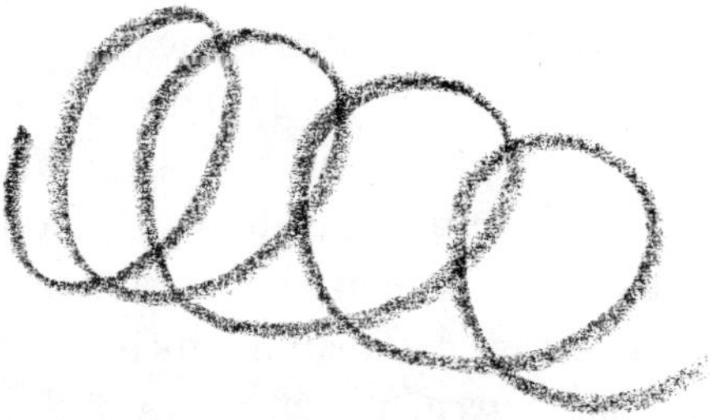

Fig. 3

was man schon hat, ein Neues hinzu, und man bekommt dann auch eben eine mathematische Beschreibung heraus, die ja allerdings bequem ist, bei der man aber nach den Wirklichkeits-Möglichkeiten, nach den Wirklichkeiten wenig frägt. Wir werden sehen, daß man nach dieser Methode nur nach der Stellung der Sterne, der scheinbaren Stellung der Sterne, bestimmen kann, wie die Erde sich bewegt, und daß es eine große Bedeutung hat, ob man eine Bewegung, die man notwendig annehmen muß, nämlich die Inklination der Erdachse, die fortwährend die jährliche Drehung aufhebt, annimmt oder nicht. Denn man bekommt ja doch resultierende Bewegungen heraus, indem man sie zusammensetzt aus den einzelnen Bewegungen. Läßt man eine weg, so ist es schon zusammen nicht mehr richtig. Daher ist die ganze Theorie in Frage gestellt, ob nun gesagt werden kann, daß die Erde sich in einer Ellipse um die Sonne dreht.

Sie sehen einfach aus dieser historischen Tatsache, daß heute in der scheinbar sichersten, weil mathematischsten Wissenschaft, in der Astronomie, brennende Fragen vorliegen, brennende Fragen, die sich einfach aus der Geschichte ergeben. Und daraus entsteht dann

die Frage: Ja, wodurch lebt man denn in einer solchen Unsicherheit gegenüber dem, was eigentlich astronomische Wissenschaft ist? Und da muß man weiter fragen, muß die Frage nach einer anderen Richtung lenken: Kommt man denn überhaupt durch eine bloß mathematische Betrachtung zu irgendeiner realen Sicherheit? Bedenken Sie doch nur, daß, indem man mathematisch betrachtet, man die Betrachtung heraushebt aus jeder äußeren Realität. Das Mathematische ist etwas, was aus unserem Innern aufsteigt. Man hebt sich heraus aus jeder äußeren Realität. Daher ist es schon von vorneherein zu fassen, daß, wenn man nun mit einer Betrachtungsweise, die sich heraushebt aus jeder Realität, an die äußere Realität herantritt, man unter Umständen tatsächlich nur zu etwas Relativem kommen kann.

Ich will im voraus bloße Erwägungen hinstellen. Wir werden schon hinkommen zur Wirklichkeit. Es handelt sich darum, daß vielleicht das vorliegt, daß man, indem man bloß mathematisch betrachtet und seine Betrachtung nicht genügend mit Wirklichkeit durchdringt, gar nicht genügend energisch Wirklichkeit in der Betrachtung drinnen hat, um an die Erscheinungen der Außenwelt richtig herantreten zu können. Das fordert dann auf, eventuell doch näher die Himmelserscheinungen an den Menschen heranzuziehen und sie nicht nur ganz abgesondert vom Menschen zu betrachten. Es war ja nur ein Spezialfall dieses Heranziehens an den Menschen, wenn ich sagte: Man muß dasjenige, was draußen am gestirnten Himmel vor sich geht, in seinem Abdruck in den embryonalen Tatsachen sehen. Aber betrachten wir die Sache zunächst etwas oberflächlicher. Fragen wir, ob wir vielleicht einen anderen Weg als denjenigen finden, der bloß auf das Mathematische losgeht in bezug auf die Himmelserscheinungen.

Da können wir in der Tat die Himmelserscheinungen in ihrem Zusammenhang mit dem irdischen Leben zunächst qualitativ an den Menschen etwas näher heranbringen. Wir wollen heute nicht verschmähen, scheinbar elementare Betrachtungen zugrunde zu legen, weil diese elementaren Betrachtungen gerade ausgeschlossen werden von demjenigen, was man heute der Astronomie zugrunde legt.

Wollen wir einmal uns fragen: Wie nehmen sich denn die Dinge aus, die auch hineinspielen in das astronomische Betrachten, wenn wir das menschliche Leben auf der Erde ins Auge fassen? Da können wir in der Tat die äußeren Erscheinungen um den Menschen herum aus drei verschiedenen Gesichtspunkten heraus betrachten. Wir können sie betrachten von dem Gesichtspunkte, den ich nennen möchte den des solarischen Lebens, des Sonnenlebens, den des lunarischen Lebens und den des terrestrischen, des tellurischen Lebens.

Betrachten wir zunächst ganz populär, eben elementar, wie sich diese drei Gebiete um den Menschen und am Menschen abspielen. Da zeigt sich uns ganz klar, daß etwas auf der Erde in einer durchgreifenden Abhängigkeit ist vom Sonnenleben; vom Sonnenleben, innerhalb dessen wir dann auch jenen Teil suchen werden, der Bewegung oder Ruhe und so weiter der Sonne ist. Wollen wir aber zunächst vom Quantitativen absehen und heute einmal auf das Qualitative sehen, wollen wir einmal versuchen, uns klarzumachen, wie zum Beispiel die Vegetation irgendeines Erdengebietes von dem solarischen Leben abhängt. Da brauchen wir ja in bezug auf die Vegetation nur dasjenige, was allbekannt ist, uns vor Augen zu rufen, den Unterschied der Vegetationsverhältnisse im Frühling, Sommer, Herbst und Winter, und wir werden sagen können: Wir sehen in der Vegetation selber eigentlich den Abdruck des solarischen Lebens. Die Erde öffnet sich auf einem bestimmten Gebiet demjenigen, was außer ihr am Himmelsraum ist, und dieses Öffnen zeigt sich uns in der Entfaltung des vegetativen Lebens. Verschließt sie sich wiederum dem solarischen Leben, so tritt die Vegetation zurück.

Wir finden aber eine gewisse Wechselwirkung zwischen dem bloß Tellurischen und dem Solarischen. Fassen wir nur einmal ins Auge, welcher Unterschied besteht gerade innerhalb des solarischen Lebens, wenn das tellurische Leben ein anderes wird. Wir müssen elementare Tatsachen zusammentragen. Sie werden dann sehen, wie uns dies weiterführt. Nehmen wir einmal Ägypten und Peru als zwei Gebiete in der tropischen Zone, Ägypten als Tiefebene, Peru als Hochebene. Nun, vergleichen Sie die Vegetation, dann werden Sie

sehen, wie das Tellurische, also einfach die Entfernung vom Mittelpunkt der Erde, hineinspielt in das solarische Leben. Sie brauchen also nur die Vegetation über die Erde hin zu verfolgen und die Erde nicht bloß als Mineralisches zu betrachten, sondern das Pflanzliche dazu zu rechnen zur Erde, so haben Sie im Bilde der Vegetation einen Anhaltspunkt, um über die Beziehungen des Irdischen zum Himmlischen Anschauungen zu bekommen. Ganz besonders bekommen wir sie aber, wenn wir auf das Menschliche Rücksicht nehmen.

Da haben wir zunächst zwei Gegensätze auf der Erde: das Polarische und das Tropische. Die Wirkung dieses Gegensatzes zeigt sich ja deutlich im menschlichen Leben. Nicht wahr, das polarische Leben bringt im Menschen einen gewissen geistig-apathischen Zustand hervor. Der schroffe Gegensatz, ein langer Winter und langer Sommer, die fast Tag- und Nacht-Bedeutung haben, bringt im Menschen eine gewisse Apathie hervor, so daß man sagen kann, da lebt der Mensch in einem Weltmilieu drinnen, das ihn apathisch macht. In der tropischen Gegend lebt der Mensch auch in einem Weltmilieu drinnen, das ihn apathisch macht. Aber der Apathie der polarischen Gegenden liegt eine äußere spärliche Vegetation zugrunde, die auf eigentümliche Weise auch da, wo sie sich entfaltet, mager, spärlich ist. Der tropischen Apathie des Menschen liegt zugrunde eine reiche, üppige Vegetation. Und aus diesem Ganzen der Umgebung kann man sagen: Die Apathie, die den Menschen befällt in polarischen Gegenden, ist eine andere Apathie als diejenige, die den Menschen befällt in tropischen Gegenden. Apathisch wird er in beiden Gegenden, aber die Apathie ergibt sich gewissermaßen aus verschiedenen Untergründen. In der gemäßigten Zone ist ein Ausgleich vorhanden. Da entwickeln sich, möchte ich sagen, in einem gewissen Gleichgewicht die menschlichen Fähigkeiten.

Nun wird niemand daran zweifeln, daß das etwas zu tun hat mit dem solarischen Leben. Aber wie ist der Zusammenhang mit dem solarischen Leben? Sehen Sie, wenn man – wie gesagt, ich will zuerst einiges durch Anschauen entwickeln, damit wir zu Begriffen kommen –, wenn man den Dingen zugrunde geht, findet man, daß das

polarische Leben auf den Menschen so wirkt, daß das Sonnenleben zunächst stark sich da auslebt. Die Erde entringt sich da dem Sonnenleben, sie läßt ihre Wirkungen nicht von unten herauf in die Vegetation schießen. Der Mensch ist dem eigentlichen Sonnenleben ausgesetzt – Sie müssen nur das Sonnenleben nicht bloß in der Wärme suchen –, und daß er das ist, bezeugt das Aussehen der Vegetation.

Wir haben also ein Überwiegen des solarischen Einflusses in der polarischen Zone. Welches Leben überwiegt in der tropischen Zone? Dort überwiegt das tellurische Leben, das Erdenleben. Das schießt in die Vegetation hinein. Das macht die Vegetation üppig, reich. Das benimmt dem Menschen auch das Gleichmaß seiner Fähigkeiten, aber es kommt von einer anderen Seite her im Norden wie im Süden. Also, in polarischen Gegenden unterdrückt das Sonnenlicht seine innere Entfaltung; in den tropischen Gegenden unterdrückt dasjenige, was von der Erde aufschießt, seine inneren Fähigkeiten. Und wir sehen einen gewissen Gegensatz, den Gegensatz, der sich zeigt in einem Überwiegen des solarischen Lebens um den Pol herum; in einem Überwiegen des tellurischen Lebens in den tropischen Gegenden, in der Äquatornähe.

Und wenn wir dann hinschauen auf den Menschen und die menschliche Gestalt ins Auge fassen, dann werden wir uns sagen: Dasjenige, was – bitte nehmen Sie zunächst nur als Paradoxie das hin, wenn ich jetzt die menschliche Gestalt in einem gewissen Sinne ernst nehme – in der äußeren Gestalt nachbildet den Weltenraum, die Kugel, die Sphärengestalt des Weltenraumes – das menschliche Haupt –, das ist auch während des Lebens in der polarischen Zone zunächst, ist dem Außerirdischen ausgesetzt. Dasjenige, was Stoffwechselsystem im Zusammenhang mit den Gliedmaßen ist, das ist in der tropischen Zone dem irdischen Leben ausgesetzt. Wir kommen so zu einer besonderen Beziehung des menschlichen Hauptes zum außerirdischen Leben und des menschlichen Stoffwechselsystems zusammen mit dem Gliedmaßensystem zum irdischen Leben. Wir sehen also, daß der Mensch so im Weltenall drinnensteht, daß er mit seinem Haupt, der Nerven-Sinnesorganisation, mehr der außerirdischen Umwelt zugeordnet ist, mit der Stoffwechselorgani-

sation mehr dem irdischen Leben, und wir werden in der gemäßigten Zone eine Art fortwährenden Ausgleichs zu suchen haben zwischen dem Kopfsystem und dem Stoffwechselsystem. Wir werden in der gemäßigten Zone vorzugsweise das rhythmische System im Menschen in Ausbildung begriffen haben.

Jetzt sehen Sie, daß ein gewisser Zusammenhang zwischen dieser Dreigliederung des Menschen – Nerven-Sinnessystem, rhythmisches System, Stoffwechselsystem – und der Außenwelt vorhanden ist. Sie sehen, daß das Kopfsystem mehr der ganzen Umwelt zugeordnet ist, daß das rhythmische System der Ausgleich zwischen der Umwelt und der irdischen Welt ist und das Stoffwechselsystem zugeordnet ist der irdischen Welt.

Nun haben wir zugleich den anderen Hinweis aufzunehmen, der uns das solarische Leben in einer anderen Beziehung auf den Menschen zeigt. Nicht wahr, dasjenige, was wir jetzt betrachtet haben, diesen Zusammenhang des menschlichen Lebens mit dem solarischen Leben, das können wir ja schließlich nur beziehen auf dasjenige, was sich zwischen dem irdischen und außerirdischen Leben im Jahreslauf abspielt. Aber im Tageslauf haben wir es ja im Grunde genommen mit einer Art Wiederholung oder etwas Ähnlichem zu tun wie im Jahreslauf. Der Jahreslauf wird bestimmt durch die Beziehung der Sonne zur Erde, der Tageslauf aber auch. Wenn wir einfach mathematisch-astronomisch sprechen, so reden wir beim Tageslauf von der Umdrehung der Erde um ihre Achse, beim Jahreslauf von der Revolution der Erde um die Sonne. Aber wir beschränken uns dann beim Ausgangspunkt auf sehr einfache Tatsachen. Wir haben aber keine Berechtigung zu sagen, daß wir da wirklich ausgehen von etwas, das ein hinreichender Boden ist für eine Betrachtungsweise und uns hinreichende Unterlagen dafür gibt. Fassen wir beim Jahreslauf einmal alles das ins Auge, was wir jetzt gesehen haben. Ich will noch nicht sagen: Umdrehung der Erde um die Sonne, sondern daß der Jahreslauf, die Wechseltatsache des Jahreslaufes zusammenhängen muß mit der Dreigliederung des Menschen und daß, indem dieser Jahreslauf durch die irdischen Verhältnisse in einer verschiedenen Weise sich ausbildet im Tropischen, im Ge-

mäßigten, im Polarischen, sich daran zeigt, wie dieser Jahreslauf mit der ganzen Bildung des Menschen, mit den Verhältnissen der drei Glieder des dreigliedrigen Menschen, etwas zu tun hat. Wenn wir das in Betracht ziehen können, dann bekommen wir eine breitere Basis und können vielleicht auf etwas ganz anderes kommen, als wenn wir einseitig bloß die Winkel abmessen, die die eine Fernrohrrichtung bildet mit der anderen. Es handelt sich darum, breitere Grundlagen zu gewinnen, um die Tatsachen beurteilen zu können.

Und wenn wir vom Tageslauf sprechen, dann sprechen wir im Sinne der Astronomie von der Umdrehung der Erde um ihre Achse. Nun zeigt sich da allerdings zunächst etwas anderes. Es zeigt sich eine weitgehende Unabhängigkeit des Menschen von diesem Tageslauf. Die Abhängigkeit der Menschheit vom Jahreslauf, namentlich von dem, was zusammenhängt mit dem Jahreslauf, die Bildung der Menschengestalt in den verschiedensten Gegenden der Erde, das zeigt uns eine sehr weitgehende Abhängigkeit des Menschen vom solarischen Leben, von den Veränderungen, die auf der Erde auftreten infolge des solarischen Lebens. Der Tageslauf zeigt das weniger. Wir können allerdings sagen: Es tritt auch in bezug auf den Tageslauf gar manches Interessante zutage, aber es ist verhältnismäßig nicht sehr bedeutend im Zusammenhang des menschlichen Gesamtlebens.

Gewiß, es ist ein großer Unterschied schon bei einzelnen menschlichen Persönlichkeiten vorhanden. Goethe, der ja schließlich schon in einer gewissen Beziehung für das Menschliche als eine Art Normalmensch, als eine Art Normalwesen angesehen werden kann, er fühlte sich am günstigsten zur Produktion aufgelegt am Morgen, *Schiller* mehr in der Nacht. Das weist darauf hin, daß dieser Tageslauf auf gewisse feinere Dinge in der menschlichen Natur dennoch einen gewissen Einfluß hat. Und derjenige, der für solche Dinge einen Sinn hat, wird ja die Tatsache bestätigen, daß ihm viele Menschen im Leben begegnet sind, die ihm anvertraut haben, daß die eigentlich bedeutsamen Gedanken, die sie gehabt haben, in der Dämmerung ausgebrütet worden sind, also auch gewissermaßen in der gemäßigten Zeit des Tageslaufes, nicht um die Mittagsstunde,

nicht um die Mitternachtsstunde, sondern in der gemäßigten Zeit des Tageslaufes. Das ist aber doch sicher, daß der Mensch in einer gewissen Weise unabhängig ist von dem Tageslauf der Sonne. Wir werden auf die Bedeutung dieser Unabhängigkeit noch einzugehen und zu zeigen haben, worin dennoch eine Abhängigkeit besteht.

Nun, ein zweites Element ist aber das lunarische Leben, das Leben, das zusammenhängt mit dem Monde. Es mag sein, daß unendlich vieles, was in dieser Beziehung gesagt worden ist im Laufe der Menschheitsentwickelung, heute sich nur als Phantasterei herausstellt. Aber in irgendeiner Weise sehen wir ja, daß das irdische Leben als solches in den Erscheinungen der Ebbe und Flut ganz zweifellos mit der Mondenbewegung etwas zu tun hat. Aber auch das darf doch nicht übersehen werden, daß schließlich die weiblichen Funktionen, wenn sie auch zeitlich nicht mit den Mondphasen zusammenfallen, so doch ihrer Länge und dem Verlauf nach mit den Mondphasen zusammenfallen, daß also dasjenige, was mit der menschlichen Entwickelung etwas Wesentliches zu tun hat, in bezug auf die Zeitlänge mit den Mondphasen zusammenhängend sich zeigt. Und man kann sagen: Es ist aus dem allgemeinen Naturlauf dieser Gang der weiblichen Funktionen herausgehoben, aber er ist doch ein treues Abbild geblieben. Er vollzieht sich in derselben Zeit.

Ebensowenig darf übersehen werden – nur stellt man über diese Dinge keineswegs vernünftige, exakte Beobachtungen an, wenn man von vorneherein solche Dinge ablehnt –, es darf nicht übersehen werden, daß das Phantasieleben des Menschen tatsächlich außerordentlich viel zu tun hat mit den Mondphasen. Und wer einen Kalender führen würde über das Auf- und Abfluten seines Phantasielebens, der würde eben bemerken, wieviel das zu tun hat mit dem Gang der Mondesphasen. Das aber, daß auf gewisse untergeordnete Organe das Mondenleben, das lunarische Leben einen Einfluß hat, das muß eben an der Erscheinung des Nachtwandelns studiert werden. Und da können interessante Erscheinungen studiert werden, die überdeckt sind durch das normale Menschenleben, die aber in den Tiefen der menschlichen Natur vorhanden

sind und die in ihrer Gesamtheit darauf hinweisen, daß das lunarische Leben ebenso zusammenhängt mit dem rhythmischen System des Menschen, wie das solare Leben mit dem Nerven-Sinnessystem des Menschen zusammenhängt.

Jetzt haben Sie schon eine Kreuzung. Wir haben gesehen, wie sich das solare Leben im Zusammenhang mit der Erde so entwickelt, daß für die gemäßigte Zone schon auf das rhythmische System gewirkt wird. Nun tritt, sich kreuzend mit dieser Wirkung, das lunarische Leben als direkt beeinflussend das rhythmische System auf.

Und wenn wir auf das eigentliche tellurische Leben sehen, dann darf doch nicht außer acht gelassen werden, daß der Einfluß des Tellurischen auf den Menschen sich zwar in einer Region vollzieht, die gewöhnlich nicht beobachtet wird, daß aber der Einfluß auf diese Region durchaus vorhanden ist. Ich bitte Sie, doch nur einmal Ihr Augenmerk zu lenken auf eine solche Erscheinung wie zum Beispiel das Heimweh. Man kann über das Heimweh gering denken. Gewiß, man kann es aus sogenannten seelischen Gewohnheiten und dergleichen erklären. Aber ich bitte Sie doch zu berücksichtigen, daß durchaus im Gefolge des sogenannten Heimwehs auftreten können physiologische Erscheinungen. Bis zum Siechtum des Menschen kann das Heimweh führen. In asthmatischen Erscheinungen kann es sich ausleben. Und wenn man den Komplex der Erscheinungen des Heimwehs mit seinen Folgen, eben mit den asthmatischen Erscheinungen und allgemeinem Siechtum, eine Art von Auszehrung, studiert, dann kommt man auch dazu einzusehen, daß schließlich das Heimweh als Gesamtgefühl auf einer Veränderung des Stoffwechsels beruht, auf einer Veränderung des Stoffwechselsystems; daß dieses Heimweh nur der Bewußtseinsreflex ist von Veränderungen im Stoffwechsel und daß diese Veränderungen lediglich herrühren von der Veränderung desjenigen, was in uns vorgeht, wenn wir von einem Ort mit seinen tellurischen Einflüssen von unten auf an einen anderen Ort mit seinen tellurischen Einflüssen von unten auf versetzt werden. Bitte nehmen Sie das zusammen mit anderen Dingen, die einem ja gewöhnlich keine wissenschaftliche Betrachtung abnötigen, aber leider eben nicht.

Goethe, so sagte ich schon, fühlte sich besonders angeregt zum Dichten, zum Niederschreiben seiner Sachen am Morgen. Brauchte er aber eine Anregung, so nahm er diejenige Anregung, welche ihrer Natur nach am wenigsten unmittelbar in den Stoffwechsel eingreift, sondern ihn nur vom rhythmischen System aus irritiert, das ist der Wein. Goethe regte sich mit Wein an. Er war in dieser Beziehung überhaupt eben ein Sonnenmensch. Er ließ auf sich namentlich die Einflüsse des solarischen Lebens wirken. Bei Schiller oder *Byron* war das umgekehrt. Schiller dichtete am liebsten, wenn die Sonne untergegangen war, wenn also das solare Leben wenig mehr tätig war, und er regte sich an mit etwas, was gründlich in den Stoffwechsel eingreift, mit warmem Punsch. Das ist etwas anderes als die Wirkung, die Goethe vom Wein hatte. Das ist eine Einwirkung auf das gesamte Stoffwechselsystem. Durch den Stoffwechsel wirkt die Erde auf den Menschen. So daß man sagen kann, Schiller ist im wesentlichen ein tellurischer Mensch gewesen. Die tellurischen Menschen wirken auch mehr durch das Emotionelle, das Willenhafte, die solarischen Menschen mehr durch das Ruhige, Kontemplative. Goethe wurde ja auch immer mehr und mehr für diejenigen Menschen, die das Solarische nicht mögen, die nur das Tellurische, dasjenige, was an der Erde haftet, mögen, «der kalte Kunstgreis», wie man ihn in Weimar nannte, «der kalte Kunstgreis mit dem Doppelkinn». Das war ein Name, der Goethe in Weimar im 19. Jahrhundert immer wiederum gegeben worden ist.

Nun möchte ich Sie noch auf etwas anderes aufmerksam machen. Bedenken Sie einmal, nachdem wir beobachtet haben dieses Hineingestelltsein des Menschen in den Weltenzusammenhang: Erde, Sonne, Mond – die Sonne mehr wirkend auf das Nerven-Sinnessystem; der Mond mehr wirkend auf das rhythmische System; die Erde, dadurch, daß sie dem Menschen ihre Stoffe zur Nahrung gibt, also die Stoffe direkt in ihm wirksam macht, wirkt auf das Stoffwechselsystem, wirkt tellurisch. Wir sehen im Menschen etwas, wo wir vielleicht Anhaltspunkte finden können, uns das Außermenschliche, das Himmlische zu erklären auf breiterer Grundlage als durch die bloße Winkelstellung des Fernrohres und dergleichen. Insbesondere

finden wir solche Anhaltspunkte, wenn wir noch weitergehen, wenn wir nun die außermenschliche Natur betrachten, aber auch so betrachten, daß wir in ihr mehr sehen als bloß eine Registratur der aufeinanderfolgenden Tatsachen. Betrachten Sie das Metamorphosenleben der Insekten. Es ist im Jahreslauf durchaus etwas, was das äußere solare Leben widerspiegelt. Ich möchte sagen: Beim Menschen müssen wir forschend mehr nach innen gehen, um Solarisches, Lunarisches und Tellurisches in ihm zu verfolgen. Beim Insektenleben in seinen Metamorphosen sehen wir direkt den Jahreslauf in den aufeinanderfolgenden Gestalten, die das Insekt annimmt, zum Ausdruck kommen. So daß wir uns sagen können, wir müssen vielleicht nicht nur quantitativ vorgehen, sondern wir müssen auch auf das Qualitative sehen, das sich uns in solchen Erscheinungen ausdrückt. Warum immer bloß fragen: Wie sieht im Objektiv darinnen irgendeine Erscheinung da draußen aus? – Warum nicht fragen: Wie reagiert nicht bloß das Objektiv des Fernrohres, sondern das Insekt? Wie reagiert die menschliche Natur? Wie wird uns dadurch etwas verraten über den Gang der Himmelserscheinungen? Und wir müssen uns zuletzt fragen: Werden wir da nicht auf breitere Grundlagen geführt, so daß es uns nicht passieren kann, daß wir theoretisch, wenn wir philosophisch das Weltenbild erklären wollen, Kopernikaner sind und wiederum für Kalender oder sonstwie rechnend das tychonische Weltbild zugrunde legen, was heute praktisch die Astronomie noch macht; oder daß wir zwar Kopernikaner sind, aber das Wichtigste bei Kopernikus, nämlich seinen dritten Hauptsatz, einfach weglassen? Können wir vielleicht nicht die Unsicherheiten, die heute geradezu die astronomischen Grundfragen zu brennenden machen, dadurch überwinden, daß wir auf breiterer Grundlage arbeiten, daß wir auch auf diesem Gebiet aus dem Quantitativen in das Qualitative hineinarbeiten?

Ich habe gestern versucht hinzuweisen zunächst auf den Zusammenhang der Himmelserscheinungen mit den embryonalen Erscheinungen, heute mit dem fertigen Menschen. Da haben Sie einen Hinweis auf eine notwendige Umgruppierung des wissenschaftlichen Lebens. Aber nehmen Sie eines, was ich im Laufe der heutigen

Betrachtung auch erwähnt habe. Ich habe Sie hingewiesen auf Zusammenhänge des menschlichen Stoffwechselsystems mit dem irdischen Leben. Wir haben im Menschen das Wahrnehmungsvermögen durch das Nerven-Sinnessystem vermittelt, das irgendwie zusammenhängt mit dem solarischen, dem Himmelsleben überhaupt; wir haben das rhythmische System zusammenhängend mit dem, was zwischen Himmel und Erde ist; wir haben das Stoffwechselsystem zusammenhängend mit dem, was mit der eigentlichen Erde zusammenhängt, so daß wir, wenn wir auf den eigentlichen Stoffwechselmenschen sehen würden, wir vielleicht dadrinnen nun wiederum näher kommen könnten der eigentlichen Wesenheit des Tellurischen. Was tun wir denn heute, wenn wir dem Tellurischen näher kommen wollen? Wir benehmen uns wie Geologen. Wir untersuchen die Dinge von der Außenseite. Aber sie haben doch auch eine Innenseite! Zeigen sie die vielleicht erst, wenn sie durch den Menschen gehen, in der wahren Gestalt?

Es ist heute ein Ideal geworden, das Verhältnis der Stoffe zueinander abgesondert vom Menschen zu betrachten und dabei zu bleiben, im chemischen Laboratorium die gegenseitige Wirkung der Stoffe zu betrachten durch Hantierungen, um hinter das Wesen der Stoffe zu kommen. Wenn es aber so wäre, daß die Stoffe erst ihre Wesenheit enthüllen in der menschlichen Natur, dann müßten wir Chemie so treiben, daß wir bis zur menschlichen Natur herangehen. So würden wir einen Zusammenhang zu konstruieren haben zwischen wirklicher Chemie und den Stoffvorgängen im Menschen, so wie wir einen Zusammenhang sehen zwischen Astronomie und Embryologie, zwischen Astronomie und der menschlichen Gesamtgestalt, der dreigliedrigen menschlichen Wesenheit. Sie sehen, die Dinge wirken ineinander. Wir kommen erst in wirkliches Leben hinein, wenn wir diese Dinge ineinandergehend betrachten.

Aber auf der anderen Seite werden wir ja wiederum den Zusammenhang zu sehen haben, da die Erde im Weltenraum sich befindet, zwischen dem, was tellurisch ist, und den astronomischen Vorgängen. Jetzt haben wir einen Zusammenhang zwischen der Astronomie und den Stoffen der Erde, einen Zusammenhang zwischen

der Erde und dem, was menschlicher Stoffwechsel ist und wiederum einen direkten Einfluß der solarischen, himmlischen Vorgänge auf den Menschen selber. Im Menschen also gleichsam haben wir ein Zusammentreffen desjenigen, was aus dem Himmel kommt, sowohl direkt wie auf dem Umweg durch die Stoffe der Erde. Die Stoffe der Erde wirken auf den menschlichen Stoffwechsel. Und auf den Menschen als solchen wirken wiederum direkt die Himmelseinflüsse. Es begegnen sich im Menschen also die direkten Einflüsse, die wir dem solaren Leben verdanken, mit denjenigen Einflüssen, die indirekt durch die Erde durchgehen, also eine Veränderung erfahren haben durch die Erde. So daß wir sagen können: Das Innere des Menschen wird uns auch physisch-anatomisch erklärbar werden als Zusammenwirken direkter außerirdischer Einflüsse mit solchen außerirdischen Einflüssen, die durch die Erdenwirkungen durchgegangen sind und wiederum ineinanderströmen in dem Menschen (Fig. 4).

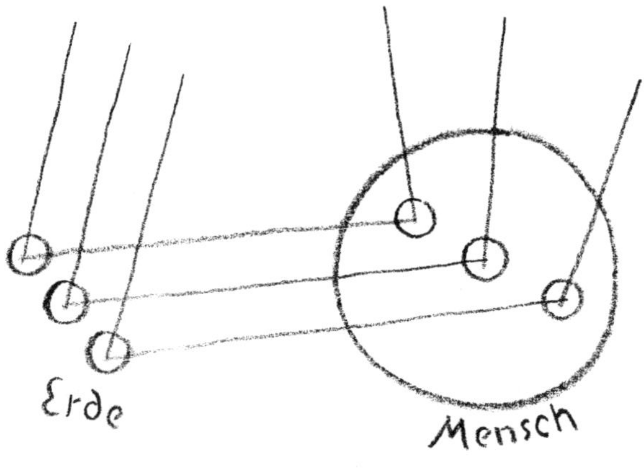

Fig. 4

Sie sehen, wie sich uns, indem wir den Menschen in seiner Totalität betrachten, die gesamte Welt zusammenschließt und wie es notwendig ist, um zu einer Menschenbetrachtung zu kommen, diesen Zusammenschluß ins Auge zu fassen. Was hat daher die Spezialisierung in der Wissenschaft getan? Sie hat uns abgeführt von der Realität. Sie hat uns in lauter abstrakte Gebiete hineingebracht. Und wir haben gezeigt, wie sich die Astronomie, trotzdem sie als

sichere Wissenschaft gilt, nur zu helfen weiß, indem sie bei der Kalenderrechnung etwas anderes vertritt als in der Theorie; wie sie kopernikanisch ist, aber bei Kopernikus das Wichtigste wegläßt; daß also überall Unsicherheit eintritt und daß in dem, was man da zutage fördert, nicht das enthalten ist, um was es sich handeln muß: das Herausbilden des Menschen aus dem gesamten Weltenall.

DRITTER VORTRAG

Stuttgart, 3. Januar 1921

Ich habe Sie auf der einen Seite darauf aufmerksam gemacht, wie problematisch es ist, die Himmelserscheinungen nur zusammenzufassen unter rein geometrisch-mathematischen Gesichtspunkten. Daß dies problematisch ist, das sieht man ja auf den verschiedensten Seiten heute schon ein. Und es wird eigentlich nur noch zurückgebliebene Geister geben, welche in einem solchen Weltenbilde, wie es das kopernikanisch-galileische ist, die Wiedergabe einer Wirklichkeit sehen. Dagegen häufen sich die Stimmen immer mehr und mehr, die die ganze Art des Zusammenfassens der Himmelserscheinungen unter solchen Gesichtspunkten ja praktisch und nützlich finden für Berechnungen, die aber betonen, daß das Ganze doch eben nur eine bestimmte Art der Zusammenfassung ist, die auch anders sein könnte. Und auch solche Persönlichkeiten gibt es ja jetzt, welche, wie etwa *Ernst Mach,* sagen: Im Grunde genommen kann man das kopernikanische Weltensystem ebenso vertreten wie das ptolemäische. Man könnte sich auch ein drittes ausdenken. Man habe es da eben nur mit einer praktischen Art der Zusammenfassung desjenigen, was man beobachten kann, zu tun. Man müsse sich dieser ganzen Welt in einer freieren Weise der Auffassung gegenüberstellen. – Sie sehen also, das Problematische der noch vor kurzem wie Abbilder der Wirklichkeit geschilderten Himmelskarten wird in weitesten Kreisen eigentlich heute ziemlich zugegeben. Dagegen kann ein Ausweg aus dem Problematischen und Ungewissen, das sich da darbietet, nur gefunden werden durch solche Betrachtungen, wie wir sie gestern wenigstens zunächst in skizzenhafter Weise angestellt haben, durch Betrachtungen, welche den Menschen nicht herausnehmen aus dem ganzen kosmischen Zusammenhang, sondern ihn hineinstellen in diesen Zusammenhang, so daß man gewissermaßen an den Vorgängen im Menschen selber sieht, wie diese Vorgänge zusammenhängen mit solarischen Erscheinungen, mit lunarischen Erscheinungen, mit terrestrischen Erscheinungen, um von

da aus dann – also von dem, was im Menschen vorgeht – den Weg zu finden zu demjenigen, was in einer gewissen Beziehung als Ursachen solcher inneren Vorgänge im Menschen draußen im Kosmos geschieht.

Natürlich kann ein solcher Weg nur von dem Gesichtspunkte geisteswissenschaftlicher Betrachtung beschritten werden. Und Sie werden sehen, daß wir, gerade wenn wir die Astronomie zu den verschiedensten Lebensgebieten in Beziehung bringen wollen, finden werden, wie wir immer mehr und mehr in eigentlich geisteswissenschaftliche Betrachtungen durch das Astronomische selbst hineingetrieben werden. Bedenken Sie, daß zunächst dasjenige, was von den Himmelserscheinungen sichtbar ist, was wahrnehmbar ist unseren Sinnen, auch unseren bewaffneten Sinnen, sich darstellt als dasjenige, was gewissermaßen schon außerhalb des Menschen als Offenbarung dieser Himmelserscheinungen sich geltend macht. Der Mensch hält gewissermaßen dasjenige, was an ihn herantritt, mit seinen Sinnen auf und vergegenwärtigt es sich durch sein Bewußtsein in seinem Weltbilde. Aber diese Impulse, die da von allen Seiten auf uns zuströmen, die machen ja gewiß nicht vor unseren Sinnen Halt. Und dasjenige, was vorgeht, ohne daß der Mensch es aufhält durch seine Sinne und es sich zum Bewußtsein bringt, was da lebt in dem, was uns gewissermaßen von allen Seiten zuströmt von den Himmelswirkungen, das muß aufgesucht werden in unserem Organismus, der ja alles in einer gewissen Weise wiedergeben muß, allerdings in unbewußten, unterbewußten Vorgängen, die erst auf kompliziertere Art heraufgeholt werden müssen ins Bewußtsein.

Wir wollen nun dasjenige, was wir gestern begonnen haben, nach einer gewissen Richtung hin fortsetzen. Es ist ja nur eine Abstraktion unserer irdischen Welt, was der Geologe oder Mineraloge betrachtet. Denn dasjenige, was der Geologe, der Mineraloge schildert von der Erde, das, so könnte man sagen, gibt es ja gar nicht. Das ist nur herausgeschnitten aus einer viel größeren, umfassenderen Wirklichkeit. So wahr als unsere Erde besteht aus den Mineralien und so wahr sie sich in der mineralischen Sphäre entwickelt hat, so wahr also Kräfte in ihr vorhanden sind, die die Mineralien aus

ihr heraustreiben, so wahr gehört zur Erde auch dasjenige, was in den Pflanzen, den Tieren, was in den physischen Menschen lebt. Und wir betrachten die Erde nur in ihrer Ganzheit, wenn wir nicht einfach hinwegheben dasjenige, was in Pflanzen, Tieren und Menschen lebt, und nur das Abstraktum «mineralische Erde» ins Auge fassen, sondern wenn wir die Erde so betrachten, daß wir sie in ihrer Totalität uns vor das Bewußtsein bringen. Das heißt, daß eben zu ihr dann gehören alle diejenigen Wesenheiten und Wesenhaftigkeiten, die aus ihr emporgetrieben werden.

Nun nehmen Sie von dem, was zu dieser totalen Erde gehört, zunächst das Pflanzenreich. Wir wollen es heranziehen, um dann den Übergang zu finden zu dem, was uns im Menschen entgegentritt. Während das mineralische Reich in einer gewissen Weise, allerdings nur bis zu einem gewissen Grade, sozusagen ein innerlich selbständig-irdisches Dasein führt, nur in einer solchen Beziehung zum außerirdischen Kosmos steht, die sich etwa äußert in der Verwandlung des Wassers im Winter in Eis und dergleichen, steht das Pflanzenreich mit der irdischen Umgebung, mit alledem, was auf die Erde hereindringt aus dem Kosmos, in einer viel innigeren Beziehung. Durch das Pflanzenreich öffnet sich gewissermaßen das Erdensein dem Kosmos. Und in denjenigen Gebieten, wo in einer gewissen Jahreszeit eine besonders intensive Wechselwirkung stattfindet zwischen der Erde und der Sonne, schließt sich bei den Pflanzen das Pflanzenleben auf. Es schließt sich auf, indem eine Wechselwirkung eben eintritt zwischen der Erde und dem Kosmos. Wir müssen so etwas, was uns gewissermaßen nicht bloß quantitativ, sondern qualitativ hineinführt in das astronomische Feld, durchaus beachten. Wir müssen von diesen Dingen ebenso Vorstellungen gewinnen, wie sie der heutige Astronom gewinnt von Winkelbeziehungen, von Parallaxen und so weiter. Wir müssen zum Beispiel uns sagen: Es ist gewissermaßen die Pflanzendecke eines Erdgebietes eine Art Sinnesorgan für dasjenige, was herein sich offenbart aus dem Kosmos. Es ist, wenn eine besondere Wechselwirkung stattfindet zwischen einem Teil der Erdoberfläche und dem Kosmos, gewissermaßen so, wie wenn der Mensch nach außenhin aufschließt

die Augen, weil er einen Sinneseindruck bekommt. Und im anderen Falle, wenn die Wechselwirkung weniger intensiv ist zwischen der Erde und dem Kosmos, ist das Zurücktreten der Vegetation, das Sich-Verschließen der Vegetation etwas wie ein Augenschließen gegenüber dem Kosmos. Es ist mehr als ein bloßer Vergleich, wenn man davon spricht, daß ein Territorium durch die Vegetation die Augen öffnet nach dem Kosmos im Frühling und im Sommer, daß es die Augen schließt im Herbst und Winter. Und da man durch Augenöffnen und Augenschließen sich in einer gewissen Weise verständigt mit der äußeren Welt, so muß auch so etwas gesucht werden wie Aufschlüsse über den Kosmos in dem terrestrischen Augenaufschließen und Augenzuschließen durch die Vegetation.

Fassen wir das Ganze etwas genauer noch ins Auge. Sehen wir uns an, welch ein Unterschied besteht zwischen der Vegetation auf einem Erdgebiet, das gewissermaßen der lebendigsten Wechselwirkung ausgesetzt ist, sagen wir, mit dem solaren Leben, und wenden wir dann die Aufmerksamkeit der Vegetation zu, wenn dieses Gebiet nicht ausgesetzt ist dem solaren Leben. Der Winter unterbricht ja natürlich nicht das vegetative Leben der Erde. Es ist ja ganz natürlich, daß das vegetative Leben durch den Winter fortdauert. Aber es äußert sich in einer anderen Weise als indem es ausgesetzt ist der intensiven Wirkung der Sonnenstrahlen, also sagen wir des Kosmos. Dieses vegetative Leben schießt unter der Einwirkung des Solarischen in die Gestalt. Das Blatt bildet sich aus, es kompliziert sich, die Blüte bildet sich aus. Tritt dasjenige ein, was man nennen könnte das Augenverschließen gegenüber dem Kosmos, dann geht das vegetative Leben in sich, in den Keim hinein. Es entzieht sich der Außenwelt, es schießt nicht in die Gestalt; ich möchte sagen, es zieht sich in den Punkt zusammen, es zentriert sich. Da haben wir einen Gegensatz, den wir geradezu als eine Gesetzmäßigkeit ansprechen können. Wir können sagen: Die Wechselwirkung zwischen dem irdischen und solarischen Leben stellt sich für die Vegetation so dar, daß das vegetative Leben unter dem Einfluß des Solarischen in die Gestalt schießt, unter dem Einfluß des irdischen Lebens in den Punkt sich zusammenschließt, zum Keim wird. Sie sehen: Etwas

Ausbreitendes – etwas sich Zentrierendes liegt darin. Wir ergreifen die Raumesverhältnisse unmittelbar aus dem Qualitativen heraus. Das ist es, was wir uns für die Bildung gewisser Ideen angewöhnen müssen, wenn wir zu fruchtbaren Anschauungen auf diesem Gebiet kommen wollen.

Und gehen wir nun vom Pflanzenleben hinüber auf den Menschen. Es ist ja natürlich, daß dasjenige, was sich in bezug auf die Pflanzen äußert, auch im Menschen sich äußert. Aber wie äußert es sich? Wir können am Menschen selbst dasjenige, was wir da im Pflanzenleben äußerlich wahrnehmen, was wir gewissermaßen, wenn wir auf das Qualitative hinschauen, vor unsern Augen haben, wir können das im Menschen im Grunde genommen nur in dem ersten Kindesalter verfolgen. Verfolgen wir einmal, so wie wir das jetzt für die Pflanze getan haben, die Wechselwirkung zwischen dem solaren und dem terrestrischen Leben für den Menschen in den Kindesjahren. Das Kind schließt sich ja schon durch die Sinne den Eindrücken der äußeren Welt auf. Das ist im wesentlichen ein Sich-Aufschließen dem solarischen Leben. Sie brauchen nur ein wenig sich die Dinge zurechtzurücken, so werden Sie sehen, daß das, was da an unsere Sinne herandringt, im wesentlichen zusammenhängt mit dem, was bewirkt wird durch das Kosmische im Terrestrischen. Sie können auf den speziellen Fall des Lichtes reflektieren, daß, wenn sich im Tag-Nacht-Wechsel Licht und Finsternis ablösen, auf unsere Augen bei Tag Eindrücke gemacht werden, bei Nacht keine Eindrücke gemacht werden. Sie können aber das auch auf andere Wahrnehmungen, wenn es da auch schwieriger klar zu machen ist, anwenden. Sie können sich sagen: Da ist eine gewisse Wirkung des Wechselverhältnisses zwischen dem Solarischen und Irdischen, das sich im Menschen so äußert, daß es seelisch bei ihm auftritt. Der Mensch hat seelische Wirkungen durch dasjenige, was da zunächst im Tageszeitenwechsel auftritt. Dasjenige gewissermaßen, was die Sonne über die Erde bringt, äußert sich zunächst im Seelischen des Menschen.

Wenn wir aber das Wachstum des Kindes, namentlich bis zum siebenten Jahr hin, bis zum Zahnwechsel, verfolgen und wenn wir

auf die Einzelheiten eingehen, dann finden wir, wie in der Tat jedes Jahr, besonders in den ersten Jahren der kindlichen Entwickelung – es wird immer weniger, je älter das Kind wird – deutlich wahrnehmbar ist, daß dasjenige, was als Jahreszeitenwechsel besteht, geradeso wie für das Hervorsprießen und Zurückziehen der Vegetation auch für das menschliche Wachstum eine Bedeutung hat. Wenn wir uns schematisch darstellen wollen, wie das eigentlich ist, wenn wir zum Beispiel studieren sorgfältig aber auch vernünftig den Entwickelungsgang des menschlichen Gehirns in den ersten Jahren, eben von Jahr zu Jahr, so werden wir folgendes finden, schematisch gezeichnet: Wir haben gewissermaßen den menschlichen Schädel mit seinem Gehirninhalt (Figur). Er bildet sich um, und man kann verfolgen, wie er sich umbildet durch dasjenige, was da im Lauf des

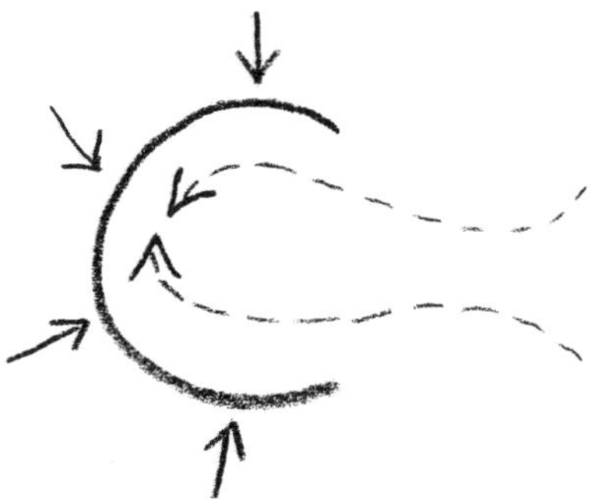

Jahreswechsels geschieht. Dasjenige, was bauend, gestaltend wirkt auf das menschliche Haupt, was gewissermaßen von außen auf das menschliche Haupt wirkt leiblich-physisch, das finden wir in einem innigen Zusammenhang mit den Kräften, die im Wechselspiel sich geltend machen zwischen der Erde und der Sonne im Jahreslauf.

Im Tageslauf finden wir dasjenige, was durch die Sinne nach innen geht, sich unabhängig macht vom Wachstum, was seelisch-geistig im Menschen wirkt. Wir sehen gewissermaßen, wie dasjenige, was durch die Sonne geschieht mit dem Menschen im Tageslauf, eine innerliche Wirkung hat, die sich emanzipiert von dem Äußeren

und seelisch-geistig wird – dasjenige, was das Kind lernt, was es sich aneignet durch Beobachtung, was also vorgeht mit dem Seelisch-Geistigen; wir sehen, wie dann in wesentlich anderem Tempo, von einer wesentlich anderen Seite her das Gehirn sich ausbildet, sich gliedert, wächst. Das ist die andere Wirkung. Das ist die Jahreswirkung des Solaren. Wir wollen jetzt gar noch nicht davon sprechen, welche Veränderungen zwischen Sonne und Erde im Weltenall draußen vorgehen, wir wollen lediglich die Äußerungen, die an gewisse Veränderungen im solarisch-irdischen Leben geknüpft sind, im Menschen selbst betrachten. Wir betrachten den Tag und wir finden das seelisch-geistige Leben des Menschen mit dem Sonnengang zusammenhängend; wir betrachten die Jahreszeitenwechsel und wir finden das Wachstumsleben des Menschen, das Physisch-Leibliche, mit dem Sonnengang zusammenhängend. Wir werden uns sagen: Dasjenige, was als Veränderungen zwischen Erde und Sonne in 24 Stunden geschieht, das hat gewisse Wirkungen im Seelisch-Geistigen des Menschen; dasjenige, was zwischen Erde und Sonne im Jahreslauf geschieht, das hat gewisse Wirkungen im Leiblich-Physischen des Menschen. Wir werden diese Wirkungen mit anderen in Zusammenhang bringen müssen, um von da aus aufzusteigen zu einem Weltenbilde, das nun nicht trügen kann, weil es uns unterrichtet über Vorgänge, die nun reale Vorgänge an uns selbst sind, die nicht abhängen von irgendwelchen illusionären Sinneseindrücken oder dergleichen.

Sie sehen, wir müssen uns ganz allmählich nähern demjenigen, was eine sichere Grundlage geben kann für ein auch astronomisches Weltenbild. Wir können aber nur von dem ausgehen, was uns am Menschen selbst erscheint. So daß wir sagen können: Der Tag, er ist irgend etwas im Zusammenhang des Menschen mit dem Weltenall, was sich seelisch-geistig äußert; das Jahr, es ist irgend etwas im Zusammenhang des Menschen mit dem Weltenall, was sich physisch-leiblich äußert in Wachstumserscheinungen und so weiter.

Betrachten wir jetzt einen anderen Komplex von Tatsachen. Ich habe schon gestern darauf hingewiesen. Mit demjenigen, was zusammenhängt mit der menschlichen Fortpflanzung müssen wir ver-

binden gewisse Vorstellungen, die sich auch auf das kosmische Leben beziehen. Wir haben gestern darauf hingewiesen, daß es sich ja in auffälliger Weise im weiblichen Organismus zeigt, wo mit dem Geschlechtsleben zusammenhängende monatliche Funktionen zwar nicht zusammenfallen mit den Mondesphasen, aber in ihrem zeitlich-rhythmischen Verlauf ein Abbild davon sind. Der Vorgang reißt sich gewissermaßen aus dem Kosmos heraus, aber er ahmt in seinem Verlauf die Vorgänge des Mondes noch nach. Wir haben da einen Hinweis auf innere Vorgänge im menschlichen Organismus, die wir nur studieren können, wenn wir uns, ich möchte sagen, alltäglichere Erscheinungen vor Augen führen, die uns diese weiter abliegenden Erscheinungen verständlich machen können. Und da verweise ich Sie darauf, daß es ja in unserem Seelenleben etwas gibt, was die Vorgänge, auf die ich hier anspiele, eigentlich im Kleinen abbildet. Wir haben ein gewisses äußeres Erlebnis, bei dem wir mit unseren Sinnen, mit unserem Verstand beschäftigt sind, vielleicht auch mit unserem Gefühl und so weiter. Wir behalten eine Erinnerung von diesem Erlebnis zurück. Diese Erinnerung, dieses Zurückbehalten, sie führen ja dazu, daß das Bild dieses Erlebnisses später wiederum auftreten kann. Und derjenige, der nun nicht aus phantastischen Theorien heraus, sondern aus gesunder, aber das Intensive berücksichtigender Beobachtung auf die Dinge sieht, der wird sich sagen müssen, daß an allem, was als Erinnerung in uns auftaucht, unsere leiblich-physische Organisation beteiligt ist. Gewiß, der Prozeß des Erinnerns selbst ist ein Seelisches, aber wir brauchen die innerliche Widerlage des Physisch-Leiblichen, damit sie zustande komme. Es ist bei dem, was in der Erinnerung sich abspielt, durchaus ein Zusammenwirken mit leiblichen Vorgängen, die nur von der äußeren Wissenschaft heute noch nicht genügend erforscht sind. Vergleicht man nun dasjenige, was im weiblichen Organismus – allerdings auch im männlichen Organismus, wo es nur sich mehr zurückzieht, wo es mehr im ätherischen Organismus zu beobachten ist, was ja gewöhnlich nicht geschieht –, vergleicht man dasjenige, was im weiblichen Organismus mit der monatlichen Periode geschieht, mit dem, was im gewöhnlichen Erleben bei einer Erinnerung geschieht, so wird

man zwar einen Unterschied finden, aber man wird, wenn man mit gesunden Seelenaugen den Vorgang ins Bewußtsein sich hineinschafft, doch nicht anders sagen können, als daß dasjenige, was in der Erinnerung sich abspielt, dieses auf seelenhafte Art auftretende Geschehen im physischen Organismus, etwas ähnlich ist demjenigen, was mit den monatlichen Funktionen des Frauenorganismus vorgeht, nur im Kleinen, mehr ins Seelische gezogen, weniger in den Leib hineingepreßt. Und von da aus werden Sie die Möglichkeit finden, sich zu sagen: Indem der Mensch sich herausindividualisiert aus dem Kosmos, entwickelt er die Fähigkeit des Sich-Erinnerns. Indem der Mensch aber noch drinnensteht im Kosmos, indem er mehr seine unterbewußten Funktionen entwickelt, bildet sich etwas wie ein Erleben mit dem Kosmos, also mit etwas, was mit den Mondenvorgängen zusammenhängt, was bleibt so wie ein Erlebnis, das wir haben und das später in inneren Bildungsvorgängen wie eine mehr in den Leib hereingedrückte, organisch gewordene Erinnerung auftritt.

Auf eine andere Weise kommt man nicht zu Vorstellungen über diese Dinge als dadurch, daß man vom Einfacheren zum Komplizierteren, zum Zusammengesetzten vorgeht. Geradeso wie nicht zusammenzufallen braucht eine Erinnerung mit einem neuen Erlebnis in der Außenwelt, braucht dasjenige, was dann gesetzmäßig wie eine Erinnerung an einen früheren kosmischen Zusammenhang der menschlichen Organisation mit den Mondesphasen im weiblichen Organismus auftritt, nicht zeitlich zusammenzufallen mit diesen Mondesphasen, aber es hängt ebenso wesenhaft im Grunde genommen das wiederkehrende ehemalige Erlebnis mit den Mondesphasen zusammen. Sie sehen, wir kommen da dahin, daß wir im menschlichen Organismus mehr nach der geistig-seelischen Seite hin etwas finden, was sich ausnimmt wie Wirkungen, aber jetzt in die Zeit hineingesetzte Wirkungen desjenigen, was vom Monde aus geschieht. Ungefähr 28 Tage umfaßt der Vorgang, um den es sich hier handelt.

Nehmen Sie jetzt das Folgende: Wir haben hier erstens, wenn wir die Tagessonnenwirkung betrachten, ein innerlich Geistig-Seelisches; wenn wir die Jahressonnenwirkung betrachten, dann haben

wir ein äußerlich dem Leiblich-Physischen angehöriges Wachstumsverhältnis. Also sagen wir für das solare Leben:

1. Geistig-Seelisches: Tag
2. Physisch-Leibliches: Jahr

Und jetzt kommen wir zu den lunarischen Wirkungen, zu dem Mondenleben. Dasjenige, was ich Ihnen eben davon geschildert habe als das erste, das ist ja ein Geistig-Seelisches. Es hat sich nur sehr tief in den Leib hineingedrückt. Es ist wirklich im feineren Sinne physiologisch kein Unterschied zwischen dem, was im Leibe beim Auftreten einer Erinnerung vor sich geht in bezug auf das Erlebnis, auf das die Erinnerung zurückgeht, und demjenigen, was bei der monatlichen Frauenperiode im Leibe vor sich geht in Beziehung auf dasjenige, was einmal der weibliche Organismus mit den Mondesphasen zusammen erlebt hat. Nur daß das eine eben ein stärkeres, ein intensiveres, ein intensiver in den Leib hineingedrücktes geistig-seelisches Erlebnis ist. Also für das lunare Leben:

1. Geistig-Seelisch: 28-Tage-Wirkung

Suchen wir jetzt die entsprechenden leiblich-physischen Erscheinungen. Was müßte sich dann herausstellen? Sie können es deduktiv selber finden. Wir werden zweitens haben die physisch-leiblichen Erscheinungen, die müssen eine 28-Jahre-Wirkung sein. Wie hier (oben) ein Tag einem Jahr entspricht, so müssen wir hier 28 Jahre haben.

2. Physisch-Leiblich: 28-Jahre-Wirkung

Sie brauchen sich nur daran erinnern, daß 28 Jahre die Zeit ist bis zu unserem vollen innerlichen Auswachsen. Da hören wir eigentlich erst auf, in der aufsteigenden Wachstumsentwickelung zu sein. Gerade so, wie die Sonne von außen auf uns wirkt in ihrem Jahr, in einer Jahreswirkung, um dasjenige von außen an uns zu vollbringen, was entspricht der Tageswirkung im inneren Geistig-Seelischen, so arbeitet irgend etwas im Kosmos draußen in einer 28-jährigen Periode, um uns voll zu organisieren von außen, wie innerlich

organisiert wird geistig-seelisch die menschliche Frauennatur gewissermaßen in einem 28-tägigen Tageslauf – bei der Frauennatur ist das nur mehr zu beobachten als beim Manne, wo der entsprechende Tageslauf sich mehr ins Ätherische zurückzieht. So daß Sie sagen können: Wie das Tagessonnenleben zum Jahressonnenleben sich verhält in bezug auf den Menschen, so verhält sich das 28-tägige Mondenleben zum 28-jährigen Mondenleben in bezug auf den ganzen Menschen – sonst ist es mehr in bezug auf das menschliche Haupt.

Da sehen Sie, wie wir den Menschen hineinstellen, richtig hineinstellen in den ganzen Kosmos, wie wir wirklich aufhören, von Sonne und Mond nur so zu sprechen, als ob wir hier auf der Erde in Isolierung stünden und draußen nur unsere Augen oder unsere Fernrohre sehen würden Sonne und Mond. Wir reden von Sonne und Mond als von etwas, was innig verbunden ist mit unserem Leben, und die Verbindung selbst, wir nehmen sie wahr in der besonderen Konfiguration unseres Lebens auch in der Zeit. Ehe man nicht den Menschen wiederum hineinstellen wird in dasjenige, was Sonne und Mond *tun,* eher wird man nicht eine feste Grundlage für wahrhaftige astronomische Anschauungen entwickelt haben. Sie sehen, es muß geisteswissenschaftlich aufgebaut werden eine neue astronomische Wissenschaft. Sie muß hervorgeholt werden aus einer intimeren Kenntnis des Menschen selber. Wir werden erst einen Sinn verbinden können mit demjenigen, was die äußere Astronomie sagt, wenn wir in die Lage kommen, aus dem Menschen heraus unsere Vorbedingungen zu nehmen, um dann mit diesen Vorbedingungen zu verfolgen dasjenige, was die äußere Astronomie in schematischer Weise sagt. Und wir werden auch Wesentliches in dieser äußeren Astronomie dadurch korrigieren können.

Aber was folgt denn eigentlich aus alledem? Es folgt daraus, daß wirklich in diesen Vorgängen, zunächst gleichgültig, was hinter ihnen steckt, ein universelles Leben sich äußert. Mag – wir werden später noch darüber sprechen – die tägliche Erdrotation, die jährliche Erdrevolution hinter dem stehen, was ich hier als solarisches Leben in bezug auf das Geistig-Seelische für den Tag, das Physisch-

Leibliche für das Jahr bezeichnet habe; mögen diejenigen Bewegungen des Mondes, die heute schon die Astronomie verzeichnet, oder möge anderes dahinterstehen: Das Ganze können wir nicht so verfolgen, daß wir nur das bekannte Schulbild aufstellen, sondern wir müssen das als ein kontinuierliches, fortdauerndes Leben, ein universelles Leben auffassen, was sich da äußert, wo wir nicht einfach so Schema neben Schema hinstellen können.

Wir wollen jetzt von einem anderen Zipfel, möchte ich sagen, die Sache anfassen. Wir wollen einmal die Sache anfassen von jenem Zipfel, der sich darbietet in der astronomischen Auffassung einer Persönlichkeit, die noch viel von Älterem hatte. Auf die älteren Vorstellungen wollen wir ja nicht zurück. Wir wollen durchaus aus neuen Vorstellungen heraus arbeiten. Aber diese Persönlichkeit hatte noch viel von alten, Qualitatives in sich enthaltenden Vorstellungen. Ich meine *Kepler.* Die Astronomie ist ja in der neueren Zeit immer quantitativer und quantitativer geworden und man würde sich einer Täuschung hingeben, wenn man die Astrophysik etwa als das Eintreten des Qualitativen in die Astronomie ansehen würde. Auch da ist die Betrachtung eine quantitative. Aber hinter Kepler lag noch etwas von dem Bewußtsein eines universellen Lebens. In ihm war noch ein Bewußtsein davon, daß in demjenigen, was sich äußert für die gewöhnliche astronomische Beobachtung, schließlich etwas liegt wie die Gebärde eines sich äußernden Lebens.

Nicht wahr, wenn wir einen Menschen vor uns haben und wir sehen, wie er einen Arm bewegt, wie er eine Hand bewegt, so werden wir nicht bloß den Mechanismus berechnen, sondern wir werden die Bewegung auffassen als die äußere Offenbarung eines innerlichen geistig-seelischen Vorganges. Wir werden dasjenige, was sonst bloß räumlich-mathematisch angeschaut werden kann, auffassen als eine gebärdenhafte, gestenhafte Äußerung. Je weiter man nun zurückgeht in den astronomischen Anschauungen der Menschen, desto mehr findet man, daß ein Bewußtsein vorhanden war, daß in den Bildern, die man sich machte von dem Gang der Sonne oder dem Gang der Sterne, nicht etwas bloß von passiver Bildhaftigkeit war, sondern daß das Gesten waren. Es ist zum Beispiel in älteren Zeiten

durchaus diese Empfindung zu verspüren von dem Gestenhaften der Weltkörperbewegungen. Sehen Sie, wenn meine Hand durch die Luft fährt, so werde ich nicht bloß ihre Bahn berechnen, sondern ich werde in dieser Bahn einen seelischen Ausdruck sehen. So sah der ältere Beobachter in der Bahn des Mondes einen seelischen Ausdruck für etwas. Er sah in allen Bewegungen der Himmelskörper seelische Ausdrücke für etwas. Er stellte sich gewissermaßen das so vor – nicht wahr, wenn ich hier einen Schirm halten könnte, so daß man nur meine Hand sehen würde, so würde meine Hand eine unerklärliche Bewegung machen, denn ich stehe hinter dem Schirm, man sieht nicht mich, sondern nur die Hand. So gewissermaßen stellte man sich in älteren Zeiten vor, daß das, was da als Mondbewegung geschieht, nur der äußere Ausdruck eines Endgliedes ist und daß dahintersteht dasjenige, was eigentlich agiert. Daher sprach man auch in älteren Zeiten nicht von einem einzelnen Himmelskörper, von den Planeten, sondern von den Sphären, von demjenigen, was dazugehörte zu den Himmelskörpern – den Sphären. Man unterschied also die Mondsphäre, die Merkursphäre, die Venussphäre, die Sonnensphäre, die Marssphäre, die Jupitersphäre, die Saturnsphäre und die achte Sphäre, die der Fixsternhimmel war. Man unterschied diese acht Sphären, und man sah in ihnen dasjenige, was sich so darstellt in äußeren Gebärden, daß eine bestimmte Sphäre sich so gebärdet, daß man sie jetzt hier, jetzt da aufleuchten sieht. Das Reale war zum Beispiel die Sphäre des Mondes, und der Mond, der war nicht eine abgeschlossene Wesenheit, sondern nur die Gebärde. Da, wo er erscheint, da macht diese Sphäre eine bestimmte Gebärde. Ich erwähne das nur, um Sie hinzuweisen auf das Lebendige dieser Anschauung.

Aber gerade Kepler hatte noch etwas in seinem ganzen Bewußtsein von diesem universellen Leben im Raum, und nur das befähigte ihn wohl, seine drei berühmten Gesetze aufzustellen. Diese drei berühmten Keplerschen Gesetze, sie sind ja für die heutige Astronomie durchaus nur etwas Quantitatives, etwas, was man betrachtet nach dem Muster rein räumlich-zeitlicher Anschauungen. Für einen Menschen, der noch aus solchem Vorstellungsleben heraus arbeitete wie

Kepler, war das nicht der Fall. Vergegenwärtigen wir uns einmal diese drei Keplerschen Gesetze. Sie heißen ja:

Das erste: Die Planeten bewegen sich in Ellipsen um ihren Zentralkörper, und in einem der Brennpunkte dieser Ellipsen steht der Zentralkörper.

Das zweite: Die Radienvektoren eines Planeten beschreiben in gleichen Zeiten gleiche Sektoren, gleiche Flächen.

Das dritte: Für verschiedene Planeten verhalten sich die Quadrate der Umlaufzeiten wie die Kuben der großen Halbachsen.

Nun, wie gesagt, für eine heutige rein quantitative Betrachtung sind das auch nur Quantitäten. Für so jemand, wie Kepler war, lag noch einfach in dem Aussprechen des Elliptischen etwas, was bei ihm, indem er an die Kurve dachte, eine größere Lebendigkeit darstellte als der Kreis. Wenn irgend etwas sich elliptisch bewegt, ist es lebendiger, als wenn es sich nur kreisförmig bewegt, denn es muß innerliche Impulse anwenden, um den Radius zu verändern. Wenn sich etwas nur im Kreis bewegt, so braucht es nichts zu tun, um den Radius zu verändern. Es muß ein intensiveres inneres Leben anwenden, wenn der Radiusvektor fortwährend geändert werden muß. Also einfach in dem Aussprechen des Satzes «die Planeten bewegen sich in Ellipsen um ihren Zentralkörper, und der Zentralkörper ist nicht im Mittelpunkte, sondern in einem Brennpunkte der Ellipse», lag ein Zugeständnis, daß man es zu tun habe mit einem Lebendigeren, als wenn man es zu tun hätte mit etwas, was sich im Kreise bewegt.

Und weiter: «Die Radienvektoren beschreiben in gleichen Zeiten gleiche Sektoren.» Wir haben da den Übergang von der Linie zur Fläche. Bitte, beachten Sie das! Indem uns zuerst bloß die Ellipse beschrieben wird, stehen wir in der Linie, in der Kurve. Indem wir hingeführt werden zu dem Weg, den der Radiusvektor beschreibt, werden wir in die Fläche geführt. Es wird eine wesentlich intensivere Beziehung enthüllt für die Planetenbewegung. Wenn so der Planet dahinrollt, wenn ich mich so ausdrücken darf, so drückt er etwas

aus, was nicht nur in ihm liegt, sondern er zieht gewissermaßen seinen Schweif nach sich. Die ganze Fläche, die der Radiusvektor beschreibt, die gehört geistig dazu. Und man muß weiter charakterisieren, nämlich, daß sie in gleichen Zeiten einen gleichen Flächeninhalt hat, muß ihren Charakter hervorheben, wenn man das charakterisieren will, was mit dem Planeten geschieht.

Und erst das dritte Gesetz, das sich ja allerdings erstreckt auf das Leben, wie es sich abspielt zwischen verschiedenen Planeten, das bringt eine sehr komplizierte Gliederung zur Darstellung. «Die Quadrate der Umlaufzeiten verhalten sich wie die Kuben der großen Halbachsen» – der mittleren Entfernungen vom Zentralkörper. Sehen Sie, dieses Gesetz, das enthält eigentlich sehr viel, wenn man es noch so, wie es Kepler getan hat, lebendig auffaßt. *Newton* hat dann das ganze Gesetz getötet. Das hat er auf eine außerordentlich einfache Weise gemacht. Nehmen Sie einmal das dritte Keplersche Gesetz. Sie können es aufschreiben:

$$t_1^2 : t_2^2 = r_1^3 : r_2^3 \text{ , oder anders geschrieben: } \frac{t_1^2}{r_1} : \frac{t_2^2}{r_2} = r_1^2 : r_2^2 \, .$$

Nun schreiben Sie das einmal in etwas anderer Form. Schreiben Sie das so:

$$\frac{1}{r_1^2} : \frac{1}{r_2^2} = \frac{r_1}{t_1^2} : \frac{r_2}{t_2^2}.$$

Ich kann es natürlich auch umgekehrt aussprechen.

Was haben wir auf der linken Seite der Gleichung, hier in der letzten Proportion? Nichts anderes als dasjenige, was ausdrückt die eine Hälfte des Newtonschen Gesetzes, und auf der anderen Seite die andere Hälfte, die Kräfte des Newtonschen Gesetzes. Sie brauchen nur das Keplersche Gesetz anders zu schreiben und das, was herauskommt, auszusprechen, so können Sie sagen: «Die Anziehungskräfte verhalten sich umgekehrt wie die Quadrate der Entfernungen.» Da haben Sie das ganze Newtonsche Gravitationsgesetz aus dem Keplerschen Gesetz deduziert: Die Gravitationskräfte, die Anziehungskräfte zwischen den Planeten, den Himmelskörpern,

verhalten sich umgekehrt wie die Quadrate der Entfernungen. Es ist nichts anderes als die Tötung des dritten Keplerschen Gesetzes. Es ist im Prinzip ganz genau dasselbe.

Aber nehmen Sie jetzt die Sache lebendig. Setzen Sie nicht vor sich hin das tote Produkt «Anziehungskraft»: «Die Anziehungskräfte nehmen ab mit den Quadraten der Entfernungen», sondern das, was lebendig in der Keplerschen Form drinnensteckt. Da haben Sie die Quadrate der Zeiten drin. Füllen Sie das caput mortuum der Newtonschen Anziehungskräfte, was bloß äußerlich angeschaut ist, aus mit dem, was Quadrat der Zeit ist, und Sie erfüllen auf einmal den Begriff der Anziehungskraft, der bei Newton wirklich ein Leichnam von einer Vorstellung ist, mit einem innerlichen Leben. Denn das, was mit der Zeit zu tun hat, ist innerliches Leben. Und Sie haben nicht einmal die Zeit im einfachen Verlauf vor sich. Sie haben die Zeit im Quadrat! Wir werden erst noch darauf zurückkommen müssen, was für einen Sinn es hat, von der Zeit im Quadrat zu sprechen. Aber jetzt können Sie sich vergegenwärtigen: Sie sprechen von der Zeit im Quadrat, also Sie sprechen von etwas Innerlichem. Denn die Zeit ist auch beim Menschen dasjenige, was eigentlich den innerlichen Seelenablauf darstellt. Nun handelt es sich wirklich darum, daß man durch diesen toten Begriff der Newtonschen Anziehungskraft durchblickt auf dasjenige, was plötzlich ins Zentrum schießt und die Zeit hineinbringt und damit innerliches Leben hineinbringt.

Nun aber betrachten wir die Sache einmal von einem anderen Gesichtspunkte aus. Beachten Sie, daß das so ist, daß sich ja diese erste Formel auch auf die Erde bezieht im Keplerschen Sinn. Dann beschreibt die Erde nicht nur eine Ellipse, sondern *Sie,* indem Sie auf der Erde sich befinden, beschreiben die Ellipse mit. Und dasjenige, was äußerlich vorgeht, ist im inneren Vorgang in Ihnen drinnen. Sie müssen also davon reden, daß das, was ich gesagt habe, daß es Kepler noch hatte, dieses lebendige Hervorgehen der Ellipse aus dem Kreis, einem innerlichen Vorgang entspricht in Ihrem eigenen Inneren. Und indem Sie in der Linie sich bewegen, die so verläuft, daß in gleichen Zeiten der Radiusvektor den gleichen Sektor

beschreibt, sind *Sie* es ja fortwährend, der sich auf den Zentralkörper bezieht, zur eigenen Sonne in Beziehung setzt. Sie beschreiben ja mit der Kurve in der Zeit eine solche Strecke, daß Sie fortwährend in Beziehung zur Sonne sind. Wenn ich mich etwas anthropomorphisch ausdrücken darf, müßte ich sagen: Sie müssen fortwährend achtgeben, daß Sie nicht ausrutschen, daß Sie nicht zu schnell sich bewegen, daß Ihr Radiusvektor keine zu große Fläche beschreibt. Er muß fortwährend im richtigen Verhältnis zur Sonne sein, der äußere Punkt, der sich in der Ellipse bewegt. Da (erstes Gesetz) haben Sie die Bewegung, die Sie selber machen, absolut linienhaft im Raum charakterisiert. Im zweiten Gesetz haben Sie das Verhältnis zur Sonne charakterisiert. Und gehen wir über auf das dritte Gesetz, dann haben Sie als inneres Erlebnis das Verhältnis zu den übrigen Planeten und Ihre Beziehung zu diesen Planeten. Diese lebendige Beziehung ist einfach in dem dritten Keplerschen Gesetz ausgedrückt. Wir müssen also nicht nur im Menschen suchen die Vorgänge, die uns dann wiederum hinausführen in den Kosmos, sondern wenn wir nur richtig interpretieren dasjenige, was uns mathematisch versinnbildlicht die kosmischen Vorgänge, dann können wir auch, weil ja der Mensch die Mathematik da miterlebt, weil er selbst drinnensteht in der lebendigen Mathematik, wiederum darauf kommen, daß wir das äußerlich Quantitative verinnerlichen müssen.

Davon wollen wir morgen weiter reden.

VIERTER VORTRAG

Stuttgart, 4. Januar 1921

Würde ich die Aufgabe haben, das Darzustellende nach den Methoden der Geisteswissenschaft selber darzustellen, so müßte ich natürlich von anderen Voraussetzungen ausgehen und würde gewissermaßen zu dem Ziele, dem wir zusteuern wollen, auch schneller kommen können. Aber eine solche Auseinandersetzung würde Ihnen nicht die Absicht gerade dieser Vorträge erfüllen können. Denn in diesen Vorträgen soll es sich darum handeln, eine Brücke zu schlagen zu demjenigen, was die gewohnte wissenschaftliche Denkweise ist, wenn ich auch gerade für diese Darstellungen Kapitel ausgesucht habe, bei denen diese Brücke deshalb schwer zu schlagen ist, weil die gewohnte Denkweise sehr weit von einem wirklichkeitsgemäßen Standpunkte abliegt. Aber wenn auch der unwirklichkeitsgemäße Standpunkt bekämpft werden muß, so wird gerade in diesem Bekämpfen ersichtlich sein, wie man herauskommt aus dem Unbefriedigenden der modernen Theorien und hineinkommt in eine wirklichkeitsgemäße Erfassung der in Frage kommenden Tatsachen. Ich möchte heute deshalb anknüpfen an die Art, wie sich die Vorstellungen über die Himmelserscheinungen im Laufe der neueren Zeit gebildet haben.

Wir müssen ja beim Bilden dieser Vorstellungen zweierlei unterscheiden: Erstens, daß diese Vorstellungen hergeleitet sind von Beobachtungen, von Beobachtungen der Himmelserscheinungen, und daß dann theoretische Erwägungen geknüpft worden sind an diese Beobachtungen. Manchmal wurden ja sehr weit ausgesponnene Theorien geknüpft an verhältnismäßig sehr wenige Beobachtungen. Das ist das eine, daß von Beobachtungen ausgegangen worden ist und man dadurch zu bestimmten Vorstellungen gekommen ist. Das andere ist aber, daß man dann, indem man zu bestimmten Vorstellungen gekommen ist, diese Vorstellungen weiter zu Hypothesen ausgebildet hat. Und in diesem Ausbilden zu Hypothesen, die dann landen bei der Aufstellung eines ganz bestimmten Weltbildes, wal-

tet zumeist eine außerordentliche Willkür deshalb, weil in dem Ausbauen der Theorien sich durchaus dasjenige geltend macht, was als Vorurteil bei der einen oder anderen Persönlichkeit vorhanden ist, die solche Theorien ausbaut.

Ich will Sie da zunächst auf etwas aufmerksam machen, was Ihnen vielleicht anfänglich paradox erscheinen könnte, was aber immerhin, wenn es präzise ins Auge gefaßt wird, im weiteren Verlauf des Forschens sich durchaus fruchtbar erweisen muß. Sehen Sie, in dem ganzen neueren Denken der Naturwissenschaft herrscht ja dasjenige, was man nennen könnte, und übrigens auch genannt hat, die regula philosophandi. Sie besteht darin, daß man sagt: Was man in irgendeinem bestimmten Gebiete der Realität auf bestimmte Ursachen zurückgeführt hat, das muß auch in anderen Gebieten des Daseins, der Realität, auf dieselbe Ursache zurückgeführt werden. Man geht, indem man eine solche regula philosophandi aufstellt, gewöhnlich von etwas sehr Einleuchtendem, etwas Selbstverständlichem aus. So, wenn man etwa sagt, wie das die Newtonianer immer tun: Der Atmungsprozeß muß dieselben Ursachen beim Tier und beim Menschen haben. Das Entzünden eines Spanes muß dieselbe Ursache haben, ob es in Europa oder in Amerika erfolgt. – Bis hierher bleiben die Dinge durchaus in der Sphäre der Selbstverständlichkeit. Dann wird aber ein gewisser Sprung gemacht, den man aber nicht merkt, sondern als etwas Selbstverständliches annimmt. Das charakterisiert sich uns, wenn wir etwas sehen, was eben gerade bei solchen Persönlichkeiten, die mit dieser Denkweise behaftet sind, angeschlossen wird. Da wird gesagt: Wenn eine Kerze leuchtend wird und wenn die Sonne leuchtet, so muß dem Leuchten der Kerze und dem Leuchten der Sonne dieselbe Ursache zugrunde liegen. Wenn ein Stein zur Erde fällt und wenn der Mond um die Erde kreist, so muß der Bewegung des Steines und der Bewegung des Mondes dieselbe Ursache zugrunde liegen. – Man schließt an eine solche Auseinandersetzung dann auch noch etwas anderes an: Man käme zu keinen Erklärungen in der Astronomie, wenn das nicht der Fall wäre, denn man kann Erklärungen eben nur von dem Irdischen gewinnen. Wenn also nicht im weiten Himmelsraum dieselbe Kausa-

lität herrschen würde wie auf der Erde, könnte man nicht zu einer Theorie kommen.

Aber bitte berücksichtigen Sie, daß das, was hier als regula philosophandi ausgesprochen wird, doch nichts weiter ist als ein Vorurteil. Denn wer bürgt denn irgendwie in der Welt dafür, daß nun wirklich die Ursachen des Leuchtens einer Kerze und die Ursachen des Leuchtens der Sonne dieselben sind? Oder daß beim Fallen des Steines oder beim Fallen des berühmten Apfels vom Baume, durch den *Newton* zu seiner Theorie gekommen ist, dieselben Ursachen zugrunde liegen wie den Bewegungen der Weltenkörper? Das war ja etwas, worauf man erst kommen mußte. Das ist durchaus nur ein Vorurteil. Und solche Vorurteile fließen durchaus überall da ein, wo man zuerst induktiv gewisse theoretische Erwägungen, gewisse Bildvorstellungen anknüpft an Beobachtungen und wo man dann einfach blindwütig ins Deduzieren hineinkommt und Weltensysteme durch dieses Deduzieren konstruiert.

Dasjenige, was ich Ihnen hier so abstrakt charakterisiere, ist aber historische Tatsache geworden. Denn sehen Sie, es ist eine kontinuierliche Entwickelung zu verfolgen in demjenigen, was aus wenigen Beobachtungen gezogen haben die großen Geister am Ausgang der neueren Zeit, *Kopernikus, Kepler, Galilei.* Insbesondere bei Kepler wird man sagen müssen, daß in dem dritten, gestern angeführten Gesetz etwas ganz Außerordentliches liegt in bezug auf die Analyse der Tatsachen, die ihm allein vorliegen konnten. Es ist eine ungeheure geistige Spannkraft, die da in Tätigkeit versetzt wurde bei Kepler, wenn er aus dem Wenigen, was ihm vorlag, dieses, sagen wir, «Gesetz» – besser wäre zu sagen: diese begriffliche Zusammenfassung – über die Welterscheinungen gefunden hat. Aber dann setzt eine Entwickelung ein, die über Newton geht und die nicht eigentlich ausgeht von wirklichen Beobachtungen, sondern die im Grunde genommen schon von dem Theoretischen ausgeht und die allerlei Kraft- und Massenbegriffe konstruiert, die wir einfach weglassen müssen, wenn wir bei der Realität bleiben wollen. Und dann setzt sich das fort. Und es erscheint, ich möchte sagen, auf einem gewissen Höhepunkt durchaus mit Scharfsinn, mit Genialität

erfaßt da, wo es zu einer genetischen Erklärung führt für das Weltsystem, wie bei *Laplace,* wovon Sie sich überzeugen können, wenn Sie durchlesen sein berühmtes Buch «Exposition du système du monde» oder bei *Kant* in seiner «Naturgeschichte und Theorie des Himmels». Und in alledem, was dann in der Entwickelung weiter gefolgt ist, sehen wir, wie versucht wird aus dem heraus, was man sich als Vorstellungen machte über den Zusammenhang der Himmelsbewegungen, rückschließend auch die Entstehung dieses Weltsystems zu erklären, aus der Nebularhypothese heraus und so weiter.

Das muß durchaus berücksichtigt werden, daß hier im historischen Gang der Entwickelung etwas liegt, was sich zusammensetzt aus Induktionen, die allerdings gerade in diesem Gebiet in genialer Weise gemacht worden sind, und aus nachfolgenden Deduktionen, in denen aber durchaus mitgenommen ist dasjenige, was die betreffenden Persönlichkeiten gerade als in ihrer Vorliebe liegend angesehen haben. So daß man sagen kann: Insofern irgend jemand materialistisch dachte, war es für ihn ganz selbstverständlich, in den deduktiven Begriff hinein materialistische Vorstellungen zu mischen. Denn da sprachen nicht mehr die Tatsachen. Da konnte man jetzt ausgehen von demjenigen, was sich erst durch die Deduktion als eine Theorie ergeben hatte. Und so kann man sagen: Es bildete sich zum Beispiel durchaus induktiv die Vorstellung aus, die man jetzt zusammenfassen mußte in den Begriff: Zentralkörper Sonne, die Planeten in Ellipsen umgehend nach einem bestimmten Gesetz, die Radienvektoren beschreiben in gleichen Zeiten gleiche Sektoren. – Und indem man den Blick auf die einzelnen Planeten des Sonnensystems lenkte, konnte man wiederum zusammenfassen das gegenseitige Verhältnis durch das dritte Keplersche Gesetz: Für verschiedene Planeten verhalten sich die Quadrate der Umlaufzeiten wie die Kuben der mittleren Entfernungen von der Sonne. – Das ergab ein gewisses Bild. Die Frage war aber nicht entschieden, ob dieses Bild nun eine völlige Deckung in sich enthielt mit der Realität, sondern es war eine Abstraktion, die herausgenommen war aus der Realität. Wie sich dieses Bild zur Totalität des Realen verhält, das war damit ja nicht gegeben. Aber aus diesem Bilde heraus, durchaus

nicht aus der Realität, sondern aus diesem Bilde heraus deduzierte man alles das, was dann im Grunde eine genetische Astronomie geworden ist. Das ist dasjenige, was durchaus ins Auge gefaßt werden muß. Und der Mensch der Gegenwart wird von Kindheit auf so unterrichtet, als ob das, was seit einigen Jahrhunderten deduziert worden ist, irgend welchen Realitäten entsprechen würde.

Wir wollen daher, durchaus anknüpfend an das wirklich Wissenschaftliche, so gut es irgend geht, absehen von alledem, was in diesem Entwickelungsgang drinnen ist an rein Hypothetisch-Theoretischem, und wollen an die Vorstellungen anknüpfen, die sich nur soweit von der Realität wegbegeben, daß man in ihnen noch die Beziehung zur Realität später wird entdecken können. Das wird also in der ganzen heutigen Darstellung meine Aufgabe sein, daß ich mich nur so lange bewege in der Richtung, in der sich das neuere Denken auf diesen Gebieten bewegt hat, daß ich, um eben gerade im Wissenschaftlichen drinnen stehenzubleiben, mitgehen werde bis zu der Gestalt der Begriffe, die dann, wenn man sie als Begriffe nimmt, noch gestatten, den Weg in die Realität wiederum zurückzufinden. Ich will mich also nicht so weit von der Realität entfernen, daß die Begriffe so grob werden, daß man Nebularhypothesen aus ihnen deduzieren kann.

Wollen wir in dieser Weise heute in unserer Betrachtung verfahren, dann können wir sagen: Wenn wir diese neuere Begriffsbildung auf dem uns interessierenden Felde verfolgen, so haben wir zuerst einen Begriff zu bilden, der sich nun wirklich induktiv gerade dem Kepler ergeben hat, der dann auch weiter ausgebildet worden ist und den man zunächst ins Auge zu fassen hat. Ich bemerke noch einmal ausdrücklich, ich will in diesen Begriffen nur so weit gehen, daß selbst wenn dieser Begriff, so wie er konzipiert ist, falsch sein sollte, er sich nur so wenig von der Realität entfernt hat, daß man in ihm das Falsche eliminieren und auf das Richtige wird zurückführen können. Es handelt sich darum, daß wir einen gewissen Takt entwickeln für dasjenige, was noch wittert die Realität in den Begriffen, die man ausbildet. Anders kann man nämlich nicht vorgehen, wenn man eine Brücke schlagen will zwischen dem, was wirklichkeits-

gemäß ist, und der in die neueren Theorien so eingesponnenen Wissenschaftlichkeit.

Da ist zunächst ein Begriff, auf den wir eingehen müssen: Die Planeten haben exzentrische Bahnen, beschreiben Ellipsen. Das ist etwas, was wir zunächst vertreten können: Die Planeten haben exzentrische Bahnen und beschreiben Ellipsen; in einem Brennpunkt steht die Sonne, und zwar beschreiben sie diese Ellipsen eben nach dem Gesetz, daß die Radienvektoren in gleichen Zeiten gleiche Sektoren beschreiben.

Ein zweites Wichtiges ist es, daß wir festhalten an der Vorstellung, daß für jeden Planeten eine eigene Bahnebene vorhanden ist. Wenn also auch im allgemeinen die Planeten, ich möchte sagen, in der Nachbarschaft ihre Umdrehungen vollführen, so ist doch für jeden Planeten eine bestimmte eigene Bahnebene vorhanden, welche geneigt ist gegen die Ebene des Sonnenäquators. Also einfach, wenn das die Ebene des Sonnenäquators charakterisieren würde (Figur), so würde eine Bahnebene eines Planeten so sein, und nicht in irgendeiner Weise zusammenfallen etwa mit der Ebene des Sonnenäquators.

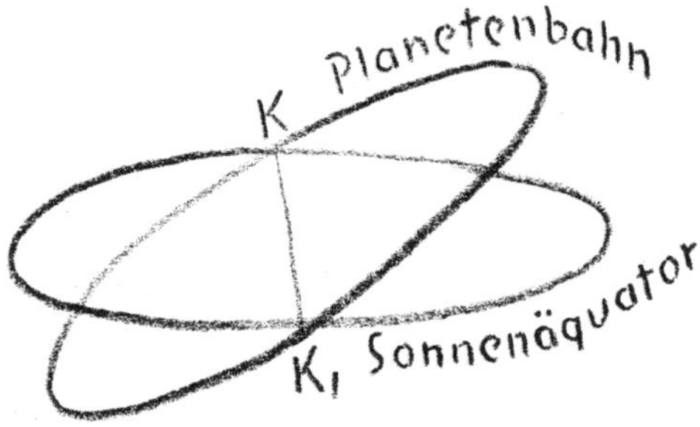

Das sind zwei sehr wichtige, bedeutsame Vorstellungen, die man sich aus den Beobachtungen heraus bilden muß. Und sogleich, indem man sich diese Vorstellungen bildet, muß man Rücksicht nehmen auf etwas, was gegen diese Vorstellungen, so möchte ich sagen, im wirklichen Weltenbilde sich auflehnt. Wenn man nämlich versucht, einfach unser Sonnensystem in seiner Totalität zusammenzudenken und man würde dabei nur diese zwei Vorstellungen zu-

grunde legen: Die Planeten bewegen sich in exzentrischen Bahnen und die Bahnebenen sind in verschiedenen Graden gegen die Ebene des Sonnenäquators geneigt –, so würde man, indem man dieses als Gesetz ausdehnen wollte, nicht mehr in irgendeiner Weise zurechtkommen in dem Augenblick, wo man die Kometenbewegungen ins Auge fassen wollte. Sobald man diese ins Auge faßt, reicht man nicht mehr aus, man kommt nicht zurecht. Und die Folgen mögen Sie lieber durch historische Tatsachen einsehen als durch theoretische Erwägungen.

Aus den Vorstellungen heraus, daß annähernd in der Ebene des Sonnenäquators die Bahnebenen der Planeten liegen, daß die Bahnen exzentrische Ellipsen sind, aus dieser Vorstellung heraus haben ja Kant, Laplace und ihre Nachfolger eben die Nebularhypothese gebildet. Nun verfolgen Sie einmal dasjenige, was da zutage getreten ist. Es ist zur Not – auch nur zur Not, übrigens – eine Art Entstehungsgeschichte des Sonnensystems darstellbar. Aber dasjenige, was da als Weltensystem herauskonstruiert worden ist, das enthält eigentlich niemals eine irgendwie befriedigende Erklärung über den Anteil, den die Kometenkörper dabei haben. Die fallen immer aus der Theorie heraus. Dieses Herausfallen aus den Theorien, wie man sie auf dem historischen Wege gewinnt, ist nichts anderes als ein Beweis der Auflehnung des kometarischen Lebens gegen das, was nicht aus der Totalität, sondern nur aus einem Teil der Totalität heraus als Begriff konstruiert worden ist. Dann müssen wir ja uns klar sein darüber, daß die Kometen in ihren Bahnen ja vielfach wiederum zusammenfallen mit andern Körpern, die auch in unser System hereinspielen und die eben gerade durch ihre Eigenschaft als Begleiter der Kometen ein Rätsel abgeben. Das sind die Meteoritenschwärme, die sehr häufig, wahrscheinlich immer, in ihren Bahnen zusammenfallen mit den Kometenbahnen. Wir sehen also da etwas hereinspielen in die Totalität unseres Systems, was uns dazu führt, daß wir uns sagen: Es hat sich allmählich aus der Betrachtung der Totalität unseres Systems eine Summe von Vorstellungen gebildet, mit denen man nicht bewältigen kann dasjenige, was uns nun, durch dieses System sehr unregelmäßig, fast willkürlich

durchgehend, die Kometen und Meteoritenschwärme darstellen. Diese entziehen sich durchaus demjenigen, was man noch umfassen kann mit den abstrakten Vorstellungen, die man gewonnen hat. Ich müßte Ihnen eine lange historische Auseinandersetzung geben, wenn ich im einzelnen darstellen wollte, wie Schwierigkeiten immer im Konkreten vorliegen, wenn aus astronomischen Theorien heraus die Forscher, oder besser gesagt, die Denker, auf die Kometen und Meteoritenschwärme kommen. Aber ich will ja überall nur auf die Richtungen hinweisen, in denen das Gesunde gesucht werden kann. Wir kommen zu diesem Gesunden, wenn wir noch etwas anderes berücksichtigen.

Sehen Sie, jetzt wollen wir einmal versuchen aus Begriffen, die nun real geblieben sind, das heißt, noch einen Rest von Realität in sich haben, wiederum ein bißchen zurückzuwandern. Das muß man ja überhaupt immer tun in bezug auf die äußere Welt, damit man sich nicht zu stark mit seinen Begriffen von der Realität entfernt. Es ist ja menschlicher Hang, das zu tun. Man muß immer wiederum zurück. Es ist schon etwas außerordentlich Gefährliches, wenn man den Begriff gebildet hat: Die Planeten bewegen sich in Ellipsen, und nun anfängt, auf diesen Begriff eine Theorie aufzubauen. Es ist viel besser, wenn man, nachdem man einen solchen Begriff gebildet hat, wiederum zurückkehrt zur Realität, um nun zu probieren, ob man diesen Begriff nicht korrigieren oder wenigstens modifizieren muß. Das ist das allerwichtigste. Im astronomischen Denken zeigt es sich so ganz klar. Im biologischen und namentlich im medizinischen Denken wird dieser Fehler so stark gemacht, daß man das Richtige überhaupt schon nicht mehr macht, daß man niemals Rücksicht nimmt darauf, wie notwendig es ist, sofort wenn man einen Begriff gebildet hat, wiederum zurückzuwandern zur Realität, um zu sehen, ob man ihn nicht modifizieren muß.

Also die Planeten bewegen sich in Ellipsen, aber diese Ellipsen sind veränderlich, sie sind manchmal mehr Kreis, manchmal mehr Ellipse. Das finden wir wiederum, wenn wir nun wieder mit dem Ellipsenbegriff zur Realität zurückgehen. Im Lauf der Zeit wird eine Ellipse mehr ausgebaucht, wird mehr zu einem Kreis, dann wieder-

um mehr zu einer Ellipse. Also es umfaßt gar nicht die totale Wirklichkeit, wenn ich sage: Die Planeten bewegen sich in Ellipsen, sondern ich muß den Begriff modifizieren. Ich muß sagen: Die Planeten bewegen sich in Bahnen, die fortwährend dagegen kämpfen, ein Kreis zu werden oder eine Ellipse zu bleiben. Wenn ich die Linie nun ziehe (Ellipse), muß ich eigentlich, um dem Begriff gerecht zu werden, die Linie aus Kautschuk oder wenigstens beweglich bilden, ich müßte sie in sich fortwährend verändern. Denn wenn ich mir einmal die Ellipse ausgebildet habe, die für *eine* Umgehung des Planeten da ist, so paßt sie schon wieder nicht auf die nächste Umgehung und noch weniger auf die folgende. Also die Geschichte ist nicht so, daß, wenn ich übergehe von der Realität in die Starrheit des Begriffes, ich noch in der Realität bleiben kann. Das ist das eine.

Das andere ist: Wir haben gesagt, die Ebenen der Planetenbahnen sind geneigt gegen die Ebene des Sonnenäquators. Weil die Planeten an den Schnittpunkten nach oben oder nach unten gehen, sagt man, sie bilden Knoten. Diese sind aber auch nicht feste Punkte. Es sind die Linien, die solche Knoten verbinden (Figur S. 80, KK_1) beweglich, ebenso die Neigungen der Ebenen zueinander. Also auch diese Neigungen, wenn wir sie aussprechen in Begriffszusammenfassungen, bringen uns wiederum zum starren Begriff, den wir gleich modifizieren müssen an der Wirklichkeit. Denn wenn einmal eine Bahn in einer bestimmten Weise geneigt ist, ein andermal wieder anders geneigt ist, modifiziert sich dadurch alles dasjenige, was man zunächst als Begriff herausbringt. Gewiß, man kann jetzt anfangen, wenn man an einen solchen Punkt gekommen ist, bequem zu werden und kann sagen: Ganz gewiß, in der Wirklichkeit sind Störungen vorhanden, die Wirklichkeit wird mit unseren Begriffen nur approximativ umfaßt. – Und dann kann man bequem fortschwimmen in den Theorien. Dann schwimmt man aber so weit, daß, sobald man phantastischerweise aus den Theorien Bilder zu konstruieren versucht, die der Wirklichkeit entsprechen sollen, diese der Wirklichkeit nicht entsprechen.

Das ist ja natürlich leicht zuzugeben, daß zusammenhängen muß irgendwie mit dem Leben des ganzen Planetensystems oder, sagen

wir, mit der Wirksamkeit im ganzen Planetensystem dieses Veränderliche der exzentrischen Bahnen, der Neigungen der Bahnebenen. Das muß mit der ganzen Wirksamkeit irgendwie zusammenhängen, muß dazugehören. Das ist ja ganz selbstverständlich. Aber wenn man nun von da aus wiederum den Begriff sich bildet, das heißt, wenn man sich sagt: Nun ja, ich will also mein Denken so weit in Bewegung bringen, daß ich mir die Ellipse fortwährend ausbauchend und zusammenziehend denke, die Bahnebene auf- und absteigend, sich drehend denke, dann kann man von da ausgehend sich wiederum ein Planetensystem konstruieren als Wirklichkeit. – Schön. Aber wenn Sie den Begriff zu Ende denken, dann bekommen Sie gerade bei konsequentem Denken ein Planetensystem, das nicht bestehen kann. Durch die Summierung der Störungen, die entstehen, besonders auch durch die Veränderlichkeit der Knoten, würde das Planetensystem fortwährend seinem Tode entgegengehen, seiner Starrheit. Dann aber tritt das ein, was Philosophen immer betont haben: Wenn man ein solches System sich ausmalt, so hat ja die Wirklichkeit nun wirklich Zeit genug gehabt, bis zum Endpunkte zu kommen. Es ist kein Grund vorhanden, warum das nicht wahr sein sollte. Wir hätten es zu tun mit erfüllter Unendlichkeit, und es müßte die Starrheit schon da sein. Wir kommen da in ein Gebiet hinein, das sollte uns klar sein, welches schon scheinbar so dasteht, daß das Denken stillestehen bleibt. Denn gerade indem ich mein Denken bis zum letzten Punkt verfolge, kriege ich ein Weltsystem heraus, das ruhig und starr ist. Es ist aber nicht das wirkliche, was ich vor mir habe.

Nun kommt man aber noch auf etwas anderes, und das ist dasjenige, was wir ganz besonders berücksichtigen müssen. Man kommt darauf, indem man diese Dinge weiter verfolgt – besonders bei Laplace können Sie es verfolgen, ich will nur die Erscheinungen immer angeben –, daß deshalb dieses Weltsystem unter dem Einflusse der Störungen durch die Veränderlichkeit der Knoten und so weiter nicht zur Starrheit gekommen ist, weil die Verhältniszahlen der Umlaufzeiten der Planeten nicht kommensurabel sind, weil sie inkommensurable Größen sind, Zahlen mit unendlich vielen Dezi-

malen. Also kommen wir dazu, uns zu sagen: Wenn wir vergleichen die Umlaufzeiten der Planeten im Sinne des dritten Keplerschen Gesetzes, dann sind die Verhältnisse dieser Umlaufzeiten nicht angebbar durch ganze Zahlen, auch nicht durch endliche Brüche, sondern nur durch inkommensurable Zahlen, durch Zahlen, die nicht irgendwie aufgehen. Deshalb ist sich die heutige Astronomie auch klar darüber, daß diesem Umstande der Inkommensurabilität der Verhältnisse zwischen den Umlaufzeiten auch im dritten Keplerschen Gesetz das Planetensystem seine weitere Beweglichkeit verdankt, sonst müßte es längst zum Stillstand gekommen sein.

Aber jetzt halten wir uns das ganz genau vor Augen. Wir kommen zuletzt dazu, festhalten zu müssen dasjenige, was wir an Begriffen über das Planetensystem ausgebildet haben, in Zahlen, die sich überhaupt nicht mehr fassen lassen. Das ist etwas außerordentlich Bedeutsames. Durch die Notwendigkeit des wissenschaftlichen Entwickelungsganges selber kommen wir also dazu, über das Planetensystem mathematisch so zu denken, daß dieses Mathematische nicht mehr kommensurabel ist. Und wo Inkommensurabilität eintritt, da stehen wir doch gerade an dem Ort, in jenem Moment, wo wir doch landen müssen in der mathematischen Entwickelung bei einer kommensurablen Zahl. Wir lassen die inkommensurable Zahl stehen, schreiben den Dezimalbruch hin, aber nur bis zu einer gewissen Stelle. Irgendwo verlassen wir das, was wir da treiben, wenn wir zum Inkommensurablen kommen. Die Mathematiker unter Ihnen mögen sich das klar machen. Sie werden sehen, daß da etwas vorliegt bei der inkommensurablen Zahl, wo ich sage: Ich mathematisiere bis hierher und muß dann sagen: Hier geht es nicht weiter. – Ich kann es nicht anders sagen – verzeihen Sie, wenn ich für ein Ernstes einen etwas komischen Vergleich gebrauche –, als daß mich dieses Stehenbleibenmüssen in der Mathematik sehr erinnert an eine Szene, die ich in Berlin einmal mitgemacht habe. Es kam damals auf die Mode der Überbrettl durch einige Männer, und ein solcher Mann war *Peter Hille.* Er hatte auch ein Überbrettl gegründet und wollte dort seine Gedichte vorlesen. Er war sehr liebenswürdig, er war in seinem Innern durchaus Theosoph, aber er ist etwas im Bohemienleben aufge-

gangen. Ich kam einmal zu einer Darstellung, wo er seine eigene Dichtung vortrug im Überbrettl. Diese Dichtung war so weit gediehen, daß einzelne Zeilen fertig waren, und so las er die Dichtung vor:

«Es kam die Sonne ... und so weiter» – die erste Zeile.

«Der Mond ging auf ... und so weiter» – das war die zweite Zeile. Bei jeder Zeile sagte er: und so weiter, und dergleichen! Das war eine Vorlesung, die ich einmal mitgemacht habe. Es war im Grunde außerordentlich anregend. Jeder konnte die Zeile ergänzen, wie er wollte. Das ist bei den inkommensurablen Zahlen zwar nicht der Fall. Aber es ist doch so etwas, sobald man in die Inkommensurabilität hineinkommt, daß man den weiteren Prozeß nur andeuten kann. Man kann nur sagen: In der Richtung geht es nun weiter. Es ist nichts gegeben, wodurch man eine Vorstellung sich macht, was da noch alles für Zahlen kommen. Das ist wichtig, daß wir gerade auf dem Gebiet der astronomischen Betrachtung in die Inkommensurabilität hineingeführt werden, daß wir also gar nicht anders können, als mit der Astronomie an die Grenze des Mathematisierens zu kommen, daß einfach einmal uns die Wirklichkeit durchgeht. Es geht uns die Wirklichkeit durch, anders können wir nicht sagen. Es entfällt uns die Wirklichkeit.

Ja, was bedeutet das aber? Wir wenden das, was unsere sicherste Wissenschaft ist, die Mathematik, an auf die Himmelserscheinungen, aber diese Himmelserscheinungen beugen sich nicht dieser sichersten Wissenschaft, sie entschlüpfen uns an einem Punkte. Gerade da, wo es ihnen ans Leben geht, da schlüpfen sie hinein in das Gebiet der Inkommensurabilität. So daß wir also da die Erscheinung haben, daß das Ergreifen der Wirklichkeit an einem bestimmten Punkte aufhört und die Wirklichkeit in Chaos hineingeht. Wir können nicht von vorneherein sagen: Was macht denn nun eigentlich diese Wirklichkeit, die wir da mathematisierend verfolgen, wo sie ins Inkommensurable hineinschlüpft? – Sie macht da drinnen ganz gewiß etwas, was mit ihrer Lebensfähigkeit zusammenhängt. Wir müssen also heraus aus demjenigen, was wir mathematisch beherrschen, wenn wir in die astronomische Wirklichkeit hineinwollen. Das zeigt einfach der Kalkül selber, das zeigt die Entwickelung der

Wissenschaft selber. Auf solche Punkte muß man hinarbeiten, wenn man wirklichkeitsgemäß Geist entfalten will.

Und jetzt möchte ich Ihnen den anderen Pol der Sache hinstellen. Sehen Sie, wenn Sie es physiologisch verfolgen, da können Sie ausgehen von irgendeinem Punkt der embryonalen Entwickelung, sei es der der Entwickelung des menschlichen Embryos im dritten, im zweiten Monat, sei es eines andern Lebewesens. Sie können sie zurückverfolgen und Sie können dann, soweit das mit den heutigen Hilfsmitteln der Wissenschaft möglich ist – es ist ja in sehr, sehr eingeschränktem Maße möglich, wie die, die sich damit befaßt haben, wissen werden –, Sie können, soweit einigermaßen gültige Vorstellungen darüber gemacht worden sind, sehen: Es wird eben zurückgegangen bis zu einem bestimmten Punkte, zu dem Punkte – und viel weiter kommt man nicht zurück – der Ablösung der Eizelle, der unbefruchteten Eizelle. Stellen Sie sich vor, wie weit Sie da zurückgehen können. Sie müssen aber, wenn Sie noch weiter zurückgehen wollen, in das Unbestimmte des ganzen mütterlichen Organismus zurückgehen. Das heißt, Sie kommen da im Zurückgehen in eine Art Chaos hinein. Das können Sie gar nicht vermeiden, und daß man das nicht kann, zeigt Ihnen wieder der Gang der wissenschaftlichen Entwickelung. Ich bitte Sie, verfolgen Sie doch nur dasjenige, was da als wissenschaftliche Hypothese aufgetreten ist in der Panspermie und ähnlichen Dingen, wo darüber spekuliert worden ist, ob aus den Kräften des ganzen Organismus, was mehr *Darwins* Ansicht ist, sich vorbildet der einzelne Eikeim, oder ob sich dieser Eikeim mehr abgesondert in den bloßen Sexualorganen entwickelt und so weiter. Sie werden sehen, wenn Sie den Gang der wissenschaftlichen Entwickelung auf diesem Gebiet verfolgen, daß da zutage getreten ist eine reiche Fülle von Phantasie sogar, wie es sich verhält mit dem, was da der Genesis zugrunde liegt, wenn man sie nach rückwärts verfolgt im Hervorgehen des Eikeimes aus dem mütterlichen Organismus. Da kommen Sie ins völlig Unbestimmte hinein. Heute ist überhaupt kaum mehr da in der äußeren Wissenschaft über diese Sache als Spekulationen über den Zusammenhang des Eikeimes mit dem mütterlichen Organismus.

Dann aber tritt dieser Eikeim in einem bestimmten Punkte sehr determiniert auf in etwas, das Sie wenigstens annähernd ganz gut fassen können mathematisierend, wenn auch nur geometrisierend. Sie können Zeichnungen machen von einem bestimmten Punkte an. Solche Zeichnungen sind in der Embryologie ja auch vorhanden. Den Eikeim, die Zelle können Sie zeichnen, können die Entwickelung verfolgen, real verfolgen mehr oder weniger. So kann man anfangen etwas darzustellen, was Geometrie-ähnlich ist, was man in Formen bringen kann. Man verfolgt hier eine Realität. Sie ist in einer gewissen Weise umgekehrt demjenigen, was wir in der Astronomie gesehen haben. Da verfolgen wir erkennend eine Realität und wir kommen in die inkommensurable Zahl hinein. Die ganze Sache entschlüpft uns in das Chaos durch den Erkenntnisprozeß selber; in der Embryologie schlüpfen wir aus dem Chaos heraus. In einem gewissen Punkte können wir dasjenige, was aus dem Chaos hervorgeht, erfassen mit gewissen Formen, die der Geometrieform ähnlich sind. Gewissermaßen können wir sagen: Mathematisierend kommen wir ins Chaos hinein durch die Astronomie im Erkenntnisprozeß; und im bloßen Beobachten in der Embryologie haben wir gar nichts vor uns als ein Chaos, es wird ein Chaos, wenn die Beobachtung nicht mehr möglich ist. Da kommen wir aus dem Chaos heraus und kommen ins Geometrisieren hinein. Und es ist daher ein Ideal gewisser Biologen und ein sehr berechtigtes Ideal sogar, dasjenige, was sich darstellt in der Embryologie, in einer geometrisierenden Weise zu fassen. Die Figuren nicht nur als naturalistische Abbildungen des werdenden Embryos hinzumalen, sondern sie aus einer inneren Gesetzmäßigkeit, die ähnlich ist der Gesetzmäßigkeit geometrischer Figuren, zu konstruieren, das ist ein berechtigtes Ideal.

Nun, da können wir also sagen: Indem wir die Wirklichkeit beobachtend verfolgen, kommen wir aus etwas heraus, was zunächst unserem Erkennen ebenso wenig nahe liegt wie dasjenige, was da (in der Astronomie) die inkommensurable Zahl ist. Wir haben gewissermaßen unser Erkennen nach der einen Seite geführt bis dahin, wo wir mit der Mathematik nicht mehr mitkommen; und wir haben unser Erkennen an einem bestimmten Punkte angefangen in der

Embryologie, wo wir erst einsetzen können mit etwas, was ein Geometrie-Ähnliches ist. Bitte, denken Sie den Gedanken zu Ende. Sie können es, weil er ja ein methodologischer Gedanke ist, das heißt, seine Wirklichkeit in uns liegt.

Wenn wir mit dem Rechnen bei der inkommensurablen Zahl ankommen, das heißt an einem bestimmten Punkte, wo wir das Reale nicht mehr hereinbringen in die Zahl, die wir abschließend darstellen können, dann muß unser Nachforschen darüber beginnen – und das ist dasjenige, wozu wir uns im nächsten Vortrag wenden werden –, ob es nicht auch mit den geometrischen Gebilden so ist wie mit den arithmetischen Gebilden, den analytischen Gebilden. Das analytische Gebilde führt zur inkommensurablen Zahl. Setzen wir zunächst einmal die Frage hin: Wie bilden die geometrischen Formen die Himmelsbewegungen ab? Führt uns nicht vielleicht dieses Abbilden an einen bestimmten Punkt ähnlich dem, wohin uns die Analysis führt, indem wir in die inkommensurable Zahl hinein müssen? Kommen wir nicht vielleicht, indem wir die Weltenkörper, die Planeten verfolgen, an einer Grenze an, wo wir sagen müssen: Jetzt können wir nicht mehr in geometrischen Formen darstellen, jetzt ist das nicht mehr mit geometrischen Formen zu umfassen? Gerade so, wie wir das Gebiet der faßbaren Zahl verlassen müssen, kann es sein, daß wir das Gebiet desjenigen verlassen müssen, wo wir in die geometrischen – auch arithmetischen, algebraischen, analytischen – Formen, in Spiralen und so weiter, die Wirklichkeit mit der Zeichnung einfassen können. Da kommen wir ins Inkommensurable auch geometrisch hinein. Und so ist immerhin der folgende Tatbestand merkwürdig. Sehen Sie, Analysis kann man noch nicht viel anwenden in der Embryologie, aber die Geometrie erscheint schon sehr spukend da, wo wir anfangen, aus dem Chaos heraus die embryologischen Tatsachen zu entwickeln. Da erscheint an diesem Ende nicht so sehr das zahlenmäßig Inkommensurable, sondern das, was sich herausarbeitet aus dem formenhaft Inkommensurablen in die kommensurable Form hinein.

Wir haben jetzt an zwei Polen die Wirklichkeit zu erfassen versucht: da, wo uns der Erkenntnisprozeß hinausführt aus der Analysis

in das Inkommensurable hinein; da, wo uns das Beobachten hinführt aus dem Chaos zu einem Erfassen der Wirklichkeit in immer kommensurableren und kommensurableren Formen. Das sind die Dinge, die man sich unbedingt zunächst einmal mit völliger Klarheit vor die Seele führen muß, wenn man überhaupt eine wirklichkeitsgemäße Betrachtung anknüpfen will an dasjenige, was heute in der äußeren Wissenschaft vorliegt.

Daran möchte ich nun eine methodologische Betrachtung anknüpfen, damit wir morgen mehr in Realeres hineinkommen kön nen. Ich will anknüpfen an das Folgende. Sehen Sie, alles was wir bis jetzt dargestellt haben, hat ja in einer gewissen Weise zur Voraussetzung gehabt, daß man sich immerzu als Mathematiker an die Erscheinungen der Welt heranbegeben hat. Dann hat sich herausgestellt, daß an einem Punkt der Mathematiker an eine Grenze kommt, eine Grenze, an die er auch in der formalen Mathematik kommt. Nun liegt nämlich unserer Denkweise etwas zugrunde, was vielleicht am allerwenigsten bemerkt wird, weil es sozusagen in die Maske der Selbstverständlichkeit fortdauernd sich hüllt und wir das Problem nicht eigentlich an seiner richtigen Ecke anfassen. Das bezieht sich auf das Problem des Anwendens der Mathematik überhaupt auf die Wirklichkeit. Wie gehen wir dann da eigentlich vor? Wir bilden die Mathematik aus als eine formale Wissenschaft, und dann – sie erscheint uns absolut gewiß in ihren Folgerungen – wenden wir die Mathematik auf die Realität an und denken nicht daran, daß wir sie eigentlich im Grunde unter gewissen Voraussetzungen anwenden. Nun ist heute durchaus auch schon eine Basis dafür geschaffen, einzusehen, wie sehr wir die Mathematik eigentlich nur unter gewissen Voraussetzungen anwenden auf die äußere Wirklichkeit. Das stellt sich heraus, wenn man die Mathematik nun über gewisse Grenzen hinaus erweitern will. Da geht man davon aus, daß man auch gewisse Gesetze, die man eigentlich nun nicht, wie ich es vorhin dargestellt habe bei der Zusammenfassung der Keplerschen Gesetze, an der äußeren Wirklichkeit gewinnt, sondern an dem mathematischen Prozeß selbst, daß man gewisse Gesetze ausbildet, die eigentlich nichts anderes sind als *induktive* Gesetze, an dem Mathe-

matischen ausgebildet. Die verwendet man dann *deduktiv,* indem man auch da nun weitergeht und weit ausgesponnene mathematische Theorien darauf baut.

Solche Gesetze sind ja diejenigen, denen heute jeder, der sich mit Mathematik befaßt, begegnet. Es ist schon in Dornacher Vorträgen von unserem Freund *Blümel* auf diesen Gang der mathematischen Untersuchungen bedeutsam hingewiesen worden. Eines der Gesetze, um die es sich handelt, ist zunächst dasjenige, das man das kommutative Gesetz nennt. Das kann ja ausgesprochen werden damit, daß man sagt: Es ist selbstverständlich

$$a + b = b + a \quad \text{oder}$$
$$a \cdot b = b \cdot a.$$

Es ist eine Selbstverständlichkeit, solange man innerhalb reeller Zahlen bleibt. Aber es ist eben nur ein induktives Gesetz, aus der Handhabung der Rechnungspostulate mit reellen Zahlen abgeleitet.

Das zweite Gesetz ist das assoziative Gesetz. Es würde sich etwa so aussprechen lassen:

$$(a + b) + c = a + (b + c).$$

Wiederum ein Gesetz, das eben einfach abgeleitet ist aus der Handhabung der Rechnungspostulate mit reellen Zahlen.

Das dritte Gesetz ist das sogenannte distributive Gesetz. Es ließe sich aussprechen etwa in der Form, daß man sagt:

$$a \cdot (b + c) = ab + ac.$$

Wiederum ein Gesetz, das eben einfach induktiv gewonnen ist an der Handhabung der Rechnungspostulate mit reellen Zahlen.

Das vierte Gesetz ist dasjenige, das man etwa so aussprechen muß: Es kann ein Produkt nur gleich Null werden, wenn einer der Faktoren gleich Null ist. – Dieses Gesetz ist aber wiederum nur ein induktives Gesetz, aus der Handhabung der Rechnungspostulate mit reellen Zahlen abgeleitet. Wir haben also diese vier Gesetze: Das kommutative Gesetz, das assoziative Gesetz, das distributive Gesetz und dieses Gesetz vom Nullwerden des Produktes. Diese Gesetze werden nun heute in der formalen Mathematik zugrunde gelegt,

und es wird weiter mit ihnen verfahren. Man kommt da zu außerordentlich interessanten Dingen, das ist gar nicht abzuleugnen.

Aber die Frage ist nun diese: Diese Gesetze gelten, solange man im Gebiet der reellen Zahlen und ihrer Postulate bleibt. Aber es ist dabei nie eine Rücksicht darauf genommen, ob die Wirklichkeit dem entspricht. Wir können sagen, innerhalb unserer formalen Erfahrungsarten gilt $a + b = b + a$, aber gilt das auch innerhalb der Wirklichkeit? Es ist gar kein Grund aufzufinden, warum das nun innerhalb der äußeren Wirklichkeit gelten soll. Wir könnten ja sehr gut einmal überrascht werden damit, daß wir nicht zurecht kommen, wenn wir sagen wollten, bei einem Prozeß der Wirklichkeit wäre $a + b = b + a$. Aber die Sache hat eine andere Seite. Wir haben in uns das Hängen an dieser Gesetzmäßigkeit und mit dieser Gesetzmäßigkeit gehen wir daher an die Wirklichkeit heran; aus unserer Beobachtung fällt heraus, was dieser Gesetzmäßigkeit nicht entspricht. Das ist die andere Seite. Mit anderen Worten: Wir stellen Postulate auf, die wir auf die Wirklichkeit anwenden und halten sie für Axiome der Wirklichkeit selber. Wir dürften nur sagen: Ich betrachte ein gewisses Gebiet der Wirklichkeit und schaue nach, wie weit ich komme mit dem Satz $a + b = b + a$. Mehr darf ich nicht sagen. Denn indem ich mit diesem Satz an die Wirklichkeit herantrete, wird sich alles finden, was dem entspricht. Und dasjenige stoße ich mit den Ellbogen beiseite, was dem nicht entspricht. Diese Gewohnheit haben wir auch auf anderen Gebieten. Wir sagen zum Beispiel in der elementaren Physik: Die Körper haben ein Beharrungsvermögen, eine Trägheit, und wir definieren dann, die Trägheit bestünde darin, daß die Körper ohne bestimmten Anstoß den Ort nicht verlassen, an dem sie sind, oder daß sie ihre Bewegung nicht ändern. Aber das ist kein Axiom, sondern ein Postulat. Ich dürfte nur sagen: Ich nenne einen Körper, bei dem ich finde, daß er seinen Bewegungszustand nicht ändert, träge, und ich untersuche nun in der Wirklichkeit, was diesem Postulat entspricht. – Also, indem ich mir gewisse Begriffe bilde, bilde ich mir eigentlich nur Richtlinien, um die Wirklichkeit in einer gewissen Weise mit diesen Begriffen zu durchsetzen, und ich muß mir den Weg offen halten,

andere Tatsachen mit anderen Begriffen zu durchsetzen. Ich denke eben die vier Grundgesetze der Zahlenlehre nur dann richtig, wenn ich sie ansehe als etwas, was mir Richtung gibt; als etwas, was mich befähigt, in regulativer Weise einzudringen in die Wirklichkeit. Aber ich befinde mich auf falschem Wege, wenn ich die Mathematik als konstitutiv für die Wirklichkeit annehme. Denn da wird mir die Wirklichkeit durchaus widersprechen in gewissen Gebieten. Und ein solcher Widerspruch ist der, von dem ich gesprochen habe, wo die Inkommensurabilität bei der Betrachtung der Himmelserscheinungen eintritt.

FÜNFTER VORTRAG

Stuttgart, 5. Januar 1921

Es ist notwendig für den weiteren Fortgang unserer Betrachtungen, daß ich heute gewissermaßen etwas episodisch einschiebe. Wir werden uns dann in bezug auf unsere eigentliche Aufgabe leichter verständigen können. Ich möchte heute also eine allgemeinere Betrachtung über das Erkenntnistheoretische der Naturwissenschaft, allerdings von einem besonderen Gesichtspunkte aus, einschieben. Wir knüpfen insofern an das Gestrige an, als wir uns noch einmal vergegenwärtigen, zu welchen Resultaten wir gestern, wenigstens vorläufig, gekommen sind. Die Verifizierung dieser Resultate wird sich allerdings ja auch erst im Laufe der Vorträge ergeben können.

Wir haben gesehen aus der Betrachtung der Himmelserscheinungen, insofern diese Himmelserscheinungen ausgedrückt werden von unserer Astronomie in geometrischen Formen oder auch zahlenmäßig verfolgt werden, daß man geführt wird zu inkommensurablen Größen. Das heißt, wie wir gestern auseinandergesetzt haben, daß es einen gewissen Moment in unserem Erkenntnisprozeß gibt, wenn wir diesen Erkenntnisprozeß auf die Himmelserscheinungen anwenden, wo wir gewissermaßen stille stehen müssen, wo wir aufhören müssen, die mathematischen Betrachtungen für kompetent zu erklären. Wir können einfach von einem bestimmten Punkte an nicht mehr fortfahren, Linien zu zeichnen, um Bewegungen von Himmelskörpern zu verfolgen, wir können auch nicht mehr fortfahren, die Analysis anzuwenden, sondern können nur sagen: Bis zu einem gewissen Punkte führen uns Analysis und geometrische Betrachtungsweise, aber von diesem Punkte an geht es nicht weiter. Daraus werden wir, allerdings zunächst auch wieder provisorisch, eine wichtige Folgerung ziehen müssen: daß wir dann, wenn wir dasjenige mathematisch betrachten, was wir sehen, sei es mit dem unbewaffneten oder mit dem bewaffneten Auge, es nicht in irgendwelche geometrische Figuren oder mathematische Formeln hineinbringen können. Wir umfassen also nicht

die Totalität der Erscheinungen mit Algebra, Analysis oder Geometrie.

Bedenken Sie, was sich daraus für Bedeutsames ergibt. Es ergibt sich, daß, wenn wir den Anspruch erheben, die Totalität der Himmelserscheinungen zu betrachten, wir darauf verzichten müssen, dies so zu tun, daß wir sagen: Die Sonne bewegt sich so, daß wir diese Bewegung in einer Linie nachzeichnen können; der Mond bewegt sich so, daß wir diese Bewegung in einer Linie nachzeichnen können. Also gerade auf dasjenige, was wir fortwährend als unseren sehnlichsten Wunsch empfinden, müssen wir im Grunde, wenn wir uns der Totalität der Erscheinungen gegenüberstellen, eigentlich verzichten. Es ist dies um so bedeutsamer, als ja heute in dem Augenblick, wo man sagt: Es genügt das kopernikanische Weltsystem so wenig als das ptolemäische –, jeder antwortet: Also zeichnen wir ein anderes auf. – Und wir werden erst im Verlauf dieser Vorträge sehen, was an die Stelle des Zeichnens gesetzt werden muß, wenn man die Totalität der Erscheinungen wirklich ins Auge fassen will.

Ich muß zuerst dieses Negative vor Sie hinstellen, bevor wir in das Positive hineinkommen können, weil es außerordentlich wichtig ist, hier zu ganz klaren Begriffen vorzuschreiten. Auf der anderen Seite haben wir gestern gesehen, wie aus unbestimmten, chaotischen Regionen heraufsteigt dasjenige, was wir dann von einem bestimmten Punkte an bildhaft, also auch in einem gewissen Sinne geometrisch, erfassen können, nämlich dasjenige, was uns durch die Embryologie entgegentritt. Man möchte sagen: Wenn man im Erkenntnisprozeß – ich habe es auch gestern ausgesprochen – die Himmelserscheinungen verfolgt, so kommt man in diesem Erkenntnisprozeß an einen Punkt, wo man sich sagen muß, die Welt ist anders, als man mit diesem Erkenntnisprozeß sie zunächst auffassen möchte; wenn man die embryologischen Erscheinungen betrachtet, so muß man sagen, man muß irgend etwas voraussetzen, das vorangeht jener Wirklichkeit, die wir noch umfassen können.

Nun trat ja außer anderen Dingen, ich will die Dinge nur ganz grob kennzeichnen, in der embryologischen Betrachtungsweise ein Zweifaches zutage in der neueren Zeit. Auf der einen Seite waren

die Menschen noch stramme Anhänger des biogenetischen Grundgesetzes, welches ja besagt, daß die individuelle Entwickelung des Keimes eine Art verkürzter Stammesentwickelung ist. Diese Menschen wollten also gewissermaßen kausal zurückführen die Keimesentwickelung auf die Stammesentwickelung. Dagegen traten dann andere auf, welche von einer solchen Herleitung des Individuell-Keimhaften aus der Stammesentwickelung nichts wissen wollten und davon sprachen, daß man sich an die unmittelbar in den Erscheinungen des Embryonalen vorhandenen Kräfte halten müsse; welche, mit anderen Worten, von einer Art Entwickelungsmechanik sprachen. Man kann eigentlich sagen: Aus der strammen biogenetischen Schule *Haeckels* ist *Oscar Hertwig* hervorgegangen, der dann ganz übergegangen ist zur Anerkennung der Entwickelungsmechanik. Da man das Mechanische wenigstens Mathematik-ähnlich fassen muß, wenn man auch nicht zu einer genauen Mathematik kommt, so tritt uns da auch historisch entgegen – und auf die Dinge, wie sie sich historisch entwickelt haben, wollen wir ja hinweisen –, wie zuerst etwas anderes vorausgesetzt wird und dann eingesetzt wird mit einer Mechanik-Mathematik-ähnlichen Betrachtungsweise.

Diese Dinge liegen zunächst, möchte ich sagen, mehr erkenntnistheoretisch vor. Auf der einen Seite werden wir im Erkenntnisprozeß an eine Grenze getrieben, wo wir nicht mehr weiterkommen mit der Betrachtungsweise, die wir zunächst als die uns beliebte haben; auf der anderen Seite kommen wir in der Beobachtung des Embryonalen nur dann zu irgendeiner Möglichkeit, die Sache in der gewöhnlichen Weise zu fassen, wenn wir Voraussetzungen machen, die wir zunächst liegen lassen; wenn wir uns also sagen: Im Gebiete des Wirklichen ist etwas, was wir zunächst liegen lassen im Unbestimmten, und an einem bestimmten Punkte fangen wir an, das Beobachtbare wenigstens in Formen und Verhältnissen anzuschauen, die Mathematik- und Mechanik-ähnlich sind.

Diese Dinge machen es eben notwendig, daß wir heute eine Art allgemeiner Betrachtung einschieben. Ich habe schon darauf aufmerksam gemacht, daß die naturwissenschaftliche Betrachtung heu-

te im Grunde genommen nach dem Ideal strebt, die äußere Natur möglichst unabhängig vom Menschen zu betrachten, die einzelnen Erscheinungen gewissermaßen in der Objektivität zu fixieren und den Menschen auszuschalten. Wir werden sehen, daß gerade durch diese Betrachtungsweise, die den Menschen ausschaltet, es unmöglich ist, über solche Schranken hinauszukommen, wie wir sie jetzt nach zwei Seiten hin haben bemerken können. Und das hängt damit zusammen, daß der Metamorphosengedanke, den ja *Goethe,* elementar zuerst, umfassend dargestellt hat, eigentlich noch recht wenig verfolgt worden ist. Er ist allerdings in bezug auf das Morphologische bis zu einem gewissen Grade verfolgt worden, allein auch da hat sich uns ja schon gezeigt, wie die Morphologie von heute aus dem Grunde zu keinem Ziel kommen kann, weil zum Beispiel die Formkonstruktion eines Röhrenknochens im Vergleich mit einem Schädelknochen nicht in der richtigen Weise angeschaut werden kann. Dazu müßte man ja vorschreiten zu Betrachtungen, welche uns dazu führen, das eine Mal das Innere, die innere Fläche des Knochens beim Röhrenknochen zum Beispiel zu verfolgen, und dann dieser inneren Fläche parallel zu stellen gerade die äußere Fläche des Schädelknochens, so daß man es da zu tun hat mit einer Umwendung, wie wenn man einen Handschuh umwendet, und zu gleicher Zeit mit einer Formänderung, also Änderung der Flächen-Spannungsverhältnisse beim Umwenden, beim Kehren des Innern nach dem Äußeren. Erst wenn man die Metamorphose in dieser ja für manche kompliziert ausschauenden Weise verfolgt, kommt man in diesen Betrachtungen an ein Ziel.

Aber wenn man herauskommt aus dem Morphologischen und mehr in das Funktionelle hineinkommt, dann sind erst ganz wenige Ansätze dazu vorhanden in dem heutigen menschlichen Vorstellen, den Metamorphosengedanken weiter zu verfolgen. Es wird unerläßlich sein, diese Metamorphosengedanken auch auf das Funktionelle des Organismus auszudehnen. Der Anfang ist gemacht an der Stelle, wo ich in meinem Buche «Von Seelenrätseln» wenigstens zunächst skizzenhaft angegeben habe die Anschauung von der Dreigliederung der menschlichen Wesenheit, insofern diese menschliche

Wesenheit als eine Summe und als ein Ineinanderwirken von Funktionen aufgefaßt wird. Ich habe wenigstens skizzenhaft ausgeführt, wie wir zu unterscheiden haben am Menschen zunächst jene Funktionen, jene Vorgänge, Prozesse, die wir auffassen können als die Nerven-Sinnesprozesse; wie wir dann als verhältnismäßig selbständige Prozesse aufzufassen haben alle rhythmischen Prozesse im menschlichen Organismus; und wiederum als selbständige Prozesse aufzufassen haben die Stoffwechselprozesse. Und ich habe aufmerksam gemacht darauf, daß diese drei Prozeßformen eigentlich das Funktionelle am Menschen erschöpfen. Was sonst Funktionelles am menschlichen Organismus vorkommt, sind eigentlich Unterarten dieser drei Prozesse.

Nun aber handelt es sich darum, daß man alles dasjenige, was im Organischen vorkommt, so aufzufassen hat, daß dasjenige, was scheinbar neben dem anderen steht, doch wiederum durch eine Metamorphose mit diesem anderen zu verbinden ist. Man ist heute abgeneigt, makroskopisch zu betrachten, allein in einer gewissen Weise muß man wiederum zum Makroskopischen zurückkommen, sonst wird man eben aus dem Mangel an jeder synthetischen Lebensbetrachtung überall zu Problemen kommen, die nicht an sich unmöglich zu lösen sind, sondern durch unsere methodologischen Vorurteile unlösbar werden.

Wenn wir den Menschen nach dieser Dreigliederung betrachten, so haben wir zunächst in dieser Dreigliederung gegeben eine dreifache Art, wie der Mensch mit der Außenwelt in irgendeinem Verhältnis steht. In den Nerven-Sinnesvorgängen haben wir eine Art, wie der Mensch mit der Außenwelt in einem Verhältnis steht; in allen rhythmischen Vorgängen haben wir eine andere Art. Die rhythmischen Vorgänge sind durchaus so, daß sie nicht isoliert im Menschen betrachtet werden können, liegt ja doch den rhythmischen Vorgängen die Atmung zugrunde, die durchaus ein Wechselverhältnis des Innern des menschlichen Organismus mit der Außenwelt darstellt; und wiederum in alledem, was Stoffwechsel ist, liegt ja ganz klar ein Wechselverhältnis des Menschen mit der äußeren Welt vor. Die Nerven-Sinnesprozesse sind gewissermaßen nach dem

Innern des Menschen eine Fortsetzung der Außenwelt. Auf diese Fortsetzung kommen wir, wenn wir unterscheiden zwischen der eigentlichen Wahrnehmung, die wesentlich durch die Sinne vermittelt wird, und dem, was sich dann für unsere menschliche Erkenntnis anschließt, dem Vorstellen. Wir brauchen uns jetzt nicht einzulassen auf tiefere Betrachtungen, sondern es wird von vorneherein ziemlich einleuchtend erscheinen müssen, daß dasjenige, was in der Sinneswahrnehmung vorliegt, ein mehr nach der Außenwelt gerichtetes Wechselverhältnis zwischen dem Menschen und seiner Außenwelt ist, als dasjenige, was in den Vorgängen des Vorstellens vorliegt. Zweifellos werden wir mehr nach dem Innern des Menschen gewiesen – ich spreche jetzt nur vom Organismus, nicht vom Seelischen – beim Vorstellen als bei der Sinneswahrnehmung.

Und wiederum – wenn wir zunächst das rhythmische System, Atmung, Zirkulation, beiseite lassen – werden wir, wenn wir das Stoffwechselsystem betrachten, auf etwas anderes verwiesen, das in einer ganz bestimmten Weise ein Gegensatz ist zu diesem Nach-innen-geführt-Werden von der Sinneswahrnehmung zum Vorstellen. Wenn man vollständig den Stoffwechsel studiert, dann muß man eine Verbindung herstellen zwischen demjenigen, was innere Stoffwechselvorgänge sind, und demjenigen, was die Funktionen der menschlichen Gliedmaßen sind. Diese Funktionen der Gliedmaßen hängen ja zusammen mit der Funktion des Stoffwechsels. Und würde man in diesen Dingen überhaupt rationeller verfahren, als man es gewöhnlich tut, dann würde man eben entdecken den Zusammenhang zwischen dem mehr nach innen gelegenen Stoffwechsel und den Vorgängen, denen wir uns unterwerfen, indem wir unsere Gliedmaßen entsprechend bewegen. Es sind immer Stoffwechselvorgänge, die als die eigentlichen organischen Funktionen den Bewegungen der Gliedmaßen zugrunde liegen. Verbrauch von Stoffen, das ist es, worauf wir zuletzt kommen, was uns das eigentliche organische Funktionieren dabei darstellt.

Nun aber ist es nicht damit getan, daß wir stehenbleiben bei diesem Stoffwechselvorgang. Dieser führt uns vielmehr in einer gewissen Weise ebenso von dem Menschen aus nach der äußeren Welt,

wie uns der Sinneswahrnehmungsvorgang von der äußeren Welt nach dem Inneren des Organismus führt. Solche Betrachtungen, die fundamental sind, müssen eben einmal angestellt werden, sonst kommt man nicht weiter auf bestimmten Gebieten. Und was ist es denn, was vom Stoffwechsel aus ebenso nach außen weist, wie etwas vom Sinnesvorgang aus zum Vorstellen nach innen weist? Das ist der Befruchtungsvorgang. Der Befruchtungsvorgang weist gewissermaßen nach der entgegengesetzten Richtung hin, von dem Organismus nach außen. Wenn Sie sich schematisch die Sinneswahrnehmung von außen nach innen vorstellen, dann wird dieser von außen nach innen gerichtete Sinneswahrnehmungsvorgang gewissermaßen – bitte stoßen Sie sich nicht an dem Ausdruck, wir werden schon später die Realität an die Stelle des vorläufig symbolisch Aussehenden setzen können – befruchtet durch den Organismus, und dadurch begegnet uns das Vorstellen (Fig. 1). Dasjenige, was

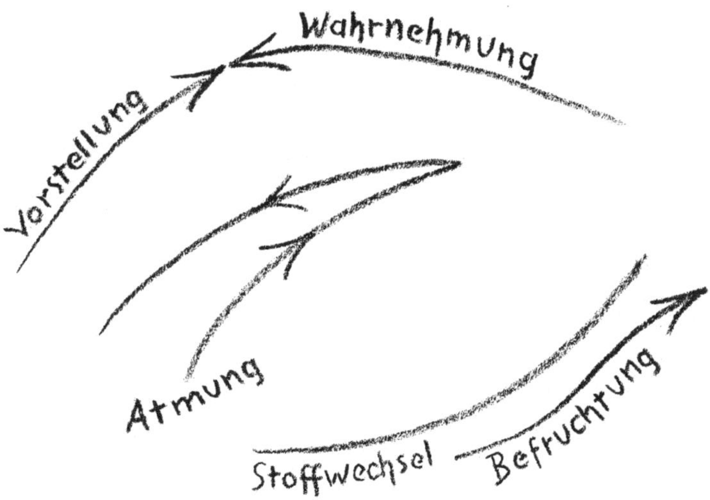

Fig. 1

wir Stoffwechselvorgänge nennen, das weist uns nach der anderen Seite, nach außen, und wir kommen zum Befruchtungsvorgang. So daß wir nunmehr schon in dem, was gewissermaßen an den

zwei Polen der dreigliedrigen Menschennatur liegt, etwas haben, was wir nach den entgegengesetzten Richtungen hin betrachten können.

In der Mitte liegt ja alles dasjenige, was dem rhythmischen System zugehört. Und wenn Sie sich fragen: Was weist im rhythmischen System nach außen? Was weist nach innen? – so werden Sie nicht so genaue Unterscheidungen finden können, wie zwischen innerem Stoffwechsel und Befruchtung oder Wahrnehmung und Vorstellung, sondern Sie werden mehr ineinanderschwimmend finden bei der Ein- und Ausatmung dasjenige, was hier der Prozeß ist. Er ist mehr ein einheitlicher Prozeß. Man kann da nicht in der gleichen Weise genau unterscheiden, aber man kann doch sagen (Fig. 1): Wie wir hier die Wahrnehmung von außen finden, hier die Befruchtung nach außen, so können wir in der Ein- und Ausatmung finden nach innen Gehendes und nach außen Gehendes. Wir haben gewissermaßen den Atmungsprozeß als einen mittleren Prozeß.

Und jetzt werden Sie schon aufmerksam werden auf dasjenige, was sich hier ausnimmt wie eine Art Metamorphose, ein Einheitliches, das zugrunde liegt der dreigliedrigen Menschennatur, das sich das eine Mal nach einer bestimmten Weise hin bildet, das andere Mal nach einer anderen Weise hin bildet. Sie können gewissermaßen physiologisch nach der einen Richtung, nämlich nach oben, sehr gut verfolgen dasjenige, was hier eigentlich vorliegt. Eine Anzahl von Ihnen kennt schon dasjenige, um was es sich handelt. Wenn wir den Atmungsprozeß betrachten, so wird, indem wir die Luft aufnehmen, unser Organismus in einer gewissen Weise beeinflußt. Er wird so beeinflußt, daß durch die Atmung das aus Rückenmark und Schädelhöhle auslaufende Gehirnwasser nach oben gedrängt wird. Sie müssen ja berücksichtigen, daß wir unser Gehirn in Wirklichkeit durchaus schwimmend haben im Gehirnwasser, daß es dadurch einen Auftrieb hat und so weiter. Wir würden gar nicht leben können ohne diesen Auftrieb. Aber davon wollen wir jetzt nicht sprechen, sondern nur davon, daß wir ein gewisses Nachaufwärtsbewegen des Gehirnwassers beim Einatmen haben, ein Abwärtsbewegen beim Ausatmen. So daß also wirklich der At-

mungsprozeß auch in unseren Schädel hineinspielt, in unseren Kopf hineinspielt, und daß dadurch ein Prozeß geschaffen wird, der durchaus ein Zusammenwirken, ein Ineinanderwirken darstellt desjenigen, was Nerven-Sinnesvorgänge sind, mit den rhythmischen Vorgängen.

Sie sehen, wie die Organe arbeiten, um gewissermaßen die Metamorphose der Funktionen zustande zu bringen. Dann können wir zunächst ja gewissermaßen hypothetisch, oder vielleicht nur wie ein Postulat, sagen: Ja, vielleicht ist so etwas auch der Fall in bezug auf den Stoffwechsel und in bezug auf die Befruchtung. – Aber wir werden da nicht so leicht zurechtkommen, wenn wir ein solches Verhältnis aufsuchen. Und gerade das ist das Charakteristische, daß es uns verhältnismäßig leicht gelingt, in mit den Gedanken verfolgbaren Prozessen dasjenige zu erfassen, was Wechselverhältnis ist zwischen dem rhythmischen System und dem Nerven-Sinnessystem, daß wir aber nicht in der Lage sind, ein ebenso leicht durchschaubares Verhältnis zwischen dem rhythmischen und dem Stoffwechsel-Befruchtungsprozeß zu finden. Sie können alles, was Ihnen in der Physiologie zur Verfügung steht, aufrufen und Sie werden, je genauer Sie gerade auf die Dinge eingehen, desto besser dieses bemerken. Übrigens können Sie sich das ganz banal vor Augen halten, warum das so ist. Wenn Sie den regelmäßigen Wechsel von Schlafen und Wachen verfolgen, so werden Sie sich sagen: In bezug auf das Sinneswahrnehmen sind Sie eigentlich überall der Außenwelt ausgesetzt. Sie stehen immerfort der Außenwelt exponiert da. Nur wenn Sie mit dem Denken und Vorstellen eingreifen, dann wird das, was im wachen Zustand eigentlich um einen ist, geordnet, wird in einer gewissen Weise von innen aus orientiert. Also die Orientierung kommt von innen. Wir können eigentlich das sagen, wir stehen der in sich gesetzmäßig angeordneten Außenwelt gegenüber, und wir bringen eine andere Ordnung in dieselbe hinein aus unserem Innern. Wir denken über die Außenwelt, wir kombinieren die Verhältnisse der Außenwelt gewissermaßen nach unserem Belieben – leider sehr häufig nach einem sehr schlechten Belieben. Aber da kommt etwas hinein von unserem Inneren in die Außenwelt, was gar

nicht dieser Außenwelt zu entsprechen braucht. Wenn das nicht der Fall wäre, würden wir uns niemals einem Irrtum hingeben. Da kommt von unserem Inneren heraus ein gewisses Umgestalten der Außenwelt.

Wenn wir den anderen Pol der menschlichen Natur anschauen, so werden Sie nach beiden Richtungen hin zugeben, daß da die Unordnung von außen kommt. Denn es ist in unsere Willkür gestellt, wie wir den Stoffwechsel unterhalten durch die Ernährung, und erst recht ist in unsere Willkür gestellt dasjenige, was Befruchtung genannt wird. Da werden wir also an die Außenwelt verwiesen, wenn es sich darum handelt, nach der Willkür hinzuschauen. Die Außenwelt ist uns zunächst ganz fremd. Mit jener Willkür, die wir hineinbringen in den Wahrnehmungsprozeß von innen, fühlen wir uns wenigstens vertraut; mit der Willkür, die wir von der Außenwelt in uns hineinbringen, da fühlen wir uns nicht sehr vertraut. Wir haben zum Beispiel in einem sehr geringen Grade – wenigstens die meisten Menschen in einem ganz außerordentlich geringen Grade – eine Ahnung davon, was eigentlich geschieht in bezug auf unseren Zusammenhang mit der Welt, wenn wir dieses oder jenes essen, wenn wir dieses oder jenes trinken und so weiter. Und wie wir gar zusammenhängen mit der Welt in den Zeiten zwischen denjenigen, in denen wir unsern Stoffwechsel unterhalten, dem wird außerordentlich wenig Aufmerksamkeit zugewendet. Und wenn wir dem Aufmerksamkeit zuwenden würden, so würde uns das auch zunächst nicht besonders viel helfen. Wir kommen da in ein Unbestimmtes, in ein Ungreifbares, möchte ich sagen, hinein. So daß wir an dem einen Pole des Menschen haben den geordneten Kosmos, der gewissermaßen seine Golfe in unsere Sinne hereinerstreckt (Fig. 2). Das Wort «geordnet» braucht dabei nicht mißverstanden zu werden, es soll nur den Tatbestand charakterisieren, wir wollen uns nicht in philosophische Betrachtungen verlieren, ob der Kosmos als geordnet betrachtet werden darf oder nicht, sondern es soll nur der Tatbestand ausgedrückt werden. Diesem Pol steht der andere gegenüber, dasjenige, was wir wirklich den ungeordneten Kosmos nennen müssen, wenn wir die Vorgänge betrachten, die an uns selbst heran-

treten aus dem Kosmos, wenn wir alles übersehen, was wir in uns hereinpfropfen, oder wie die Menschen in unregelmäßigen Zeiträumen für die Befruchtung sorgen und so weiter. Wenn wir alle diese Vorgänge, die da an den Stoffwechsel von der Außenwelt herantreten, ins Auge fassen, müssen wir sagen: Da haben wir es zu tun mit dem zunächst für uns ungeordneten Kosmos.

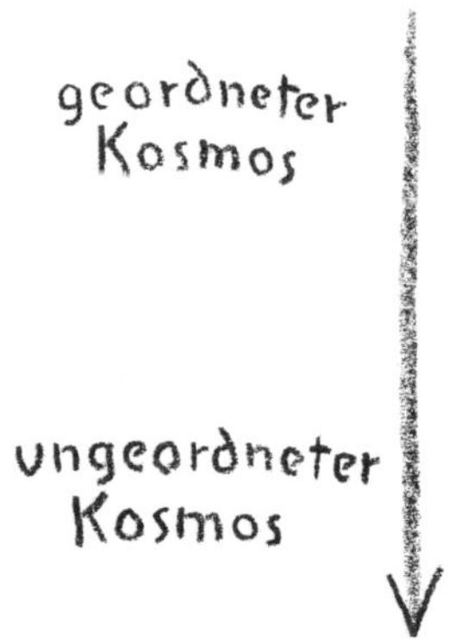

Fig. 2

Sehen Sie, wir können daran jetzt anknüpfen, ich möchte sagen mehr universell erkenntnistheoretisch, die Frage – ich will das durchaus heute episodisch einschieben –: Inwiefern stehen wir denn mit dem Sternenhimmel in Verbindung? Ja, zunächst schauen wir ihn an. Und insbesondere werden Sie ein lebendiges Gefühl haben, wie unsicher die Dinge werden in bezug auf den Sternenhimmel, wenn wir anfangen, über ihn zu denken. Wir haben ja da nicht nur vorliegen, daß die verschiedensten astronomischen Weltsysteme den Menschen eingeleuchtet haben, sondern wir haben auch das, nach unserer gestrigen Betrachtungsweise, daß wir überhaupt mit demjenigen, was uns innerlich im Vorstellen das allergewisseste ist, dem mathematisch-mechanischen Betrachten, nicht die Totalität des Sternenhimmels umfassen können. Wir müssen nicht nur sagen, wir können uns dem Sternenhimmel gegenüber nicht auf den Sinnenschein verlassen, sondern wir müssen sogar sagen, wir erkennen, daß wir mit dem, was nun hier weiter innen liegt im Menschen, gar nicht an den Sternenhimmel herankommen, insofern wir ihn mit

den Sinnen überschauen. Es ist durchaus real gesprochen, nicht irgendwie bloß vergleichsweise, wenn man sagt: Der Sternenhimmel liegt uns eigentlich in seiner Totalität – natürlich in seiner relativen Totalität – nur für die Sinneswahrnehmung vor. Denn wenn wir aus der Sinneswahrnehmung heraus mehr in das Innere kommen in der Auffassung des Sternenhimmels, müssen wir uns als Menschen dem Sternenhimmel gegenüber ziemlich fremd fühlen. Jedenfalls müssen wir stark das Gefühl bekommen, wir können ihn nicht erfassen. Aber wir müssen doch zugeben, daß irgend etwas, was einer Erfassung zugrunde liegen könnte, auch in dem enthalten ist, was wir da anschauen.

Nun müssen wir also sagen: Außer uns liegt der geordnete Kosmos. Der bietet sich eigentlich nur dar unserer Sinneswahrnehmung. Er erschließt sich zunächst unserer Verstandeserkenntnis ganz gewiß nicht. Wir haben ihn auf der einen Seite, diesen geordneten Kosmos, und können nun nicht herein mit ihm in den Menschen. Wir sagen uns, wir werden gewiesen von der Sinneswahrnehmung nach dem Innern des Menschen, aber wir können mit dem Kosmos nicht in den Menschen hereinkommen. Astronomie ist also etwas, was eigentlich nicht in unseren Kopf hereingeht. Es ist das gar nicht vergleichsweise gesprochen, sondern ganz erkenntnistheoretisch gezeigt. Astronomie ist etwas, was nicht in den Kopf hereingeht. Sie paßt nicht herein.

Was liegt denn auf der anderen Seite, wo wir den ungeordneten Kosmos haben? Wir wollen jetzt nur die Tatsachen ins Auge fassen, keine Theorien aufstellen, keine Hypothesen suchen, sondern nur die Tatsachen klarmachen. Sehen Sie, wenn Sie in der Welt den Gegensatz suchen zu dem Astronomischen, rein tatsachengemäß, und den Gegensatz im Menschen zu demjenigen, was da liegt im Wahrnehmungs- und Vorstellungsprozeß (als Fortsetzung der Außenwelt, des geordneten Kosmos), so werden Sie beim Menschen geführt zu dem Stoffwechselprozeß mit der Befruchtung, werden in ein Ungeordnetes hinausgeführt. Wenn ich ebenso hier in der Außenwelt beginne mit meiner Betrachtung (Fig. 2), und ich will dann hier in der Außenwelt heruntergehen, gewissermaßen von der

Astronomie herunterkommen, wo hinein werde ich denn da geführt? Ich werde geführt in die Meteorologie, in alles dasjenige, was mir nun auch in den äußeren Erscheinungen entgegentritt und was Gegenstand der Meteorologie ist. Wenn Sie nämlich die meteorologischen Erscheinungen auffassen und versuchen, eine Gesetzmäßigkeit hineinzubringen, so verhält sich das, was Sie da an Gesetzmäßigkeit hereinbringen können, ganz genau so zu dem geordneten Kosmos in der Astronomie, wie sich verhält alles das, was da unten im Stoffwechsel- und Befruchtungssystem wetterwendisch ist, zu demjenigen, was da oben zunächst in der Wahrnehmung auftritt, in die ja der ganze Sternenhimmel hineinleuchtet, und was erst anfängt ungeordnet zu werden in unserem Innern, im Vorstellen.

Sie sehen also: Wenn wir den Menschen nicht abgesondert betrachten wollen, sondern die äußere Naturordnung in Zusammenhang mit dem Menschen betrachten wollen, dann können wir ihn so hineinstellen, daß wir sagen: Der Mensch nimmt teil durch sein Haupt an dem Astronomischen, und er nimmt teil durch seinen Stoffwechsel an dem Meteorologischen. Da steht dann der Mensch nach beiden Seiten drinnen im ganzen Kosmos.

Nun fügen Sie an diese Betrachtung eine andere an. Wir haben vorgestern gesprochen von jenen Vorgängen, die gewissermaßen eine innere organische Nachbildung der Mondenvorgänge sind, den Vorgängen im weiblichen Organismus. Wir haben im weiblichen Organismus gewissermaßen etwas wie einen Phasenwechsel, eine Aufeinanderfolge von Vorgängen, die in 28 Tagen ablaufen und die natürlich so, wie die Dinge jetzt sind, gar nicht zusammenhängen mit irgendwelchen Mondvorgängen, die aber innerlich diese Mondvorgänge nachbilden. Ich habe auch schon auf die psychologisch-physiologische Tatsache hingewiesen, die in der Erinnerung des Menschen vorliegt. Wenn man diese wirklich analysiert und den inneren organischen Prozeß nimmt, der der Erinnerung des Menschen zugrunde liegt, so muß man ihn parallelisieren, als einen organischen Prozeß, mit diesem Prozeß der weiblichen Funktionen. Dieser ergreift eben nur intensiver den Organismus, als der Organismus ergriffen wird, wenn er in der Erinnerung festhält irgend etwas, was er

als äußere Erlebnisse gehabt hat. Es liegt nicht mehr im individuellen Leben zwischen Geburt und Tod dasjenige, was da als Ergebnis äußerer Eindrücke sich in diesen 28 Tagen zum Ausdruck bringt, während die Zusammenhänge zwischen dem Erleben von äußeren Vorgängen und der Erinnerung eben kurzfristiger sind und im individuellen Leben zwischen Geburt und Tod darinnenliegen. Aber es ist durchaus in bezug auf das Psychologisch-Physiologische dasselbe Prozeßerleben eines äußeren Vorganges. In meiner «Geheimwissenschaft» habe ich sehr deutlich auf dieses Erleben an der Außenwelt hingewiesen.

Wenn Sie nun die Funktionen des Eikeimes bis zur Befruchtung verfolgen, dann werden Sie finden, daß diese Funktionen vor der Befruchtung durchaus einbezogen sind in diesen inneren, 28-tägigen Prozeß. Sie sind gewissermaßen zugehörig diesem Prozeß. Sofort fällt dasjenige, was im Eikeim vor sich geht, aus diesem Innern des Menschen heraus, wenn die Befruchtung eingetreten ist. Da wird sofort ein Wechselverhältnis zur Außenwelt hergestellt, so daß wir, wenn wir den Befruchtungsvorgang beobachten, dazu geführt werden einzusehen, daß er nichts mehr zu tun hat mit inneren Vorgängen im menschlichen Organismus. Der Befruchtungsvorgang entreißt den Eikeim dem bloßen inneren Vorgang und führt ihn hinaus in den Bereich jener Vorgänge, die dem menschlichen Inneren und dem Kosmischen gemeinschaftlich angehören, die keine Grenze setzen zwischen dem, was im menschlichen Inneren vorgeht und im Kosmischen. Was daher vorgeht nach der Befruchtung, was vorgeht in der Bildung des Embryos, muß man im Zusammenhang betrachten mit äußeren kosmischen Vorgängen, nicht mit irgendeiner bloßen Entwickelungsmechanik, die man am Eikeim und seinen aufeinanderfolgenden Stadien selbst betrachtet.

Denken Sie, was man da eigentlich hat. Dasjenige, was im Eikeim vor sich geht bis zur Befruchtung, ist gewissermaßen eine Angelegenheit des menschlichen organischen Innern; dasjenige, was nach der Befruchtung vorgeht und schon durch die Befruchtung, das ist etwas, wodurch sich der Mensch öffnet dem Kosmos, was beherrscht wird von kosmischen Einflüssen.

Jetzt haben wir also auf der einen Seite den Kosmos auf uns wirkend bis zu der Sphäre des Vorstellens hin. Wir haben in der Sinneswahrnehmung ein Wechselverhältnis zwischen dem Menschen und dem Kosmos. Wir untersuchen dieses Wechselverhältnis, meinetwillen durch das Gesetz der Perspektive und Ähnliches, durch die Gesetze der Sinnesphysiologie und dergleichen. Wie wir einen Gegenstand sehen, das muß durch solche Gesetze untersucht werden. Nicht wahr, wenn wir uns aufstellen hier, und hier fährt ein Eisenbahnzug an uns vorüber (quer zur Blickrichtung), so sehen wir diese ganze Bewegung, ich möchte sagen, der Länge nach. Wenn wir uns aber so aufstellen (mit Blick in Richtung des Zuges), so kann er geradeso schnell fahren, und wir sehen ihn in völliger Ruhe, wenn der Zug genügend weit entfernt ist. Es hängt also dasjenige, was in uns bildhaft vorgeht, von Verhältnissen des Kosmos in bezug auf uns ab. Wir stehen drinnen in Bildvorgängen und gehören selber diesem Bilde an. Und Sie sehen, wir verwickeln uns in ein Chaotisches – denn schließlich sind die verschiedenen Weltsysteme etwas Chaotisches –, wenn wir nun einfach Schlüsse ziehen wollen aus dem, was wir äußerlich vorgehen sehen, auf die wahren Vorgänge.

Auf der anderen Seite steht der Mensch mit der Befruchtung drinnen in realen, jetzt nicht bildhaften, sondern realen kosmischen Prozessen. Da haben Sie an einem Pol bildhaftes Drinnenstehen, an dem anderen Pol haben Sie reales Drinnenstehen. Gewissermaßen dasjenige, was sich Ihnen entzieht, wenn Sie den Kosmos anschauen, das wirkt auf den Menschen, wenn er dem Befruchtungsvorgang unterworfen ist. Wir sehen hier ein Einheitliches auseinandergezogen in zwei Glieder. Das eine Mal liegt uns bloß das Bild vor, und wir können nicht zur Realität durch. Das andere Mal liegt uns die Realität vor, denn durch diese entsteht der neue Mensch. Aber das wird nicht Bild, das bleibt ebenso im Ungesetzmäßigen für uns, wie es für uns im Ungesetzmäßigen bleibt, wenn wir das Wetter betrachten, überhaupt die meteorologischen Verhältnisse. Wir stehen hier wirklich zwei Polen gegenüber. Wir bekommen von zwei Seiten her zwei Hälften von der Welt, das eine Mal bekommen wir ein Bild, das andere Mal gewissermaßen die zugrunde liegende Realität.

Sie sehen, das Gegenüberstehen des Menschen zur Welt ist nicht so einfach, wie man es sich philosophisch vorstellt, wenn man sagt: Ja, wir haben das Sinnesbild der Welt gegeben. Wir wollen jetzt philosophisch herausspintisieren, welches die Realität ist. – Die Frage, wie man die Realität in der Sinneswahrnehmung findet, das ist ja eine philosophische, erkenntnistheoretische Grundfrage. Wir sehen hier, daß die Einrichtung des Menschen als solchen sich zwischen das Bild und die Realität kurios hineinstellt. Wir müssen jedenfalls auf eine ganz andere Weise diese Vermittelung zwischen Bild und Realität suchen als durch eine philosophische Spekulation.

Sie wurde schon einmal im Weltengange gesucht, indem man sich gehalten hat an dasjenige, was Vermittelung ist: Einatmung und Ausatmung. Sehen Sie, die altindische Weisheit, die wir natürlich nicht nachmachen können, wie ich ja schon oftmals gesagt habe, sie ging mehr oder weniger instinktiv von der Voraussetzung aus: Mit der Sinneswahrnehmung ist nichts zu machen, wenn man in die Wirklichkeit hinein will; mit demjenigen, was die Befruchtung, die Sexualvorgänge sind, ist nichts zu machen, denn die geben kein Bild. Also halten wir uns an das Mittlere, welches gewissermaßen das eine Mal nach dem Bild-Erzeugenden hin metamorphosiert ist, das andere Mal nach der Realität hin metamorphosiert ist. Halten wir uns an das Mittlere, in welchem irgendwie eine Annäherung an die Wirklichkeit und zu gleicher Zeit an das Bild möglich sein muß. – Daher bildete die altindische Weisheit diesen künstlichen Atmungsprozeß in dem Jogasystem aus und versuchte, den Atmungsprozeß in bewußter Weise durchzuführen in einer gewissen Realität, um im Atmungsprozeß zu gleicher Zeit Bild und Realität zu ergreifen. Und wenn man nach den Gründen frägt – wenn es auch nur eine mehr oder weniger instinktive Antwort ist, ist sie doch nicht bloß instinktiv; Sie können in der indischen Philosophie selber verfolgen, wie dieses sonderbare Atmungssystem entstanden ist –, wenn man nach den Gründen frägt, so ist einem die Antwort darauf so gegeben, daß man sagt: Die Atmung verbindet Bild und Realität miteinander. Man erlebt innerlich das Bild im Zusammenhang mit der Realität, wenn man den Atmungsprozeß aus dem Unbewußten in das Be-

wußte hinauf erhebt. Man versteht durchaus dasjenige, was da im Laufe der geschichtlichen Entwickelung der Menschheit aufgetreten ist, nur, wenn man die Sache innerlich-physiologisch betrachtet.

Wenn Sie dies ins Auge fassen, so werden Sie sich sagen können: Man hat einmal gesucht nach einem Erfassen des Wirklichen, indem man sich an den Menschen selbst gewendet hat. So wie man die äußeren Sinne für die Bilder hat, wie man aber für die Realität etwas ganz anderes hat, so hat man sich gewendet an dasjenige im Menschen, was weder abgeschlossen ist schon zur Bildauffassung, noch in sich abgeschlossen ist nach der anderen Seite zum Realitäterleben: an das Undifferenzierte des Atmungsprozesses. Aber man hat den Menschen dadurch eingeschaltet in den ganzen Kosmos. Man hat nicht die Welt betrachtet, die abgesondert ist vom Menschen wie diejenige unserer naturwissenschaftlichen Betrachtung, sondern man hat eine Welt betrachtet, für die durchaus der Mensch als rhythmischer Mensch Wahrnehmungsorgan wird. Man sagte sich gewissermaßen: Die kann der Mensch weder ergreifen als Nerven-Sinnesmensch, noch als Stoffwechselmensch. – Als Nerven-Sinnesmensch wird er so bewußt, daß sich dasjenige, was dem Nerven-Sinnesleben gegeben ist, zum Bild verdünnt; im Stoffwechsel liegt die Realität so vor, daß sie nicht zum Bewußtsein erhoben wird. Dieses Zusammenwirken des Realen, bloß unbewußt Erlebten und des bis zum Bild Verdünnten, das suchte der altindische Weise in dem regulierten Atmungsprozeß. Und man versteht auch dasjenige, was älter ist als das ptolemäische System, nur dann, wenn man eine Ahnung bekommt von dem, wie sich das Weltenall darstellt, wenn in einer solchen Weise eine allerdings undifferenzierte Synthese gebildet wird zwischen dem, was wir heute den Erkenntnisprozeß nennen, und dem, was die Realität des Fortpflanzungsprozesses ist.

Und nun bitte ich Sie, von diesem Gesichtspunkte aus einmal diejenige Weltentstehungslehre zu betrachten, die Ihnen besonders entgegentritt in der Bibel, allerdings so, daß man die Sache, so wie die Dinge heute vorliegen, nicht sehr genau durchschauen kann. Betrachten Sie die Weltentstehungslehre der Bibel, namentlich da,

wo sie interpretiert wird von denjenigen, die diese Weltentstehung eben noch nach den älteren Traditionen interpretiert haben. Sie haben im Grunde nur die Möglichkeit, die biblische Schöpfungsgeschichte zu verstehen, wenn Sie dasjenige, was sich als Genesis darstellen kann, wenn man die Welt anschaut, zusammendenken mit dem, was sich embryologisch darstellt. Es ist durchaus ein Zusammendrängen des Embryologischen mit dem, was der äußere Sinnenschein darbietet, was in der biblischen Genesis dargestellt ist. Daher immer wiederum der Versuch, bis auf das Wort hin biblische Schöpfungsgeschichte durch embryologische Tatsachen zu interpretieren. Diese Interpretation steckt durchaus darinnen.

Ich habe dieses heute eingefügt aus einem ganz bestimmten Grunde. Wenn überhaupt diese Betrachtungen hier, die eine Brücke schlagen sollen zwischen der äußeren, heute getriebenen Wissenschaft und der Geisteswissenschaft, einen Sinn haben sollen, dann ist es notwendig, daß wir uns zunächst einmal ein ganz bestimmtes Gefühl aneignen. Von diesem Gefühl müssen wir uns durchdringen, sonst geht die Sache doch nicht weiter. Und dieses Gefühl, das müssen wir dadurch bekommen, daß wir die Möglichkeit finden, gewisse Methoden der heutigen Betrachtungsweise oberflächlich zu finden, äußerlich zu finden, aber in einem recht tiefen Sinn sie äußerlich zu finden. Wir müssen die Möglichkeit gewinnen, einzusehen die Oberflächlichkeit, die darin liegt, wenn man Weltenbilder aufstellt, die nur in der einen oder anderen Weise das kopernikanische System etwas korrigieren wollen, und wenn man auf der anderen Seite bloß solche Betrachtungen über das Embryologische anstellen würde, wie man sie heute gewöhnt ist anzustellen. Man möchte sagen: Aus einem solchen Gefühl ging ja wirklich das *Nietzschesche* Diktum hervor: Die Welt ist tief, und tiefer als der Tag gedacht. – Man muß einen Impuls bekommen, nicht in jenem oberflächlichen Hinnehmen desjenigen, was sich einem unmittelbar darbietet, sei es auch dem bewaffneten Auge im Teleskop, im Mikroskop, durch den Röntgenapparat, die Möglichkeit für Erklärungen zu suchen. Man muß einen gewissen Respekt bekommen für andere Arten der Erklärung, die nach anderem Erkenntnisver-

mögen hinstreben, wie der alte Inder gestrebt hat durch das Jogasystem, um in die Wirklichkeit einzudringen und um die Möglichkeit zu bekommen, ein adäquates Bild der Wirklichkeit zu schöpfen.

Man muß von da aus, weil wir einmal entwachsen sind dem alten Jogasystem, den Drang bekommen nach einem neuen Eindringen in die Welt durch Vorgänge, die erst auszubilden sind, die sich nicht einfach einstellen mit demjenigen, was wir heute gewohnheitsmäßig haben. Denn der Mensch stellt sich mitten zwischen das Bild der Welt, das uns ganz besonders stark entgegentritt in dem Sternenhimmel, der sich uns gar nicht enträtseln will durch ein verstandesgemäßes Vorstellungsvermögen, und das, was uns wetterwendisch entgegentritt in den Vorgängen der Fortpflanzung, durch die ja das Menschengeschlecht da ist. In das, was sich uns da auseinanderlegt, da stellt sich der Mensch mitten hinein und er muß, um einen Zusammenhang zu finden, eben selber eine Entwickelung suchen, wie sie auf eine ältere, heute nicht mehr gangbare Art im Jogasystem gesucht worden ist.

Astronomie, wenn wir sie betreiben wie bisher, führt uns durchaus niemals zu einem Ergreifen der Realität, sondern lediglich zu einem Ergreifen von Bildern; Embryologie führt uns zwar zum Ergreifen der Realität, aber niemals zur Möglichkeit, diese Realität mit irgendwelchen bildhaften Vorstellungen zu durchdringen. Astronomische Weltbilder sind realitätsarm; embryologische Bilder sind vorstellungsarm, wir können nicht durchdringen durch die Tatsachen mit den Vorstellungen. Man muß auch im Erkenntnistheoretischen an den ganzen Menschen herangehen, nicht bloß herumphantasieren durch irgendeine philosophisch-psychologische Erkenntnistheorie an den Sinneswahrnehmungen, sondern man muß an den ganzen Menschen herangehen. Und man muß in die Lage kommen, diesen ganzen Menschen in die Welt hineinzustellen. Man merkt durchaus auf der einen Seite, wie man den Erkenntnisboden verliert in der Astronomie. Man merkt durchaus auf der anderen Seite, wie gewissermaßen, wenn man aus der Realität heraus keine Erkenntnis schöpfen kann, alles nur ein Herumreden über die Tatsachen wird, sei es im Verfolgen des biogenetischen Grundgesetzes, sei es in der Ent-

wickelungsmechanik. Man merkt ganz genau, daß da nach beiden Seiten hin etwas vorliegt, was einer Erweiterung bedarf.

Ich mußte Ihnen dieses vorausschicken, damit wir uns in der Folge besser verständigen können. Denn Sie werden jetzt einsehen, daß es nichts nützen würde, wenn ich Ihnen zu den alten Weltenbildern nun irgendein neues hinzuzeichnen würde, was ja allerdings in der Gegenwart am meisten gewollt wird.

SECHSTER VORTRAG

Stuttgart, 6. Januar 1921

Sie werden aus den bisherigen Auseinandersetzungen, die hier gepflogen worden sind, ersehen haben, daß es darauf ankommt, einen Weg zu finden in die Erklärung der Naturerscheinungen, welcher hinausführt aus dem Verstandesmäßig-Mathematischen. Es soll selbstverständlich nicht – das geht aus dem ganzen Geiste der Auseinandersetzungen hervor – die Berechtigung des Mathematischen irgendwie angefochten werden, aber es handelt sich darum, daß wir ja scharf aufzeigen konnten den Punkt, wo es mit der Zugrundelegung der mathematischen Vorstellungen im Himmelsraum auf der einen Seite und gegenüber den embryologischen Tatsachen auf der anderen Seite nicht weitergeht. Wir müssen uns also einen Weg bahnen gewissermaßen zu Erkenntnismitteln. Es wird sich darum handeln, die Berechtigung gewisser Erkenntnismittel gerade durch diese Vorträge anschaulich zu machen. Ich werde versuchen, die Berechtigung davon zu zeigen, daß dasjenige, was sonst eigentlich nur durch den Augenschein und durch dasjenige, was erweiterter Augenschein ist, im Himmelsraum aufgesucht wird, auf einer breiteren Basis aufgesucht werden muß, so daß man gewissermaßen den ganzen Menschen zum Reagens macht für dasjenige, was man mit Bezug auf die Himmelserscheinungen erkunden will. Die Berechtigung davon werde ich heute zu zeigen oder wenigstens anzudeuten versuchen, indem ich von einer ganz anderen Seite her unser Problem ins Auge fasse, und zwar von einer Seite her, die manchem gerade gegenüber unserem Thema als außerordentlich paradox erscheinen wird. Aber die Gründe, warum man auch von diesem Ende aus sich unserem Problem nähern muß, die werden sich Ihnen ja ergeben.

Wenn wir die Entwickelung der Menschheit auf der Erde betrachten, so muß sich eigentlich aus dieser Menschheitsentwickelung irgend etwas ergeben, was uns auf die Genesis der Himmelserscheinungen hinweist. Wir müßten ja sonst, was ja gewiß nicht der Fall ist, annehmen, daß die außertellurischen Vorgänge auf den Men-

schen beziehungsweise auf die Menschheitsentwickelung keinen Einfluß haben. Das wird ja niemand annehmen, obwohl der eine diesen Einfluß überschätzt, der andere ihn unterschätzt. So mag es schon berechtigt erscheinen, zunächst wenigstens methodisch berechtigt erscheinen, wenn wir uns fragen: Was zeigt sich in der Entwickelung der Menschheit selber, das uns dann irgendwie hinweisen könnte auf Wege, die uns in die Himmelsräume hinausführen? Nun wollen wir keine geisteswissenschaftlichen Tatsachen zunächst ins Auge fassen, sondern diejenigen Tatsachen, die eigentlich ein jeder empirisch aus der Geschichte sich zusammentragen kann.

Wenn wir zurückblicken in der Entwickelung der Menschheit auf dem Gebiete, wo sich die Gedanken der Menschen ausleben, wo sich das Erkenntnisvermögen auslebt, wo sich also gewissermaßen das Wechselverhältnis und die Beziehung zur Welt in dem sublimiertesten Sinne beim Menschen auslebt, da werden wir, wie Sie ja auch aus meinem Buche «Die Rätsel der Philosophie» entnehmen können, bis zu einem Umschwung zurückgeführt eigentlich zunächst nur um ein paar Jahrhunderte. Es wird von mir immer als einer der wichtigsten Zeitpunkte in der letzten Phase der Menschheitsentwickelung derjenige angegeben, der im 15. Jahrhundert liegt. Das ist natürlich nur eine approximative Bestimmung. Es ist eben gemeint das Zeitalter um die Mitte des Mittelalters. Und selbstverständlich fassen wir zunächst auch wiederum nur dasjenige ins Auge von dieser Menschheitsentwickelung, was sich innerhalb der zivilisierten Menschheit ergibt.

Man betrachtet immer nicht genau genug, wie stark ausdrucksvoll der Umschwung ist, der in diesem Zeitalter in der Gedanken- und Erkenntnis-Entwickelung der Menschheit eingetreten ist. Es ist sogar eine Zeitlang eine rechte Abneigung gewesen namentlich unter den Philosophen und denjenigen, die ihnen in der Weltbetrachtung verwandt sind, gegen die Erfassung gerade desjenigen Zeitalters europäischer Zivilisationsentwickelung, das man nennen könnte das Zeitalter der Scholastik, in welchem bedeutsame Fragen an die Oberfläche des menschlichen Erkennens heraufgetrieben worden sind. Fragen, bei denen man fühlt, wenn man sie nur genau

genug betrachtet, wie sie nicht etwa bloß aus der logischen Deduktion herausfließen, in die sie gewöhnlich eingekleidet werden im Mittelalter, sondern von denen man empfindet, daß sie aus tiefen menschlichen Untergründen hervorgehen. Man braucht sich nur zu erinnern an dasjenige, was dazumal eine gründlich tiefe Frage war der Menschheitserkenntnis, die Frage nach dem Realismus, dem Nominalismus. Oder man braucht sich nur zu erinnern, was in der Geistesentwickelung Europas das eigentlich bedeutet hat, daß solche Gottesbeweise, wie der sogenannte ontologische Gottesbeweis, heraufkamen, wo man aus dem Begriff heraus selber zu einem Beleg, einem Erhärten der Existenz Gottes kommen wollte. Man erinnere sich, was das eigentlich in der ganzen Entwickelung der menschlichen Erkenntnis bedeutet. Da wühlte etwas im innersten Untergrund der ganzen menschlichen Wesenheit. Das drückt sich nur aus im Vollbewußtsein durch jene Deduktionen, die da gepflogen wurden. Die Menschen werden in dieser Zeit gewissermaßen irre daran, ob die Begriffe, die Vorstellungen, die sie sich ausbilden, irgendwie, wenn sie in Worte gekleidet werden, etwas Reales darstellen, oder ob sie nur eine formale Zusammenfassung der äußeren, sinnlichen Tatbestände sind. Die Nominalisten sehen in den allgemeinen Begriffen, die sich der Mensch bildet, eine formale Zusammenfassung, die keine Bedeutung hat für die äußere Realität, sondern die den Menschen nur die Möglichkeit bieten soll sich zurechtzufinden, eine Orientierung zu haben in der verwirrenden äußeren Welt. Die Realisten dagegen – der Ausdruck wurde ja anders gebraucht dazumal als heute – behaupteten, in den allgemeinen Begriffen etwas Reales zu finden, etwas Reales, in dem sie leben, innerlich zu haben, nicht bloß Weltzusammenfassungen oder abstrakte Schemen.

Ich habe ja in den Vorträgen, die ich sonst mehr populär gehalten habe, oftmals erwähnt, wie mein alter Freund *Vincenz Knauer* auf diese Fragen aufmerksam machte. Er war, ich möchte sagen, als ein Spätscholastiker – er hat das sicher selber nicht sein wollen, aber er war es wenigstens in erkenntnistheoretischen Fragen – durch und durch Realist und hat daher in seinem immerhin sehr interessanten Buche über «Die Hauptprobleme der Philosophie

in ihrer Entwicklung und teilweisen Lösung von Thales bis Robert Hamerling» gesagt: Nun ja, da behaupten die Nominalisten, daß der Allgemeinbegriff «Lamm» nichts anderes sei als eine im menschlichen Geiste entstandene Zusammenfassung und der Begriff «Wolf» auch eine im menschlichen Geiste entstandene Zusammenfassung; daß also nur die Materie in verschiedener Weise verknüpft sei im Lamm und im Wolf. Diese fasse man einmal unter dem Schema des Lammes, ein andermal unter dem Schema des Wolfes zusammen. – Und er meint, man solle nur einmal probieren, einen Wolf von aller sonstigen Nahrung abzuhalten und ihm nur Lämmer zu fressen zu geben, dann wird er zwar nach der nötigen Zeit ganz aus Lammesmaterie bestehen, aber er wird durchaus seine Wolfsnatur nicht aufgeben! Also diese Wolfsnatur, die durch den Allgemeinbegriff «Wolf» ausgedrückt wird, muß etwas Reales sein.

Nun, daß der Gottesbeweis, den man den ontologischen nennt, überhaupt aufkommen konnte, das zeugt schon von einer durchgreifenden Bewegung innerhalb der menschlichen Natur. Denn im Grunde genommen hätte kurz vor dem Aufbringen dieses ontologischen Gottesbeweises dem Menschen innerhalb des europäischen Lebens gar nicht der Einfall kommen können, das Dasein Gottes beweisen zu wollen, sondern man nahm es als eine Selbstverständlichkeit an. Und erst als die Zeit herankam, wo diese Selbstverständlichkeit nicht mehr im Menschen lebte, verlangte man nach einem Beweise. Dasjenige, was als eine Selbstverständlichkeit in einem lebt, das will man nicht beweisen. Also, es war den Menschen etwas abhanden gekommen, was bis dahin als Selbstverständlichkeit in ihnen war und es war etwas in sie hineingekommen, was den Geist in eine ganz andere Bahn und zu ganz anderen Bedürfnissen brachte. Ich könnte noch vieles anführen, was Ihnen zeigen würde, wie gerade – cum grano salis sei es gesagt – auf der höchsten Stufe der Gedanken- und Erkenntnisentwickelung um diese Zeit des Mittelalters es in der menschlichen Natur wühlte.

Nun, wenn man – was eben nicht abgeleugnet werden kann – einen Zusammenhang desjenigen, was in der Menschheit vorgeht, mit den aussertellurischen Erscheinungen, mit den Himmelserschei-

nungen annimmt, zunächst ganz im allgemeinen, das Speziellere wird uns dann schon zu beschäftigen haben, dann darf man fragen – zunächst nur fragen, denn wir wollen ganz vorsichtig vorgehen in unseren Auseinandersetzungen –: Wie stellt sich in die Erdenentwickelung, die uns dann vielleicht aus sich auch wiederum herausführen wird, dasjenige selber herein, was die Menschen dazumal (um die Mitte des Mittelalters) auf der Erde erlebt haben? Steht das irgendwie in der Erdenentwickelung an einem besonderen Punkte? Könnten wir auf etwas hinweisen, was uns gewissermaßen eine konkrete Bestimmung dieses Punktes der Menschheitsentwickelung zeigt? Nun, da können wir auf etwas hinweisen, was in der Tat tief einschneidet nun wiederum in demselben Gebiete, demselben Erdengebiete, wo sich dies, was ich jetzt in dem sublimiertesten geistigen Leben dargestellt habe, zugetragen hat. Wir sehen, daß gerade der Zeitpunkt, in dem die Menschheit so aufgewühlt wird, in der Mitte zwischen zwei End-Zeitpunkten drinnen liegt; zwischen zwei Zeitpunkten, in denen innerhalb des Gebietes, wo dieses Wühlen stattgefunden hat, also innerhalb jener europäischen Gebiete, wo dieses besondere Ausleben der Zivilisation stattgefunden hat, ganz gewiß eine besonders intensive Betätigung des Menschengeschlechtes nicht hat stattfinden können. Wenn wir von diesem Zeitpunkte, den ich als A bezeichnen will (Figur), ebensoweit nach einer ziemlich fernen Zukunft vorwärts- und nach einer ziemlich fernen Vergangenheit rückwärtsgehen, dann finden wir Zeitpunke, in denen es

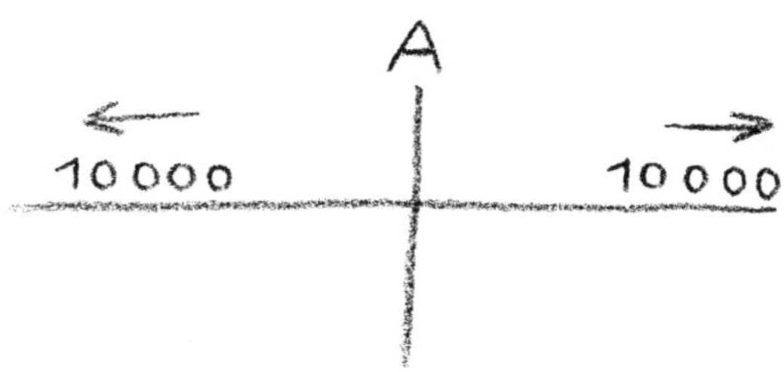

da, wo gerade dieses Wühlen stattfand im 13., 14., 15. Jahrhundert, eine gewisse Ödigkeit, einen Tod der Zivilisation gab. Denn da finden wir, wenn wir etwa 10000 Jahre vorwärtsgehen und 10000 Jahre

zurückgehen von diesem Zeitpunkt, die größtmögliche Ausbildung der Eiszeiten in diesen Gegenden, jener Eiszeiten, welche ganz gewiß eine besondere menschliche Entwickelung nicht aufkommen lassen.

Wir haben also, wenn wir so die Entwickelung dieses Gebietes von Europa überblicken, im 10. Jahrtausend vor der christlichen Zeitrechnung eine eiszeitliche Verödung in der Kultur, und werden sie wieder haben etwa 10 000 Jahre nach diesem Zeitpunkte. Mitten darinnen, also zwischen zwei Verödungen in der menschlichen Entwickelung, liegt dieses Wühlen. Und wer einen Sinn hat für die Betrachtung der menschlichen Erkenntnisentwickelung, der weiß, wie sehr, trotzdem wir eine Abneigung haben, gerade dieses Gebiet der philosophischen Entwickelung, das im 13., 14. Jahrhundert liegt, zu betrachten – die Leute betrachten es eben noch nicht genau – im Grunde genommen die philosophische Entwickelung durchaus noch immer unter der Nachwirkung desjenigen steht, was da in der Menschheit gewühlt hat, was sich auch auf anderen Gebieten der menschlichen Zivilisation geltend gemacht hat, was sich aber insbesondere symptomatisch klar in dieser Entwickelungsphase der Erkenntnis zeigt.

Nun ist diese Entwickelungsphase, die sich uns da zeigt in der Mitte des Mittelalters, ja eine einschneidende in der europäischen Zivilisation, wie Sie wissen. Ich habe das ja öfter in den anthroposophischen Vorträgen auseinandergesetzt. Es ist ein Einschnitt. Es ändert sich da etwas in dem ganzen Duktus der Menschheitsentwickelung, was eigentlich schon begonnen hat im 8. vorchristlichen Jahrhundert und was man nennen kann die intensivste Entwickelung der menschlichen Verständigkeit. Was wir seither in der Menschheitskultur ausbilden, das ist die besondere Entwickelung des Ich-Bewußtseins. Alle Verirrungen und alle Weistümer, die wir seit dieser Zeit des Mittelalters uns erobert haben als allgemeine Menschheit, beruhen eigentlich auf dieser Ich-Entwickelung, auf dem immer stärkeren Herausarbeiten des Ich-Bewußtseins im Menschen, während das griechische Bewußtsein, auch das Bewußtsein der Lateiner – das zeigen sowohl die Lateiner des eigentlichen lateinischen Zeitalters wie ihre Nachkommen, die heutigen romanischen Völker –

noch nicht das entsprechende Gewicht gelegt haben auf die Ich-Entwickelung. Zum großen Teil bedienen sie sich sogar in der Sprache, im Satzbau, nicht des deutlichen Aussprechens des Ich, sondern sie legen das eben in das Verb hinein. Es ist noch nicht das Ich so scharf herausgekehrt. Nehmen Sie *Aristoteles, Plato,* besonders den größten Philosophen des Altertums, *Heraklit.* Sie finden überall, daß da nicht das Hervorheben des Ich ist, sondern ein noch mehr oder weniger selbstloses – ich bitte den Ausdruck durchaus nicht zu pressen, aber man kann ihn anwenden, relativ – Ergreifen der Welterscheinungen mit dem verständigen Prinzip, ohne daß man sich in einer so scharfen Weise selber heraushebt aus den Welterscheinungen, wie das angestrebt wird im neuen Zeitalter, in dem Bewußtseinszeitalter, in dem wir jetzt leben.

Dann kommen wir zurück, wenn wir hinter das 8. vorchristliche Jahrhundert gehen, in das Zeitalter hinein, das ich genannt habe das ägyptisch-chaldäische Zeitalter – Sie finden alles Nähere darüber in meiner «Geheimwissenschaft», in dem es nun wiederum eine ganz andere Seelenverfassung gab. Dieses Zeitalter, das ja natürlich auch, wie das andere, mehr als zwei Jahrtausende gedauert hat, es zeigt uns den Menschen so, daß er noch nicht in verstandesmäßiger Weise die äußeren Erscheinungen verknüpft, sondern bis in die Himmelsrichtung hinein empfindungsmäßig die Welt erfaßt. Es ist ganz falsch und zu keinem Resultat führend, wenn man das, was erhalten ist in der ägyptischen, in der chaldäischen Astronomie, decken will mit jenen Verstandesurteilen, die wir selber haben, die wir noch als eine Erbschaft aus der griechisch-lateinischen Zeit haben. Es ist schon notwendig, daß man da etwas das Seelische metamorphosiert innerlich, daß man sich hineinversetzt in diese ganz andere Seelenverfassung, wo der Mensch noch durchaus die Welt nur in der Empfindung auffaßte; wo sich der Begriff noch nicht lossonderte von der Empfindung; wo es zum Beispiel so war, daß der Mensch auch in der Sinnesempfindung keinen besonderen Wert legte – das läßt sich auch noch geschichtlich-philologisch nachweisen – auf die sprachliche Nuancierung der blauen oder violetten Farbe, während er eine sehr scharfe Empfindung hatte für den roten und gelben Teil des

Spektrums. Wir sehen geradezu, wie mit dem Heraufkommen der Empfindung für die dunkeln Farben zu gleicher Zeit das verstandesmäßige Begriffsvermögen heraufkommt. Dieses Zeitalter geht nun zurück bis ins 3. Jahrtausend etwa, also von 747 – es sind etwa 2160 Jahre – bis in den Beginn des 4. Jahrtausends. Dann kommen wir weiter zurück zu dem Zeitalter, in dem die Anschauungsweise der Menschen von der gegenwärtigen schon so verschieden war, daß wir es außerordentlich schwierig haben, ohne Zuhilfenahme von geisteswissenschaftlichen Methoden uns überhaupt zu versetzen in die Art und Weise, wie im 4. Jahrtausend oder 5. Jahrtausend die Menschheit die Welt um sich herum eigentlich anschaute. Das war nicht ein Empfinden allein, sondern das war ein Miterleben der äußeren Ereignisse, ein Drinnenstecken in den äußeren Ereignissen. Es war etwas, wo der Mensch sich noch so als ein Glied der ganzen äußeren Natur fühlte, wie etwa mein Arm sich fühlen würde als ein Glied meines Organismus, wenn er ein Bewußtsein hätte.

Also, wir kommen da zu einem ganz anderen inneren Duktus in der Stellung des Menschen zur Welt. Und gar wenn wir in noch frühere Zeiten zurückgehen, ist noch eine Erhöhung des Verwachsenseins des Menschen mit seiner Umgebung da. Da kommen wir aber zurück in Zeiten, welche Kulturen nur da entwickeln können, wo ganz besondere Erdverhältnisse dies möglich machen; in jene Zeit, die ich in der «Geheimwissenschaft» geschildert habe als die urindische Kultur, die der Vedenkultur vorangeht, von der die Vedenkultur nur ein letzter Nachklang ist. Wir kommen zurück in ein Zeitalter, das sich durchaus nähert in merkwürdiger Weise dem Zeitalter, wo unsere Gegenden vereist sind. Wir nähern uns da jenem Entwickelungsalter in der Menschheitsentwickelung, welches eben eine Kultur, die so war wie die urindische Kultur, nur dort entwickeln konnte, wo dasjenige, was wir jetzt erleben mehr oder weniger in den gemäßigten Zonen, eigentlich bis gegen den heutigen Äquator hin vorhanden war. Denn das Tropenmäßige – das ergibt sich einfach aus der Betrachtung des Vorschreitens und Rückgehens des Eises – ist in Indien ja erst später eingetreten, als die Vereisung der nördlichen Welt wiederum zurückgegangen war.

Wir sehen also, wie die Entwickelung der Menschheit in einer gewissen Weise sich modifiziert, indem sich die Verhältnisse auf der Erde, auf der Erdoberfläche in der angedeuteten Weise modifizieren. Nur derjenige, der sozusagen sehr kurzfristig die Menschheitsentwickelung der Erde ansieht, kann glauben, daß unsere gegenwärtigen Vorstellungen, wie wir sie uns machen in den verschiedensten Wissenschaften, nun irgend etwas Absolutes darstellen, was wir uns endlich errungen haben. Derjenige jedoch, der einen tieferen Blick tut in die Umwandlung, in das Metamorphosenhafte der menschlichen Geistesentwickelung, wird ohne weiteres erkennen, wie dieses Metamorphosieren fortschreiten wird und wie gewisse Gegenden der Erde, die heute eine gewisse Konfiguration ihres Geisteslebens haben, zusteuern wiederum einer Art von Verödung, die vor uns liegt. Und Sie können sich ja, wenn Sie die Zahl nehmen, die nach rückwärts weist, ausrechnen, wie das in der Zukunft kommen wird, wenn eine neue Eisperiode über diese Zivilisation hereinbricht. Aber Sie sehen daraus auch, daß wir, wenigstens zunächst unter der Voraussetzung, daß wir vielleicht herausfinden können irgendeinen Zusammenhang der Himmelserscheinungen mit den Tatsachen, die da vorliegen in der Erdenentwickelung bei einer Eiszeit und bei dem, was in der Mitte liegt, dann auch haben werden dasjenige, was auf der Erde in dem feinsten Gebiete des Zivilisationslebens, dem Erkenntnisleben sich ergibt. Das haben wir sogar zu beziehen auf die Verhältnisse auf der Erde. Wir können sagen: Es weist uns dann die rein empirische Betrachtungsweise darauf hin, wie der Mensch dasjenige, was er ist, nicht bloß durch die Erdenverhältnisse ist, sondern durch außerirdische Verhältnisse.

Wenn wir also in einer ganz empirischen Art einfach die Tatsachen nehmen – sie werden ja sonst in der Wissenschaft auch so genommen, nur dehnt man sich nicht aus über solch weite Territorien –, so erweitert sich der Blick selber zu einem solchen Zusammenhang, wie wir ihn charakterisiert haben. Nun können wir ja in einer gewissen Weise heute noch sehen, wie ein Zusammenhang der Verhältnisse zwischen der Erde und den außerirdischen Himmelskörpern eine gewisse Geistesart der Menschen bewirkt. Wir haben

das schon auseinandergesetzt in diesen Vorträgen, haben darauf hingewiesen, wie in der Äquatorialzone auch heute eine andere Geisteskonfiguration vorhanden ist als in den polarischen Gegenden. Und wenn man nachforscht, was da eigentlich tätig ist, findet man heraus: die besondere Stellung der Erde zur Sonne. Sie bedingt – vielleicht ist etwas anderes noch darin, das werden wir schon finden, aber nehmen wir jetzt einmal diejenigen Dinge, deren wir uns bedienen können nach gebräuchlichen Vorstellungen –, sie bedingt, daß einfach in der Polarzone der Mensch weniger frei wird von seinem Organismus. Der Mensch kommt aus seinem Organismus weniger heraus zu einer freien Handhabung des Seelenlebens.

Wir brauchen uns nur ein Bild davon zu machen, wie anders die Menschen in der Polarzone ergriffen werden von demjenigen, was bei uns nur im Hintergrund steht. Bei uns Menschen der gemäßigten Zone haben wir einen kurzfristigen Wechsel zwischen Tag und Nacht. Bedenken Sie, wie lang dieser Wechsel, wie lang Tag und Nacht eigentlich werden, je mehr man sich der Polarzone nähert. Der Tag dehnt sich sozusagen aus zum Jahr. Ich habe Ihnen geschildert dasjenige, was von der Geburt bis zum Zahnwechsel beim Kinde wirkt von Jahr zu Jahr, dieses Wirken in der Organisation. Aus dem reißt sich heraus das selbständige Wirken des Seelischen, das dem kurzfristigen Tag hingegeben ist. Das kann da im Polarischen nicht so wirken. Da wird mehr dasjenige sich geltend machen, was gegen das Jahr hingeht. Es wird mehr an der menschlichen Organisation gearbeitet. Der Mensch wird nicht so herausgerissen aus dem Arbeiten in der Organisation.

Und wenn Sie jetzt nehmen die spärlichen Überreste, die von der Kultur aus früheren Zeiten über die Eiszeit herübergerettet worden sind, wenn Sie dasjenige nehmen, was da war, so werden Sie sehen: Es waren ganz gewiß Zeiten da, in denen eine – bitte nehmen Sie den Ausdruck nur im richtigen Sinn – «Polarisierung» über die heutige gemäßigte Zone sich verbreitete, in denen so etwas stattfinden mußte, wie es stattfindet in den heutigen Polargegenden. Da dehnte sich einfach über einen großen Teil der Erde dasjenige aus, was nun zurückgedrängt ist nach dem Nordpol zu.

Ich bitte davon ganz loszulösen, was an heutigen Vorstellungen zur Erklärung da ist, sonst kommt man nicht zum reinen Phänomen, sondern nehmen Sie nur das reine Phänomen als solches. Heute ist es auf der Erde so, daß wir gewissermaßen haben die Menschen der tropischen Zone, die Menschen der gemäßigten Zone, die Menschen der Polarzone. Natürlich beeinflussen sie sich gegenseitig, so daß in der äußeren Wirklichkeit das Phänomen sich nicht so ganz rein darstellt. Was wir aber da räumlich haben, wir finden es, indem wir zurückgehen, zeitlich. Wir kommen gewissermaßen zum Nordpol der Zivilisationsentwickelung, indem wir zurückgehen in der Zeit, und wir haben wiederum einen anderen Pol, indem wir in der Zeit vorschreiten. Und wenn man sich vorstellt, daß dasjenige, was als polarischer Einfluß auf den Menschen sich äußert, zusammenhängt mit den Wechselverhältnissen von Erde zu Sonne, dann muß man sich vorstellen, daß diese Änderung, die sich da vollzogen hat, dieses Entpolarisieren, zusammenhängt mit einer Veränderung, die geschehen sein muß im Wechselverhältnis von Erde zu Sonne. Und es springt für uns die Frage heraus aus den Tatsachen: Was ist denn da geschehen? Auf was in der Genesis des Himmelsraumes weist uns denn dieses eigentlich hin?

Betrachten wir die Sache einmal näher. Natürlich sind diese Verhältnisse für die nördliche und südliche Halbkugel der Erde anders, aber das tut ja nichts zur Sache. Das wird uns höchstens dazu bringen, entsprechende Bilder zu schaffen für dasjenige, was reale Vorgänge sind. Aber wir müssen zunächst von den empirischen Tatsachen ausgehen. Und was enthüllt sich uns denn da, wenn wir ohne Hypothese, ohne irgendwelche vorgefaßte Meinung an die Erscheinungen einfach herangehen? Was enthüllt sich uns da? Da müssen wir sagen: Die Erde und die Geschehnisse auf der Erde sind ein Ausdruck für Weltenverhältnisse, die in gewissen Rhythmen offenbar werden. Denn eine Erscheinung, die etwa im 10. Jahrtausend vor der Entstehung des Christentums da war, die wiederholt sich etwa im 11. Jahrtausend nach der Entstehung des Christentums. Und dasjenige, was dazwischen ist, es muß sich auch in einer gewissen Weise wiederholen. Das, was hier (zwischen den beiden Eiszeit-

perioden) dazwischen ist, war gewiß auch vorher vorhanden. Wir haben da einen Rhythmus. Wir werden da auf einen rhythmischen Gang hingewiesen.

Nun, wenn Sie jetzt den Blick hinauswenden zu den Himmelserscheinungen und eine Tatsache besonders herausheben, die ich in meinen Vorträgen schon öfter hervorgehoben habe, werden Sie folgendes finden können. Wir wissen ja – ich will die Sache nur ganz skizzenhaft charakterisieren –, daß der Frühlingspunkt, der Sonnenaufgangspunkt im Frühling, in der Ekliptik fortrückt. Wir wissen ja auch, daß dieser Frühlingspunkt heute im Sternbild der Fische liegt, vorher im Sternbild des Widders gelegen hat, vorher im Sternbild des Stieres – das war die Zeit, in der besonders der Stierdienst bei den Ägyptern und Chaldäern gepflegt wurde –, vorher war er im Sternbild der Zwillinge, vorher im Sternbild des Krebses, des Löwen. Da kommen wir aber schon zurück in die Zeiten, die beinahe die sind der Eiszeitentwickelung. Und wenn wir uns dasjenige, was da vorliegt, zu Ende vorstellen, so müssen wir sagen, dieser Frühlingspunkt rückt in der ganzen Bahn der Ekliptik herum. Wir wissen ja, daß wir das das platonische Jahr nennen, das große Weltenjahr. Und wir wissen, daß es approximativ eine Länge hat von 25 920 Jahren, so daß wir sagen können, diese 25 920 Jahre, die umschließen eine Summe von Vorgängen. Diese Vorgänge sind so, daß sich innerhalb dieser auf der Erde eine rhythmische Bewegung von Eiszeit, mittlerer Zeit, Eiszeit, mittlerer Zeit zeigt. Wir sehen, daß eintritt in der Zeit, in der die Menschheit geistig durchwühlt wird, der Frühlingspunkt in das Zeichen der Fische. In der griechisch-lateinischen Zeit war er im Zeichen des Widders, vorher im Zeichen des Stieres und so weiter. Wir kommen ungefähr zum Löwen, respektive zur Jungfrau zurück in derjenigen Zeit, in der es gerade in unseren Gegenden und weit über Europa hin, auch über Amerika, eisig wird. Und wir werden den Frühlingspunkt zu suchen haben im Zeichen des Skorpions, wenn wir wiederum in diesen Gegenden Eiszeit haben werden. Da umschließt also dasjenige, was in 25 920 Jahren sich abwickelt, etwas Rhythmisches; etwas Rhythmisches, das allerdings ein weit Ausgedehntes ist.

Aber dieser Rhythmus erinnert, wie ich ja auch schon öfter erwähnt habe, an einen anderen Rhythmus, rein als Zahlenrhythmus. Wir wollen ja auch nicht mehr hineinlegen. Aber wenn es sich um einen Rhythmus handelt und wenn man das zahlenmäßig ausdrückt und wenn die entsprechenden Zahlen die gleichen sind, so sind es gleiche Rhythmen, mit denen man es zu tun hat. Sie wissen, daß die Zahl der Atemzüge eines Menschen – Einatmung und Ausatmung – approximativ etwa 18 in der Minute ist. Wenn Sie diese Zahl der Atemzüge für den Tag ausrechnen, dann bekommen Sie wiederum die gleiche Zahl 25920. Das heißt, der Mensch zeigt in seinem täglichen Leben dieselben Zeiten, denselben Rhythmus wenigstens, welche sich uns im großen Weltenjahr enthüllen durch das Herumgehen des Frühlingspunktes. Das ist im Tag, wo der Mensch diesen Rhythmus zeigt, *im Tag!* Der Tag entspricht also mit Bezug auf die Atmung diesem platonischen Jahr. Nun, der Frühlingspunkt, also etwas, was mit der Sonne zusammenhängt, geht scheinbar herum in 25920 Jahren. Aber das geht ja auch im Tag herum. Das geht im Tag herum in 25920 menschlichen Atemzügen. Das ist dasselbe Bild wie draußen im Weltenall. Wenn es also – natürlich, so etwas ist eine törichte Hypothese, die nur etwas klarmachen will – ein Wesen gäbe, welches jedes Jahr einmal aus- und einatmete, so würde es, wenn es so lange lebte, in 25920 Jahren denselben Prozeß durchmachen, wie der Mensch in einem Tag. Jedenfalls sehen wir, wie da der Mensch gewissermaßen im Kleinen nachbildet dasjenige, was in einer anderen Form im großen Weltenprozeß sich darstellt.

Diese Dinge machen heute auf den Menschen einen sehr geringen Eindruck, weil er nicht gewöhnt ist, nach dem Qualitativen die Welt zu betrachten. Und in bezug auf das Quantitative spielen diese Dinge, die nur Rhythmen ausdrücken, keine so große Rolle. Da will man andere Beziehungen zwischen den Zahlen haben als solche, die in Rhythmen sich ausleben. Daher beachtet man diese Dinge heute weniger. In einer Zeit aber, in welcher man mehr empfunden hat den Zusammenhang des Menschen mit dem Weltenall, in welchem man überhaupt als Mensch sich mehr drinnen fühlte in den

Welterscheinungen, da empfand man das stark. Und deshalb finden wir, indem wir zurückgehen in der Menschheitsentwickelung, wenn wir hinter das 2., 3. Jahrtausend zurückkommen, überall ein starkes Hinschauen auf dieses platonische Jahr. Und in dem, was ich auch gestern erläuternd – nicht etwa erklärend, aber erläuternd – heranzog, im indischen Jogasystem, wo der Mensch sich hineinlebte ins Atmen, wo er versuchte, den Atmungsprozeß bewußt zu machen, da ging ihm auch dieses Verhältnis auf zwischen dem, was da im Menschen als Rhythmus sich abspielt, was er zusammengedrängt innerlich eratmet, und den großen Welterscheinungen. Daher sprach er von seinem Ein- und Ausatmen und von dem großen Ein- und Ausatmen des Brahma, das ein Jahr umfaßt und für das 25 920 Jahre ein Tag sind, ein Tag des großen Geistes.

Ja, ich möchte nicht eine boshafte Bemerkung machen, aber in einer gewissen Weise bekommt man doch Respekt vor diesem Abstand, den einmal die Menschen da fühlten zwischen sich und dem Geiste des Makrokosmos, den sie verehrten. Denn ungefähr das stellte sich einmal der Mensch vor, daß er so weit unter dem Geiste des Makrokosmos stehe, wie ein Tag unter 25 920 Jahren. Das ist schon ein sehr großer Geist, den sich da der Mensch vorstellte. Und das Verhältnis zu ihm, das stellte sich der Mensch wahrhaftig recht bescheiden vor. Und es würde immerhin nicht uninteressant sein, damit zu vergleichen, wie groß der wirklich innerlich erfaßte Abstand des modernen Menschen vielfach ist von seinem Gotte, wie dieser moderne Mensch sehr häufig in dem Gotte nichts anderes hat als einen ein wenig idealisierten Menschen.

Nun, nur scheinbar gehört das nicht in unser Thema hinein. Denn wenn wir zu wirklichen Erkenntnismitteln auf diesem Gebiet kommen wollen, müssen wir uns eben herausfinden aus bloß errechenbaren Gebieten in ganz andere hinein, weil uns ja die Betrachtung der Keplerschen Gesetze und ihrer Zusammenhänge selbst gezeigt hat, wie wir beim Rechnen in inkommensurable Zahlenansätze kommen und das Rechnen uns einfach über sich selbst hinausdrängt.

SIEBENTER VORTRAG

Stuttgart, 7. Januar 1921

Sie haben gesehen, die Bestrebungen dieser Vorträge gingen dahin, die Voraussetzungen für ein Weltbild zu finden. Und ich mußte Sie immer wiederum darauf verweisen, daß uns die astronomischen Erscheinungen selbst die Notwendigkeit auferlegen, aus dem bloßen Quantitativen heraus in das Qualitative hineinzukommen. Es ist ja in der neueren, von der Naturwissenschaft sehr beeinflußten Wissenschaftsbetrachtung die Neigung heraufgezogen, überall vom Qualitativen abzusehen und auch die Vorgänge im Qualitativen zu übersetzen durch Darstellungen, die dem Quantitativen oder wenigstens dem Formhaften, ich möchte sagen dem Starr-Formhaften, entsprechen. Denn an sich führt eine formhafte Betrachtung ja sehr leicht, selbst wenn man die Formen als bewegliche, in sich bewegliche betrachten will, ganz unwillkürlich in die Betrachtung des starren Formenhaften hinein. Und die Frage muß uns ja beschäftigen, ob wir mit starr-formenhaften Begriffsgebilden irgendwie die Erscheinungen des Weltenalls erkenntnismäßig decken können. Bevor diese Frage beantwortet ist, ist kein Aufbau des astronomischen Weltenbildes möglich.

Nun hat dieses Hinneigen zu dem Quantitativen, bei dem man abstrahiert von dem Qualitativen, auch zu einer gewissen Abstraktionssucht geführt, welche in gewissen Partien unseres Wissenschaftslebens außerordentlich schädlich zu werden beginnt, weil sie von der Wirklichkeit abführt. Man liebt es ja heute sogar auszurechnen, unter welchen Umständen man von zwei Schallquellen, die nacheinander Schall abgeben, den später abgegebenen Schall früher hören kann als den früher abgegebenen. Dazu ist ja nur die Kleinigkeit notwendig, nicht wahr, daß man sich selber mit einer größeren Geschwindigkeit bewegt als der Schall. Derjenige, der mit seinen Begriffen im wirklichen Leben drinnensteht, der nicht mit seinen Begriffen aus der Wirklichkeit herausgeht, der kann unmöglich anders, als in dem Augenblick, wo es sich darum handelt, die Bedin-

gungen des Hineingestelltseins des Menschen in die Umwelt aufzuheben, auch mit seinen Begriffsbildungen aufhören. Es hat nicht den geringsten Sinn, Begriffsbildungen zu formulieren für Zustände, in denen man nicht sein kann. Zu dieser Art von Betrachtung muß ja der Geisteswissenschafter sich erziehen, der überall auch mit seinen Begriffen mit der Wirklichkeit verbunden sein will, der also niemals mit seinen Begriffsbildungen aus der Wirklichkeit herausgeht, wenigstens niemals stark, indem er immer wieder an die Wirklichkeit zurückgeht. Und alle Schädlichkeiten der neuzeitlichen Hypothesenbildung beruhen ja im Grunde genommen auf diesem mangelnden Sinn für das Verbundensein mit der Wirklichkeit. Man würde viel eher zu dem, was unbedingt angestrebt werden muß, zu einer hypothesenfreien Auffassung der Welt kommen, wenn man sich durchdringen würde mit diesem Wirklichkeitssinn. Allerdings muß man dann auch wirklich dasjenige, was in der Erscheinungswelt gegeben ist, betrachten wollen. Das tut man ja heute nicht in Wirklichkeit. Würde man vorurteilslos die Erscheinungen betrachten, dann würde sich ein ganz anderes Weltbild ergeben, als heute vielfach da ist in dem wissenschaftlichen Leben, aus dem dann allerlei Schlüsse und Konsequenzen gezogen werden, bei denen nichts herauskommen kann, weil sie Unwirkliches auf Unwirkliches bauen und man bloß in hypothetische Ideensysteme hineinkommt.

Von diesem und von dem gestern hier Auseinandergesetzten ausgehend, muß ich noch auf einige Begriffe eingehen, die scheinbar wiederum nicht mit unserem Thema zusammenhängen, aber Sie werden ja sehen im weiteren Verlauf der Vorträge, wie das gerade zum Aufbau eines Weltbildes notwendig ist, was ich hier entwikkele. Ich muß weiter eingehen auf das, was ich Ihnen gestern in Anlehnung an die Erscheinungen der Eiszeiten und der sonstigen Erdenentwickelung dargestellt habe. Fangen wir wiederum an einem ganz anderen Ende an. Unser Erkenntnisleben setzt sich zusammen aus den gegebenen Sinneseindrücken und aus jenen Gebilden, wenn ich mich so ausdrücken darf, die entstehen, indem wir die Sinneseindrücke innerlich verarbeiten. Wir trennen ja daher unser Erkenntnisleben in das der Sinneswahrnehmungen und in das ei-

gentliche Vorstellungsleben. Ohne daß man sich zunächst diese zwei Begriffe bildet, den Begriff der noch unverarbeiteten Sinneswahrnehmung und den Begriff der innerlich verarbeiteten Sinneswahrnehmung, die zur Vorstellung geworden ist, kommt man der Wirklichkeit, die in diesem Gebiete vorliegt, nicht nahe. Nun handelt es sich darum, vorurteilslos zu erfassen, welches eigentlich der Unterschied ist zwischen dem Leben in der Erkenntnissphäre, insofern diese Erkenntnissphäre durchzogen ist von den Sinneswahrnehmungen und insofern sie bloße Vorstellungssphäre ist. Da handelt es sich darum, daß man beobachten kann nicht nur, wie man es heute gewöhnt ist, im Reiche des Nebeneinander, sondern auch beobachten kann in demjenigen, was seiner Intensität nach, seiner Qualität nach in verschiedener Art an uns herantritt.

Wenn wir das Reich der Sinneswahrnehmungen, sofern wir drinnen stehen, vergleichen mit dem Traumleben, so können wir einen wesentlichen qualitativen Unterschied selbstverständlich bemerken. Diesen Unterschied muß man auch bemerken. Anders aber liegt die Sache, wenn Sie das Vorstellungsleben selbst nehmen, wenn Sie, ohne jetzt auf das Inhaltliche einzugehen, nur auf die ganze Qualität des Vorstellungslebens sehen. Darüber täuscht der Inhalt des Vorstellungslebens hinweg, weil er ja durchsetzt ist von den Reminiszenzen des Sinneslebens. Aber wenn Sie absehen von dem, was inhaltlich im Vorstellungsleben liegt, wenn Sie bloß darauf sehen, wie qualitativ das Vorstellungsleben im Menschen eben da ist, dann bekommen Sie einen qualitativen Unterschied des Vorstellungslebens als solchen von dem Traumleben nicht heraus. Es ist durchaus unser Tagesleben so, daß in demjenigen, was wir präsent haben in unserem Bewußtseinsfelde, wenn wir unsere Sinne nach außen öffnen und dadurch innerlich vorstellungsgemäß tätig sind, im Vorstellungsbilden dieselbe innere Tätigkeit vorliegt, die beim Träumen vorliegt, und daß alles dasjenige, was zu diesem Traumerlebnis hinzukommt, inhaltlich bedingt ist durch die Sinneswahrnehmung. Dadurch kommt man dazu zu verstehen, daß das Vorstellungsleben des Menschen mehr nach innen gelegen ist als das Sinnesleben. Unsere Sinnesorgane sind ja so einkonstruiert in den

menschlichen Organismus, daß die Vorgänge, in denen wir durch sie leben, verhältnismäßig stark sich loslösen von dem sonstigen organischen Leben (Fig. 1). Das Sinnesleben ist ein Leben, das, wenn man es darstellen würde, besser dargestellt würde der reinen Tatsächlichkeit nach als ein golfartiges Hereinragen der Außenwelt in unseren Organismus denn als etwas, was von unserem Organismus umfaßt wird. Es ist durchaus dem beobachteten Tatbestand gemäß richtiger zu sagen: Wir erleben durch das Auge ein golfartiges Hereinragen der Außenwelt, wir erleben durch diese Absonderung der Sinnes-

Fig. 1

organe die Sphäre der Außenwelt mit. Es ist am wenigsten gebunden dasjenige, was gerade im ausgesprochensten Maße Sinnesorgan an uns ist, an die innere Organisation. Dagegen ist ganz gebunden an unsere innere Organisation dasjenige, was sich im Vorstellungsleben geltend macht. Wir haben also im Vorstellungsprozeß ein anderes Element innerhalb unseres Erkenntnislebens als im Sinneswahrnehmungs-Prozeß. Ich mache Sie dabei darauf aufmerksam, daß ich überall diese Prozesse so betrachte, wie sie im gegenwärtigen Stadium der Menschheitsentwickelung vorliegen.

Nun, wenn Sie dasjenige noch einmal ins Auge fassen, was ich Ihnen gestern gesagt habe über die Erkenntnisentwickelung von Eiszeit zu Eiszeit, so werden Sie zurückblicken darauf, wie dieses ganze Zusammenströmen von Sinneswahrnehmungen und Vorstellungsleben eine Änderung erfahren hat seit der letzten Eiszeit. Und wenn Sie ganz erfassen die Art, wie ich zurückverfolgend gestern die Metamorphose des Erkenntnislebens dargestellt habe, so werden Sie sich sagen: Eigentlich ist unmittelbar nach dem Abfluten der Eiszeit das

menschliche Erkenntnisleben von ganz anders erlebten Qualitäten ausgegangen, als es heute der Fall ist. Will man zu einer bestimmteren, konkreteren Vorstellung darüber kommen, muß man sagen: Es ist immer mehr hineingedrungen in unser Erkenntnisleben dasjenige, was wir von den Sinnen haben, und es ist immer mehr dasjenige geschwunden, was wir nicht von den Sinnen haben, sondern was wir einst hatten durch ein ganz andersgeartetes Zusammenleben mit der Außenwelt. Aber diesen Charakter des ganz andersgearteten Zusammenlebens mit der Außenwelt haben auch unsere Vorstellungen. Sie sind von der Dumpfheit des Traumlebens ihrer Qualität nach, aber sie sind durchaus so, daß wir in ihnen auch erleben das mehr Hingegebensein an die Umwelt, das wir im Traum erleben. Wir unterscheiden uns im Vorstellungsleben eigentlich nicht von unserer Umwelt. Wir sind im Vorstellungsleben an die Umwelt hingegeben. Wir sondern uns erst durch die Sinneswahrnehmung von der Umwelt ab. Es war also ein fortwährendes Aufleuchten des Ich, des Selbstbewußtseins, was sich herausbildete, indem das eben mit dem menschlichen Erkenntnisvermögen geschah, was seit der letzten Eiszeit geschehen ist.

Auf was werden wir denn also zurückgehen – das ist nichts Hypothetisches, sondern ein einfaches Verfolgen der Vorgänge –, indem wir mit der Entwickelung hinter die letzte Eiszeit zurückgehen? Wir werden zurückgehen auf ein solches Seelenleben innerhalb des Menschen, welches zwar traumhafter ist, welches aber verwandter ist unserem Vorstellungsleben als unserem Sinnesleben. Nun ist aber das Vorstellungsleben mehr an unsere Organisation gebunden als das Sinnesleben. Es wird also auch dasjenige, was im Vorstellungsleben sich äußert, mehr in der Organisation sich äußern, als unabhängig von dieser Organisation. Dadurch werden wir aber geführt, wenn Sie das nehmen, was ich in den letzten Tagen auseinandergesetzt habe, von den Tageseinflüssen der umgebenden Welt zu den Jahreseinflüssen. Denn ich habe Ihnen ja gezeigt, die Tageseinflüsse sind eben diejenigen, welche unser Weltbild formen, die Jahreseinflüsse diejenigen, die unsere Organisation umändern. Also wir werden geführt von dem seelischen Erleben zu dem körper-

lichen, dem organischen Erleben, wenn wir auf dasjenige zurückgehen, was da innerlich im Menschen sich abspielt.

Mit anderen Worten: Vor der letzten Eiszeit hat alles dasjenige, was im Jahreswechsel begründet ist, einen größeren Einfluß gehabt auf den Menschen, als es nach der letzten Eiszeit hat. Wir haben also wiederum in dem Menschen ein Reagens, um zu beurteilen, wie die um die Erde herumliegenden Einflüsse sind. Und erst wenn wir das haben, können wir uns Vorstellungen darüber machen, wie die Verhältnisse, auch die Bewegungsverhältnisse, zwischen der Erde und den umliegenden Himmelskörpern sind. Denn wir müssen durchaus von dem, ich möchte sagen, empfindlichsten Instrumente ausgehen, von dem Menschen selber, wenn wir die Bewegungserscheinungen des Himmels studieren wollen. Dazu müssen wir aber zuerst den Menschen kennen, müssen wirklich zuteilen können dasjenige, was zu dem einen Tatsachengebiet gehört, zu den Tageseinflüssen, und dasjenige, was zu dem anderen Gebiet der Tatsachen gehört, zu den Jahreseinflüssen. Diejenigen, die sich etwas ernster beschäftigt haben mit Anthroposophie, brauche ich ja nur darauf zu verweisen, wie ich aus der Anschauung heraus beschrieben habe die Verhältnisse der alten Atlantis, wie sie gelegen haben vor der letzten Eiszeit. Dann werden sie sehen, wie dort von einer anderen Seite her, also aus der unmittelbaren Anschauung heraus, dasjenige beschrieben ist, dem man sich nähert, wenn man, wie wir es jetzt tun, rein verstandesmäßig versucht, in den Tatsachen der Außenwelt zurechtzukommen. Wir kommen also zurück zu einer solchen Wechselwirkung der Erde mit ihrer Himmelsumgebung, die den Menschen gebracht hat zu dem Vorstellungsleben und die sich dann verwandelt hat, so daß das heutige Sinnesleben – natürlich nicht das Sinnesleben als solches, sondern die heutige Art – daraus entstanden ist.

Nun müssen wir noch eine feinere Unterscheidung machen. Es ist richtig: Zu dem, was wir im gewöhnlichen Leben Selbstbewußtsein nennen, Ich-Bewußtsein, kommen wir eigentlich erst immer im Moment des Aufwachens. Im Moment des Aufwachens schlägt das Selbstbewußtsein in uns ein. Die Beziehung, in die wir uns zur Welt setzen, indem wir unsere Sinne gebrauchen, ist also diejenige, die

uns das Selbstbewußtsein gibt. Aber wenn wir nun tatsachengemäß analysieren dasjenige, was da einschlägt in uns, so kommen wir allerdings dazu, uns zu sagen: Bliebe das Vorstellungsleben bloß in der Qualität des Traumlebens, und schlüge bloß das Sinnesleben ein, so würde in unserem Vorstellen etwas fehlen. Wir würden bloß zu Begriffen kommen, die etwa den Phantasiebegriffen ähnlich sind – nicht gleich, aber ähnlich sind –, aber wir würden nicht zu jenen scharf umgrenzten Begriffen kommen, die wir brauchen für das äußere Leben. Es fließt also mit dem Sinnesleben zu gleicher Zeit dasjenige in uns ein, was unseren gewöhnlichen Erkenntnisbildern die scharfen Umrisse, die scharfen Konturen gibt. Das ist etwas, das uns auch die Außenwelt gibt. Wir würden, wenn uns das die Außenwelt nicht geben würde, durch das Zusammenwirken der Sinneseffekte mit den Vorstellungseffekten ein bloßes Phantasieleben zustande bringen; wir würden nicht zustande bringen das scharf konturierte Tagesleben.

Wenn man nun einfach die Erscheinungen im *Goetheschen* Sinne miteinander vergleicht – oder auch in dem Sinne, wie dann abstrakter *Kirchhoff* sich ausgedrückt hat –, dann bietet sich einem noch folgendes dar. Allerdings muß ich da eine Zwischenbemerkung machen: Heute ist man gewöhnt, von einer Sinnesphysiologie zu sprechen, und man baut darauf auch allerlei Sinnespsychologien auf. Wer auf die Dinge der Wirklichkeit eingeht, der kann nichts Wirklichkeitsgemäßes, weder in diesen Sinnesphysiologien noch in diesen Sinnespsychologien, finden, denn unsere Sinne sind so durchaus verschieden voneinander, daß wir in einer sie alle in einheitlicher Wesenheit behandelnden Sinnesphysiologie nur ein höchst abstraktes Gebilde haben. Es kommt auch kaum mehr heraus als eine spärliche und sehr fragwürdige Physiologie und Psychologie des Tastsinnes, die dann einfach durch Analogien auf die anderen Sinne übertragen wird. Derjenige, der auf diesem Gebiet das Wirklichkeitsgemäße sucht, der braucht für jeden einzelnen Sinn eine gesonderte Physiologie und eine gesonderte Psychologie.

Wenn wir das voraussetzen, also uns dessen bewußt sind, dann können wir, selbstverständlich mit allen Einschränkungen, auch das

Folgende sagen: Betrachten wir einmal das menschliche Auge. Ich kann natürlich nicht auf die elementaren Einzelheiten eingehen, die können Sie in jedem entsprechenden naturwissenschaftlichen Lehrbuch finden. Betrachten wir das menschliche Auge. Es ist eines der Organe, die uns überliefern Eindrücke der Außenwelt, Sinneseindrücke mit demjenigen, was diese Sinneseindrücke in bestimmter Weise konturiert. Und diese Eindrücke des Auges stehen wiederum in Verbindung mit dem, was wir innerlich zu Vorstellungen verarbeiten. Sondern wir jetzt einmal ordentlich dasjenige, was zugrunde liegt der scharfen Konturierung, was unsere Vorstellungen aus bloßen Phantasievorstellungen heraushebt und sie zu scharf konturierten Vorstellungen macht, sondern wir das einmal von dem, was wirkt, wenn wir diese scharfe Konturierung nicht finden, so daß wir in einem Phantasieleben sein würden. Wir würden durchaus durch dasjenige, was wir mit Hilfe der Sinnesorgane erleben und was das Vorstellungsvermögen innerlich daraus macht, in einer Art Phantasieleben sein. Scharfe Konturen bekommt dieses Leben durch die Außenwelt, durch etwas, was in einer bestimmten Art zu unserem Auge in einem Wechselverhältnis steht. Und sehen wir uns jetzt um. Übertragen wir dasjenige, was wir so für das Auge herausbekommen haben, auf den ganzen Menschen, suchen wir es einfach ganz empirisch auf im ganzen Menschen. Wo finden wir denn dasjenige, was uns, nur in einer metamorphosierten Form, ebenso entgegentritt? Wir finden es im Befruchtungsvorgang. Das Wechselverhältnis des ganzen Menschen, insofern er weiblicher Organismus ist, zu der Umgebung, ist metamorphosiert dasselbe, wie das Verhältnis des Auges zu der Umgebung. Es muß ohne weiteres demjenigen, der auf diese Dinge eingehen will, einleuchten, wie, man kann sagen, nur ins Materielle umgesetzt, das weibliche Leben das Phantasieleben des Universums ist, das männliche Leben dasjenige, was die Konturen bildet, was dieses unbestimmte Leben zu dem bestimmten, konturierten macht. Und wir haben im Sehvorgang, wenn wir ihn so betrachten, wie wir es heute getan haben, nichts anderes als die Metamorphose des Befruchtungsvorganges. Und umgekehrt.

Solange man nicht auf diese Dinge eingehen wird, wird es unmöglich sein, überhaupt zu brauchbaren Vorstellungen über das Weltenall zu kommen. Es ist mir nur leid, daß ich diese Dinge bloß andeuten kann. Aber ich will Sie ja auch in diesen Vorträgen nur anregen. Dasjenige, was ich mir eigentlich als Aufgabe solcher Vorträge denke, das ist, daß als Ergebnis jeder einzelne von Ihnen dann soviel als möglich weiter arbeitet nach diesen Richtungen. Ich möchte eben nur die Richtungen angeben. Diese Richtungen können nach allen möglichen Seiten verfolgt werden. Es gibt heute unzählige Möglichkeiten, die Forschungsmethoden in neue Richtungen zu bringen, aber man muß gewissermaßen dasjenige, was man gewöhnt worden ist, bloß ins Quantitative hinüber zu treiben, ins Qualitative treiben. Dasjenige, was man so quantitativ treibt, man bildet es aus zunächst – die Mathematik ist das beste Beispiel, Phoronomie ist ein anderes Beispiel – und sucht es wieder in der empirischen Realität. Aber wir brauchen auch noch anderes, um die Mathematik und Phoronomie empirisch real zu decken. Wir müssen mit reicherem Inhalt an die empirische Realität herantreten als bloß mit dem mathematischen und dem phoronomischen. Wir finden eben nichts anderes als phoronomisch und mathematisch angeordnete Welten- und Entwickelungsmechaniken, wenn wir bloß herangehen an die Welt mit den Voraussetzungen der Phoronomie und Mathematik. Aber wir finden anderes in der Welt, wenn wir auch mit der experimentellen Forschung von anderen Gebilden ausgehen als den mathematischen und phoronomischen.

Es war also jene Differenzierung zwischen dem menschlichen Sinnesleben und dem menschlichen Gesamtleben, dem gesamten organischen Leben, vor der letzten Eiszeit eben noch nicht eingetreten, es war da noch ein viel synthetischeres, einheitlicheres organisches Leben des Menschen vorhanden. Seit der letzten Eiszeit haben wir eine reale Analyse für das menschliche organische Leben erlebt. Das weist uns darauf hin, daß wir uns die Beziehung der Erde zur Sonne anders zu denken haben vor der letzten Eiszeit als nach der letzten Eiszeit. Wir müssen von solchen Voraussetzungen ausgehen, um allmählich zu bildartigen Vorstellungen über das Welten-

all in seinem Zusammenhang mit der Erde und dem Menschen zu kommen.

Aber das weist Sie nach einer anderen Richtung hin; das weist Sie darauf hin, die Frage aufzuwerfen, inwiefern wir überhaupt für unsere Weltenbetrachtung den euklidischen Raum gebrauchen können. Ich nenne euklidischen Raum – es kommt nicht auf die Bezeichnung an – denjenigen, der charakterisiert wird durch drei aufeinander senkrechte, starre Richtungen. Das ist wohl dasjenige, was man als eine Art Definition des euklidischen Raumes geben kann. Ich könnte ihn auch den kantischen Raum nennen, denn was *Kant* gibt, wird unter der Voraussetzung gegeben, daß man es zu tun hat mit drei aufeinander senkrechten, starren Richtungen, nicht ineinander verschiebbaren Richtungen. Gegenüber demjenigen, was wir da als den euklidischen oder meinetwillen den kantischen Raum haben, muß auch durchaus die Frage aufgeworfen werden: Entspricht er einer Realität oder ist er ein Gedankenbild, eine Abstraktion? Es könnte ja sein, daß dieser starre Raum überhaupt nicht vorhanden ist. Ich bitte Sie aber zu bedenken, daß wir, wenn wir analytische Geometrie treiben, durchaus davon ausgehen, daß wir die x, y, z-Achse als in sich unbeweglich annehmen dürfen und daß wir irgendein Reales damit decken, wenn wir einfach das x, y, z in sich starr setzen. Wenn es nirgends im Reiche der Wirklichkeit so etwas gäbe, was uns erlaubte, die drei Achsen unseres gewöhnlichen Koordinatensystems in der analytischen Geometrie als starr anzunehmen, dann wäre ja unsere gesamte euklidische Mathematik eigentlich nur etwas, was wir gewissermaßen als eine Annäherung an die Wirklichkeit in uns ausbilden würden, als ein bequemes Mittel, diese Wirklichkeit zu umfassen. Aber sie wäre eigentlich nichts, was in der Anwendung auf die Wirklichkeit versprechen könnte, uns irgend etwas zu sagen über diese Wirklichkeit.

Nun frägt es sich, ob wir irgendwo Anhaltspunkte dafür finden, daß der euklidische Raum nicht in dieser Starrheit eigentlich festgehalten werden darf. Ich komme da allerdings auf etwas, was den meisten Menschen heute die größten Schwierigkeiten machen wird, aus dem Grunde, weil sie eben nicht wirklichkeitsgemäß denken;

weil sie immer glauben, man könne am Gängelband der Begriffe fortdeduzieren und -logisieren, -mathematisieren und so weiter. Das ist gerade dasjenige, was wir gegenüber den heutigen Wissenschaftsneigungen lernen müssen: aus der Wirklichkeit heraus zu denken; gar nicht uns zu erlauben, irgendein Bild bloß auszubilden, ohne daß wir nachsehen wenigstens, ob es der Wirklichkeit entsprechend ist. Man muß untersuchen, ob es, wenn wir auf das Konkrete eingehen, tatsächlich so etwas gibt wie eine Art qualitativer Bestimmung des Raumes. Ich weiß, daß diejenigen Vorstellungen, die ich jetzt entwickele, eigentlich den größten Widerstand finden müssen. Aber es ist nicht anders möglich, als auch auf solche Dinge aufmerksam zu machen. Sehen Sie, wenn man die Entwickelungslehre betrachtet, wie sie in der neueren Zeit immer mehr und mehr in das wissenschaftliche Gebiet sich hineinbegeben hat, so ist es ja in gewissen Kreisen – die Zeiten sind jetzt schon wiederum etwas vorüber, aber bis vor kurzem war es so – üblich gewesen, diese Entwickelungslehre auch auf die Astronomie auszudehnen und auch da zu sprechen zum Beispiel von der Selektion, wie man sie in dem radikalen Darwinismus für die Organismen geltend gemacht hat. Es ist üblich geworden, auch da mit Bezug auf die Genesis der Himmelskörper von einer Art Selektion zu sprechen, so daß gewissermaßen dasjenige, was wir jetzt als unser Sonnen-Planetengebilde vor uns haben, entstanden wäre durch Auslese von alle dem, was herausgesondert worden ist. Auch diese Theorie ist ja vertreten worden. Man hat einmal die Gewohnheit, alles dasjenige, was man aus irgendeinem Tatsachengebiet gewinnt, auf den ganzen Umfang der Welt womöglich auszudehnen.

So ist man auch dazu gekommen, den Menschen an das Ende der tierischen Entwickelungsreihe einfach heranzustellen, indem man ihn untersuchte in bezug auf seine Morphologie und Physiologie und so weiter. Nun handelt es sich darum, ob man durch eine solche Untersuchung tatsächlich die Totalität der menschlichen Organisation umfassen kann. Man muß bedenken, daß bei einer solchen Untersuchung etwas, was uns rein empirisch als ganz Wesentliches entgegentreten muß, einfach weggelassen wird. Man hat erleben kön-

nen, wie die Haeckelianer einfach zählten, wieviel Knochen der Mensch hat, wieviel Muskeln und so weiter und wieviel die vollkommenen Tiere haben. Wenn man so zählt, wird man schwer anders können, als den Menschen an das Ende der Tierreihe zu stellen. Aber etwas ganz anderes ist es, wenn es ganz offen zutage liegt, daß des Menschen Rückgratlinie vertikal liegt, die des Tieres im wesentlichen horizontal. Das ist approximativ, aber nicht weniger deutlich ausgesprochen. Wo eine Abweichung ist bei einzelnen Tieren, da zeigt gerade diese Abweichung, wenn man sie im einzelnen empirisch untersucht, daß durch die Abweichung, das heißt durch die Vertikaldrehung der Rückgratlinie, auch Abänderungen in dem Tiere hervorgerufen werden, die von einer bestimmten Wichtigkeit sind. Im wesentlichen muß hingeschaut werden auf diesen charakteristischen Unterschied des Menschen von dem Tiere, der darin besteht, daß des Menschen Rückgratlinie in der Richtung des Erdradius, der Vertikalen liegt, des Tieres Rückgratlinie parallel der Erdoberfläche geht. Damit haben Sie auf Raumerscheinungen hingewiesen, die in sich offenbar differenziert sind, insofern wir sie anwenden auf die Gestalt, auf die Formation des Tieres und des Menschen. Wir dürfen nicht, wenn wir vom Konkreten ausgehen, die Horizontale in derselben Weise betrachten wie die Vertikale. Ich meine, wenn wir uns hineinstellen in den wirklichen Raum und sehen, was da drinnen im wirklichen Raum geschieht, so können wir nicht die Horizontale als gleichbedeutend mit der Vertikalen ansehen.

Nun aber hat das etwas anderes im Gefolge. Sehen Sie die tierische Form an und sehen Sie die menschliche Form an. Gehen wir von der tierischen Form aus. Ich bitte Sie einmal dasjenige, was ich Ihnen jetzt darstellen werde, durch eine sinnvolle Betrachtung irgendeines Säugetierskeletts ordentlich für sich selber, für Ihr Anschauungsvermögen zu ergänzen. Die Betrachtungen, die man nach dieser Richtung hin anstellt, sind immer viel zu wenig konkret, das heißt viel zu wenig auf die Wirklichkeit eingehend. Wenn Sie das Skelett betrachten – ich will jetzt beim Skelett stehenbleiben, aber was ich vom Skelett sage, gilt in einem noch höheren Maße von den

anderen Teilen der tierischen und menschlichen Organisation –, wenn Sie das Skelett eines Tieres betrachten, sehen Sie auf die Differenzierung hin, welche gegeben ist im Schädelskelett; sehen Sie sich an diese Differenzierung im Schädelskelett und vergleichen Sie diese mit dem anderen Pol des Tieres! Gehen Sie wirklich innerlich morphologisch dabei vor, so werden Sie charakteristische Einklänge und charakteristische Verschiedenheiten sehen. Es liegt hier eine Richtung der Forschung vor, die eben genauer verfolgt werden muß. Denn hier muß etwas durchschaut werden, was einen tiefer in die Wirklichkeit hineinbringt, als man es heute gewöhnt ist.

Es liegt in der Natur dieser Vorträge, daß ich eben Dinge nur andeuten kann, gewissermaßen über Mittelglieder hinweggehen muß; daß ich appellieren muß an Ihre Intuition und voraussetzen muß, daß Sie zwischen zwei Vorträgen sich die Dinge zurechtlegen, damit Sie sehen, wie das eine mit dem andern zusammenhängt. Sonst würde ich in den paar Vorträgen, die ich halten kann, eben nicht zu einem Resultat kommen können.

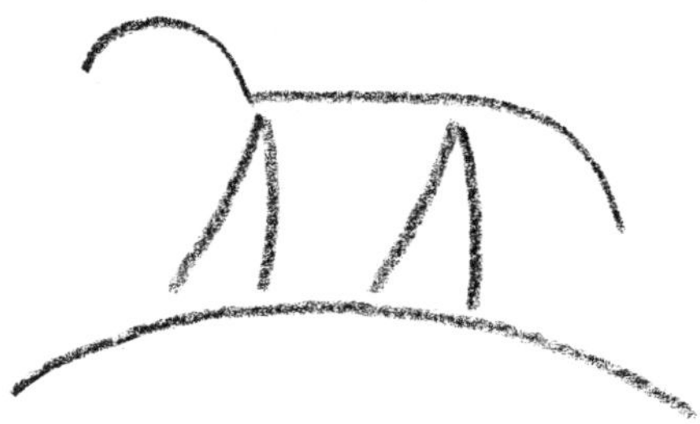

Fig. 2

Ich will nun schematisch darauf hinweisen, wie die tierische Organisation sich gestaltet (Fig. 2). Wenn Sie sich fragen: Woher rührt denn eigentlich der charakteristische Unterschied von Vorne und Rückwärts? – dann kommen Sie nach Prüfung von unermeßlich vielen Zwischengliedern zu etwas sehr Merkwürdigem. Sie kommen dazu, die Differenzierung von Vorne mit den Wirkungen der Sonne zusammenzubringen. Sie haben da die Erde (Fig. 3, rechts), Sie haben das Tier, ein Tier auf der Sonnenseite der Erde. Und nehmen

Sie dann an, durch irgendwelche Vorgänge kommt zustande, daß das Tier dann auf der anderen, auf der abgewendeten Seite ist (Fig. 3, ganz rechts), dann haben Sie auch die Wirkung der Sonnenstrahlen auf das Tier, aber die Erde ist dazwischen. Sie haben also

Fig. 3

das eine Mal zu reden von der Wirkung der Sonnenstrahlen auf das Tier direkt, das andere Mal von der Wirkung der Sonnenstrahlen auf das Tier indirekt, indem die Erde dazwischen ist, indem die Sonnenstrahlen die Erde erst zu passieren haben. Exponieren Sie nun die Gestalt des Tieres der direkten Sonnenwirkung, so bekommen Sie den Kopf; exponieren Sie das Tier denjenigen Sonnenstrahlen, die erst durch die Erde hindurchgehen, so bekommen Sie den entgegengesetzten Pol des Kopfes. Sie müssen studieren das Schädelskelett als ein Ergebnis der direkten Sonnenwirkung; Sie müssen studieren die Formen, die Morphologie des entgegengesetzten Poles als die Wirkung der Sonnenstrahlen, vor die sich die Erde gestellt hat, der indirekten Sonnenstrahlen. Es weist uns also die Morphologie des Tieres auf ein Wechselverhältnis zwischen Erde und Sonne hin. Wir müssen aus demjenigen, was sich im Tiere heranbildet, nicht aus dem bloßen Augenschein, auch wenn das Auge durch das Teleskop bewaffnet ist, die Vorbedingungen schaffen für das Erkennen der Wechselverhältnisse zwischen Erde und Sonne.

Und bedenken Sie jetzt, daß die menschliche Rückgratlinie im Verhältnis zur tierischen um einen rechten Winkel gedreht ist, daß also hinzukommt eine wesentliche Modifikation dieser Wirkungen; daß wir im Grunde genommen etwas ganz anderes von Sonneneinflüssen haben im Menschen als im Tier; daß wir nötig haben, dasjenige, was im Menschen wirkt, im Sinne einer Resultierenden dar-

zustellen (Fig. 4). Wenn wir nämlich *die* Linie (parallel zur Erdoberfläche in Fig. 3), ob sie nun direkte oder indirekte Sonnenwirkung darstellt, symbolisch durch *diese* Länge darstellen (die Horizontale in Fig. 4), so müssen wir uns sagen: Da wirkt auch eine Vertikale.

Fig. 4

Und erst wenn wir die Resultierende bilden, bekommen wir dasjenige, was im Menschen wirkt. Mit anderen Worten: Wenn wir etwa genötigt sein sollten, der Bildung der tierischen Form zugrunde zu legen, sei es eine Umdrehung der Sonne um die Erde, sei es eine Bewegung der Erde um ihre eigene Achse, so sind wir genötigt, noch eine andere Bewegung der Erde beziehungsweise der Sonne zuzuschreiben, eine Bewegung, die mit der menschlichen Bildung zusammenhängt und die im Effekt zu einer Resultierenden sich vereinigt mit der ersten Bewegung, die der tierischen Bildung zugrunde liegt. Das heißt: Wir müssen herausbekommen an dem, was sich im Menschen und im Tier äußert, die Grundlage für dasjenige, was etwaige gegenseitige Bewegungen der Weltenkörper sind. Wir müssen herausheben die astronomischen Betrachtungen aus den Dingen, die wir verfolgen können, wenn wir in der Sphäre der bloßen Anschauung bleiben, auch wenn wir mit dem Teleskop oder der Rechnung oder der Mechanik vorgehen. Wir müssen hineinheben das, was Astronomie ist, in dasjenige, was sich äußert in diesem empfindlichen Instrument, der Organisation. Denn offenbar weist uns auf Bewegungen im Himmelsraum dasjenige hin, was formend als Kräfte im Tiere wirkt, was formend im Menschen wirkt.

Und bleiben wir jetzt innerhalb der Sphäre einer Art qualitativer Mathematik. Wenn wir vom Tiere übergehen zur Pflanze, wie müssen wir denn da gewissermaßen die Vorstellung umformen? Von diesen beiden Richtungen, die wir jetzt angegeben haben, können wir keine brauchen. Allerdings, es könnte scheinen, als ob die Vertikal-

richtung der Pflanzen in derselben Lage ist wie die Vertikalrichtung des menschlichen Rückgrates. Für den euklidischen Raum ist das ja der Fall, selbstverständlich – jetzt nicht für den euklidischen Raum in seiner Figuralität, sondern in seiner Starrheit. Also, für den euklidischen Raum ist das der Fall, es muß aber deshalb nicht der Fall sein für einen Raum, der in sich nicht starr ist, sondern beweglich ist, dessen Dimensionen etwa so beweglich sind, daß, sagen wir, wir nicht einfach in den Gleichungen die y-Richtung und die x-Richtung gleich setzen können, von gleicher innerer Tragweite, sondern wo wir setzen müssen die y-Richtung als Vertikalrichtung und zu gleicher Zeit als eine Funktion der x-Richtung: $y = f(x)$. Man könnte die Gleichung auch anders schreiben. Sie werden mehr aus den Worten ersehen, was ich sagen will, denn es ist eben mathematisch nicht so leicht auszudrücken. Hätten wir ein Koordinatensystem, das dem entsprechen würde, was ich jetzt sage, so würden wir von diesem Koordinatensystem verlangen müssen, daß wir nicht mit denselben inneren Maßen, denselben starr bleibenden Maßen die Ordinaten messen dürfen wie die Abszissen. Das ist dasjenige, was hinweisen würde von einem starren euklidischen Koordinatensystem auf ein in sich bewegliches Koordinatensystem.

Wenn wir uns nun die Frage vorlegen: Wie verhält sich die Vertikale des Pflanzenwachstums zur Vertikalen des menschlichen Wachstums? – so kommen wir dazu, zwischen Vertikaler und Vertikaler zu unterscheiden und uns zu fragen: Welches ist der Weg zu einer anderen Vorstellung des Raumes, als es der starre euklidische Raum ist? Wenn nämlich unsere Himmelserscheinungen nur begriffen werden können etwa mit einem solchen Raum, der nicht der euklidische ist, allerdings auch nicht der ausgedachte Raum der neueren Mathematik, sondern ein wirklicher, ein der Wirklichkeit entnommener Raum, dann müssen wir auch die Himmelserscheinungen in diesem Raum begreifen und nicht in dem euklidischen Raum.

Sie sehen, wir kommen in Vorstellungen hinein, die uns auf der einen Seite auf die Eiszeit hinführen, auf der anderen Seite zu einer Reform gewissermaßen des euklidischen Raumes, aber aus anderem

Geiste heraus, als es *Minkowski* und andere tun. Wir kommen, rein indem wir die Tatsachen betrachten und eine hypothesenfreie Wissenschaft suchen, zu der Notwendigkeit, den Raumbegriff einmal ordentlich zu kritisieren. Davon wollen wir dann morgen weiter reden.

ACHTER VORTRAG

Stuttgart, 8. Januar 1921

Es ist schon notwendig, daß wir, um diese Betrachtungen zu einem gewissen Ende zu führen, diesen subtilen Gang nehmen, den ich bisher eingehalten habe, das heißt möglichst viel von jenen Vorstellungen herbeizuschaffen, welche uns dann zu diesem Ziel, diesem Ende führen können. Dazu wird notwendig sein, daß ich auch während der Zeit, während welcher ich die anderen Vorträge halte, also vom 11. bis 15., diese Vorträge in einer Weise, wie wir es mit der Waldorfschule vereinigen können, fortsetze, sonst würde der Stoff nicht bewältigt werden können. Aber ich werde dann auch, weil ja gerade an diejenigen Dinge, die hier durchgeführt werden, sich wirklich sehr viele Bedenken, Zweifel und Fragen anknüpfen können, Sie bitten, daß für einen Tag der nächsten Woche jeder dasjenige vorbereitet, was er gerne in Anknüpfung an die Darstellungen fragen möchte zur Verdeutlichung und dergleichen. Ich werde das, was in dieser Weise gefragt wird, dann einmal in einem der Vorträge der nächsten Woche verarbeiten, das heißt, es vor Ihnen vorbringen, damit wir ein möglichst vollständiges Bild der Sache bekommen. Unter diesen Voraussetzungen werden wir auch die subtileren Dinge, möchte ich sagen, die ich eingefügt habe in diesen Gang der Darstellungen, beibehalten können.

Machen wir uns noch einmal klar, wie wir eigentlich die ganze Betrachtung, die uns hineinführen soll in das Verständnis der Himmelskunde und des Zusammenhanges mit den irdischen Erscheinungen, wie wir den ganzen Gang dieser Betrachtungen eingerichtet haben. Wir sind davon ausgegangen, darauf hinzuweisen, wie gewöhnlich solche Betrachtungen nur darauf hinzielen, das zu berücksichtigen, was der Sinnesbeobachtung, auch der bewaffneten Sinnesbeobachtung, vorliegt. So war ja im wesentlichen alles dasjenige orientiert, was auch bis in unsere Tage für das Verständnis, für die Erklärung der Himmelserscheinungen beigebracht worden ist. Nicht wahr, man hat ja zunächst dasjenige in den Kreis der Beobachtung

hereingezogen, was man heute die scheinbaren Bewegungen der Himmelskörper nennt. Man hat die scheinbare Bewegung des Sternenhimmels um die Erde herum, die scheinbare Bewegung der Sonne ins Auge gefaßt. Man hat dann gesehen, wie die Planeten merkwürdige Bahnen beschreiben. Teile dieser Planetenbahnen sind einfach für den Augenschein so etwas wie Schleifen (Fig. 1). Der Planet geht so, geht wieder zurück, geht so. Man hat sich gesagt: Wenn die Erde selber in Bewegung ist, so muß dadurch, daß ja diese Eigenbewegung der Erde zunächst nicht in die Wahrnehmung hineintritt, das vorliegen, daß die wirklichen Bewegungen der Himmelskörper andere sind, als sie dem unmittelbaren Augenschein gegeben sind. –

Fig. 1

Und man hat dann durch Interpretationen sich eine Vorstellung darüber gemacht, wie eben unter Beobachtung der mathematischen Figuralität die wirklichen Bewegungen sein könnten. Da ist man zunächst zu dem kopernikanischen System gekommen, dann zu all den Modifikationen, die seither an diesem vollzogen worden sind. Man hat also im wesentlichen dasjenige ins Auge gefaßt, was sich dem Erkenntnisvermögen ergibt, insoferne dieses Erkenntnisvermögen sich den Sinnen und der Verarbeitung der Sinneseindrücke durch den Verstand, durch die Interpretation, überlassen will.

Wir haben nun darauf aufmerksam gemacht, wie eine solche Betrachtungsweise nicht ausreichen kann, um in die Realität der Himmelserscheinungen hineinzudringen, aus dem einfachen Grunde, weil ja das mathematische Vorgehen nicht genügt; weil wir gewissermaßen, wenn wir Rechnungsansätze machen, aufhören müssen in einem gewissen Moment mit dem Ausrechnen. Ich habe Sie darauf aufmerksam gemacht, daß jene Verhältniszahlen, die bestehen zwischen den Umlaufzeiten der verschiedenen Planeten, inkommensu-

rable Zahlen, inkommensurable Größen sind, daß dies uns zeigt: Wir kommen mit dem Rechnen nicht hinein in das eigentliche Gefüge der Himmelserscheinungen, wir müssen irgendwo stehen bleiben. Daraus folgt aber, daß wir eine andere Betrachtungsweise anwenden müssen, eine solche Betrachtungsweise, welche sich eben nicht darauf beschränkt, bloß das ins Auge zu fassen, sagen wir zunächst am Menschen, wozu die äußere Sinnesbeobachtung führt, sondern was zugrunde liegt dem *ganzen* Menschen, was vielleicht auch zugrunde liegt den anderen Wesen der Naturreiche auf der Erde. Auf alle diese Dinge haben wir schon hingewiesen, und ich habe dann gezeigt, wie mit der menschlichen Organisation in Zusammenhang gebracht werden können gewisse Erscheinungen, die im Laufe der Erdenentwickelung uns entgegentreten; wie also etwas, wie zum Beispiel die Eiszeiten, die in einer gewissen Weise rhythmisch im Gange der Erdenentwickelung eintreten, in Zusammenhang gebracht werden müssen mit der Menschheitsentwickelung, mit der Entwickelung des Menschen. Wenn dann das der Fall ist, dann geben uns solche Zusammenhänge einen Hinweis, wie es eigentlich beschaffen sein mag mit den Bewegungen im Himmelsraum. Und solche Dinge müssen wir weiter verfolgen.

Bevor wir die mehr formale Betrachtungsweise, zu der wir gestern gekommen sind, fortsetzen, wollen wir noch einmal aufnehmen dasjenige, was sich uns ergeben hat für den Zusammenhang des Menschen in seiner Entwickelung mit der Entwickelung der Erde durch die Eiszeiten hindurch. Das haben wir ja schon sagen können, daß die besondere Art von Erkenntnis, die der Mensch in der Gegenwart sein eigen nennt, im Grunde genommen ihm nur wirklich eigen ist seit der letzten Eiszeit, daß seit der letzten Eiszeit ja auch jene Kulturperioden verflossen sind, von denen ich immer spreche als der urindischen Kulturperiode, der urpersischen Kulturperiode, der ägyptisch-chaldäischen, der griechisch-lateinischen bis herein zu unserer Kulturperiode. Wir haben auch darauf hingewiesen, daß vor dieser Eiszeit vorzugsweise sich entwickelt haben müsse in der menschlichen Natur dasjenige, was jetzt im gegenwärtigen Menschen mehr zurückliegt, weniger an der Oberfläche liegt: die Orga-

nisation seines Vorstellungsvermögens. Und wir haben gestern darauf aufmerksam gemacht, daß diese Organisation des Vorstellungslebens aus ihrer Qualität heraus dann begriffen wird, wenn man weiß, dieses Vorstellungsleben ist in seiner Qualität nur zu vergleichen eigentlich mit dem Traum. Nur dadurch bekommen unsere Vorstellungen, sagte ich, eine gewisse Konfiguration und einen gesättigten Inhalt, daß eben das Sinneserlebnis da ist. Dasjenige, was da gewissermaßen hinter den Sinneswahrnehmungen aus unserer Organisation heraus im Vorstellungsleben wirkt, das wirkt mit der Dumpfheit des Traumlebens. Wir würden nur mit der Dumpfheit des Traumlebens vorstellen können – wenn man überhaupt so etwas sagen darf –, wenn nicht hereinschlüge mit jedem Aufwachen in dieses Vorstellungsleben das Sinneserleben. Dieses Vorstellungsleben, das also ein dumpferes ist als das Sinnesleben, das führt uns zurück in jene Entwickelungsphasen der menschlichen Natur, die vor der letzten Vereisungszeit liegen – in unserer anthroposophischen Sprache: die im alten atlantischen Gebiet liegen.

Was muß denn da eigentlich für den Menschen Tatsache gewesen sein? Erstens etwas, wodurch er einen innigeren Zusammenhang hatte mit der ihn umgebenden Welt, als das jetzt bei der Sinneswahrnehmung der Fall ist. Die Sinneswahrnehmung beherrschen wir mit dem Willen. Wenigstens richten wir unsere Augen durch den Willen und wir können ja vermöge der Aufmerksamkeit auch weitergehen in der Beherrschung der Sinneswahrnehmung durch den Willen. Jedenfalls wirkt in unseren Sinneswahrnehmungen der Wille. Wir sind in einer gewissen Weise unabhängig von der Außenwelt, indem wir aus innerer Willkür uns selber orientieren können. Das ist aber nur dadurch der Fall, daß wir in einer gewissen Weise uns als Menschen vom Weltenall emanzipiert haben. So emanzipiert können wir nicht gewesen sein vor der letzten Eiszeit – ich sage jetzt *können,* weil ich eben von seiten der äußeren empirischen Wissenschaft sprechen will. Da muß, während unser Vorstellungsvermögen sich ausgebildet hat, der Mensch in seinen Zuständen mehr abhängig gewesen sein von demjenigen, was sich in seiner Umgebung abspielte. Wie wir jetzt durch das Sonnenlicht um uns

herum die Welt sehen, aber wie dieses Sehen der Welt einer gewissen Willkür von innen unterworfen ist, so muß dazumal im Hingegebensein an die äußere Welt der Mensch abhängig gewesen sein von der beleuchteten Erde und ihren beleuchteten Gegenständen und wiederum von der Dunkelheit, der Finsternis, wenn die Sonne zur Nachtzeit nicht geschienen hat. Also der Mensch muß Wechselzustände erlebt haben zwischen dem Aufglimmen desjenigen, was das Vorstellungsvermögen, das sich ja damals entwickelt hat, ist, und wiederum dem Abfluten dieses Vorstellungslebens. Wir haben, mit anderen Worten, einen ähnlichen inneren Zustand, zubereitet durch des Menschen Wechselverhältnis mit dem Weltenall, wie er uns entgegengetreten ist in jenen eigentümlichen Zusammenhängen der weiblichen Funktionen mit den Mondenphasen in bezug auf ihre Zeitlänge. Dieses innere Funktionieren der weiblichen Natur – ich sagte ja, bei der männlichen Natur ist es auch vorhanden, aber mehr nach innen, daher wird es weniger wahrgenommen – ist so, daß es einmal zusammengehangen hat mit den Vorgängen des äußeren Weltenalls, dann sich von ihnen emanzipiert hat und eine Eigentümlichkeit der menschlichen Natur selber geworden ist, so daß nicht mehr dasjenige, was jetzt im Menschen vor sich geht, zusammenzufallen braucht mit den äußeren Tatsachen, daß aber die Zeitfolge, die Phasenfolge noch dieselbe ist, wie sie war, als die Dinge äußerlich zusammenfielen.

Etwas Ähnliches ist in der Tat der Fall für dasjenige, was ein innerer Wechsel ist in unserm, jetzt vom Sinnesleben mehr oder weniger unabhängigen, in der Zeit zurückliegenden Organisiertsein mit Bezug auf das Vorstellungsleben. Ein Ähnliches ist dafür vorhanden. Wir machen einen innerlichen Rhythmus durch von helleren Vorstellungskräften und dunkleren Vorstellungskräften, die in einem täglichen Wechsel auf und ab fluten. Und nur dadurch, daß das ein viel weniger intensiver Vorgang ist als der andere, welcher mit den Mondphasen parallel geht, bemerken wir ihn nicht. Wir tragen in der Tat in unserer Hauptesorganisation heute einen Wechsel zwischen einem dumpferen und einem helleren Leben. Wir tragen in unserer Hauptesorganisation ein rhythmisches Leben. Das eine Mal

sind wir mehr geneigt, von innen heraus etwas entgegenzubringen den Sinneswahrnehmungen, das andere Mal sind wir weniger geneigt, etwas entgegenzubringen den Sinneswahrnehmungen, nur daß diese Wechselzustände eben den Zeitraum von 24 Stunden umfassen. Und es wäre interessant, etwa durch Kurven zu beobachten, wie die Menschen verschieden sind gerade in bezug auf diese innerliche Kopfperiode des Wechsels von helleren oder regeren Vorstellungskräften und dumpfen, schläfrigen Vorstellungskräften. Denn die dumpfen, schläfrigen Vorstellungskräfte, die sind dasjenige, was sozusagen eine innere Nacht des Hauptes ist; die helleren sind dasjenige, was ein innerer Tag des Hauptes ist. Das stimmt nicht überein mit dem äußeren Wechsel von Tag und Nacht. Wir haben einen inneren Wechsel von Helligkeit und Dunkelheit. Und je nachdem der eine Mensch dieses innere Wechseln von Hell und Dunkel so hat, daß eine größere Neigung vorhanden ist, sagen wir, den hellen Teil, den hellen Ablauf seiner Vorstellungskraft zusammenzubringen mit den Sinneswahrnehmungen, oder den dunklen Teil zusammenzubringen mit den Sinneswahrnehmungen, je nachdem der Mensch das eine oder andere in seiner Organisation hat, ist er verschieden in bezug auf die Möglichkeit, die Fähigkeit, die äußere Welt zu beobachten. Der eine hat eine starke Neigung, die äußeren Erscheinungen scharf ins Auge zu fassen; der andere hat eine weniger starke Neigung, die äußeren Erscheinungen scharf ins Auge zu fassen, er wendet sich mehr dem inneren Brüten zu. Das rührt eben von diesem Wechselverhältnis her, das ich eben geschildert habe. Solche Beobachtungen, meine lieben Freunde, die sollten wir ganz besonders als Erzieher uns angewöhnen zu machen. Denn sie werden uns wichtige Fingerzeige geben, um im Erziehen und Unterrichten in entsprechender Weise die Kinder zu behandeln.

Dasjenige, was uns aber heute besonders interessiert, ist, daß der Mensch gewissermaßen verinnerlicht dasjenige, was er einmal durchgemacht hat im Wechselverhältnis mit der Außenwelt, daß das dann in ihm auftritt als ein innerer Rhythmus, der zwar noch den Zeitablauf bewahrt, der aber nicht mehr zusammenfällt in bezug auf seine Zeitgrenze mit dem Äußeren. So daß wir sagen müssen: Der

Mensch vor der Eiszeit wird regelmäßig zusammenfallend gehabt haben mit den äußeren Vorgängen sein bald helleres, innigeres Miterleben des Weltenalls, sein bald dumpfes Zurückgezogensein in sich selber. Die Nachwirkungen dieses damaligen im Zusammenleben mit dem Weltall hervorgehenden Erhelltwerdens, Erfülltwerdens des Bewußtseins mit Bildern und des Zurücktretens, des Brütens über die Bilder, was seinen Nachklang hat in unserem innerlichen mehr oder weniger melancholischen Brüten, dasjenige also, was dazumal der Mensch erlebt hat, ist heute zurückgedrängt worden in die innere Organisation, und an der äußeren Peripherie ist dafür eine neue Entwickelung des Sinnesvermögens eingetreten, das ja schon in früheren Erdperioden da war, natürlich aber nicht so entwickelt wie jetzt.

Wir sehen also hinein in das Weltenall, wenn wir auf dasjenige blicken, was im Menschen als die Folge seines Zusammenhanges mit den Weltenerscheinungen Platz gegriffen hat. Der Mensch muß uns erscheinen als ein Reagens für die Beurteilung der Himmelserscheinungen. Aber wir müssen zu Hilfe nehmen die anderen Naturwesen, wenn wir eine gewisse Vollständigkeit erzielen wollen. Und da möchte ich zunächst Ihren Blick lenken auf etwas, was ja jedem sich darbietet, was aber seiner Wichtigkeit nach gewöhnlich nicht betrachtet wird. Nehmen Sie die einjährige Pflanze in ihrer Entwickelung. Sie macht einen gewissen Kreislauf durch. Dieser Pflanze in ihrer einjährigen Entwickelung ist ja ganz offenbar auch dasjenige anzusehen, was ich gestern auseinandergesetzt habe: der Unterschied von direkter Sonnenwirkung und indirekter Sonnenwirkung. Das eine Mal ist die Sonnenwirkung direkt: Blütenentstehung; das andere Mal ist die Sonnenwirkung so, daß die Erde dazwischen ist: Wurzelentstehung. Wir haben also auch bei der Pflanze dasjenige, was wir gestern für das Tier ausführen konnten und was wir dann in einer gewissen Weise auf den Menschen angewendet haben.

Nun aber werden wir eine solche Tatsache nur in der richtigen Weise würdigen, wenn wir sie auch zusammenbringen mit einer anderen. Das ist diese, daß es ja auch dauernde Pflanzen gibt. Wie

steht die dauernde Pflanze zu der einjährigen Pflanze in bezug auf die Zusammengehörigkeit des Pflanzenwachstums zur Erde? Die dauernde Pflanze behält den Stamm, und eigentlich wächst jedes Jahr, man könnte sagen, an dem Stamm eine neue Pflanzenwelt. Es wächst an dem Stamm, natürlich modifiziert, metamorphosiert, eine Pflanzenwelt; an dem Stamm, der aus der Erde herauswächst. Und es ist einfach ganz selbstverständlich für den, der morphologischen Sinn hat, zu sagen: Da habe ich auf der einen Seite die Erdoberfläche, daraus wächst mir die Pflanze heraus; und dann habe ich den Stamm der Dauerpflanze, der jedes Jahr den Pflanzenansatz bekommt. Dann muß ich irgend etwas – zunächst will ich nur sagen: irgend etwas – mir fortgesetzt denken von der Erde in den Pflanzenstamm hinein. Dasjenige, worauf da (Fig. 2, links) die Pflanze wächst, das muß sich hier (Fig. 2, rechts) auch im Stamm finden.

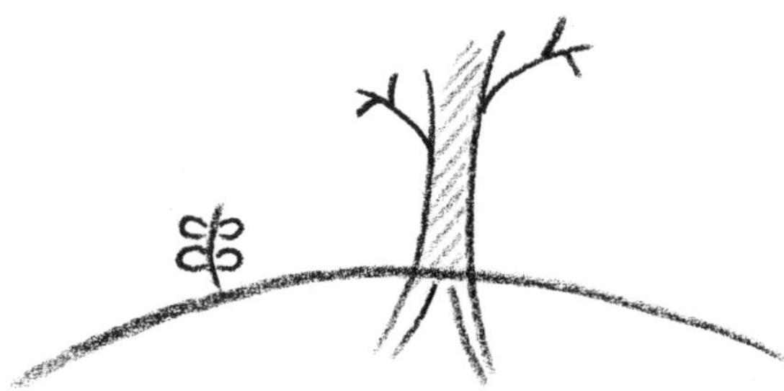

Fig. 2

Das heißt, es muß gewissermaßen etwas aus der Erde in den Stamm hineingehen. Ich habe kein Recht, den Pflanzenstamm der Dauerpflanze nur als etwas anzusehen, was gar nicht zur Erde gehört, sondern ich habe ihn als einen modifizierten Teil der Erde selber anzusehen. Nur dann betrachte ich ihn in der richtigen Weise. Nur dann komme ich darauf, die Zusammenhänge, die da bestehen, wirklich ins Auge zu fassen. Es ist also da etwas in der Pflanze drinnen, was sonst nur in der Erde drinnen ist und wodurch die Pflanze gerade dauernd wird. Sie entreißt sich dadurch, daß sie etwas von dem Irdischen in sich selber aufnimmt, der Abhängigkeit vom jährlichen Sonnenlauf. Wir können also sagen: Die Dauer-

pflanze entreißt sich der Abhängigkeit vom jährlichen Sonnenlauf. Dadurch, daß sie sich emanzipiert von diesem jährlichen Sonnenlauf, insoferne sie Stamm ist, dadurch nimmt sie in ihre eigene Natur auf und kann jetzt gewissermaßen selber, was früher nur zustande gekommen ist durch die Einwirkung der kosmischen Umwelt.

Haben wir da nicht schon bei der Pflanze vorgebildet dasjenige, was ich zum Beispiel jetzt am Menschen eben auseinandergesetzt habe für die Voreiszeit? Ich habe auseinandergesetzt, daß durch die Zusammenhänge mit der Umwelt sich gerade der Rhythmus des Vorstellungslebens entwickelt hat. Das, was zuerst sich bloß entwickelt hat im Wechselverhältnis des Menschen mit der Umgebung, das ist etwas in seinem Innern geworden. Bei der Pflanze haben wir dies angedeutet, indem aus der einjährigen Pflanze die Dauerpflanze wird. Wir haben also da einen ganz allgemeinen Prozeß im Weltenall: Die organischen Wesen sind auf dem Wege einer Emanzipation von den Zusammenhängen mit der Umwelt. Indem wir eine Dauerpflanze entstehen sehen, müssen wir sagen, es lernt gewissermaßen – verzeihen Sie, daß ich diesen Ausdruck gebrauche – die Dauerpflanze etwas aus der Zeit, in der sie in Abhängigkeit von der kosmischen Umwelt ist, und dann kann sie das selber. Sie bringt dann gewissermaßen jedes Jahr neue Pflanzensprößlinge hervor. Das ist eine für das Verständnis der Weltenzusammenhänge außerordentlich wichtige Tatsache. Man kommt nicht zu dem Verständnis der Welterscheinungen, wenn man nur immer die Dinge, die nebeneinander sind, oder diejenigen, die sich einem gerade in das Blickfeld des Mikroskops hineindrängen, betrachtet. Man kommt zum Verständnis der Welterscheinungen nur, wenn man die Einzelheiten aus dem großen Ganzen heraus wirklich zusammenhängend begreifen kann.

Aber fassen wir die Sache jetzt ins Auge, indem wir sie einfach anschauen. Wir haben die einjährige Pflanze unterworfen dem Wechselverhältnis gegenüber dem Kosmos im Laufe eines Jahres; wir haben dann verschwindend diesen Einfluß des Kosmos in der Dauerpflanze. Wir haben gewissermaßen in der Dauerpflanze bewahrt dasjenige, was sonst verschwindet im Laufe eines Jahres. Wir

sehen gewissermaßen im Stamm heraussprossen aus der Erde dasjenige, was Wirkung des Jahres ist und aufbewahrt wird. Dieses Übergehen desjenigen, was sonst zusammenhängt mit der Außenwelt, in die innere Wirkungsweise, das können wir im ganzen Verlauf der Naturerscheinungen betrachten, sofern diese Naturerscheinungen kosmische sind. Wir müssen daher die Zusammenhänge unserer Erde mit dem Kosmos immer bei gewissen Erscheinungen suchen, und bei anderen Erscheinungen müssen wir sagen, daß sich diese kosmischen Wirkungen verbergen. Es kommt daher darauf an, daß wir gerade dasjenige herausfinden, was uns hinführt auf die kosmischen Einflüsse, was ein wirkliches Reagens dafür ist. Die einjährige Pflanze sagt uns etwas über den Zusammenhang der Erde mit dem Kosmos; die Dauerpflanze kann uns darüber nicht mehr viel sagen.

Wiederum muß uns das Verhältnis vom Tier zum Menschen auf eine wichtige Fährte bringen. Betrachten Sie das Tier in seiner Entwickelung. Sehen wir zunächst vom Embryonalleben ab – wir könnten es auch einbeziehen. Das Tier wird geboren, es wächst bis zu einer gewissen Grenze heran, wird geschlechtsreif. Betrachten Sie dieses ganze tierische Leben bis zur Geschlechtsreife hin und dann über dieselbe hinaus. Sie können ganz hypothesenfrei die Tatsache betrachten und Sie werden sich sagen müssen, mit dem Tier geht doch etwas Eigentümliches vor, wenn es die Geschlechtsreife erlangt hat. Es ist dann in einer gewissen Weise eigentlich fertig für diese irdische Welt. Wir können eigentlich – natürlich, die Dinge sind ja alle approximativ, aber im wesentlichen sind sie so – Fortschrittsprozesse nach der Geschlechtsreife beim Tiere nicht mehr verfolgen. Es ist der wichtigste Zielpunkt in seiner Entwickelung diese Geschlechtsreife. Und dasjenige, was sie unmittelbar im Gefolge hat, was eben zutage tritt durch die Geschlechtsreife, das ist dann da, aber wir können nicht sagen, daß danach irgend etwas, was wir als Progression bezeichnen können, eintritt.

Anders ist das beim Menschen. Der Mensch bleibt entwickelungsfähig bis über die Geschlechtsreife hinaus, nur verinnerlicht sich diese Entwickelung. Es wäre etwas höchst Trauriges um den

Menschen in seiner Menschennatur, wenn er in derselben Weise fertig wäre mit seiner Entwickelung bei der Geschlechtsreife, wie das Tier fertig ist. Der Mensch geht darüber hinaus und hat dann noch einen Fonds in sich, der weiter hinausdringt, der besondere Wege einschlägt, der nichts zu tun hat mit der Geschlechtsreife. Wir können sagen, hier liegt etwas Ähnliches vor wie die Verinnerlichung des Jahresprozesses bei der Dauerpflanze gegenüber der einjährigen Pflanze. Dasjenige, was beim Tier vorliegt bei der Geschlechtsreife, sehen wir verinnerlicht beim Menschen von der Geschlechtsreife angefangen. Es muß uns also etwas auf Kosmisches hinweisen beim Menschen, insofern er in der Entwickelung von der Geburt bis zur Geschlechtsreife ist, was dann sich von diesem Kosmischen emanzipiert, wenn der Mensch über die Geschlechtsreife hinausgewachsen ist, gerade so wie bei der Dauerpflanze.

Das, sehen Sie, ist ein Weg, um die Erscheinungen der Wesen zu taxieren und allmählich Wegweiser zu finden für die Zusammenhänge der irdischen Wesen mit dem Kosmos. Denn wir sehen dadurch, daß, wenn diese kosmischen Einflüsse aufhören, sie sich in das Innere der Natur der einzelnen Wesen selber verlegen. Dieses wollen wir nun auf die eine Seite legen und wollen dann später es im Zusammenhang betrachten, zu einer Synthese vereinigt mit etwas wesentlich anderem.

Greifen wir jetzt auf, was ich wiederholt gesagt habe: Die Umlaufzeiten der Planeten im Sonnensystem stehen in Verhältnissen zueinander, die inkommensurabel sind. Wenn man von da ab nun sich überlegt, was geschehen würde, wenn die Verhältniszahlen der Umlaufzeiten der Planeten nicht inkommensurabel wären, so müßte man sich sagen: Es würden im Planetensystem Störungen entstehen, die sich immer wiederholen würden und die durch ihre Wiederholungen das Planetensystem zum Stillstand bringen würden. Es ist durch eine einfache Rechnung, die uns aber hier zu weit führen würde, nachzuweisen, daß nur durch die Inkommensurabilität der Verhältniszahlen bei den Umlaufzeiten der Planeten das Planetensystem gewissermaßen im Leben bleibt. Es muß also einen Zustand im Sonnensystem geben, der immer hindrängt eigentlich nach Still-

stand. Und diesen Zustand, den rechnen wir eigentlich, wenn wir an ein Ende der Rechnung kommen. Kommen wir aber an das Inkommensurable, so kommen wir nicht an ein Ende der Rechnung. Da kommen wir gerade an das Leben des Planetensystems heran. Wir sind in einer merkwürdigen Lage, wenn wir das Planetensystem berechnen. Würde es so sein, daß wir es berechnen könnten, dann würde es sterben, würde längst gestorben sein, wie ich früher schon einmal sagte. Es lebt dadurch, daß wir es nicht berechnen können. Alles dasjenige, was wir nicht berechnen können im Planetensystem, ist das Lebendige. Was legen wir der Rechnung zugrunde, wenn wir ausrechnen bis zu dem Punkte, wo das Planetensystem sterben müßte? Wir legen zugrunde die Gravitationskraft, die Weltengravitation! In der Tat, wenn wir nur die Gravitationskraft zugrunde legen und von da aus dann konsequent denken, bis wir zu einem Bilde kommen des Planetensystems unter dem Einfluß der Gravitationskraft, dann kommen wir ja allerdings zur kommensurablen Verhältniszahl. Aber das Planetensystem müßte ersterben. Wir rechnen also gerade soweit, als im Planetensystem der Tod ist, und verwenden dazu die Gravitationskraft. Es muß im Planetensystem etwas sein, was etwas anderes ist als die Gravitationskraft und was gerade der Inkommensurabilität zugrunde liegt.

Ganz gut lassen sich mit der Gravitationskraft vereinigen, auch der Genese nach, die Planetenbahnen, nur müßten die Umlaufzeiten dann kommensurabel sein. Was sich dann aber nicht vereinigen läßt mit der Gravitationskraft, was gar nicht hereinpaßt in unser Planetensystem, das ist dasjenige, was uns in den kometarischen Körpern zutage tritt. Diese kometarischen Körper, die eine merkwürdige Rolle in unserem Sonnensystem spielen, sie haben ja in der letzten Zeit die Wissenschaft zu ganz merkwürdigen Dingen gedrängt. Ich will dabei ganz absehen davon, daß man innerhalb der Wissenschaft ja gern alles dasjenige, was gerade erkannt wird, als Erklärungsprinzipien anwendet. Zum Beispiel auf dem physiologischen Gebiet redete man ja eine Zeitlang gern davon, daß sich unsere sogenannten sensitiven Nerven von der Peripherie nach dem Innern erstrecken wie Telegraphendrähte, die dann ankommen und

gewissermaßen durch eine Art von Umschaltung weiterleiten dasjenige, was dann Willenshandlungen, Willensimpulse sind. Daß so dasjenige, was durch die zentripetalen Nerven geht, übertragen werde auf zentrifugale Nerven, das hat man immer verglichen mit Telegraphenleitungen. Nun, vielleicht, wenn einmal etwas gefunden wird, das sich in anderer Weise darstellt wie just der Telegraphendraht, wird man nach dieser Methode ein anderes Bild für diese Sache gebrauchen können. Und so wendet man, wie man in den Moden wechselt, alle diejenigen Dinge, die in irgendeinem Zeitalter gefunden werden, an, um der Erklärung gewisser Erscheinungen beizukommen. Man macht es da fast so wie auf gewissen Gebieten der Therapie, wo, kaum daß irgend etwas gefunden ist, es auch gleich als Heilmittel «entdeckt» wird, ohne daß man darüber nachdenkt, wie das im Grunde zusammenhängt. Nun man die Röntgenstrahlen hat, sind sie ein Heilmittel; hätte man sie nicht, so könnte man sie nicht anwenden. Es liegt darin etwas, wo man sich ganz der Willkür des Weltenganges in einer chaotischen Weise überläßt. So auch ist es gekommen, daß man durch die spektroskopischen Untersuchungen und durch den Vergleich mit den spektroskopischen Ergebnissen bei den Planeten auf gewisse elektromagnetische Wirkungen innerhalb der kometarischen Erscheinungen gekommen ist. Diese Dinge führen aber doch nicht weiter als höchstens zu Analogien, die ja zuweilen gewiß mit der Wirklichkeit zusammenhängen, die aber den ganz gewiß nicht befriedigen können, der tiefer hineinschauen will in die Realität.

Aber eines ist, möchte ich sagen, wie eine Notwendigkeit hervorgetreten bei der Betrachtung der Erscheinungen an den Kometen. Man ist, mag man nun nach der Mode die Dinge so oder so nennen, gedrängt worden, während man sonst überall im Planetensystem von Gravitationskräften spricht, bei der eigentümlichen Stellung des Kometenschweifes zur Sonne von Abstoßungskräften von der Sonne zu sprechen, von Rückstoßkräften. Man ist genötigt, zur Gravitation etwas hinzuzusuchen, was dieser Gravitation entgegengesetzt ist. Es tritt also mit den Kometen in unser Planetensystem fortwährend etwas herein, was dem inneren Gefüge des Planetensystems entgegen-

gesetzt ist. So daß hier etwas liegt, was es begreiflich erscheinen läßt, daß man das Kometenrätsel durch lange Zeiten hindurch mit einem gewissen Aberglauben betrachtet hat. Man hat ein Gefühl davon gehabt: In dem Gang der Planeten drücken sich die Naturgesetze aus, da drückt sich dasjenige aus, was angemessen ist unserem Planetensystem; in den Erscheinungen der Kometen drückt sich etwas Entgegengesetztes aus, da kommt etwas herein in unser Planetensystem, das sich invers verhält zu unseren planetarischen Erscheinungen. Das führte dazu, auf der einen Seite zu sehen die planetarischen Erscheinungen und in ihnen gewissermaßen die Naturgesetze verkörpert, realisiert zu sehen; auf der anderen Seite in den kometarischen Erscheinungen das Entgegengesetzte von den Naturgesetzen zu sehen. So hat man zusammengebracht, nicht in den ältesten Zeiten, aber in gewissen Zeiten, die Kometen mit gewissermaßen fliegenden moralischen Kräften, welche Zuchtruten sein sollten für die sündigen Menschen. Wir sehen das heute mit Recht als einen Aberglauben an. Aber schon *Hegel* kann sich an so etwas nicht gut vorbeidrücken, was, ich möchte sagen, sich so halb wie etwas mit dem Natürlichen nicht zu Durchdringenden ausspricht. Man glaubte natürlich im 19. Jahrhundert nicht mehr, daß die Kometen irgendwie als moralische Richter auftreten, aber man brachte sie in der esten Hälfte des 19. Jahrhunderts durch eine gewisse Statistik in Zusammenhang mit guten und schlechten Weinjahren, die ja auch etwas scheinbar recht Unregelmäßiges haben, was auch in der Aufeinanderfolge den Naturgesetzen nicht ganz entspricht. Und Hegel konnte sich um das nicht herumdrücken. Das erscheint ihm sehr plausibel, daß mit guten und schlechten Weinjahren das Erscheinen oder Nichterscheinen von Kometen etwas zu tun habe.

Jetzt steht der Mensch auf dem Standpunkt, insofern er ein Verhältnis zur zeitgenössischen Wissenschaft hat, daß er sagt: Unser Planetensystem hat von den Kometen nichts zu fürchten. Die Kometen rufen Erscheinungen hervor innerhalb unseres Planetensystems, die eigentlich mit diesem keinen rechten inneren Zusammenhang haben. Sie kommen als solche Sonderlinge des Weltenalls aus fernen Gegenden in unsere Sonnennähe, rufen da gewisse Er-

scheinungen hervor durch rückstoßende Kräfte von der Sonne, haben eine Zunahme ihrer Erscheinungen, eine Abnahme, und verschwinden dann wieder. Eine Persönlichkeit, die noch einen gewissen Fonds in sich hatte, die äußere Welt nicht bloß mit dem Intellekt aufzufassen, sondern mit dem ganzen menschlichen Wesen, die noch eine gewisse Intuition hatte für die Erscheinungen des Himmels, *Kepler,* er hat einen merkwürdigen Satz über die Kometen ausgesprochen, der ungeheuer viel dem zu denken gibt, der überhaupt die ganze Seelenverfassung dieses Kepler ein wenig auf sich wirken läßt. Wir haben die drei Keplerschen Gesetze besprochen, die etwas so außerordentlich Genialisches im Grunde darstellen, wenn man sie im Zusammenhang betrachtet mit dem, was dazumal als Vorstellungen über das Planetensystem da war. Die setzen aber voraus, daß Kepler ein tiefes Gefühl hatte von einer inneren Harmonie im planetarischen System, nicht bloß von irgend etwas, was sich einfach trocken errechnen läßt, sondern von einer inneren Harmonie. Und als den letzten Ausdruck, möchte ich sagen, dieser inneren Harmonie, als den letzten quantitativen Ausdruck für etwas Qualitatives, empfand er selbst seine drei Hauptgesetze des Planetensystems. Und aus dieser Empfindung heraus hat er einen Ausspruch getan über die Kometen, der außerordentlich bedeutsam ist und den man nachfühlen kann, wenn man sich auf solche Dinge einläßt. Er hat gesagt: Es gibt im Weltenall, also in dem uns überschaubaren Weltenall, so viele Kometen wie Fische im Meer, nur sehen wir die wenigsten von ihnen. Diejenigen, die wir sehen, sind nur ein kleiner Teil davon. Die anderen bleiben durch ihre Kleinheit oder durch sonstige Verhältnisse unsichtbar. – Im Grunde genommen hat auch die äußere Forschung diesen Ausspruch Keplers ja bestätigt, indem einfach seit der Erfindung des Teleskops viel mehr Kometen gesehen worden sind als früher, wo dieselben auch verzeichnet worden sind, so daß man vergleichen kann. Außerdem haben andere Mittel ergeben, daß, wenn man unter veränderten Beleuchtungsverhältnissen, also bei starker Dunkelheit, das Himmelsgewölbe betrachtet, man auch mehr Kometen verzeichnen muß als sonst. Also in einer gewissen Weise nähert sich selbst die empirische Forschung

demjenigen, was Kepler aus tiefem Naturempfinden heraus geäußert hat.

Wenn man aber überhaupt von einem Zusammenhang desjenigen, was auf der Erde geschieht, mit dem Kosmos spricht, dann erscheint es doch nicht so ohne weiteres tunlich, daß man wohl von dem Zusammenhang anderer Weltenkörper, anderer Körper unseres Planetensystems mit der Erde spricht, daß man aber nicht spricht von denjenigen, die in einer solchen Weise hereinkommen und wieder hinausgehen wie die Kometen; insbesondere dann, wenn wir heute zugeben müssen, daß der Komet Erscheinungen hervorruft, die gerade eben auf entgegengesetzte Kräfte hinweisen, als diejenigen sind, die gewöhnlich für unser Planetensystem als zusammenhaltende Kräfte genommen werden. In der Tat kommt durch den Kometen in unser System etwas herein, was diesem System entgegengesetzt ist. Verfolgt man das weiter, so muß man sich sagen, es bedeutet in der Tat die Tatsache etwas ganz Besonderes, daß die Kometen so hereinkommen als Entgegengesetztes zu dem, was dieses Planetensystem selbst zusammenhält.

Nun habe ich in einem vorigen Kurs auf etwas hingewiesen im Zusammenhang der Naturerscheinungen, an das ich jetzt erinnern muß. Diejenigen, die bei diesem vorigen Kurs, dem Kurs über Wärmelehre, dabei waren, werden sich vielleicht erinnern, daß ich darauf hingewiesen habe, daß wir eigentlich, wenn wir die Wärmeerscheinungen verfolgen im Zusammenhang mit den anderen Erscheinungen des Weltenalls, genötigt sind den Äther, von dem man gewöhnlich hypothetisch spricht, in konkreter Weise zu fassen, indem wir einfach in unsere Formeln, die wir haben, dann, wenn wir für die ponderable Materie einsetzen den Druck, die Druckkraft, für den Äther die Saugkraft einsetzen müssen. Mit anderen Worten: Wenn wir die Intensität der Kraft in der ponderablen Materie mit plus einsetzen, müssen wir die Intensität im Äther mit minus einsetzen. Ich habe dazumal ja aufgefordert, die gebräuchlichen Formeln auf das hin durchzusehen, damit man sieht, wie sie dann anfangen, mit den Naturerscheinungen in einer merkwürdigen Weise übereinzustimmen. Wichtig ist noch, daß wir die ganze Spielerei,

möchte ich sagen, der *Clausiusschen* Wärmetheorie mit dem gegenseitigen Sich-Stoßen der Moleküle und dem Stoßen an die Wand, diesem ganzen grausamen Spiel des Stoßens, des Aufeinanderprallens, an die Wand Prallens, wieder Zurückprallens, das eigentlich den Wärmezustand irgendeines Gases darstellen soll, daß wir das richtig sinnlich durchschaubar bekommen, wenn wir innerhalb der Wärme zwei Zustände ins Auge fassen, den einen, den wir verwandt mit den Zuständen der ponderablen Materie betrachten, und den anderen, den wir verwandt mit dem Äther betrachten. So daß wir bei der Wärme etwas anderes haben als bei der Luft oder beim Licht. Beim Licht müssen wir, wenn wir richtig rechnen wollen, alles mit negativen Vorzeichen einsetzen, was uns die Wirkung des Lichtes darstellen soll. Bei der Luft, bei dem Gas müssen wir alles dasjenige, was wirkt, mit positiven Vorzeichen einsetzen. Bei der Wärme haben wir nötig, Positives und Negatives wechseln zu lassen, und dadurch wird erst durchsichtig dasjenige, was wir gewöhnlich betrachten als leitende Wärme, strahlende Wärme und so weiter.

Diese Dinge zeigen uns innerhalb der Materie selbst die Notwendigkeit, in der Charakteristik der Kräfte von dem Positiven ins Negative einzutreten. Jetzt sehen wir merkwürdigerweise, wie wir im Planetensystem selber von dem Positiven, von der Gravitation, ins Negative, in die Rückstoßkraft eintreten müssen.

Nun will ich heute nur noch das sagen, um es gewissermaßen als die Formulierung eines Problems hinzustellen, nicht um mehr damit zu sagen – wir werden auf alle diese Sachen in weiteren Vorträgen näher eingehen: Ich will, nachdem wir das an den Kometen herausgefunden haben, was wir jetzt gesagt haben, den Vergleich hinstellen zwischen demjenigen, was Verhältnis ist unseres Planetensystems zu den kometarischen Körpern und dem, was vorhanden ist beim weiblichen Eikeim gegenüber dem befruchtenden männlichen Samenkern. Versuchen Sie sich nur einmal rein in der Anschauung das vorzulegen: Das Planetensystem, das etwas aufnimmt in sich, den Effekt eines Kometen; die Eizelle, welche aufnimmt in sich den Effekt der Befruchtung durch die Samenzelle. Sehen Sie sich diese beiden Erscheinungen nur einmal nebeneinander an, aber seien Sie

dabei so vorurteilslos, daß Sie das so tun, wie Sie sonst irgend etwas, was im Leben nebeneinander ist und sich vergleichen läßt, ansehen. Sehen Sie sich das an, und ich frage Sie dann, ob Sie nicht, wenn Sie es ordentlich ansehen, Vergleichspunkte genug finden können. Ich will heute keine Theorie behaupten, keine Hypothese aufstellen, sondern ich will nur darauf hinweisen, sich diese Dinge einmal in dem richtigen Zusammenhang anzusehen.

Von da ausgehend werden wir dann morgen versuchen, eben zu konkreteren Erscheinungen zu kommen.

NEUNTER VORTRAG

Stuttgart, 9. Januar 1921

Wir sind jetzt an einem Punkt unserer Betrachtungen angekommen, von dem aus wir gewissermaßen außerordentlich vorsichtig weiterschreiten müssen, damit wir klar sehen, inwieweit die Gefahr besteht, aus der Realität hinauszukommen mit den Vorstellungen, oder ob wir eben innerhalb realer Vorstellungen bleiben, das heißt der Gefahr entgehen.

Nun handelt es sich ja darum, daß wir das letzte Mal hingestellt haben gewissermaßen als ein Postulat, einfach die beiden Tatsachen zu vergleichen: Innerhalb des Planetensystems das Auftreten der kometarischen Erscheinungen und – schließlich ja auch innerhalb des Planetensystems, wenn es auch vielleicht nicht in demselben Zusammenhang damit steht – dasjenige, was wir beobachten in den Erscheinungen der Befruchtung. Um aber hier überhaupt zu Vorstellungen zu kommen, die in irgendeiner Weise berechtigt sind, muß man einmal sehen, ob es denn möglich ist, zwischen zwei Dingen, die uns so entfernt in der äußeren Tatsachenwelt entgegentreten, Beziehungen aufzusuchen. Und wir werden methodologisch zu keinem Ziel kommen, wenn wir nicht auf irgend etwas hinweisen können, wo etwas Ähnliches vorliegt, das uns dann in der Betrachtungsweise weiterleiten könnte.

Wir haben ja gesehen, wie wir auf der einen Seite das Figurale, das Formhafte, das Mathematische anwenden müssen, wie wir aber immer wiederum dazu gedrängt werden, das Qualitative in irgendeiner Weise zu fassen, dem Qualitativen irgendwie näherzukommen. Wir wollen deshalb heute etwas einfügen, was sich mit Bezug auf den Menschen ergibt, wenn man diesen Menschen betrachtet, der ja schließlich doch ein Abbild ist, wie wir aus allen einzelnen Dingen dieser Vorträge entnehmen können, ein Abbild der Himmelserscheinungen in irgendeiner Weise, die wir noch festzustellen haben. Da der Mensch das ist, so müssen wir irgendwie über den Menschen selbst erst uns Klarheit verschaffen. Wir müssen gewissermaßen das

Bild verstehen, von dem wir ausgehen wollen, wir müssen die innere Perspektive verstehen. Wie man bei einem gemalten Bilde auch zunächst sich klar sein muß, was irgendeine Verkürzung oder so etwas bedeutet, um von dem Bilde auf die Raumverhältnisse überzugehen, um also das Bild auf seine Wirklichkeit zu beziehen, so müssen wir, wenn wir auf die Realität im Weltenall interpretierend vom Menschen aus eingehen wollen, zuerst über den Menschen uns klar sein. Nun ist es aber außerordentlich schwierig, dem Menschen, der man ja selber ist, mit irgendwelchen faßbaren Vorstellungen beizukommen. Daher möchte ich heute Ihnen aus sehr einfachen Verhältnissen, ich möchte sagen, faßbar-unfaßbare Vorstellungen vor die Seele führen, Vorstellungen, die wahrscheinlich die meisten von Ihnen längst gut kennen, aber die wir doch in einem gewissen Zusammenhang uns vor die Seele führen müssen, damit wir an diesen Vorstellungen, die zum Teil scheinbar recht gut zu fassen sind, zum Teil aber durchaus wiederum unfaßbar erscheinen in gewissen Grenzen, uns orientieren in bezug auf das Ergreifen überhaupt der Außenwelt durch die Vorstellungen.

Es könnte erzwungen erscheinen, daß hier immer wiederum betont wird, daß man, um die Himmelserscheinungen zu begreifen, auf das Vorstellungsleben des Menschen zurückgehen muß. Aber es ist doch klar, daß wir, wenn wir auch noch so vorsichtig Beschreibungen der Himmelserscheinungen geben, darin ja doch zunächst nichts anderes haben als eine Art optischer Bilder, durchtränkt von allerlei mathematischen Vorstellungen. Dasjenige gerade, was uns die Astronomie gibt, hat den Grundcharakter, ein bloßes Bild zu sein. Wir müssen daher eingehen auf die Entstehung des Bildes im Menschen, wenn wir zurechtkommen wollen, sonst werden wir gar keine richtige Stellung gewinnen können zu dem, was uns die Astronomie sagen kann. Und da möchte ich heute von etwas ganz einfachem Mathematischen ausgehen, um Ihnen zu zeigen, wie auf einem anderen Gebiet als dem, auf das wir geführt worden sind durch die Verhältniszahlen der Umlaufzeiten der Planeten, innerhalb der Mathematik selbst eine Art Unfaßbares auftritt. Das tritt uns entgegen, wenn wir gebräuchliche Kurven in einem gewissen

Zusammenhang betrachten. Viele von Ihnen kennen die Sache schon, ich möchte nur von einem besonderen Gesichtspunkte aus sie heute beleuchten.

Wenn wir dasjenige betrachten, was Sie als Ellipse kennen mit ihren zwei Brennpunkten *A* und *B*, so wissen Sie ja, daß die Ellipse dadurch charakterisiert ist, daß irgendein Punkt *M* der Ellipse so sich verhält, daß die Summe seiner Abstände $a + b$ von den zwei Brennpunkten stets konstant bleibt. Das ist die Charakteristik der Ellipse, daß die Summe der Abstände irgendeines ihrer Punkte von zwei fixen Punkten, den zwei Brennpunkten, konstant bleibt (Fig. 1).

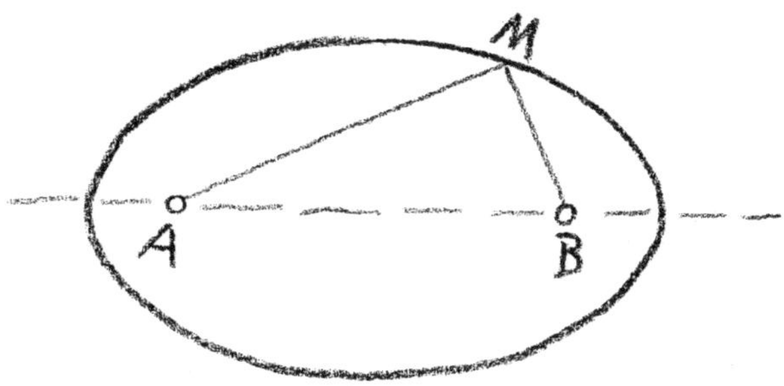

Fig. 1

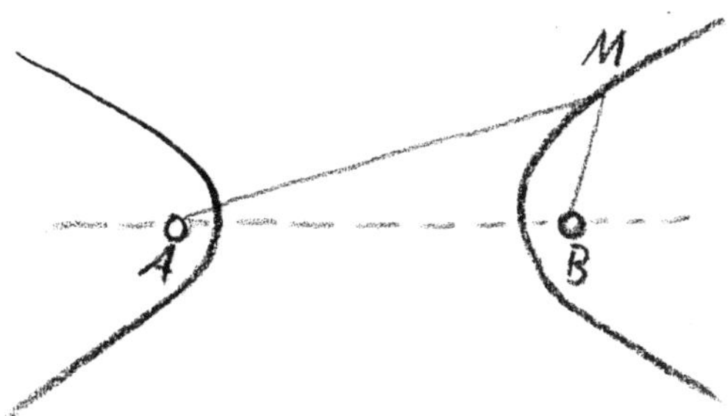

Fig. 2

Dann haben wir eine zweite Kurve, die Hyperbel (Fig. 2). Sie wissen ja, sie hat zwei Äste. Sie ist dadurch charakterisiert, daß die Differenz $a - b$ der Abstände irgendeines Punktes von den zwei Brennpunkten eine konstante Größe ist. Nun hätten wir also in der Ellipse die Kurve der konstanten Summe, in der Hyperbel die Kurve der konstanten Differenz, und wir werden uns nun fragen müssen: Welches ist die Kurve des konstanten Produktes?

Ich habe ja schon öfter darauf aufmerksam gemacht, diese Kurve des konstanten Produktes ist die sogenannte Cassinische Kurve (Fig. 3). Betrachten wir die Sache in der folgenden Weise: Wir haben hier zwei Punkte A und B, und wir betrachten einen Punkt M in bezug auf seine Abstände von A und B. Wir haben also den einen Abstand AM, den anderen Abstand BM, und wir stellen die Forderung, daß diese beiden Abstände, miteinander multipliziert, gleich

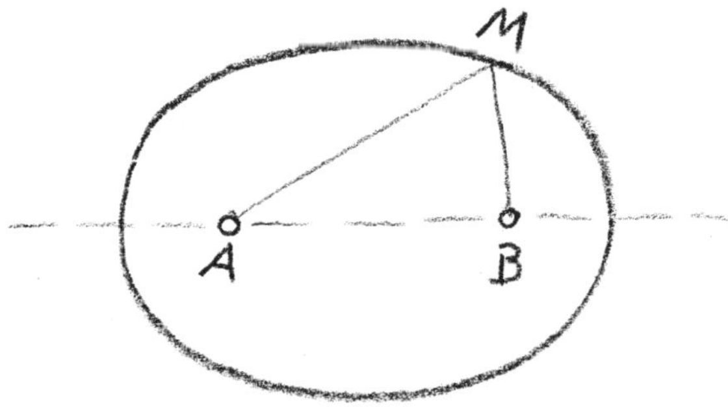

Fig. 3

seien einer konstanten Größe. Ich will diese konstante Größe, weil das die Rechnung vereinfacht, b^2 nennen, und den Abstand AB will ich $2a$ nennen. Wenn wir die Mitte zwischen A und B als den Mittelpunkt eines Koordinatenachsen-Systems annehmen (O) und für jeden Punkt, der diese Bedingung erfüllt, die Ordinate berechnen – wenn wir also hier herumlaufen lassen den Punkt, so daß immer bei jedem Punkt dieser Kurve $AM \cdot BM = b^2$ bleibt –, so bekommen wir für die Ordinate irgendeines Punktes, die wir y nennen, die folgende Gleichung – ich werde Ihnen nur die Resultate mitteilen, aus dem einfachen Grunde, weil ja die Ausrechnung jeder auf einfache Weise sich verschaffen kann. Sie ist in jedem mathematischen Lehrbuch, das diese Dinge enthält, zu finden. Wir bekommen für y den Wert:

$$y = \pm \sqrt{-(a^2 + x^2) \pm \sqrt{b^4 + 4a^2 x^2}}$$

Wenn man hier (vor der inneren Wurzel) berücksichtigt, daß wir ja das negative Vorzeichen nicht brauchen können zunächst, weil wir dadurch imaginäre y bekommen würden, also nur das positive Vorzeichen berücksichtigen, so bekommen wir:

$$y = \pm \sqrt{-(a^2 + x^2) + \sqrt{b^4 + 4a^2 x^2}}$$

Wenn wir dann die entsprechende Kurve ziehen, bekommen wir eine ellipsenähnliche, aber durchaus nicht mit der Ellipse zusammenfallende Linie, welche die *Cassinische* Kurve nach ihrem Entdecker genannt wird. Sie ist nach links und rechts symmetrisch zur Ordinatenachse, nach oben und unten symmetrisch zur Abszissenachse. Das ist, was festgehalten werden muß.

Nun aber hat diese Kurve verschiedene Formen, und das ist das Wichtige an ihr, für uns wenigstens. Diese Kurve hat verschiedene Formen, je nachdem b, wie ich es hier angenommen habe, größer ist als a, oder b gleich ist a, oder b kleiner ist als a. Die Kurve, die ich eben aufgezeichnet habe, entsteht dann, wenn $b > a$ und außerdem noch eine gewisse Bedingung erfüllt wird, nämlich diejenige, daß b auch größer oder gleich ist $a\sqrt{2}$. Und zwar, wenn $b > a\sqrt{2}$, so haben wir hier oben und unten eine deutliche Krümmung. Wenn $b = a\sqrt{2}$, so geht an diesem Punkte oben und unten die Kurve in die Gerade über, es flacht sich die Kurve so ab, daß sie oben und unten fast eine Gerade ist (Fig. 4). Kommen wir aber dazu, daß

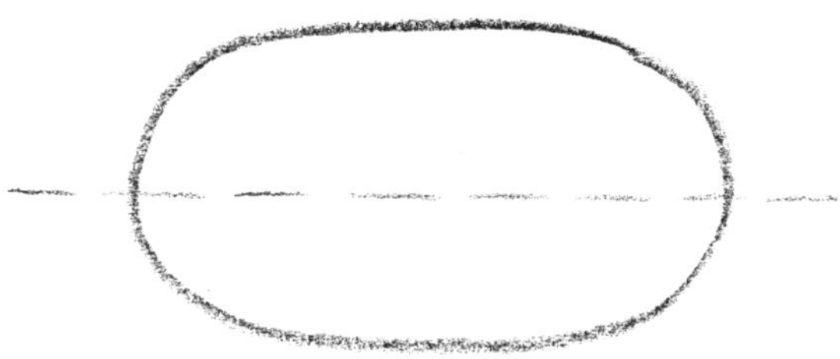

Fig. 4

$b < a\sqrt{2}$, dann ändert sich der ganze Verlauf der Kurve. Sie bekommt diese Form (Fig. 5). Und ist nun $b = a$, dann geht die Kurve

in eine ganz spezielle Form über, in diese Form (Fig. 6). Sie läuft gewissermaßen in sich zurück, durchschneidet sich selber und findet sich wiederum, und wir bekommen die spezielle Form der Lemniskate, so daß also die Lemniskate eine besondere Form der Cassinischen Kurve ist. Die besondere Form wird hervorgerufen durch das Verhältnis der in der Gleichung der Kurve, der Charakteristik der Kurve vorkommenden konstanten Größen. Wir haben in der Gleichung nur diese zwei konstanten Größen b und a, und von dem Verhältnis dieser zwei konstanten Größen hängt die Form der Kurve ab.

Fig. 5

Fig. 6

Nun ist aber noch der dritte Fall möglich, daß $b<a$. Wenn $b<a$, so bekommt man auch Werte für die Kurve. Man kann immer die Gleichung auflösen und bekommt Werte für die Kurve, Ordinaten und Abszissen, auch wenn man b kleiner hat als a, nur setzt gewissermaßen die Kurve ihr eigentümliches Verhalten fort. Denn dann, wenn $b<a$, bekommen wir zwei Äste der Kurve, die ungefähr so aussehen (Fig. 7). Wir bekommen eine diskontinuierliche Kurve. Hier stehen wir eben an dem Punkte, wo gewissermaßen in der Mathematik uns entgegenspringt das Faßbar-Unfaßbare, das heißt, das im Raum schwer zu Fassende. Denn das sind im Sinne ihrer mathematischen Gleichung nicht zwei Kurven, das ist *eine* Kurve, genau ebenso *eine* Kurve, wie diese oder diese oder diese

(Fig. 3-5). Bei dieser da (Lemniskate) liegt die Sache schon im Übergang. Da macht der Punkt, den die Kurve beschreibt, diesen Weg, geht hier herunter, durchschneidet hier seinen früheren Weg und findet sich wiederum. Hier (Fig. 7) müssen wir uns vorstellen: Wenn wir den Punkt *M* bewegen lassen in dieser Linie – er durchläuft nicht etwa die Bahn einfach hier herüber, das tut er nicht, sondern er durchläuft geradeso wie hier (Lemniskate) den Weg, beschreibt hier eine Kurve und kommt dann wiederum dazu, sich hier zu finden.

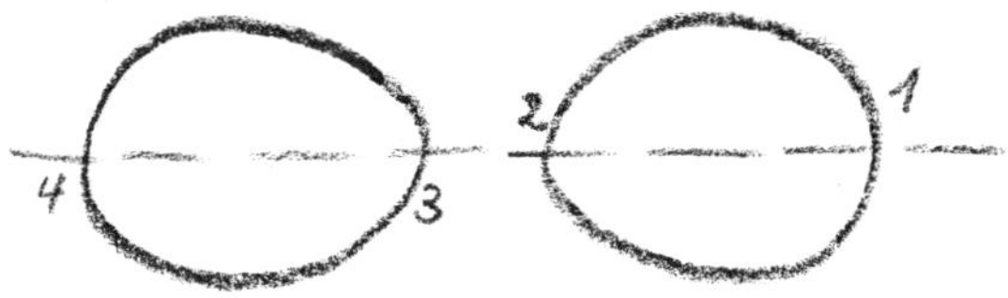

Fig. 7

Also Sie sehen: Dasjenige, was den Punkt durch die Linien trägt, das verschwindet hier in der Mitte. Sie können sich nur vorstellen, daß das in der Mitte verschwindet, wenn Sie die Kurve verstehen wollen. Wenn Sie hier versuchen, eine Vorstellung sich zu bilden, die im Vorstellen rein kontinuierlich bleibt, was müssen Sie denn da tun? Nicht wahr, wenn Sie sich eine solche Kurve (die ersten drei Formen) vorstellen – das sage ich nur in Parenthese für gewöhnliche Philister –, dann ist das leicht. Sie können immerfort einen Punkt vorstellen und Sie kommen nicht dazu, daß Ihre Vorstellung abreißt. Hier (bei der Lemniskate) müssen Sie ja allerdings schon die bequeme Art, einfach herumzugehen, modifizieren. Da geht es aber noch immer. Sie können das Vorstellen festhalten. Aber jetzt weiter, wenn Sie bei dieser Kurve (Form mit zwei Ästen), die eben nicht eine Philisterkurve ist, ankommen, wenn Sie die vorstellen wollen, dann müssen Sie, um im kontinuierlichen Vorstellen zu bleiben, sich sagen: Der Raum gibt mir dazu keinen Anhaltspunkt mehr. Ich muß, indem ich hier (von 1 nach 2) vorschreite mit meinem Vorstellen, wenn ich nicht das Vorstellen abreißen und den anderen Ast isoliert für sich betrachten will, ich muß mit meinem Vorstellen aus dem Raum heraus (nach 3 bis 4), ich kann nicht drinnen bleiben im

Raum. Also Sie sehen, die Mathematik selber liefert uns Tatsachen, die es für uns notwendig machen, aus dem Raum herauszugehen, wenn wir im kontinuierlichen Vorstellen bleiben wollen. Die Wirklichkeit, sie ist so, daß sie an uns den Anspruch stellt, aus dem Raum herauszugehen mit unserem Vorstellen. Da also tritt uns etwas innerhalb der Mathematik selber auf, wo gewissermaßen sich zeigt, daß wir den Raum verlassen müssen, wenn wir einfach mit dem Vorstellen zurechtkommen wollen. In dem, was wir selber mit dem Vorstellen angerichtet haben, indem wir angefangen haben zu denken, müssen wir in einer solchen Weise weiter denken, daß uns der Raum nichts mehr hilft. Sonst würde nicht allen Möglichkeiten in der Gleichung Rechnung getragen werden.

Nun, solche Dinge treffen wir, wenn wir ein ähnliches Vorstellen durchmachen, mehrere. Ich will nur noch auf das Allernächstliegende aufmerksam machen, das dann für Sie sich realisiert, wenn Sie nun die Frage aufwerfen: Also, die Ellipse ist der geometrische Ort der konstanten Summe, sie ist dadurch charakterisiert, daß sie die Linie der konstanten Summe ist. Die Hyperbel ist die Kurve der konstanten Differenz. Die Cassinische Kurve mit ihren verschiedenen Formen ist die Linie des konstanten Produkts. Es muß also auch irgendwie, wenn wir hier *A,* hier *B* haben, hier einen Punkt *M* und nun *BM* durch *AM* als Quotienten bilden, es muß auch eine solche Linie der konstanten Quotienten sich finden. Wir müssen also verschiedene Punkte finden, M_1, M_2 usw., für die immer

$$\frac{BM_1}{AM_1} = \frac{BM_2}{AM_2} \quad \text{usw.}$$

einander gleich sind und immer einer bestimmten konstanten Zahl gleich sind. Diese Kurve ist ja der Kreis. Wir bekommen dann, wenn wir die Punkte M_1, M_2 suchen, einen Kreis, der etwa in diesem Verhältnis zu den Punkten *A* und *B* liegt (Fig. 8). So daß wir sagen können: Es gibt neben der Definition des Kreises, die die triviale Definition ist – daß nämlich der Kreis der geometrische Ort aller Punkte ist, die von einem festen Punkt gleich weit abstehen –, eine andere Definition des Kreises: Der Kreis ist diejenige Linie, bei

der jeder Punkt die Bedingung erfüllt, daß seine Abstände von zwei konstanten Punkten, zwei fixen Punkten, in ihren Quotienten gleich sind.

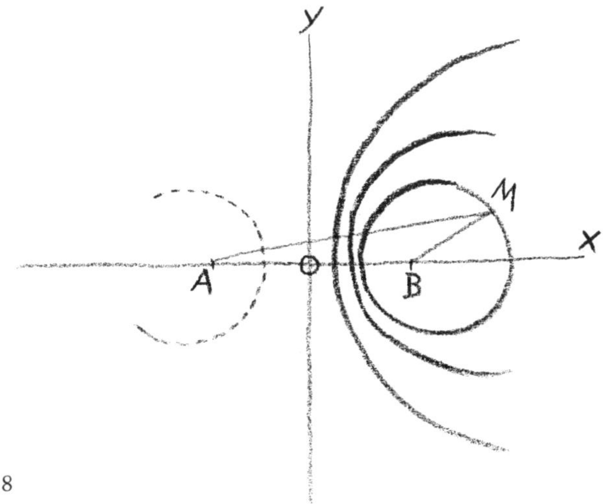

Fig. 8

Nun, hier beim Kreis haben wir die Möglichkeit, noch auf etwas anderes hinzuschauen. Denn sehen Sie, wenn wir $BM:AM$ ausdrücken durch $m:n$, also

$$\frac{BM}{AM} = \frac{m}{n} ,$$

so bekommen wir immer entsprechende Werte in der Gleichung. Wir können den Kreis irgendwo finden. Und wenn man das tut, so bekommt man verschiedene Formen des Kreises, je nachdem das Verhältnis von m zu n ist: Wenn n stark größer ist als m, bekommen wir einen stark gebogenen Kreis; wenn n kleiner wird, bekommen wir einen geringer gebogenen Kreis (Fig. 8, rechts), und so wird der Kreis immer größer, je weniger sich m von n unterscheidet. Und der Kreis geht dann, wenn man dieses Verhältnis $m:n$ weiter verfolgt, allmählich über in eine Gerade. Sie können das in der Gleichung verfolgen. Er geht über in die Ordinatenachse selber. Der Kreis wird die Ordinatenachse, wenn $m=n$, wenn also der Quotient $m:n$

gleich 1 wird. Auf diese Weise geht also der Kreis allmählich über in die Ordinatenachse, in eine Gerade.

Es braucht Ihnen nicht besonders verwunderlich zu erscheinen, daß dies geschieht. Das ist ja etwas, was man sich vorstellen kann. Nun aber liegt die Sache dann anders, wenn man hier weitergehen will, wenn man sich sagt, der Kreis flacht sich immer mehr und mehr ab und wird gewissermaßen durch Abflachen von innen eine Gerade. Er wird es dadurch, daß einfach das konstante Verhältnis in dieser Gleichung eine Änderung erfährt. Es kann natürlich dieses konstante Verhältnis auch noch über 1 hinauswachsen, so daß die Kreisbögen hier erscheinen (links von der y-Achse), aber was hat man dann nötig mit seiner Vorstellung zu tun? Man hat etwas ganz Besonderes nötig. Man hat sich dann nämlich einen Kreis zu denken, der nicht nach innen gekrümmt ist, sondern der nach außen gekrümmt ist. Ich kann Ihnen natürlich diesen Kreis nicht aufzeichnen, aber es ist ein Kreis denkbar, der nach außen gekrümmt ist.

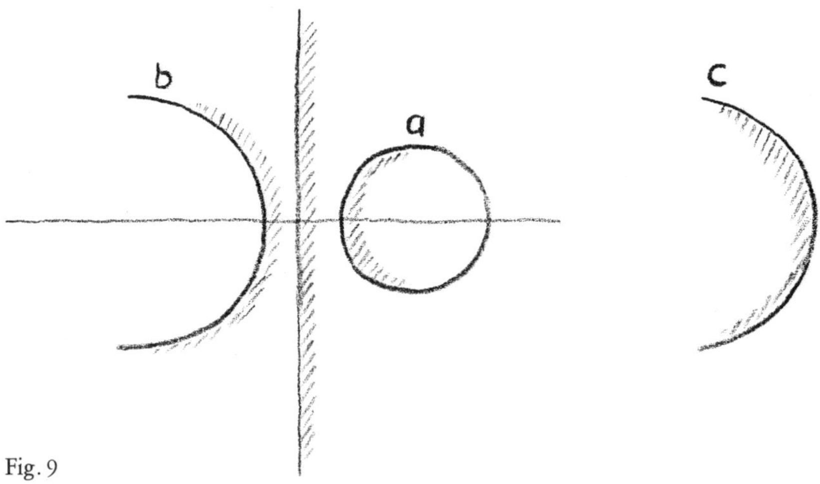

Fig. 9

Nicht wahr, beim gewöhnlichen Kreis haben wir die Krümmung nach innen (Kreis a der Fig. 9, schraffierte Seite). Wenn wir seinen Weg verfolgen, so schließt er sich. Wenn wir die Konstante, die wir

in der Gleichung haben, in entsprechender Weise nehmen, so bekommen wir eine Gerade. Die hat ihre Krümmung hier wiederum (rechts der Geraden, schraffierte Seite). Aber diese Krümmung, die macht es uns nicht so bequem, wie es uns die andere Krümmung machte. Die andere Krümmung tendiert überall nach dem Mittelpunkt des Kreises. Diese Krümmung (bei der Geraden) verweist uns darauf, daß der Mittelpunkt irgendwo in unendlicher Entfernung liegt, wie man sagt. Aber nun entsteht uns hier (links der Geraden) der Gedanke eines Kreises, der nach außen gekrümmt ist. Seine Krümmung ist dann nicht da (Kreis b, nicht schraffierte Seite), das wäre ja der Philisterkreis, sondern seine Krümmung ist da (Kreis b, schraffierte Seite). Und eben deshalb ist nicht dieses hier (nicht schraffiert) die Innenseite des Kreises, sondern das Außen des Kreises, und das da (schraffiert) ist das Innen des Kreises.

Und nun bitte ich Sie, vergleichen Sie damit dasjenige, was ich Ihnen hier dargestellt habe: die Cassinische Kurve mit ihren Unterarten, mit der Lemniskate und der Form, wo sie die zwei Äste hat. Und jetzt haben wir den Kreis dargestellt so, daß er einmal eine solche (gewöhnliche) Krümmung hat, daß dieses hier sein Innen, das sein Außen ist. Wir haben eine zweite Form des Kreises (b) – man kann jetzt nur den Kreis andeuten –, wo die Krümmung hier ist (außen) und hier ein Innen (schraffiert) und hier ein Außen (nicht schraffiert). Die erste Form des Kreises würde etwa entsprechen, wenn wir sie vergleichen mit der Cassinischen Kurve, den geschlossenen Formen derselben bis zur Lemniskate. Und wir haben jetzt einen zweiten Kreis (b), der nach dieser Richtung gedacht werden muß (nach außen), der seine Krümmung hier hat, sein Innen hier, sein Außen hier. Sie sehen, die Realität ist hier so, daß, wenn wir es mit dem Produkt zu tun haben, wir Formen der Cassinischen Kurve bekommen, wo wir, wenn wir aus dem Raum herausgeworfen werden, wiederum auf der anderen Seite den anderen Ast zeichnen können. Der liegt dann im Raume wieder drinnen. Aber wir werden, um von einem zum anderen zu kommen, aus dem Raume eben herausgeworfen. Hier, beim Kreis, wird die Sache schon schwieriger. Hier werden wir ja ganz gewiß auch beim Übergang vom Kreis

in die Gerade aus dem Raum herausgeworfen, aber wir können dann überhaupt nicht mehr irgend etwas Geschlossenes zeichnen. Wir kommen nicht dazu. Wir können den Gedanken gerade noch räumlich andeuten, wenn wir übergehen von der Kurve des konstanten Produktes zur Kurve des konstanten Quotienten.

Es ist außerordentlich bedeutsam, daß man sich abgibt mit dem Erzeugen von Vorstellungen, die, möchte ich sagen, in solche Kurvenformen noch hineinschlüpfen. Ich bin überzeugt davon, daß die meisten derjenigen Menschen, die sich mit Mathematik abgeben, zwar zu solchen Diskontinuitäten übergehen, aber dann sich das Vorstellen doch eigentlich etwas bequem machen, indem sie sich bloß an dasjenige halten, was eben die Formeln sind und nicht übergehen zu irgend etwas, was nun die Formeln begleiten soll als eine wirklich kontinuierliche Vorstellung. Ich habe auch noch niemals gesehen, daß in der Behandlung des mathematischen Lehrstoffes ein großer Wert darauf gelegt wird, solche Vorstellungen auszubilden. Nun weiß ich nicht, ich frage die anwesenden Mathematiker, Herrn *Blümel,* Herrn *Baravalle,* ob das nicht so ist, ob also irgendwie heute im Hochschulunterricht ein großer Wert darauf gelegt wird? (Herr Dr. *Carl Unger* macht aufmerksam auf kinematographische Darstellungen.) Ja, das ist ein Pseudoverlauf, wenn man es irgendwie innerhalb des empirischen Raumes machen will, also durch solchen Kinematographen oder dergleichen. Dann muß man hier einen Schwindel einfügen. Es ist nicht möglich, es im empirischen Raum adäquat darzustellen, man muß einen Schwindel einfügen.

Es handelt sich nun darum, ob es irgendwo in der Realität etwas gibt, was uns nötigt, in solchen Kurven real zu denken. Das ist dasjenige, was ich als Frage aufwerfen möchte. Dazu aber möchte ich, noch bevor ich übergehe zur Charakteristik dessen, was etwa in der Wirklichkeit dem entsprechen könnte, etwas einfügen, was Ihnen vielleicht den Übergang zu der Wirklichkeit von diesen abstrakten Vorstellungen erleichtern kann. Das ist das Folgende. Sie können auch noch ein anderes Problem in der theoretischen Astronomie, in der theoretischen Physik stellen. Sie können nämlich das Problem stellen: Nehmen wir an, hier wäre eine Lichtquelle in *A* und diese

Lichtquelle in *A* beleuchte einen Punkt *M* (Fig. 10). Dieser Punkt *M* würde mit Bezug auf die Stärke seines Leuchtglanzes in *B* beobachtet. Also, man beobachtet von *B* aus irgendwie mit den entsprechenden optischen Instrumenten den Leuchtglanz des Punktes *M*, der von *A* beleuchtet ist. Wir würden ja selbstverständlich die Stärke dieses Leuchtglanzes verschieden sehen, je nachdem *B* von *M* entfernt ist. Aber es gibt eine Bahn, die dieser Punkt *M* beschreiben kann, die so verläuft, daß, wenn er von *A* beleuchtet ist, er in *B* immer mit derselben Glanzstärke strahlt. Es gibt eine solche Bahn.

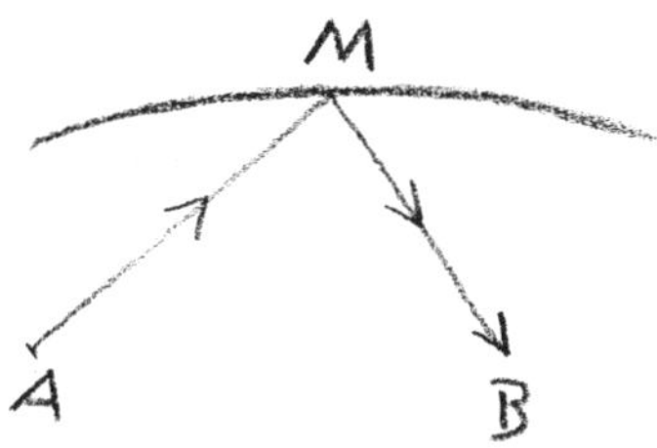

Fig. 10

Wir können also fragen: Welches muß die Bahn eines Punktes sein, der von einem fixen Punkte *A* beleuchtet wird, damit er in einem anderen fixen Punkte *B* im Glanz immer dieselbe Stärke hat? Und diese Kurve, in der ein solcher Punkt sich bewegt, das ist die Cassinische Kurve! Sie sehen daraus, daß hier sich hineinstellt in ein Raumverhältnis, in eine komplizierte Kurve dasjenige, was nun schon in das Qualitative hinüberfällt. Die Qualität, die wir ja schon im Leuchtglanz sehen, in der Stärke des Glanzes sehen müssen, diese Qualität wird hier abhängig von dem Figuralen in den Raumverhältnissen.

Nun, ich wollte dieses nur anführen, damit Sie sehen, daß allerdings eine Art Weg hinüberführt aus dem figural-geometrisch zu Erfassenden in das Qualitative. Aber dieser Weg ist in einer gewissen Beziehung doch wiederum weit. Und wir wollen jetzt auf etwas übergehen, was allerdings, um es in allen Einzelheiten darzustellen, Monate fordern würde, auf das ich Sie aber hinweisen will. Und Sie müssen dabei durchaus berücksichtigen, daß ich ja nur Richtlinien

angeben will, deren weitere Ausführung, namentlich deren Ausführung in bezug auf die Einzelheiten, wo Sie sie immer verifiziert finden werden, eigentlich Ihnen überlassen bleibt. Denn sehen Sie, das, was als eine Beziehung zwischen Geisteswissenschaft und den heutigen empirischen Wissenschaften eintreten muß, das ist eine sehr breite Arbeit, eine ungeheuer breite Arbeit. Aber wenn Richtlinien einmal gegeben sind, so kann diese Arbeit in einer gewissen Weise ausgeführt werden. Sie ist möglich. Man muß sich nur hineinfinden in die empirischen Erscheinungen in einer ganz bestimmten Weise.

Wenn wir nun das Problem von einem ganz anderen Orte aus ergreifen – wir haben es jetzt gewissermaßen von der mathematischen Seite her zu ergreifen versucht –, so kann demjenigen, der sich mit der menschlichen Organisation befaßt, etwas doch nicht entgehen, was innerhalb unseres Kreises ja schon öfter hervorgehoben worden ist, insbesondere auch in vieler Beziehung betont worden ist bei den Besprechungen, die sich an den Dornacher Ärztekurs im Frühling 1920 angeschlossen haben. Es kann ihm nicht entgehen, daß gewisse Verhältnisse bestehen zwischen der Organisation des Hauptes und der übrigen Organisation des Menschen, zum Beispiel der Organisation des Stoffwechsels. Es ist ein zunächst undefinierbarer Zusammenhang zwischen dem, was sich in dem dritten menschlichen System, im Stoffwechselsystem mit seinen Organen abspielt, und dem, was sich im Haupte abspielt. Dieses Verhältnis, das da vorhanden ist, das ist aber schwer zu fassen. So klar es in der Erscheinung auftritt, so klar man zum Beispiel sieht, daß mit gewissen Erkrankungen Schädel-, Kopfdeformationen zusammenhängen und ähnliche Dinge, so klar solche Dinge verfolgbar sind für den, der sie vernünftig biologisch verfolgt, so schwer sind sie vorstellungsgemäß zu fassen. Gewöhnlich bleiben dann die Leute stehen dabei, daß sie sagen: Es muß irgendeinen Zusammenhang geben zwischen dem, was sich im Haupt abspielt, und demjenigen, was sich in der übrigen Organisation des Menschen abspielt. – Es ist das deshalb eine schwer vollziehbare Vorstellung, weil es dem Menschen so schwer wird, eben gerade aus dem Quantitativen ins Qualitative überzugehen. Wenn man

nicht erzogen wird durch eine geisteswissenschaftliche Methodologie, diesen Übergang doch zu finden und ganz unabhängig von dem, was einem die äußere Erfahrung bietet, doch gewissermaßen dieselbe Art des Vorstellens, die man im Quantitativen anwendet, auch auf das Qualitative auszudehnen, wenn man sich nicht methodologisch dazu erzieht, dann wird sich immer für unser Begreifen eine scheinbare Grenze der äußeren Erscheinungen aufrichten.

Ich möchte nur auf eines hinweisen, wie Sie sich erziehen können methodologisch, das Qualitative in einer ähnlichen Weise zu denken wie das Quantitative. Es ist Ihnen allen bekannt die gewöhnliche Erscheinung des Sonnenspektrums, des gewöhnlichen kontinuierlichen Spektrums. Sie wissen, da gehen wir von der Farbe des Rot zu der Farbe des Violett. Nun wissen Sie ja alle, daß *Goethe* mit dem Problem gerungen hat, wie dieses Spektrum in gewissem Sinne das umgekehrte Spektrum ist von dem, was enstehen muß, wenn man gewissermaßen die Dunkelheit geradeso behandelt durch das Prisma, wie man gewöhnlich die Helligkeit behandelt. Man bekommt dann eine Art umgekehrten Spektrums, das Goethe ja auch

Fig. 11

Fig. 12

angeordnet hat. Nicht wahr, beim gewöhnlichen Spektrum haben wir das Grün, hier nach dem Violetten gehend, auf der andern Seite nach dem Rot gehend (Fig. 11), und bei dem Spektrum, das Goethe bekommt, wenn er ein schwarzes Band auflegt, hat er hier das Pfirsichblüt und wiederum auf der einen Seite das Rot, auf der andern Seite das Violett (Fig. 12). Man bekommt gewissermaßen zwei Farbbänder, die in der Mitte einander entgegengesetzt sind, qualitativ entgegengesetzt sind, und die beide zunächst für

uns, man möchte sagen, nach der Unendlichkeit verlaufen. Aber man kann sich zunächst einfach denken, daß diese Achse, die Längsachse des gewöhnlichen Spektrums, nicht eine einfache Gerade ist, sondern ein Kreis ist, wie ja jede Gerade ein Kreis ist. Wenn diese Gerade ein Kreis ist, dann kehrt sie in sich selbst zurück und dann können wir einfach diesen Punkt hier, in dem das Pfirsichblüt erscheint, als den anderen Punkt betrachten, in dem sich trifft das Violett, das nach rechts geht, und das Rot, das nach links geht. Es trifft sich ja links und rechts in unendlicher Entfernung. Aber wenn es uns gelingen würde – ich weiß nicht, ob Sie wissen, daß gerade nach dieser Richtung eine der ersten Versuchsanordnungen in unserem physikalisch-wissenschaftlichen Institut gemacht werden soll –, das Spektrum in gewisser Weise in sich zu biegen, dann würden auch diejenigen, die zunächst aus den Gedanken heraus die Sache nicht begreifen wollen, sehen, wie man es tatsächlich hier auch mit Qualitativem zu tun hat. Solche Vorstellungen sind Endvorstellungen des Mathematischen, wo wir genötigt sind, wie auch in der synthetischen Geometrie, die Gerade auch innerlich sachlich durchaus als einen Kreis anzusehen, wo wir genötigt sind, als unendlich fernen Punkt einer Geraden nur *einen* anzunehmen; wo wir genötigt sind, als eine Grenze der Ebene nicht oben und unten irgendeine Linie anzunehmen, sondern eine einzige Gerade als Grenze der Ebene anzunehmen; wo wir genötigt sind, die Grenzen des unendlichen Raumes nicht zu denken etwa sphärisch oder so etwas, sondern als eine Ebene. Aber solche Vorstellungen werden, wenn wir nur die sinnliche empirische Wirklichkeit betrachten wollen, auch in einer gewissen Weise Endvorstellungen der sinnlich-empirischen Wirklichkeit.

Nun, das leitet uns auf etwas, was sonst immer dunkel bleiben wird. Ich habe es eben erwähnt. Es leitet uns darauf, jene Vorstellungen, die wir gewinnen können, wenn wir die Lemniskatenform der Cassinischen Kurve übergehen lassen in die Zwei-Ast-Form, diese Zwei-Ast-Form, wo wir aus dem Raum heraus müssen, einmal ordentlich zu denken und dann das zu vergleichen mit demjenigen, was sich uns in der empirischen Wirklichkeit darbietet. Sie

tun ja auch nichts anderes, wenn Sie die Mathematik sonst auf die empirische Wirklichkeit anwenden. Dasjenige, was Sie gegeben haben in dem Dreieck, das nennen Sie ein Dreieck, weil Sie sich das Dreieck zuerst mathematisch konstruiert haben. Sie wenden das, was innerlich konstruktiv in Ihnen ausgebildet ist, auf die äußere Form an. Es ist nur der Vorgang komplizierter, den ich jetzt angebe, aber es ist derselbe Vorgang, wenn Sie als *eins* denken die zwei Äste der zwei-ästigen Cassinischen Kurve. Wenden Sie diese Vorstellung an auf dasjenige, was im Haupte des Menschen den Dingen im übrigen Organismus entspricht, dann müssen Sie so denken, daß da im Haupte eine Abhängigkeit ist von dem übrigen Organismus, ausdrückbar durch einen ebensolchen Zusammenhang, durch *die* Gleichung (S. 167), die aber eine diskontinuierliche Kurve verlangt. Sie können dies nicht verfolgen durch die anatomisierende Methode. Sie müssen aus dem, was den Körper physisch umfaßt, heraus, wenn Sie das, was im Haupte sich ausdrückt, in seinem Zuammenhang mit dem, was sich im Stoffwechsel-Organismus ausdrückt, verfolgen wollen. Sie müssen also durchaus mit Vorstellungen den menschlichen Organismus verfolgen, die nicht zu bekommen sind, wenn man für jedes einzelne Glied dieser Vorstellung eine adäquate sinnlich-empirische haben will. Man muß aus dem Sinnlich-Empirischen heraus zu etwas anderem, wenn man finden will, welches dieser Zusammenhang im Menschen ist.

Das ist, wenn man es weiter nun methodologisch verfolgt, wenn man sich wirklich einläßt auf eine solche Betrachtung, etwas, was außerordentlich aufschlußreich ist. Denn es gliedert in der Tat die menschliche Organisation in etwas ein, was nicht umfaßt werden kann, wenn man nur anatomisiert. Man wird, geradeso wie man durch die Cassinische Kurve herausgetrieben wird aus dem Raum, bei der Betrachtung des Menschen herausgetrieben aus dem Körper durch die Betrachtungsweise selbst. Es ist zunächst vorstellungsgemäß zu fassen, daß man, um den ganzen Menschen zu betrachten, herausgetrieben wird aus dem, was physisch-empirisch am Menschen zu fassen ist. Es ist durchaus nicht irgendeine Versündigung gegen die Wissenschaftlichkeit, wenn man solche Dinge anführt. Sie

sind weit entfernt von dem, was öfter als reine Phantasien hypothetisch über die Naturerscheinungen gegeben wird. Denn diese Dinge gehen wirklich zurück auf die ganze Art, wie der Mensch in der Welt drinnensteht. Und Sie suchen nicht nach irgend etwas, was sonst nicht vorhanden ist, sondern Sie suchen nach etwas, was ganz dasselbe ist wie dasjenige, was sich im Verhältnis des mathematisierenden Menschen zur empirischen Wirklichkeit ausdrückt.

Es ist gar nicht die Frage, irgendwelche unberechtigte Hypothetisiererei zu suchen, sondern es ist nur die Frage, da die Wirklichkeit offenbar eine komplizierte ist, auch noch andere Erkenntnisverhältnisse zur inneren Wirklichkeit zu suchen, als es das einfache ist des mathematisierenden Menschen zu der physisch-empirischen Wirklichkeit. Und wenn Sie einmal auf solche Dinge hingesehen haben, dann werden Sie auch hingeleitet zu suchen, wie dasjenige, was außerhalb des Menschen geschieht auf anderen Gebieten als auf dem astronomischen, was geschieht außerhalb des Menschen zum Beispiel innerhalb derjenigen Erscheinungen, die wir die chemischen, die physikalischen nennen, dann werden Sie hingeleitet zu suchen, ob denn dieselben Erscheinungen, die wir außen als die chemischen betrachten, im Menschen, wenn er lebt, auch so verlaufen wie außerhalb des Menschen, oder ob sie da auch einen Übergang brauchen, der gewissermaßen aus dem Raum hinausführt.

Nun bedenken Sie die wichtige Frage, die daraus entsteht. Wir würden hier irgendeine chemische Erscheinung haben, hier die Grenze gegen das Innere des Menschen (Fig. 13). Würde diese chemische Erscheinung eine andere so hervorrufen können, daß der Mensch da (drinnen) reagiert, so würde selbstverständlich der Raum der Vermittler sein, wenn wir im empirischen Felde bleiben. Wenn aber diese Erscheinung sich fortsetzt im Menschen dadurch etwa, daß sich der Mensch durch die Nahrung ernährt und die Prozesse sich im Innern fortsetzen, dann ist die Frage: Bleibt das, was da an Kraft wirkt in der chemischen Tatsache, in demselben Raum drinnen, in dem es sich abspielte draußen, wenn es sich im Menschen fortsetzt? Oder müssen wir vielleicht aus dem Raum heraus? Und da haben Sie das Analogon mit dem Kreis, der in eine gerade Linie

übergeht. Und wenn Sie seine andere Form suchen, wo dasjenige, was sonst nach außen gewendet ist, nach innen gewendet ist, so sind Sie ganz aus dem Raume heraus.

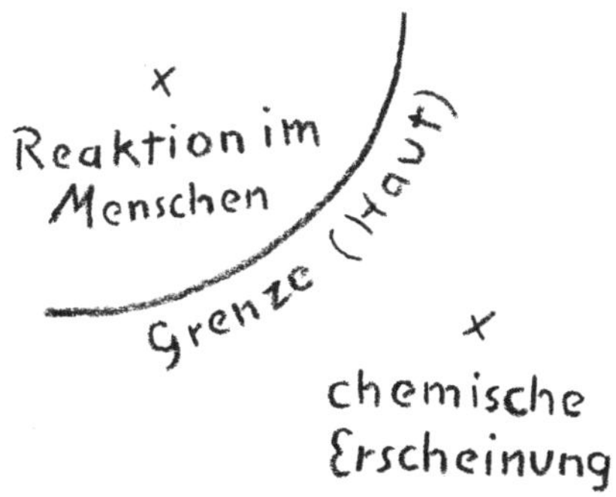

Fig. 13

Es ist die Frage, ob wir nicht solche Vorstellungen brauchen, die ganz aus dem Raume herausgehen, wenn sie kontinuierlich bleiben sollen, wenn wir das, was außen geschieht außerhalb des Menschen, weiter verfolgen in seinem Verlauf, wenn es sich nach dem Innern des Menschen hin fortsetzt. Das einzige, was zu sagen ist gegen solche Dinge, das ist, daß sie allerdings größere Anforderungen an die menschliche Kapazität stellen als diejenigen, mit denen man heute an die Erscheinungen herantritt, und daß sie deshalb auch im Hochschulunterricht unangenehm sind. Sie sind recht unangenehm, denn man müßte da eigentlich verlangen, daß der Mensch erst, bevor er herantritt an die Erscheinungen, etwas aufnehmen würde, was ihn befähigt, diese Erscheinungen zu erfassen. Es ist heute gar nichts Ähnliches überhaupt im Verlauf unseres Unterrichtes vorhanden, aber das muß hinein, das muß unbedingt hinein, sonst geraten wir einfach, von einer Erscheinung redend, durchaus ins Disparateste hinein, ohne daß wir irgendwie auf die Realität hinsehen. Denn bedenken Sie einmal: Was würde geschehen, wenn jemand den Kreis beobachtet, wie er sich nach dieser Seite krümmt (Fig. 9, a), und er würde das hier betrachten, das sich nach dieser Seite krümmt (b), aber er bleibt der Philister, er geht absolut nicht ein darauf, daß sich jetzt der Kreis nach dieser Seite hin krümmt. Er sagt: Das gibt es

ja gar nicht, daß sich der Kreis so krümmt, ich muß die Krümmung hierhersetzen (Kreis c statt b), ich muß mich einfach auf die andere Seite stellen. Er spricht in diesem Falle scheinbar über dasselbe, nur verändert er seinen Standpunkt.

So macht man es nämlich heute einfach, indem man den Menschen innerlich schildert im Verhältnis zu dem, wie man die äußere Natur schildert. Man sagt: Dasjenige, was im Menschen drinnen ist, das gibt es ja gar nicht, sondern ich stelle mich in den Menschen hinein und sage: Dahin (c) ist die Krümmung gerichtet. Ich betrachte also das Innere ohne Rücksicht darauf, daß sich mir die Krümmung umdreht. Ich mache das, was im Innern des Menschen ist, zu einer äußeren Natur. Ich setze mir einfach durch die Haut hindurch die äußere Natur fort. Ich drehe mich um, weil ich nicht mitgehen will mit der andersgearteten Krümmung, und dann theoretisiere ich. – Das ist das Kunststück, das heute eigentlich ausgeführt wird und das nur ausgeführt wird zur Festhaltung bequemer Vorstellungen. Man will nicht mit der Wirklichkeit gehen, und damit man das nicht zu tun braucht, kehrt man sich einfach um, und statt daß man den Menschen – das ist jetzt ein Vergleich – von der Vorderseite betrachtet, betrachtet man die Natur von der Hinterseite und gelangt dadurch zu den verschiedenen Theorien über den Menschen.

Hier wollen wir dann morgen weiter fortfahren.

ZEHNTER VORTRAG

Stuttgart, 10. Januar 1921

Ich habe gestern, ausgehend von gewissen formalen Betrachtungen, darauf hingewiesen, wie die Zusammenhänge gedacht werden sollen zwischen dem, was man nennen kann die Vorgänge im menschlichen Stoffwechselsystem, und den Vorgängen im menschlichen Kopfsystem, im Nerven-Sinnessystem, oder wie Sie es nennen wollen im Sinne der Andeutungen, die ich in meinem Buche «Von Seelenrätseln» gegeben habe.

Wenn man eine Magnetnadel so betrachten würde in ihren Schwankungen auf der Erdoberfläche, daß man versuchen wollte, diese Schwankungen lediglich zu erklären durch dasjenige, was man beobachten kann innerhalb des Raumes, in dem die Magnetnadel sich befindet, so würde man das selbstverständlich als etwas Unmögliches bezeichnen. Sie wissen ja, daß diese Schwankungen der Magnetnadel zusammengebracht werden mit dem Erdmagnetismus. Sie wissen, daß man die jeweilige Richtung der Magnetnadel zusammenbringt mit der Richtung des Erdmagnetismus, beziehungsweise mit jener Richtungslinie, die zwischen dem nördlichen und südlichen Magnetpol der Erde gezogen werden kann, daß man also, wenn es sich darum handelt, die Erscheinungen, die uns die Magnetnadel darbietet, zu erklären, aus dem Bereich der Magnetnadel selbst herausgeht und versucht, einzutreten mit den Elementen, die man zur Erklärung heranzieht, in jene Totalität, die erst die Möglichkeit bietet, die Erscheinungen von etwas, das zu dieser Totalität im Tatsachenablauf dazugehört, zu erklären. Diese methodische Regel wird ja zwar für gewisse Erscheinungen, man kann sagen, für diejenigen Erscheinungen, für die die Sache ganz an der Oberfläche liegt, durchaus beobachtet. Allein sie wird nicht beobachtet, wenn es sich darum handelt, kompliziertere Erscheinungen zu erklären, zu verstehen.

Ebenso untunlich, wie es wäre, die Erscheinungen an der Magnetnadel aus dieser selbst zu erklären, ebenso untunlich ist es im

Grunde, die Erscheinungen, die am Organismus vor sich gehen, aus diesem Organismus oder aus gewissen, keiner Totalität angehörigen Zusammenhängen zu erklären. Und gerade aus diesem Grunde, weil das Bestreben so wenig vorliegt, zu Totalitäten vorzuschreiten, wenn man Erklärungen haben will, kommen wir zu dem, was die Betrachtungsweise unserer Wissenschaft darstellt, insofern man größere Zusammenhänge heute fast ganz unberücksichtigt läßt. Sie schließt irgendwelche Erscheinungen, möchte ich sagen, in das Blickfeld des Mikroskops ein und dergleichen; sie schließt Sternenerscheinungen ein in dasjenige, was wir zunächst äußerlich wahrnehmen können, vielleicht auch wahrnehmen können durch die Instrumente, die wir dazu verwenden, aber es liegt nicht das Bestreben vor, daß in erster Linie zu berücksichtigen ist, wo es sich um Erklärungen handelt, zu dem totalen Umkreis vorzuschreiten, innerhalb dessen irgendeine Erscheinung liegt. Nur wenn man mit diesem ganz unerläßlichen methodischen Prinzip sich bekanntmacht, ist man in der Lage, solche Dinge richtig zu beurteilen, wie diejenigen sind, auf die ich gestern aufmerksam gemacht habe. Denn nur dadurch wird man darauf kommen, in der richtigen Weise zu würdigen, wie sich in einem abgeschlossenen Totalzusammenhange solche Erscheinungsgebiete ausnehmen wie diejenigen, die uns am menschlichen Organismus entgegentreten.

Erinnern wir uns noch einmal an die Ausführungen, die ich ganz im Anfang dieser Betrachtungen gemacht habe. Ich habe Sie darauf aufmerksam gemacht, daß das Prinzip der Metamorphose eigentlich modifiziert werden muß, wenn es sich darum handelt, diese Metamorphose, wie sie zuerst bei *Goethe,* bei *Oken* zutage getreten ist, wirklich verständlich auf die Morphologie des Menschen anzuwenden. Nicht wahr, man hat ja versucht – und es war ein genialischer Versuch, der bei Goethe aufgetreten ist –, die Formation der Schädelknochen auf die Formation der Wirbelknochen zurückzuführen. Diese Untersuchungen sind dann in einer der Methode des 19. Jahrhunderts mehr entsprechenden Weise von anderen fortgesetzt worden, und den ganzen Fortgang – ob es ein Fortschritt war oder nicht, will ich jetzt nicht entscheiden – in der Untersuchungsweise kann

man studieren, wenn man vergleicht, wie dieses Problem der metamorphosischen Umgestaltung der Knochen aufgefaßt wurde auf der einen Seite von Goethe und Oken, auf der anderen Seite zum Beispiel von dem Anatomen *Gegenbaur.* Diese Dinge sind erst auf eine reale Basis zu bringen, wenn man weiß – wie gesagt, ich habe das ja im Verlauf dieser Vorträge schon erwähnt, aber wir wollen jetzt an diesen Punkt anknüpfen –, wie zwei in ihrer Morphologie am weitesten entfernt liegende Knochen des menschlichen Skeletts – also nicht des tierischen, sondern des menschlichen Skeletts – eigentlich zusammenhängen. Da liegen eben am weitesten entfernt voneinander ein Röhrenknochen, zum Beispiel ein Oberschenkel- oder Oberarmknochen, und ein Schädelknochen. Wenn man äußerlich einfach vergleicht, ohne auf das Innere einzugehen und ohne eine totale Erscheinungssphäre heranzuziehen, kann man nicht auf den morphologischen Zusammenhang kommen zwischen zwei polarisch einander entgegengesetzten Knochen, polarisch einander entgegengesetzt in bezug auf die Form. Man kommt nur darauf, wenn man die Innenfläche eines Röhrenknochens vergleicht mit der Außenfläche eines Schädelknochens. Denn dann bekommt man die entsprechende Fläche, um die es sich handelt (Fig. 1) und die man

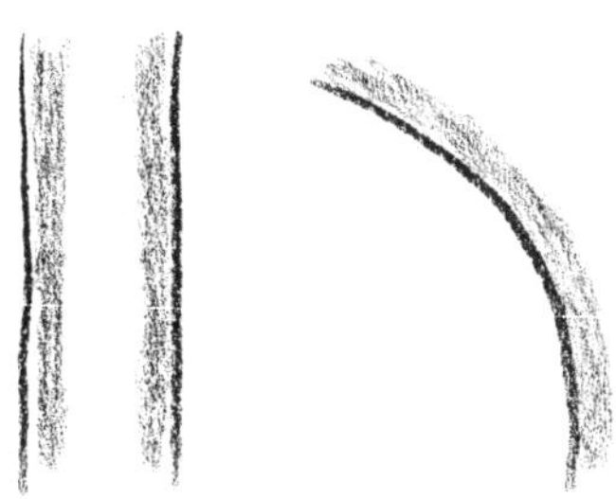

Fig. 1

braucht, um den morphologischen Zusammenhang konstatieren zu können. Man kommt dann darauf, daß die Innenfläche des Röhrenknochens der Außenfläche des Schädelknochens entspricht – das ist morphologisch – und daß das ganze darauf beruht, daß der Schädelknochen aus dem Röhrenknochen hergeleitet werden kann,

wenn man sich ihn gewendet denkt nach dem Prinzip zunächst der Umwendung eines Handschuhs. Wenn ich die Außenfläche des Handschuhs zur inneren, die innere Fläche zur äußeren mache, so bekomme ich allerdings beim Handschuh eine ähnliche Form, aber wenn außerdem noch in dem Augenblick sich geltend machen verschiedene Spannungskräfte, wenn gewissermaßen in dem Augenblick, wo ich das Innere des Röhrenknochens nach außen wende, die Spannungsverhältnisse sich so verändern, daß dadurch die nach außen gewendete innere Form sich anders verteilt in der Fläche, dann bekommt man durch Umwendung nach dem Prinzip des Handschuhumdrehens die Außenfläche des Schädelknochens, hergeleitet von der Innenfläche des Röhrenknochens. Daraus aber geht Ihnen hervor: Dem Innenraum des Röhrenknochens, diesem zusammengedrängten Innenraum des Röhrenknochens entspricht in bezug auf den menschlichen Schädel die ganze Außenwelt. Sie müssen also als zusammengehörig betrachten in der Wirkung auf den Menschen: die Außenwelt, formierend das Äußere seines Hauptes, und dasjenige, was im Innern wirkt, gewissermaßen hintendierend nach der Innenfläche der Röhrenknochen. Das müssen Sie als zusammengehörig betrachten. Sie müssen gewissermaßen die Welt im Innern der Röhrenknochen als eine Art inverser Welt zu derjenigen ansehen, die uns äußerlich umgibt.

Da haben Sie zunächst für den Knochenbau das wahre Prinzip der Metamorphose. Denn die anderen Knochen, sie sind im wesentlichen Zwischengebilde, morphologische Zwischengebilde zwischen den polarischen Gegensätzen, die völliger Umwendung entsprechen mit Änderung der die Fläche bedingenden Kräfte. Das aber muß ausgedehnt werden auf die gesamte menschliche Organisation. Bei den Knochen tritt es uns in einem gewissen Sinn besonders deutlich zutage. Es ist für alle Organe des Menschen zu beachten, daß wir, wenn wir von der Organisation sprechen, zu unterscheiden haben zwischen zwei polarischen Gegensätzen, zwischen dem, was von einem, wir wollen jetzt zunächst sagen, unbekannten Innern gewissermaßen nach außen wirkt, und demjenigen, was von außen nach innen wirkt. Demjenigen aber, was von außen nach innen wirkt,

entspricht im Grunde alles dasjenige, was uns Menschen von außerhalb der Erde umgibt. Und Sie bekommen ja tatsächlich zwei außerordentliche Gegensätze, wenn Sie, sagen wir, den Röhrenknochen ins Auge fassen und sich diese Linie darin denken (Fig. 2). Sie bekommen gewissermaßen eine Linie, welche die Ursprungsstelle desjenigen enthält, was da wirkt senkrecht auf die betreffende Fläche (Fig. 3).

Fig. 2

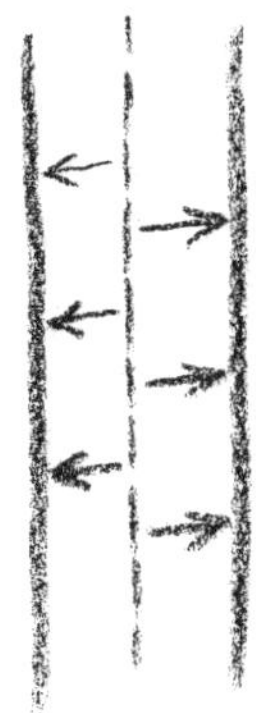

Fig. 3

Und Sie bekommen, wenn Sie sich die menschliche Schädelumhüllung denken, auch dasjenige, was dieser Linie entspricht (Fig. 2, gestrichelt). Aber wie müssen Sie das zeichnen, was dieser Linie entspricht? Sie müssen es sich zeichnen irgendwo als einen Kreis, respektive sogar eine Kugelfläche, eine in irgendeiner unbestimmten Entfernung gelegene Kugelfläche (Fig. 4). Und all die Linien, die Sie sich zeichnen von der Geraden gegen die Fläche des Röhrenknochens hin (Fig. 3), die entsprechen in bezug auf den Schädelknochen all den Linien, die Sie sich ziehen gewissermaßen als im Mittelpunkt der Erde sich treffend von irgendeiner Sphäre her (Fig. 4, S. 188). Dadurch bekommen Sie einen Zusammenhang – natürlich sind die Dinge approximativ – zwischen einer Geraden oder zwischen einem System von Geraden, die durch einen Röhrenknochen gehen und die alle in einer gewissen Beziehung stehen zu der Vertikalachse der Organisation, zwischen dieser Richtung, die eigentlich zusammenfällt mit der Richtung des Erdradius, und einer Sphäre, die die Erde in einer unbestimmten Entfernung umgibt. Sie bekommen den Zu-

sammenhang, daß Sie sagen können: Mit Bezug auf den senkrecht zur Erdoberfläche gerichteten Bau des Menschen hat der Radius der Erde denselben kosmischen Wert, wie eine Kugelfläche, eine kosmische Kugelfläche mit Bezug auf die Schädelorganisation.

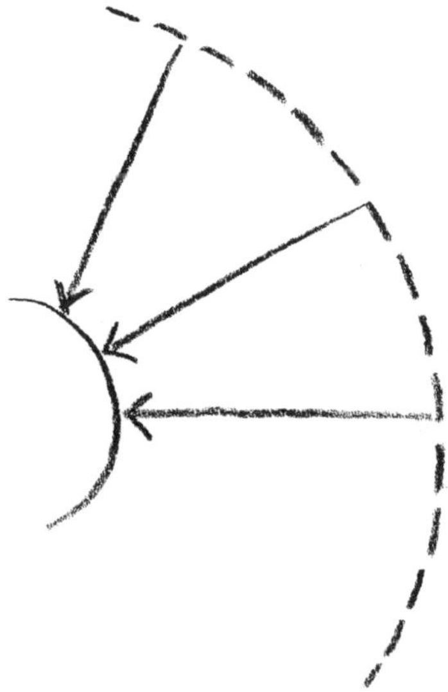

Fig. 4

Dadurch aber bekommen Sie ja denselben Gegensatz heraus, den Sie eigentlich, wenn Sie achtgeben auf das In-sich-Fühlen Ihres Organismus und zu gleicher Zeit auf die äußere Erfahrung, als in sich tragend empfinden. Diesen Gegensatz bekommen Sie heraus, wenn Sie Ihr Eigengefühl nehmen, dasjenige Eigengefühl, das ja im wesentlichen dadurch begründet ist, daß Sie sich ruhig im normalen Leben Ihrer Körperlichkeit überlassen können, daß Sie nicht schwindlig werden, sondern in einem Verhältnis zur Schwerkraft stehen, und wenn Sie dann dieses, was in einem gewissen Sinn Ihr Eigengefühl ist, vergleichen mit all dem, was in Ihrem Bewußtsein präsent ist mit Bezug auf dasjenige, was Sie durch die Sinne rundherum sehen bis zu den Sternen hinauf.

Wenn Sie das zusammennehmen, so können Sie sagen: Es ist dasselbe Verhältnis zwischen diesem Innengefühl und dem Bewußt-

seinsgefühl im Wahrnehmen der äußeren Welt, wie zwischen Ihrem Körperbau und Ihrem Schädelbau. Und damit sind wir hingewiesen auf die Beziehung dessen, was man nennen könnte zunächst: Erdenwirkung auf den Menschen mit dem Charakter, daß sie im Sinne des Radius der Erde wirkt, zu demjenigen, was man nennen könnte Wirkung, die sich äußert in dem Umfange unseres Bewußtseins, die wir suchen müssen in der Sphäre, in demjenigen, was eigentlich einem die innere Wandung, die innere Fläche einer Kugelschale ist. Und für unser normales Tagesbewußtsein ist es dieser Gegensatz, den wir, wenn wir auslassen dasjenige, was in unserem Bewußtsein ist von den Beobachtungsergebnissen unserer irdischen Umgebung, grob angesehen auffassen können als den Gegensatz desjenigen, was Sternensphäre ist, zum Erdenbewußtsein, zum Als-erden-sich-Erfühlen, zum Erdenimpuls, der in uns lebt. Wenn wir diesen Erdenimpuls, den radialen Erdenimpuls ins Verhältnis bringen zu unserem Bewußtsein von der Sphäre, so ist dieser Gegensatz, wenn wir uns ihn anschauen in unserem gewöhnlichen Tagesbewußtsein, im wesentlichen etwas, was in uns, eben in unserem Bewußtsein, vor sich geht. Wir leben in diesem Gegensatz drinnen mehr, als wir gewöhnlich meinen. Es ist eigentlich immer dieser Gegensatz da, in dem wir drinnen leben. Und wir können eigentlich nicht anders studieren das Verhältnis der Vorstellung zum Wollen, als indem wir diesen Gegensatz zwischen der Sphäre und dem Radius betrachten. Man würde auch in der Psychologie zu realeren Resultaten kommen über das Verhältnis unserer doch jedenfalls außerordentlich ausgedehnten Vorstellungswelt zur einförmigeren Willenswelt, wenn man diese mannigfaltige, ausgedehntere Vorstellungswelt in ein ähnliches Verhältnis zur Willenswelt bringen würde, wie man es sich versinnlichen kann durch das Verhältnis des Flächeninhaltes einer Sphäre zu dem entsprechenden Radius dieser Sphäre.

Was nun so in unserem Tagesbewußtsein wirkt, daß es gewissermaßen die Erfüllung unseres Seelenlebens ist, betrachten wir das doch jetzt einmal dann, wenn wir in einer anderen Lage sind als in der, in der wir dieses Tagesbewußtsein ausbilden. Betrachten wir dasjenige, was so auf uns wirkt, einmal in derjenigen Zeit, in der

wir unser Embryonalleben durchmachen, und wir können uns gut vorstellen, müssen es sogar, daß da ja derselbe Gegensatz wirkt, nur sich in einer anderen Weise auslebt. Da tragen wir nicht der Welt entgegen dieselbe Aktivität, die dann abschwächt diesen ganzen Gegensatz zu einem Bildgegensatz, sondern da ist dieser Gegensatz auf unsere formbare Organisation in einer realeren Weise wirksam, als er als Bildgegensatz wirksam ist, wenn wir ihn in unserem Seelenleben haben. Projizieren wir zeitlich zurück die Bewußtseinswirkungen auf das Embryonalleben, dann haben wir im Embryonalleben, man kann sagen, um einen Grad intensiver, realer dasjenige, was wir sonst in den Bewußtseinswirkungen haben. Und so, wie wir deutlich sehen die Beziehungen von Sphäre zu Radius in unserem Bewußtsein, müssen wir auch suchen, wenn wir überhaupt irgendwie zu einem Resultat kommen wollen, diesen Gegensatz von Himmelssphäre und Erdenwirkung in demjenigen, was in der Embryonalwirkung vor sich geht. Wir müssen, mit anderen Worten, die Genesis des menschlichen Embryonallebens suchen dadurch, daß wir eine Resultierende bilden zwischen demjenigen, was außen in den Sternen vorgeht als Sphärenwirkung und demjenigen, was im Menschen vorgeht infolge der radialen Erdenwirkung.

Wir müssen mit derselben methodologischen Notwendigkeit das ins Auge fassen, was ich jetzt gesagt habe, wie wir bei der Magnetnadel den Erdmagnetismus ins Auge fassen. Gewiß, es mag viel Hypothetisches dabei sein, das will ich jetzt nicht in Anschlag bringen, ich will nur darauf hinweisen, daß wir kein Recht dazu haben, bloß den Embryo zu betrachten und seine Vorgänge aus ihm selbst zu erklären. Wie wir kein Recht haben, die Vorgänge der Magnetnadel aus ihr selbst zu erklären, so haben wir kein Recht, die Formung des Embryos aus ihm selbst zu erklären, sondern wir müssen ihn erklären, indem wir die beiden charakterisierten Gegensätze ins Auge fassen. Wie wir bei der Magnetnadel den Erdmagnetismus ins Auge fassen, so müssen wir den Gegensatz ins Auge fassen Sphäre – Radialwirkung, um dasjenige, was sich formt im Embryo, zu erklären, was sich dann, wenn der Embryo geboren ist, eben ins Bildhafte des Bewußtseinserlebens abschwächt. Sie sehen also, es handelt sich

eben darum, daß wir die Beziehung betrachten, welche im Menschen so besteht zwischen Röhrenknochen und Kopfknochen, auch zwischen den anderen Systemen, dem Muskelsystem, dem Nervensystem und so weiter, und daß, wenn wir diesen Gegensatz betrachten, wir hinausgeführt werden in das kosmische Leben. Und wenn Sie ins Auge fassen, in welch enger Beziehung zu dem, was ich angedeutet habe als den Inhalt des Stoffwechselsystems des Menschen in meinem Buche «Von Seelenrätseln», dasjenige steht, was ich jetzt charakterisiert habe als unter dem Einfluß der Radialität stehend, und in welch enger Beziehung dasjenige steht, was das Kopfsystem ist, zu dem, was ich jetzt charakterisiert habe als unter dem Einfluß der Sphäre stehend, so werden Sie sich sagen: Wir haben im Menschen zu unterscheiden dasjenige, was Bedingungen seines Sinneswesens sind und dasjenige, was Bedingungen seines Stoffwechsellebens sind, und diese beiden verhalten sich zueinander wie Himmelssphäre und Erdenradius.

Wir haben also in all dem, was wir in unserer Hauptesorganisation tragen, das Ergebnis der Himmelswirkung zu suchen, und wir haben, zu einer Resultierenden damit sich vereinigend, zu suchen in den Wirkungen in unserem Stoffwechsel dasjenige, was zur Erde gehört, was nach dem Erdenmittelpunkt gewissermaßen tendiert. Diese zwei Wirkungsgebiete, sie treten auseinander im Menschen, sie konstituieren gewissermaßen zwei Einseitigkeiten, und es ist die Vermittelung das mittlere Gebiet, das rhythmische Glied, so daß wir im rhythmischen Glied in der Tat etwas haben, was uns eine Wechselwirkung des Irdischen und des Himmlischen, wenn ich mich das Ausdrucks bedienen darf, darstellt.

Wenn wir nun weiterkommen wollen, so müssen wir einige andere Verhältnisse, die sich in der Wirklichkeit uns offenbaren, noch ins Auge fassen. Ich mache auf etwas aufmerksam, was sehr innig mit dem zusammenhängt, das ich eben jetzt charakterisiert habe. Sehen Sie, wir haben ja gewöhnlich die Gliederung der uns umgebenden Außenwelt, zu der wir selbst als physischer Mensch gehören, so, daß wir einteilen in Mineralreich, Pflanzenreich, Tierreich, und daß wir dann den Menschen als die höchste Spitze dieser

Außenwelt, dieser Reiche der Natur, ansehen. Nun, wenn wir aber uns eine Vorstellung machen wollen, wie eigentlich dasjenige näher beschaffen ist, was wir jetzt zugeordnet haben in bezug auf die Wirkungen den himmlischen Erscheinungen, so müssen wir noch auf etwas anderes schauen.

Es ist ja nicht zu leugnen, denn es ist eigentlich für jeden klar, der die Sache unbefangen beobachtet, daß wir mit unserer menschlichen Organisation, so wie wir jetzt, in der jetzigen Phase unserer Weltentwickelung sind als Menschheit, angepaßt sind mit Bezug auf unser Erkenntnisvermögen lediglich an das Mineralreich. Nehmen Sie diejenige Art von Gesetzmäßigkeit, die wir aufsuchen in der Natur, dann kommen Sie dazu, sich zu sagen: Für dasjenige, was uns umgibt, sind wir durchaus nicht nach allen Seiten angepaßt. Wir verstehen eigentlich, trocken gesagt, nur das mineralische Reich. Deshalb bemühen sich die Leute so stark, auch die anderen Reiche zurückzuführen auf die Gesetze des mineralischen Reiches. Und schließlich ist ja aus diesem Grunde die Verwirrung in bezug auf Mechanismus und Vitalismus entstanden. Entweder bleibt der Vitalismus, wie er in älteren Zeiten war, für die gewöhnliche Anschauung, die einmal die heutige ist, eine vage Hypothese, oder aber man löst dasjenige, was im Vitalismus zutage tritt, in mechanische, mineralische Wirkungen auf. In dem Ideal, einmal das Leben zu verstehen, liegt ja durchaus nicht die Anerkennung, daß man das Leben als *Leben* verstehen will, sondern es liegt das Bestreben zugrunde, das Leben auf Mineralisches zurückzuführen. Gerade auch darin drückt sich das unbestimmte Bewußtsein aus, daß der Mensch eigentlich angepaßt ist in bezug auf sein Erkenntnisvermögen nur an das Mineralreich, nicht an das Pflanzenreich, nicht an das Tierreich.

Wenn wir nun verfolgen auf der einen Seite das Mineralreich, auf der anderen Seite sein Gegenbild, unsere Erkenntnis des Mineralreiches, dann werden wir, indem sich diese beiden entsprechen, nach den eben vorausgegangenen Auseinandersetzungen genötigt sein, weil wir unsere Erkenntnis beziehen müssen auf die Himmelssphäre, auch dasjenige in irgendeiner Weise mit der Himmelssphäre in Zusammenhang zu bringen, an das diese Erkenntnissphäre ange-

paßt ist, nämlich das Mineralreich. Wir sagen uns: Wir sind gewissermaßen mit Bezug auf unsere Hauptesorganisation aus der Himmelssphäre heraus organisiert. Es muß also auch herausorganisiert sein aus der Himmelssphäre in irgendeiner Weise dasjenige, was den Kräften des Mineralreiches zugrunde liegt. Und vergleichen Sie dasjenige, was Sie haben in Ihrer Erkenntnissphäre als den ganzen Umfang Ihrer Erkenntnis vom Mineralreich, mit demjenigen, was draußen im Mineralreich ist, so werden Sie sich sagen: Zu dem, was in Ihnen ist, verhält sich das, was draußen im Mineralreich ist, wie Bild zu Realität.

Aber wir haben doch nötig, diese Beziehung uns konkreter vorzustellen als zwischen Bild und Realität, und da nehmen wir zu Hilfe dasjenige, was wir eben ausgesprochen haben. Wir werden hingewiesen auf dasjenige, was unserem Stoffwechselsystem zugrunde liegt, und auf die Wirkungskräfte, die drinnen sind, die mit dem Erdenwirken zusammenhängen, mit der Radialität, mit dem Radius auch. Wir werden also, indem wir uns umsehen nach dem, was in uns selber der Gegensatz ist gegenüber derjenigen Organisation, die uns unsere Erkenntnis bringt, von der Sphäre in die Erde verwiesen. Die Radien gehen alle nach dem Erdmittelpunkt. Da haben wir dasjenige in dem Radialen, was wir erfühlen, wodurch wir uns real fühlen. Da haben wir nicht dasjenige, was uns in den Bildwirkungen erfüllt, wo wir bloß bewußt sind, sondern da haben wir dasjenige, was in unserem Erleben uns selbst als eine Realität erscheinen läßt. Wir kommen immer, wenn wir diesen Gegensatz wirklich erleben, in das hinein, was uns das Mineralreich darstellt. Wir werden gewissermaßen von dem, was nur organisiert ist für das Bild, zu dem geführt, was organisiert ist für die Realität. Das heißt mit anderen Worten: Wir werden geführt in bezug auf dasjenige, was als Ursache zugrunde liegt für unsere Erkenntnis, auf den ganzen Umfang der Sphäre, die wir zunächst also als Sphäre auffassen; und wir werden auf der anderen Seite gewiesen, indem wir da alle diejenigen Radien, die von der Sphäre ausgehen, verfolgen, wie sie nach dem Mittelpunkt der Erde hingehen, wir werden gewiesen nach dem Mittelpunkt der Erde als dem polarischen Gegensatz.

Wenn wir uns das im einzelnen, im speziellen denken, so könnten wir geradezu so denken, wie das ptolemäische Weltensystem gedacht hat: da draußen die blaue Sphäre, hier (auf der Sphäre) einen Punkt (Fig. 5). Dazu müßten wir uns in einem gewissen Sinne einen

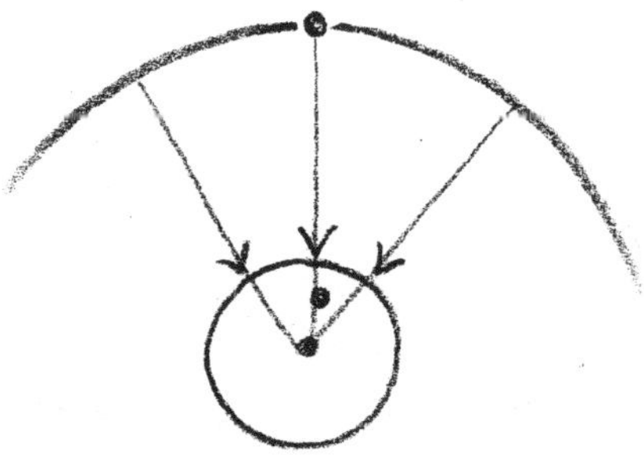

Fig. 5

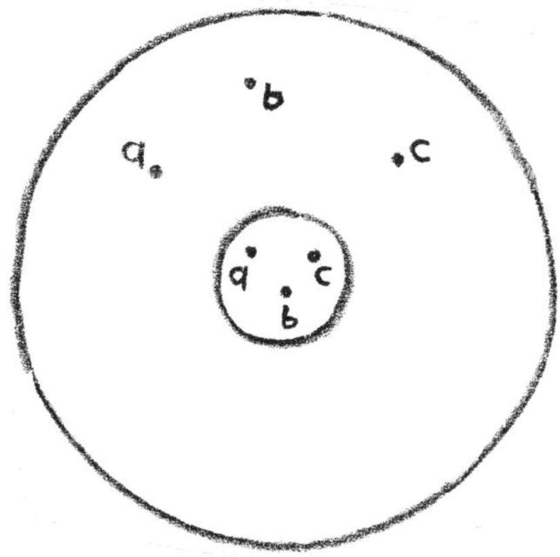

Fig. 6

Gegenpunkt im Mittelpunkt der Erde denken. So einfach gedacht, würde für jeden Punkt ein Gegenpunkt im Mittelpunkt der Erde sein. Aber Sie wissen ja – ich werde darauf noch näher zu sprechen kommen; das kommt für uns jetzt nicht in Frage, inwieweit die Dinge genau der Realität entsprechen –, wir haben es nicht so aufzufassen, sondern wir haben zum Beispiel hier die Sterne (Fig. 6, äußere Punkte a, b, c). Wenn wir uns die Sphäre selbst im Mittelpunkt der Erde konzentriert denken müssen, so müssen wir uns natürlich die Gegenpole so konstruieren, daß wir sagen: Der Gegenpol dieses Sternes ist hier, der Gegenpol dieses Sternes ist da und so weiter. Wir kommen dadurch zu einem vollständigen Gegenbild desjenigen, was draußen ist, im Erdinnern selber.

Wir kommen gewissermaßen nun, wenn wir das für irgendeinen Planeten auffassen, zum Jupiter und zu einem Gegenjupiter im Innern der Erde. Wir kommen zu etwas, was vom Innern der Erde nach außen so wirkt, wie der Jupiter draußen wirkt. Wir kommen zu

einer Spiegelung – in Wirklichkeit ist die Sache umgekehrt, aber ich will jetzt so sagen –, zu einer Spiegelung desjenigen, was draußen ist, im Innern der Erde. Und wenn wir uns nun die Wirksamkeit denken dieser Spiegelung in den Gestalten unserer Mineralien, dann müssen wir uns denken die Wirksamkeit desjenigen, was in der Sphäre draußen wirkt, in der Gestaltung unseres Erkenntnisvermögens für das Mineralische. Mit anderen Worten: Wir können uns denken die ganze Himmelssphäre in der Erde gespiegelt; wir können uns denken das Mineralreich der Erde als ein Ergebnis dieser Spiegelung, und wir können uns denken, daß dasjenige, was in uns lebt zur Auffassung dieses Mineralreiches, von dem, was draußen im Raume uns umgibt, herrührt. Und die Realien, die wir begreifen dadurch, die rühren vom Innern der Erde her.

Sie brauchen diese Vorstellung nur zu verfolgen und brauchen dann bloß einen Blick auf den Menschen zu werfen, auf das menschliche Antlitz, und Sie werden, wenn Sie sich dieses menschliche Antlitz anschauen, kaum gar so stark zweifeln können, daß da irgend etwas von einem Abdruck der äußeren Himmelssphäre in diesem menschlichen Antlitz enthalten ist, und daß da in dem, was als Bild-Erleben der Himmelssphäre präsent ist in der Seele, eben wiederum dasjenige zutage tritt, was, nachdem die Kräfte intensiver gewirkt haben während des Embryonallebens, aus dem Gebiete der körperlichen Wirksamkeit gewissermaßen heraufroganisiert wird in das Gebiet der seelischen Wirksamkeit. Und so bekommen wir zunächst einen Zusammenhang zwischen demjenigen, was draußen in der Realität ist und unserer Organisation für diese äußere Realität. Wir sagen uns gewissermaßen: Dasjenige, was in der äußeren Realität draußen ist, das produziert der Kosmos, und unser Erkenntnisvermögen für diese Realität wird dadurch physisch organisiert, daß die Sphäre bloß auf unser Erkenntnisvermögen noch wirkt. Daher haben wir zu unterscheiden, selbstverständlich auch in der Genesis der Erde, eine Phase, in der starke Wirkungen so auftreten, daß aus dem Kosmos heraus konstituiert wird die Erde selbst, und eine spätere Phase der Erdenentwickelung, wo die Kräfte so wirken, daß konstituiert wird das Erkenntnisvermögen für diese realen Dinge.

Nur auf diese Weise kommt man wirklich heran an die Welt. Sie können nun sagen: Ja, das ist eine Erkenntnismethode, die weniger sicher ist als diejenige, die heute mit dem Mikroskop und dem Teleskop befolgt wird. Mag sein, daß sie dem Menschen weniger sicher vorkommt, aber wenn die Dinge so beschaffen wären, daß man eben mit denjenigen Methoden, die heute beliebt sind, nicht an die Realität herankommen könnte, wenn eben die absolute Notwendigkeit vorläge, daß man mit anderen Arten des Erkennens die Wirklichkeit umfassen muß, dann muß man sich eben bequemen, diese anderen Arten des Erkennens auszubilden. Damit ist es ja nicht getan, daß jemand sagt: Solche Gedankengänge, wie sie hier entwickelt werden, die wolle er nicht mitmachen, weil sie ihm zu unsicher erschienen. Ja, aber wenn nur dieser Grad eben der Sicherheit möglich wäre! Sie werden jedoch sehen, wenn Sie wirklich diesen Gedankengang verfolgen, daß dieser Grad von Sicherheit eben in derselben Weise intensiv ist, wie dasjenige, was lebt in Ihrer Auffassung eines äußeren realen Dreiecks, wenn Sie es mit der inneren Konstruktion des Dreiecks umfassen. Es ist schon dasselbe Prinzip, dieselbe Art und Weise der Erfassung der äußeren Wirklichkeit in dem einen wie in dem anderen wirksam. Das ist dasjenige, was ins Auge gefaßt werden muß.

Nun frägt es sich allerdings: Wenn wir diese Gedanken nehmen, wie ich sie jetzt entwickelt habe, dann kann man in einer gewissen allgemeinen Weise solche Zusammenhänge sich vergegenwärtigen, aber wie kommen wir dann dazu, vielleicht noch in einer bestimmteren Art diese Dinge aufzufassen? Denn erst in einer bestimmteren Art können sie uns dazu dienen, daß wir von uns aus das Gebiet der Wirklichkeit begreifen. Und um das hier verfolgen zu können, muß ich noch auf etwas anderes aufmerksam machen. Gehen wir noch einmal zurück auf dasjenige, was ich gestern zum Beispiel gesagt habe mit Bezug auf die Cassinische Kurve (siehe Fig. 3-7, S. 166ff.). Wir wissen, daß die Cassinische Kurve drei, sogar, wenn wir wollen, vier Formen hat. Es beruht, wie Sie wissen, die Cassinische Kurve darauf, daß, wenn ich den Abstand von A zu B mit $2a$ benenne, irgendein Punkt M so liegt, daß $AM \cdot MB = b^2$, also kon-

stant ist. Ich bekomme die verschiedenen Formen der Cassinischen Kurve heraus, je nachdem a, also die halbe Entfernung der beiden Brennpunkte, größer ist als b oder gleich oder kleiner. Ich bekomme die Lemniskate, wenn a gleich b ist, und ich bekomme die diskontinuierliche Kurve, wenn a größer ist als b.

Nun denken Sie sich, ich würde nicht bloß diese geometrische Aufgabe lösen wollen, unter der Voraussetzung von zwei konstanten Größen a und b durch die entsprechenden Gleichungen die Entfernung von M zu A und B zu bestimmen, sondern ich würde noch etwas anderes machen. Ich würde die Aufgabe lösen, aus einer Linienform in die andere in der Fläche überzugehen, indem ich diejenigen Größen, die für eine besondere Linie konstant bleiben, als veränderliche Größen behandle. Nicht wahr, ich habe hier nur Einzelfälle ins Auge gefaßt, einmal wenn a größer ist als b, dann wenn a kleiner ist als b. Zwischen diesen Einzelfällen sind unzählige andere möglich. Ich kann, wenn ich unzählige mache, dazu übergehen, ganz kontinuierlich verschiedene Formen der Cassinischen Kurve zu konstruieren. Ich werde diese verschiedenen Formen dann bekommen, wenn ich, sagen wir, der Variabilität der ersten Ordnung, die ich jetzt zwischen y und x hingestellt habe, eine Variabilität der zweiten Ordnung zufüge; wenn ich meine Konstruktion der kontinuierlich ineinander übergehenden Linien in der Fläche so verlaufen lasse, daß ich a eine Funktion von b sein lasse.

Also, was mache ich dann? Ich konstruiere dann so, daß ich ein System, aber ein kontinuierliches, fortlaufendes System von Cassinischen Kurven, in die Lemniskate übergehend, in das Diskontinuierliche übergehend, konstruiere, aber nicht beliebig, sondern so, daß ich zugrunde lege eine Variabilität der zweiten Ordnung, indem ich die Konstanten für die eine Kurve erst selber in den Zusammenhang einer Gleichung bringe, so daß a eine Funktion von b ist, $a = \varphi (b)$. Es ist durchaus eine mathematisch vollziehbare Sache, selbstverständlich. Was aber bekommen wir dadurch? Denken Sie, dadurch bekomme ich das Gesetz für den Inhalt einer Fläche, die in sich selber aber in all ihren Punkten schon in der mathematischen Auffassung qualitativ verschieden ist. An jedem Punkte ist eine an-

dere Qualität vorhanden. Ich kann die Fläche, die ich dadurch herausbekomme, nicht so auffassen, wie eine abstrakte euklidische Ebene etwa, sondern wie eine in sich differenzierte Fläche. Und wenn ich daraus durch Rotieren Körper bilde, so würde ich bekommen in sich differenzierte Körper.

Wenn Sie dasjenige bedenken, was ich gestern gesagt habe, daß die Cassinische Kurve zu gleicher Zeit die Kurve noch anzeigt, in der sich ein Punkt bewegen muß im Raume, damit er, wenn er von Punkt *A* beleuchtet ist, in Punkt *B* stets denselben Glanz zeigt (Fig. 10, S. 175); wenn Sie also bedenken, daß in der Tat von der Konstanz, die dieser Kurve zugrunde liegt, hier ein Zusammenhang in der Lichtwirkung hervorgeht, so können Sie sich denken, daß geradeso, wie hier aus dem Zusammenhang der Konstanten eine gewisse Lichtwirkung hervorgeht, man sich auch denken kann, daß ein System von Lichtwirkungen folgt, wenn ich zur Variabilität der ersten Ordnung eine Variabilität der zweiten Ordnung hinzufüge. Sie können sich also tatsächlich hier einen Übergang vom Quantitativen ins Qualitative aus der Mathematik heraus selber bilden.

Diese Erwägungen muß man eben anstellen, wenn man, was doch nicht aufgegeben werden darf, einen Übergang finden will vom Quantitativen ins Qualitative. Denn man kann jetzt ausgehen von dem, was man da eigentlich tut, indem man eine Funktion bildet innerhalb der Variabilität der zweiten Ordnung in Abhängigkeit von einer Funktion innerhalb einer Variabilität erster Ordnung – der Ausdruck hat nichts zu tun mit dem Ausdruck «Ordnung», wie man ihn sonst vielfach gebraucht; wir verstehen uns ja wohl, da ich die Sache vom Ursprung aus erläutert habe. – Wenn man diesen Zusammenhang zwischen dem, was ich da erste und zweite Ordnung genannt habe, ins Auge faßt, dann wird man nach und nach dazu kommen, einzusehen, daß unsere Gleichungen anders gebildet werden müssen, je nachdem man ins Auge faßt, was zum Beispiel bei einer gewöhnlichen Körperoberfläche zwischen der Körperoberfläche und unserem Auge liegt, und demjenigen, was hinter der Körperoberfläche liegt. Denn ein ähnliches Verhältnis wie das hier zwischen der Variabilität der ersten Ordnung und der Variabilität der zweiten

Ordnung besteht zwischen dem, was ich zu berücksichtigen habe zwischen mir und der Oberfläche eines ganz gewöhnlichen Körpers, und demjenigen, was hinter der Körperoberfläche liegt. So zum Beispiel, wenn einmal der Versuch gemacht werden muß, die sogenannte Reflexion des Lichtstrahles zu durchschauen, die einfach dadurch beobachtet wird, daß ich eine spiegelnde Fläche habe, also ein Vorgang, der sich zunächst abspielt zwischen mir und der Körperoberfläche. Wenn ich das so durchschaue, daß ich es fasse als einen Zusammenfluß von Gleichungen, die zwischen mir und der Oberfläche eines Körpers in einer Variabilität erster Ordnung abfließen, und jetzt in diesem Zusammenhang das, was hinter der Oberfläche wirkt, damit die Reflexion zustande kommt, als Gleichung der Variabilität der zweiten Ordnung betrachte, dann werde ich ganz andere Formeln herausbekommen, als diejenigen sind, die man gegenwärtig nach rein mechanischen Gesetzen durch Weglassung von Schwingungsphasen und so weiter für die Reflexions- und Brechungsgesetze anwendet.

Dadurch wird man in die Möglichkeit kommen, eine Mathematik zu schaffen, die mit den Realitäten wirklich rechnen kann. Und das muß im Grunde geschehen, wenn man gerade auf dem Gebiet der astronomischen Erscheinungen wiederum zu Erklärungen kommen will. Denn in bezug auf die äußere Welt haben wir vor uns dasjenige, was gewissermaßen zwischen der Oberfläche der Erdenkörper und uns sich abspielt. Wenn wir die Himmelserscheinungen betrachten, irgendeine Venusschleife oder so was, so haben wir vor uns, wenn wir den gewöhnlichen Tatbestand betrachten, auch etwas, was zwischen uns und irgend etwas anderem sich abspielt. Nur haben wir vor uns dasjenige, was sich so verhält, wie sich dasjenige verhält, was hinter der Sphäre liegt, zu dem, was im Mittelpunkt liegt. Wir müssen also immer, wenn wir auf Himmelserscheinungen hinsehen, uns klarmachen, daß wir sie nicht bloß nach dem System der Zentralkräfte betrachten können, sondern daß wir sie betrachten müssen nach dem System, welches zu dem System der Zentralkräfte sich so verhält, wie die Kugelsphäre zum Radius sich verhält.

Also, wollen wir überhaupt zu einer Erklärung der Himmelserscheinungen kommen, so müssen wir nicht die Berechnungen so anstellen, daß wir sie zum Abbild derjenigen Berechnungen machen, die die Mechanik anwendet, indem sie die Zentralkräfte ausbildet, sondern wir müssen sie so machen, daß diese Berechnungen, das ganze Figurale auch, sich zur Mechanik verhalten wie die Sphäre zum Radius. Dann wird sich schon ergeben, und darüber wollen wir das nächste Mal sprechen, daß wir nötig haben erstens die Denkweise der Mechanik und der Phoronomie, die es im wesentlichen mit Zentralkräften zu tun hat, und daß wir zweitens hinzufügen müssen zu dem ein anderes System, dasjenige System, das es zu tun hat mit rotierenden Bewegungen, mit scherenden Bewegungen und mit deformierenden Bewegungen. Erst dann, wenn wir ebenso berücksichtigen das meta-mechanische, das meta-phoronomische System für die rotierenden, für die scherenden, für die deformierenden Bewegungen, wie wir heute berücksichtigen das System der Mechanik und der Phoronomie für die Zentralkräfte, für die zentralen Bewegungserscheinungen, dann werden wir zu einer Möglichkeit kommen, aus demjenigen, was uns empirisch vorliegt, eine Erklärung der Himmelserscheinungen gewinnen zu können.

ELFTER VORTRAG

Stuttgart, 11. Januar 1921

Es werden jetzt durch die vorhergehenden Betrachtungen die wesentlichsten Vorbedingungen geschaffen sein, um nun einiges von Himmelserscheinungen und auch von physikalischen Erscheinungen zu betrachten, natürlich nur von einem gewissen Gesichtspunkte aus. Wir haben ja den großen, bedeutsamen Gegensatz in der Menschennatur charakterisiert zwischen der Organisation des Hauptes und der Organisation des Stoffwechselsystems, zu dem dann auch die Gliedmaßen zu rechnen sind. Dabei muß man, wie Sie ja leicht begreifen werden, von der tierischen Organisation absehen. Wir haben gesehen, daß, wenn wir den Menschen hinordnen wollen auf den Kosmos, wir zuzuordnen haben dasjenige, was Stoffwechselsystem ist, dem Erdhaften, demjenigen also, was sich zum Menschen verhält in einer Radialrichtung. Wir haben ferner gesehen, daß wir der Hauptesbildung zuzubeziehen haben alles dasjenige, was der Sphäre entspricht, was also gewissermaßen seine Wirkungslinien von der Sphäre nach dem Mittelpunkt der Erde hin so lenkt, wie der Radius in seinem Verlauf Wirkungslinien, die von ihm ausgehen, nach seiner Umgebung lenkt (Fig. 4 und 3, S. 188 und 187). Wir haben uns das veranschaulicht an der Konstruktion der ausgesprochenen Röhrenknochen und an der Konstruktion des sphärenartigen oder Sphärensegment-artigen Schädelknochens.

Wenn wir nun diesen Unterschied ins Auge fassen, dann müssen wir ihn ja zunächst beziehen auf dasjenige, was uns im Zusammenhang zwischen Erde und Himmelssphäre erscheint. Sie wissen ja alle, wie das wissenschaftliche Bewußtsein heute sich unterscheidet von dem, was der naive Mensch, der etwa gar nicht berührt ist von irgendwelchen Schulerkenntnissen, hält von dem Aussehen der Sphäre, von den Bewegungen der Sterne über die Sphäre hin und so weiter. Und Sie wissen, daß das letztere ja bezeichnet wird als der «scheinbare Aspekt» unseres Himmelsgewölbes. Sie wissen, daß dem gegenübertritt dann ein Bild, ein Weltenbild, welches in einer sehr

komplizierten Weise durch Interpretation der scheinbaren Bewegungen und so weiter zustandekommt und das man gewöhnt ist in der Form, in der es sich aus dem großen Umschwung in den Anschauungen seit der kopernikanischen Zeit herausgebildet hat, der Betrachtung der Himmelserscheinungen zugrunde zu legen.

Es ist sich ja wohl heute jeder darüber klar, daß dieses Weltenbild nicht der absoluten Wirklichkeit entsprechen kann, daß man also nicht etwa sagen kann, dasjenige, was uns da entgegentritt zum Beispiel als Planetenbewegungen oder als Verhältnis der Sonne zu den Planeten, sei die wahre Gestalt des dabei Zugrundeliegenden, und dasjenige, was das Auge sieht, sei eben nur das Scheinbare. Auf diesem Standpunkte dürfte wohl heute kaum irgendein Urteilsfähiger stehen. Aber ein solcher wird doch das Gefühl haben, daß man sich von einem Scheinbilde, das durch allerlei Illusionsursachen in der Betrachtung hervorgerufen wird, mehr dem wahren Bilde nähert, indem man vorschreitet von diesem doch tatsächlich und sachlich zu beobachtenden Bilde zu dem, was die rechnende, beobachtende Astronomie daraus interpretierend macht.

Nun handelt es sich darum, ob es wirklich für eine umfassende Betrachtung der Naturerscheinungen auf diesem Gebiete tunlich ist, nur diejenige Art von Interpretation zugrunde zu legen zur Ausgestaltung eines Weltbildes, die gewöhnlich zugrunde gelegt wird. Sie haben ja schon gesehen, es wird dabei eigentlich nur dasjenige zugrunde gelegt, was sich gewissermaßen dem Kopfmenschen ergibt; was gewissermaßen der Aspekt ist, den sich das Beobachtungsvermögen des Menschen, auch das bewaffnete Beobachtungsvermögen des Menschen macht. Aber wir haben auf die Notwendigkeit hingewiesen, zu einer umfassenderen Interpretation dieses Weltbildes zu Hilfe zu nehmen alles dasjenige, was überhaupt vom Menschen gewußt werden kann; gewußt werden kann einerseits durch die Betrachtung seiner Gestalt. Wir haben zu diesem Zwecke hervorgehoben, wie man nach einer wahren Metamorphosenlehre diese Gestalt des Menschen zu betrachten hat. Andererseits haben wir auch hervorgehoben, daß zu Rate gezogen werden muß die Entwickelung des Menschen und die Entwickelung der Menschheit, und

daß man eigentlich erst dann über gewisse Erscheinungen am Himmel eine Aufklärung erwarten kann, wenn man eben so weit geht in der Zuhilfenahme desjenigen, was man vom Menschen wissen kann, zur Interpretation der Himmelserscheinungen. Indem wir das voraussetzen, was wir in Anlehnung an die menschliche Gestalt und menschliche Entwickelung gewissermaßen wie eine qualitative Mathematik uns angeeignet haben, wollen wir nunmehr ausgehen von dem, was sich zunächst der äußeren Betrachtung als sogenanntes Scheinbild darbietet, und wollen dann versuchen, von diesem Scheinbilde aus die Frage zu stellen, wie der Weg nun sein könne zur entsprechenden Wirklichkeit.

Da wollen wir zunächst uns die Frage vorlegen: Was bietet sich uns nach der Empirie, nach der Beobachtung, also gewissermaßen nach dem Augenschein – wir können ja nur versuchen, dasjenige, was der Augenschein darbietet, dann gewissermaßen auszufüllen mit dem, was die ganze menschliche Organisation nach Morphologie und Entwickelung darbietet –, was bietet uns zunächst der Augenschein, wenn wir diejenigen Sterne betrachten, die man gewöhnlich Fixsterne nennt? Ich wiederhole wohl jetzt für die meisten gut Bekanntes, aber wir müssen uns dieses gut Bekannte vergegenwärtigen, weil wir nur dadurch, daß wir die entsprechenden Beobachtungsresultate zusammenhalten, dann zu Begriffen fortschreiten können.

Was bietet uns die Bewegung der sogenannten Fixsterne? Da müssen wir natürlich längere Zeiträume zu Hilfe nehmen, denn in kurzen Zeiträumen ist es ja so, daß der Fixsternhimmel im wesentlichen Jahr für Jahr dasselbe Bild darbietet. Erst dann, wenn längere Zeiträume ins Auge gefaßt werden, stellt sich heraus, daß allerdings über diese längeren Zeiträume hin der Fixsternhimmel keineswegs dieses gleichmäßige Bild darbietet, daß er in seiner ganzen Konfiguration sich verändert. Nun, wir wollen uns nur von einem Punkte ausgehend etwa diese Veränderung vor Augen stellen, denn dasjenige, was *ein* Gebiet darbietet, bieten ja in dieser Beziehung auch die anderen Gebiete dar. Nehmen Sie einmal diese Sternzusammenhäufung, die Sie gut kennen, den «Großen Bären» oder den «Wagen» am nördlichen Himmel. Diese Sternzusammenhäufung, sie sieht

heute so aus (Fig. 1). Wenn Sie sich bekanntmachen mit den Beobachtungen, welche die kleinen Verschiebungen der sogenannten

Fig 1

Fixsterne liefern, die aber durchaus auch übereinstimmen mit demjenigen, was Sternkarten, die den älteren Zeiten angehören, darbieten, obwohl sie nicht immer ganz verläßlich sind, und wenn Sie durch Summierung dieser kleinen Verschiebungen diese Sternzusammenhäufung für einen sehr weit zurückliegenden Zeitraum errechnen, so sieht sie so aus (Fig. 2). Sie sehen, die einzelnen sogenannten Fixsterne haben sich wesentlich verschoben; das ganze Sternbild hat, wenn man es ausrechnet nach den kleinen Verschiebungen für einen Zeitraum, der etwa 50 000 Jahre hinter unsere Zeit zurückrückt, so ausgesehen.

Fig. 2

Fig. 3

Wenn wir die Verschiebungen, die wir konstatieren können, weiter summieren für die Folgezeit, wenn wir also voraussetzen, was ja durchaus eine zuverlässige Annahme ist, daß die Verschiebungen in demselben Sinn, oder wenigstens annähernd demselben Sinn, sich weiter vollziehen, dann wird in weiteren 50 000 Jahren das

Sternbild etwa so aussehen (Fig. 3). Und geradeso wie dieses Sternbild, das wir nur als ein Beispiel vor uns hinstellen wollen, sich so im Lauf der Jahre verändert, so verändern sich auch die anderen Sternbilder. Wenn wir uns in seiner heutigen Gestalt den Tierkreis aufzeichnen, so müssen wir durchaus uns klar sein, daß dieses ganze figurale Gebilde des Tierkreises, insofern wir rechnend interpretieren und die Zeit überhaupt in unsere Rechnung einbeziehen, eigentlich im Laufe der Zeit ein anderes Aussehen annimmt. Wir sehen also, wir haben die Sphäre so zu betrachten, daß sie sich gewissermaßen innerlich verändert, daß sie fortwährend, wenn auch dieses «fortwährend» natürlich in kleinen Zeitabschnitten nicht beobachtet werden kann, eine andere Konfiguration in bezug auf den Aspekt des Sternhimmels, der sich uns in den Fixsternen darbietet, zeigt. Die Beobachtungen können hier selbstverständlich zunächst nicht sehr weitgehend sein in bezug auf dasjenige, was wir für ihre Interpretation tun können, obwohl, wie einige von Ihnen wissen werden, gerade neuere physikalische Versuchsanordnungen gemacht worden sind, die es ermöglichen, auch die Bewegungen des Sternes, die in der Visierlinie liegen, also Bewegungen von uns weg und zu uns hin, zu konstatieren. Es bleibt aber doch eine große Schwierigkeit selbstverständlich immer übrig, dasjenige, was da eigentlich als der fortwährende Aspekt des Sternenhimmels sich darbietet, zu interpretieren. Es wird sich allerdings im weiteren Verlauf unserer Betrachtungen zeigen, inwiefern diese Interpretation irgendeinen menschlich bedeutungsvollen Wert haben könnte.

Nun, nachdem wir auf diese Weise gesehen haben, welches die Bewegungen der Fixsterne sind, wollen wir einmal nach der Bewegung der planetarischen Sterne fragen. Diese Bewegung der planetarischen Sterne, so wie sie sich uns darbietet, die zeigt allerdings einige Komplikationen. Die beobachtbare Bewegung ist so, daß man den Planeten, wenn man seine Bahn, soweit sie sichtbar ist, verfolgt, in einer Kurve sich bewegen sieht, die aber eine merkwürdige Gestalt annimmt, für die einzelnen Planeten verschieden und auch bei ein und demselben Planeten nacheinander verschieden, und die zunächst dasjenige ist, an das wir uns zu halten haben. Nehmen

wir zum Beispiel den Planeten Merkur. Er zeigt uns gerade dann, wenn er am meisten in unserer Nähe ist, eine merkwürdige Gestaltung seiner Bahn. Gewissermaßen kommt er am Himmel in einer bestimmten Richtung daher. Wir sehen ihn in dieser Weise sich bewegen (Fig. 4), wenn wir ihn, da wo er sichtbar ist, täglich studieren. Dann aber wendet er sich um, bildet eine Schleife, und geht dann

Fig. 4

wiederum so fort. Diese Schleife bildet er einmal während eines Jahres. Das Phänomen ist zu beobachten beim Merkur gewöhnlich im Beginn des Jahres, und es ist dasjenige, was wir zunächst für die Beobachtung eben die Merkurbewegung nennen können. Die übrige Bahn ist einfach, nur an der einen Stelle zeigt er diese Schleife. – Wenn wir zur Venus gehen, so zeigt uns diese eine ähnliche Erscheinung, nur etwas anders gestaltet. Sie bewegt sich so (Fig. 5), wendet sich dann um und geht so weiter. Wiederum finden wir nur eine

Fig. 5

einzige Schleife im Laufe des Jahres, und zwar auch wiederum dann, wenn uns der Planet, wie man eben nach anderen astronomischen Be-

griffen annehmen muß, am nächsten steht. – Wenn wir zum Mars gehen, so hat er auch eine ähnliche Bahn, nur ist sie mehr abgeflacht. Wir können die Bahn des Mars etwa so zeichnen (Fig. 6). Sie sehen, die Schleife ist hier mehr zusammengedrückt, aber man hat es auch

Fig. 6

mit einer Schleife, mit einer Schleifenerscheinung zu tun. Wir finden aber auch seine Bahn, oder die der anderen Planeten, oft so gestaltet, daß die Schleife sich förmlich aufgelöst hat; sie ist so abgeflacht, daß sie sich aufgelöst hat. Es ist also, könnte man sagen, nur eine schleifen-*ähnliche* Bahn (Fig. 7). – Wenn wir dann absehen von den ja auch immerhin interessanten kleinen Planeten und betrachten den Jupiter oder den Saturn, so finden wir, daß auch diese beiden Planeten dann diese Schleife oder schleifenähnliche Bahn (wie Mars) ziehen, wenn sie der Erde besonders nahe sind, und nur einmal während des Jahreslaufes. Also, sie bilden im allgemeinen im Jahre eine einzige Schleife.

Fig. 7

Nun haben wir da also zunächst von Fixsternen gewisse Bewegungen uns vorzuhalten und dann die Bewegungen von Planeten; von Fixsternen solche Bewegungen, die ganz offenbar Riesenzeiträume umfassen, wenn wir unsere Zeitvorstellungen zugrunde legen; von Planeten solche Bewegungen, welche das Jahr oder Teile eines Jahres umfassen, und welche uns durch eine kurze Zeit eben ganz merkwürdige Abweichungen von ihrer sonstigen Bahn in Schleifenlinien

zeigen. Die Frage entsteht nun: Was sollen wir aus diesen zwei Arten von Bewegungen machen? Wie können wir zu einer Interpretation zum Beispiel dieser Schleifenbewegung kommen? Das ist ja in der Tat die große Frage. Und es kann nur die folgende Erwägung dazu führen, irgendeine Interpretation dieser Schleifenbewegung zu finden.

Sehen Sie, bei unserer menschlichen Beobachtung liegt ja das in durchgreifender Weise vor, daß wir in einer ganz anderen Art uns verhalten zu demjenigen, was unser eigener Zustand ist, und demjenigen, was nicht unser eigener Zustand ist, was also gewissermaßen, abgesehen von uns, außer uns sich abspielt. Sie brauchen sich ja nur daran zu erinnern, welch gewaltiger Unterschied ist zwischen der Art, wie Sie sich verhalten zu irgendeinem Objekt der sogenannten Außenwelt und zu einem Objekt in Ihrem eigenen Innern, das Sie gewissermaßen miterleben. Wenn Sie irgendeinen Gegenstand vor sich haben, so sehen Sie ihn, beobachten Sie ihn. Dasjenige, in dem Sie leben, Ihre Leber, Ihr Herz, die Sinnesorgane selber zunächst, das können Sie nicht beobachten. Dieser Gegensatz ist aber auch vorhanden, wenn auch nicht in demselben scharfen Maße, in bezug auf Zustände, in denen wir uns in der Außenwelt befinden. Wenn wir selber in Bewegung sind, können wir, wenn es möglich ist, unbewußt zu bleiben über dasjenige, was wir zu dieser Bewegung unternehmen müssen, von dieser Bewegung selbst nichts wissen und können dann unsere Eigenbewegung unberücksichtigt lassen gegenüber äußeren Bewegungen; wir können uns gewissermaßen, trotzdem wir bewegt sind, als in Ruhe befindlich ansehen und nur die äußere Bewegung ins Auge fassen. Das ist ja dasjenige, was im wesentlichen der Interpretation der Bewegung der Himmelserscheinungen zugrunde gelegt worden ist. Sie wissen, es ist gesagt worden, daß der Mensch ja selbstverständlich, indem er auf einem Punkt der Erde steht, die Bewegung des betreffenden Punktes auf dem Parallelkreis im Raum durchaus mitmacht, aber nichts davon weiß, sondern im Gegenteil dasjenige, was außer ihm geschieht, als eine entgegengesetzte Bewegung sieht. Und von diesem Prinzip hat man ja in ausgiebigster Weise Gebrauch gemacht. Nun fragt es sich,

wie dieses Prinzip eventuell sich modifizieren könnte, wenn wir darauf Rücksicht nehmen, daß wir ja in der menschlichen Organisation eine wirkliche Polarität haben: daß wir organisiert sind als Stoffwechselmensch, wenn ich mich des Ausdrucks bedienen darf, im radialen Sinn, und daß wir orientiert sind als Hauptesmensch im Sphärensinn. Wenn nun unserer Eigenbewegung das zugrunde liegen würde, daß wir uns in verschiedener Weise verhalten würden in bezug auf den Radius und in bezug auf die Sphäre, dann würde das sich irgendwie bemerklich machen müssen in demjenigen, was uns in der Außenwelt erscheint.

Nun stellen Sie sich einmal vor, daß dieses, was ich jetzt gesagt habe, irgendeine reale Bedeutung hätte, daß Sie zum Beispiel sich selber bewegen würden in der folgenden Weise (Fig. 8), so daß Sie

Fig. 8

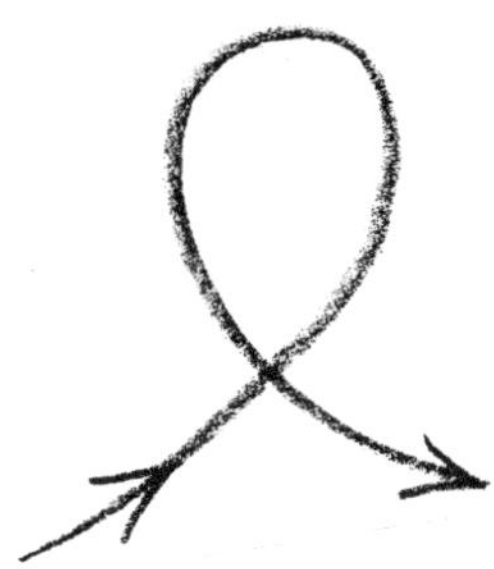

Fig. 9

selber eine Lemniskate beschreiben. Aber nehmen wir zu gleicher Zeit an, daß Sie die Lemniskate nicht so beschreiben, sondern daß in einer gewissen Weise durch Variabilität der Konstanten die Lemniskate in der Weise entsteht, daß der untere Ast sich nicht schließt, so daß die Lemniskate diese Form hat (Fig. 9). Nehmen Sie an, daß also gewissermaßen eine Lemniskate entsteht, die durch die Variabilität, die Variation der Konstanten nach der einen Seite hin offen ist, dann werden Sie in dieser Kurve, die durchaus mathematisch denkbar ist, etwas haben, was, wenn Sie es in der richtigen Weise in die

menschliche Gestalt einzeichnen, Sie in diese menschliche Gestalt durchaus hereinbringen. Nehmen Sie einmal an, das hier wäre die Erdoberfläche (Fig. 10). Wir würden in irgendeiner Weise im Verhältnis zur Erde dasjenige zu zeichnen haben, was durch die Gliedmaßennatur geht, was in irgendeiner Weise sich wendet, durch die Kopforganisation geht und wiederum zurückgeht in die Erde. Dann

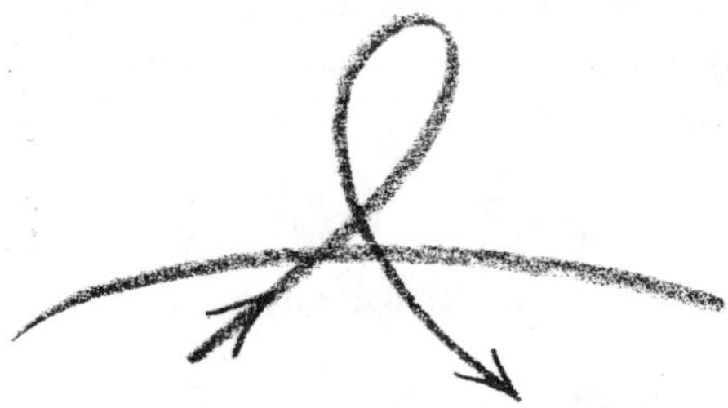

Fig. 10

könnten Sie in die menschliche Natur, in die menschliche Organisation eine solche offene Lemniskate einzeichnen, und wir würden sagen können: Es gibt in der menschlichen Organisation eine solche offene Lemniskate. Nun entsteht aber die Frage, ob es eine reale Bedeutung hat, von einer solchen offenen Lemniskate in der menschlichen Natur zu sprechen.

Es hat eine Bedeutung, denn man braucht nur die menschliche Natur wirklich morphologisch zu studieren, und man wird finden, daß diese Lemniskate so oder etwas modifiziert in vielfacher Weise in die menschliche Natur eingeschrieben ist. Man verfolgt nur die Dinge nicht in wirklich systematischer Weise. Aber ich rate Ihnen, versuchen Sie einmal – wie gesagt, hier sollen ja zunächst nur Anregungen gegeben werden, und es sollte durchaus sehr emsig wissenschaftlich nach dieser Richtung gearbeitet werden –, versuchen Sie einmal, Untersuchungen darüber anzustellen, welche Kurve entsteht, wenn Sie die mittlere Linie der linken Rippe zeichnen, über den Anschluß der Rippe hinausgehen in den Rückenwirbel, da sich drehen und wiederum zurückgehen (Fig. 11). Bringen Sie in Anschlag, daß der Wirbel eine wesentlich andere innere Struktur auf-

weist als die Rippen, und bringen Sie in Anschlag, daß das bedeutet, daß bei diesem Beschreiben der Linie Rippe-Wirbel-Rippe, natürlich nicht nur quantitativ, sondern qualitativ, innere Wachstumsverhältnisse in Betracht kommen, dann werden Sie die Morphologie dieses ganzen Systems verstehen durch die Lemniskate, durch die Schleifenbildung. Sie werden, je mehr Sie hinaufgehen zur Kopforganisation, notwendig haben, starke Modifikationen dieser Lemniskate vorzunehmen. Es wird ein gewisser Punkt eintreten, wo Sie genötigt sind, dasjenige, was ja schon vorbereitet ist in der Bildung des Brustbeines, das Zusammengehen der beiden Bögen hier (Fig. 11),

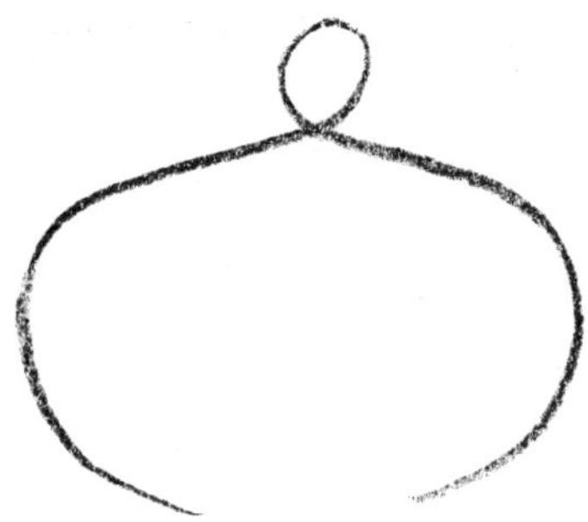

Fig. 11

sich eigentlich als verwandelt zu denken, aber Sie bekommen eine Metamorphose, eine Modifikation dieser Lemniskatenbildung, wenn Sie zum Haupte hinaufgehen. Und Sie bekommen, wenn Sie gewissermaßen studieren die gesamte menschliche Figur in dem Gegensatz von Sinnes-Nervenorganisation und Stoffwechsel-Organisation, eine nach unten auseinandergehende und nach oben sich schließende Lemniskate. Sie bekommen auch Lemniskaten, nur sind die Lemniskaten eben sehr modifiziert, die eine Hälfte durch die eine Schleife ist außerordentlich klein, wenn Sie den Weg verfolgen, der genommen wird von Zentripetalnerven durch das Zentrum zum Ende der Zentrifugalnerven. Sie bekommen überall eingeschrieben, wenn Sie die Dinge sachgemäß verfolgen, gerade in die menschliche Natur in einer gewissen Weise diese Lemniskate.

Und wenn Sie dann beim Tiere die tierische Organisation im ausgesprochen horizontalen Rückgrat nehmen, so werden Sie finden, daß diese tierische Organisation sich von der menschlichen Organisation dadurch unterscheidet, daß diese Lemniskaten, diese nach unten offenen Lemniskaten oder auch etwas geschlossenen Lemniskaten, beim Tier wesentlich weniger Modifikationen aufweisen als beim Menschen, namentlich aber auch, daß die Ebenen dieser Lemniskaten beim Tier immer parallel sind, während sie beim Menschen schiefe Winkel miteinander einschließen.

Hier liegt ein ungeheures Arbeitsfeld, ein Arbeitsfeld, welches uns darauf hinweist, das morphologische Element immer weiter und weiter auszubauen. Erst wenn man auf solche Dinge kommt, versteht man diejenigen Menschen, die es ja immer gegeben hat, wie *Moriz Benedikt,* den ich ja öfter schon erwähnt habe, der auf vielen Gebieten schöne Intentionen gehabt hat, ganz schöne Gedanken gehabt hat. Er bedauerte ungeheuer – Sie können das in seinen Lebenserinnerungen nachlesen –, daß so wenig die Möglichkeit vorhanden ist, zu Medizinern von einem mathematischen Gesichtspunkte aus, mit mathematischen Anschauungen, zu sprechen. Im Prinzip ist das durchaus berechtigt, nur muß man natürlich die Sache eigentlich erweitert denken, so daß man zu sagen hat, daß einem die gewöhnliche Mathematik, welche im wesentlichen die starren Linienformen zugrunde legt, und darauf aus ist, mit dem starren euklidischen Raum zu rechnen, einem wenig helfen würde, wenn man sie anwenden wollte auf die organischen Bildungen. Allein dann, wenn man sich dadurch hilft, daß man gewissermaßen in die mathematischen Gebilde, die geometrischen Gebilde selbst Leben hineinbringt dadurch, daß man dasjenige, was in einer Gleichung auftritt als unabhängige Veränderliche und abhängige Veränderliche, wiederum in einer gesetzmäßigen Weise innerlich veränderlich denkt, so wie in dem Prinzip, das wir gestern hervorheben konnten bei der Cassinischen Kurve selber: Variabilität der ersten Ordnung und Variabilität der zweiten Ordnung; wenn man sich in dieser Weise hilft, werden ungeheure Möglichkeiten eröffnet. Das ist im Grund genommen schon angedeutet in den Prinzipien, die

man anwendet, wenn man etwa eine Zykloide oder eine Cardioide und so weiter beschreibt, wenn man nur auch da nicht mit einer gewissen Starrheit vorgeht.

Wenn man gewissermaßen dieses Prinzip der innerlichen Beweglichkeit des Beweglichen selbst anwendet auf die Natur und versucht, dieses Bewegende des Beweglichen in Gleichungen hineinzubringen, so ist es möglich, mathematisch hineinzukommen in das Organische selber. So daß man wird sagen können – es ist durchaus eine Möglichkeit, dies so auszusprechen –: Die Voraussetzungen des starren, in sich unbeweglichen Raumes führen einen zum Begreifen der unorganischen Natur; wenn man übergeht zu dem in sich beweglichen Raum oder auch zu Gleichungen, deren Funktionalität in sich selber eine Funktion darstellt, dann kann man auch den Übergang finden zu der mathematischen Auffassung des Organischen. Und das ist ja eigentlich der Weg, welcher, der Gestalt nach wenigstens, begleiten muß die ja sonst wertlosen, aber dadurch, daß man sie so begleitet, außerordentlich zukunftsicheren Untersuchungen, die heute angestellt werden über die Übergangsformen des Unorganischen in das Organische.

Und nun bitte ich Sie, nehmen Sie diese Tatsache, die Tatsache des Vorhandenseins der Schleifentendenz im menschlichen Organismus, und vergleichen Sie das mit demjenigen, was da allerdings zunächst in einer mehr irrationalen Form einem entgegentritt in den Bewegungsformen der Planeten, dann werden Sie sich sagen können: In dem, was man gewöhnlich die scheinbaren Bewegungen der Planeten nennt, ist in einer ganz merkwürdigen Art an den Himmel gezeichnet in Bewegungsformen dasjenige, was eine Gestaltform, eine Grund-Gestaltform im menschlichen Organismus ist. Und wir haben zum mindesten zunächst zuzuordnen die Grund-Gestaltform im menschlichen Organismus diesen Erscheinungen am Himmel. Wir werden jetzt uns sagen können: Wenn wir die Schleife betrachten, so ist es ja so, daß diese Schleife sich immer dann zeigt, wenn der Planet in Erdnähe ist. Jedenfalls zeigt diese Schleife sich, wenn wir selbst in bezug auf unsere Stellung auf der Erde in einem besonderen Verhältnis sind zu dem Planeten. Wenn wir einfach die Stel-

lung der Erde im Jahreslauf der Erde und unsere eigene Stellung auf der Erde in Erwägung ziehen, dann finden wir – natürlich muß dann das zurückbezogen werden auf unser Bildungsleben, das Embryonalleben, das ist ja selbstverständlich –, wie wir abwechseln zwischen einer Lage, in der wir uns so zum Planeten befinden, daß wir unser Haupt seiner Schleife zuwenden, und einer Lage, in der wir wiederum aus der Schleife herausgehen und das Haupt zuletzt von der Schleife abwenden. Wir stehen also zum Planeten so, daß wir unsere Bildung aussetzen einmal seiner Schleife, einmal seiner übrigen Bahn. Dann können wir zuordnen eben dasjenige, was mehr nach unserem Haupte zu gelegen ist, der Schleife, dasjenige, was mehr unserem übrigen Organismus zugehört, dem, was als Bahn außerhalb der Schleife liegt.

Und nehmen Sie jetzt zu diesem dazu das, was ich sagte. Ich sagte Ihnen in bezug auf das morphologische Verhältnis des Röhrenknochens zum Schädelknochen: Versuchen Sie, wie Sie dieses morphologische Verhältnis zeichnen müssen. Sie müssen es so zeichnen, daß Sie hier den Radius haben durch den Röhrenknochen, und Sie müssen dann, indem Sie zum Schädelknochen übergehen, diese Wendung machen (Fig. 12). Projizieren Sie diese Wendung im Zu-

Fig. 12

sammenhang mit der Erdenbewegung auf den Himmel hinaus, so bekommen Sie ja eben eine Schleife und die übrige Bahn des Planeten. Wir können also nicht anders, wenn wir einen Sinn haben für eine morphologische Betrachtungsweise im höheren Sinne, wir können nicht anders, als die menschliche Gestalt dem Planetensystem zuzuteilen.

Und gehen wir jetzt an die Bewegung der Fixsterne heran. Diese Bewegungen der Fixsterne, die werden natürlich für die einzelnen menschlichen Bewegungen wenig in Betracht kommen, aber wenn Sie die Entwickelung der Menschheit auf der Erde betrachten und alles dasjenige ins Auge fassen, was wir in diesen Tagen hier gesagt haben von der Beziehung der Sphäre zu der menschlichen Hauptesbildung, dann werden Sie nicht anders können, als die Metamorphose des Himmelsaspektes in irgendeinen Zusammenhang zu bringen mit der Metamorphose der Menschheitsentwickelung in geistig-seelischer Beziehung. Da wölbt sich die Sphäre über uns, breitet nur denjenigen Teil der Bewegungen aus, der hier bei den Planeten der Schleife entspricht, zunächst sogar nur einem Teil der Schleife entspricht (Fig. 13, gestrichelt). Es ist also aus den Bewegungen der Fixsterne das weggelassen, was die übrige Bahn ist. Wir sehen da diesen

Fig. 13

gewaltigen Unterschied: Die Planeten müssen irgendwie zusammenhängen mit unserem ganzen Menschen, die Fixsterne nur mit unserer Hauptesbildung. Und jetzt eröffnet sich uns in einer gewissen Weise ein Ausblick, wie wir die Schleife zu deuten haben:

Wir sind ja als Menschen gewissermaßen zusammen mit der Erde. Wir befinden uns an irgendeinem Punkte der Erde. Wir bewegen uns mit der Erde. Dasjenige, was sich uns nun als Projektion am Himmelsgewölbe zeigt, das müssen wir zurückführen auf diejenigen Bewegungen, die wir mit der Erde selber ausführen. Denn indem wir mit der Erde selber Bewegungen ausführen, wiederum zurück-

projiziert auf unser Embryonalleben, unsere Embryonalzeit, entsteht dasjenige, was in uns ist, was ja durch die Bewegungskräfte sich bildet. Und indem wir ja immer hier nach unten die Schleife eigentlich offen sehen – sie schließt sich dann ja auch nicht für den unmittelbaren Aspekt, wir würden sogar, wenn wir dieses betrachten, nicht einmal eine geschlossene Bahn bekommen, die bekommen wir erst, wenn wir den ganzen Umlauf beobachten – so haben wir die Notwendigkeit, in den Bewegungen, die wir da eben in ihren Scheinbildern sehen, wenn wir uns der Schleife nähern, dasjenige zu sehen, was wir selber als kosmische Bewegungen ausführen im Jahreslauf. Ich sage Ihnen das, ich möchte sagen, so schnell. Sie müssen sich das in allen Einzelheiten überlegen, was ich ausgesprochen habe, und müssen versuchen, die Dinge zusammenzuhalten. Je minuziöser und je genauer Sie sie zusammenhalten, desto mehr werden Sie finden, daß sich Ihnen das ergibt, daß Sie in den planetarischen Bewegungen zunächst Abbilder haben – wir werden sehen, wie sich dann die einzelnen planetarischen Bewegungen zusammenfügen –, Abbilder derjenigen Bewegungen, die Sie mit der Erde zusammen im Jahreslauf ausführen. Wir dürfen also, wenn wir in dieser Weise den totalen Menschen zusammenfassen, seine Projektion zum Kosmos ins Auge fassen, und dürfen als die Form der Bewegung der Erde im Jahreslauf dann die Schleifenlinie oder Lemniskate ansehen. Wir müssen das natürlich in den nächsten Tagen genauer studieren, aber wir sind zunächst dahin geführt, die Bahn der Erde selber, ganz abgesehen von irgendwelchen Beziehungen jetzt zur Sonne oder zu etwas anderem, aufzufassen als eine Schleifenlinie, und dasjenige, was sich uns in den Planetenbahnen mit ihren Schleifen projiziert, haben wir aufzufassen eben als die Projektion der Erdenschleifenbahn durch die Planeten hinaus in das Himmelsgewölbe, wenn man einen komplizierten Tatbestand so einfach ausdrücken darf. Und den Grund, warum wir da, wo sich der Planet der Schleife nähert, die übrige Bahn dann offen lassen müssen in einem verhältnismäßig kürzeren Zeitraum, den müssen wir darin sehen, daß wir ja unter gewissen Bedingungen eine geschlossene Kurve in der Projektion als eine offene erhalten können. Wenn Sie zum Beispiel aus einem

biegsamen Stabe eine Lemniskate bilden würden, so können Sie durchaus eine solche Anordnung machen, daß Ihnen ein irgendwie geworfener Schatten so erscheint auf einer Ebene, daß Sie den unteren Teil nicht geschlossen, sondern auseinandergehend bekommen und den oberen Teil geschlossen, so daß also das Ganze ähnlich wird der Planetenbahn. Sie können einfach in der Schattenfigur die Ähnlichkeit mit der Planetenbahn konstruieren.

ZWÖLFTER VORTRAG

Stuttgart, 12. Januar 1921

Heute möchte ich Sie darauf hinweisen, wie sich aus diesen Betrachtungen ein ganz bestimmtes Resultat gezeigt hat. Wir haben auf der einen Seite den Blick gewendet nach den Bewegungen der Himmelskörper, und wenn wir auch noch nicht diese Dinge konkret betrachtet haben – wir werden es noch tun –, so werden wir doch wenigstens im allgemeinen eine Vorstellung davon bekommen haben, daß wir es eben zu tun haben mit einer bestimmten Anordnung von sich bewegenden kosmischen Körpern. Wir haben auf der anderen Seite unsern Blick gewendet nach der menschlichen Gestaltung. Wir haben ab und zu auch einen Blick auf die tierische und pflanzliche Gestaltung geworfen und werden das noch weiter tun, um diese Dinge zur Unterstützung der Sache heranzuziehen. Aber wir haben in der Hauptsache den Blick auf die Gestalt des Menschen gerichtet. Es ist uns dabei aufgegangen, daß diese Gestaltung des Menschen in einem Zusammenhang steht mit dem, was in der Bewegung der Himmelskörper sich ausdrückt – wir wollen unsere Sätze so vorsichtig wie möglich formen.

Ich habe Sie gestern darauf hingewiesen, daß wir, wo wir auch hinsehen mögen im menschlichen Organismus, überall finden können das Gestaltungsprinzip der Schleife, wenn wir absehen davon, daß die zwei äußersten polarischen Gegensätze die des Radius und der Sphäre sind. So daß wir also im menschlichen Organismus suchen müssen diese drei Gestaltungsprinzipien (Fig. 1): Die Sphäre mit der Wirkung nach innen zunächst; den Radius; dazwischen die Schleife, die Lemniskate. Nun werden Sie in der richtigen Weise diese Gestaltungsprinzipien des menschlichen Organismus beurteilen, wenn Sie die Schleifenlinie, die Lemniskate in sich mit variablen Konstanten denken, wenn ich mich paradox ausdrücken darf; also wenn wir Variable denken an der Stelle, wo sonst eine Kurve in ihrer Gleichung Konstanten hat. Wir haben wohl am deutlichsten ausgesprochen diese Variabilität in demjenigen, was gewissermaßen

das Mittelstück des menschlichen Organismus ist. Wenn wir zusammenhalten die ganze Konstruktion von Rippenpaar und Rückenwirbel, so haben wir zwar im Rückenwirbel die eine Hälfte der Lemniskate in einer gewissen Weise sehr zusammengedrückt, zusam-

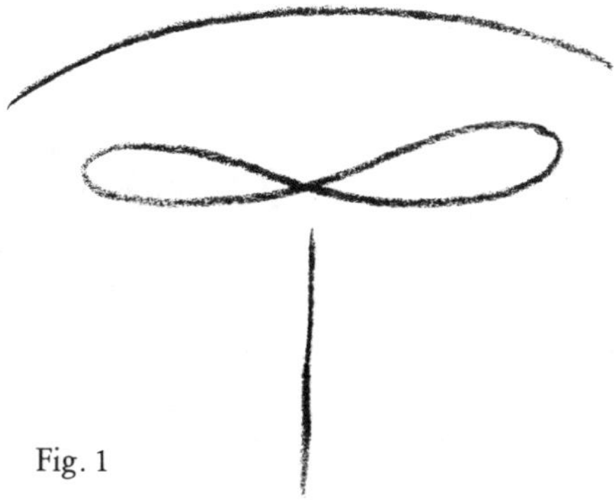

Fig. 1

mengedrängt, und die andere Hälfte in dem Rippenpaar auseinandergezogen (Fig. 2), aber das soll uns nicht darüber täuschen, daß doch als Bildungsprinzip dabei diese Lemniskate zugrunde liegt.

Fig. 2

Fig. 3

Denn wir haben einfach uns vorzustellen, daß dasjenige, was im Rippenpaar, bei den Rippen nämlich, die sich vorne über das Brustbein zusammenschließen, geweitet ist in bezug auf den Raum, also gewissermaßen durch ein Dünnerwerden der Materie, beim Rückenwirbel ausgeglichen ist durch das Zusammengedrängtsein der Materie.

Wenn wir aber nun die Gestalt des Menschen von diesem Mittelstück gewissermaßen nach oben und nach unten betrachten, dann finden wir, daß nach oben der Rückenwirbel sich weitet, daß er also übergeht in eine große Ausweitung (Fig. 3), und daß uns gewissermaßen die Äste der Lemniskate entschwinden, daß sie sich gewissermaßen verkriechen in die innere Bildung, daß sie unbestimmt werden. Gehen wir von dem Mittelstück hier (Fig. 2) nach unten, betrachten wir zum Beispiel den Ansatz der unteren Gliedmaßen im Becken, dann werden wir finden, daß demjenigen, was da nach unten sich weitet, ein Verkümmern des anderen Teiles der Schleife entspricht. Also, wir haben die in sich bewegliche Schleife zu denken, beherrschend das Mittelstück des Menschen, wo wir nur die Bildungskräfte uns dann so vorzustellen haben, daß bei der Ausweitung eben, gewissermaßen durch das Dünnerwerden der materiellen Kräfte, die eine Hälfte der Schleife ausgeweitet wird, die andere in sich zusammengezogen wird. Wir haben uns also vorzustellen, daß von diesem Mittelstück nach aufwärts der Teil der Schleife, der zunächst im Wirbel zusammengezogen war, sich weitet und der andere, der nach unten offene Teil der Schleife, uns entschwindet;

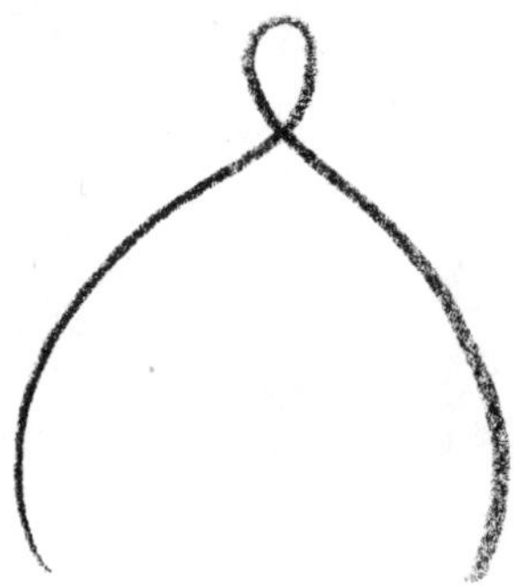

Fig. 4

und wir haben den Fall, daß die geschlossene Schleife verkümmert nach unterhalb des Mittelstücks und daß die nach oben (nach dem Haupte) entschwindenden Teile der Schleife sich unten fortsetzen, indem sie gewissermaßen sich angliedern dem Radialen (Fig. 4).

Sie sehen, wenn wir uns hineinfinden in die Möglichkeit, anschaulich zu verfolgen die in sich bewegliche Lemniskate, und wenn wir das Bildungsprinzip dieser in sich beweglichen Lemniskate uns kombiniert denken mit denjenigen Kräften, die entweder sphäroidal sind oder in bezug auf die Erdenmitte radial sind, so haben wir damit ein System von Kräften gegeben, das wir zugrunde liegend denken können – Sie brauchen sich bei «Kräften» nicht irgend etwas Hypothetisches zu denken, sondern lediglich dasjenige, was in der Formung drinnen sich ausspricht –, das wir aber zugrunde liegend denken können der ganzen Formung, der ganzen Gestaltung des menschlichen Organismus.

Nun, dementsprechend finden wir auch draußen im Weltenraum in den Bewegungen der Himmelskörper eine merkwürdige Konfiguration dieser Bewegungen. Wir haben gestern gesehen, wie wir ja gewissermaßen in der Schleifenbildung der Planeten dasjenige Prinzip außer uns sehen, das in uns als Bildungsprinzip vorhanden ist. Und wenn wir verfolgen dieses Prinzip der Schleifenbildung, so ist ja interessant, daß die Schleife beim Merkur und bei der Venus auftritt, wenn diese Planeten in unterer Konjunktion sind, also wenn sie sich zwischen die Erde und die Sonne stellen, wenn also gewissermaßen dasjenige, was die Sonne für den Menschen ist, durch sie verstärkt wird. Wenn wir die Schleifen aufsuchen für Mars, Jupiter, Saturn, so finden wir, daß diese Schleifen auftreten in der Oppositionsstellung dieser Planeten. So daß wir also aus diesem Gegensatz der Konjunktions- und Oppositionsstellung etwas finden können, was auch entsprechen muß einem gewissen Gegensatz in den Bildungskräften des Menschen. Wenn wir uns vorstellen, daß von Saturn, Jupiter und Mars, weil sie uns ihre Schleifen in der Oppositionsstellung zeigen, diese Schleifen eine ganz besondere Wirksamkeit entwickeln, als Schleifen ganz besonders tätig sind, dann werden wir diese Schleifenbildung in Beziehung zu bringen haben zu demjenigen im Menschen, was – bedenken Sie, es ist die Oppositionsstellung – wenig von der Sonne beeinflußt ist; während wir, weil Venus und Merkur in der Konjunktionsstellung ihre Schleifenbildung entwickeln, diese Schleifenbildung in eine gewisse

Beziehung bringen müssen zu demjenigen, was gerade von der Sonne oder durch dasjenige, was der Sonne zugrunde liegt, in den Bildungsprinzipien des Menschen bewirkt wird. Wir werden gewissermaßen uns vorzustellen haben, daß durch Venus und Merkur verstärkt wird die Sonnenwirkung; daß sich gewissermaßen die Sonnenwirkung zurückzieht gegenüber den sogenannten oberen Planeten, die gerade während ihrer Schleifenbildung ausdrücken irgend etwas, was in direkter Beziehung zum Menschen steht, nicht in indirekter Beziehung.

Wenn wir uns das weiter überlegen und uns klar sind darüber, daß der Gegensatz besteht zwischen Radius und Sphäre, dann brauchen wir nur der Form zu gedenken, die da in diesen Bewegungen zum Ausdruck kommt, und wir werden uns sagen müssen: Verwandt müssen sein Mars, Jupiter und Saturn, weil ja gerade ihre Sphären sich entsprechen da, wo sie übergehen in die Schleifenbildung, also gewissermaßen dann, wenn die Sphärenbildung hinaus sich drängt. Es müssen Saturn, Jupiter, Mars, von andern Planeten ganz abgesehen, ihre Wirkungen äußern auf dasjenige, was beim Menschen mit der Sphärenbildung in Zusammenhang steht, also auf das Haupt; dagegen müssen, weil sie wirklich polarische Gegensätze sind, die Schleifenbewegungen von Venus und Merkur sich äußern irgendwie in demjenigen, was auch polarisch entgegengesetzt ist im Menschen der Hauptesbildung, was sich also entparallelisiert der sphärischen Bildung und parallelisiert der radialen Bildung, also in demjenigen, was da bei der Verkümmerung des einen Teiles der Schleife gewissermaßen hineinwächst in die Gliedmaßenentwickelung, in die radiale Entwickelung. Das müssen wir in Zusammenhang bringen mit Venus und Merkur. Aber wir werden dann dazu geführt, uns zu sagen: Bei den oberen Planeten, die in der Oppositionsstellung die Schleife entwickeln, kommt es auf die Schleife an, auf die Entwickelung ihrer Intensität während der Schleifenbildung; bei den unteren Planeten, Venus und Merkur, wird es hauptsächlich darauf ankommen, daß sie wirksam sind durch dasjenige, was nun nicht die Schleife ist, was gerade der Schleife entgegengesetzt ist, also durch den übrigen Teil der Bahn. Und Sie brauchen ja nur sich

so eine Schleife zu denken bei der Venus, wenn ich sie jetzt schematisch zeichne (Fig. 5), so werden Sie gut zurechtkommen, wenn Sie sich bei ihr diesen Teil so denken, daß er immer unwirksamer wird,

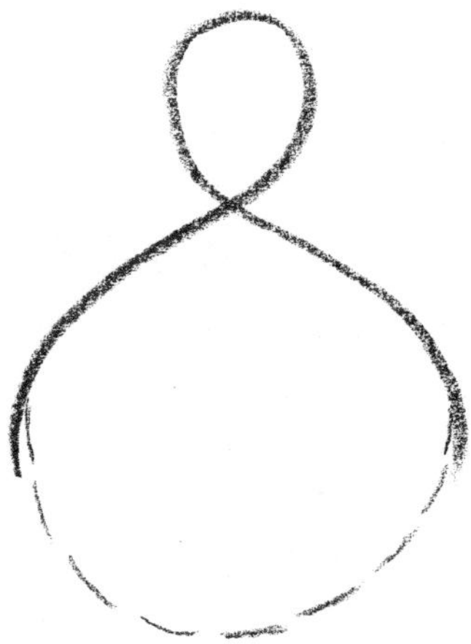

Fig. 5

je weiter das nach unten geht, das heißt, daß sich das, was sich in der Venusbahn schließt, in den Wirkungen nicht mehr schließt, sondern ins meinetwillen Parabolische übergeht, gerade durch die Verkümmerung, die in der menschlichen Gliederbildung entspricht den verkümmerten Rückenwirbeln und dergleichen, was dazugehört. Dieses Verkümmern entspricht gerade der Schleife der Bahn, die dadurch nicht voll festgehalten wird, die gewissermaßen nur die Richtung gibt und dann nicht festhalten kann die Richtung. Dasjenige, was sich schließt in bezug auf die Venusbahn, fällt in der menschlichen Bildung auseinander. So daß wir sagen müssen: Mit alle dem, was modifizierend dem menschlichen Gestaltungsprinzip so zugrunde liegt, daß die Metamorphose herauskommt zwischen dem Haupt und den Gliedmaßen mit dem ihnen zugeordneten Stoffwechsel, haben wir das, was im Weltenall dem Gegensatz entspricht zwischen Planeten mit ihren Schleifen in Konjunktionsstellung und solchen, die sie in Opposition entwickeln. Und zwischen beiden drinnen steht also dann die Sonne.

Daraus aber geht uns etwas ganz Bestimmtes hervor. Es geht uns daraus hervor, daß wir auch mit Bezug auf diese qualitative Wirkung, die wir da konstatieren, in der Sonnenbahn etwas sehen müssen, was auch der Form nach irgendwie drinnen liegt zwischen demjenigen, was uns sind die Formen der oberen Planetenbahnen und die Formen der unteren Planetenbahnen. Und Sie sehen daraus, daß wir zuteilen müssen dasjenige, was sich uns ausspricht in der Bahnbewegung der Sonne, all demjenigen, was beim Menschen hineinfällt in die Mitte zwischen der Hauptesbildung und der Stoffwechselbildung, daß wir also zuteilen müssen das rhythmische System demjenigen, was irgendwie zusammenhängt mit der Sonnenbahn. Daraus werden Sie aber schon sehen, daß wir einen Gegensatz uns zu denken haben zwischen den Bahnen der oberen Planeten, den Bahnen der unteren Planeten und wiederum irgend etwas in der Sonnenbahn, was zwischendrinnen steht. Nun, sowohl mit Bezug auf die Sonnenbahn wie mit Bezug auf die Mondenbahn liegt ja etwas sehr Bedeutsames vor. Es liegt vor, daß weder Sonnenbahn noch Mondenbahn, wenn wir die Bewegungen der entsprechenden Himmelskörper verfolgen, Schleifenbildung zeigen. Sie haben keine Schleife. Wir müssen also in einen gewissen Gegensatz bringen dasjenige, was der Zusammenhang ist von Sonne und Mond mit dem Menschen, überhaupt mit dem irdischen Wesen, und dasjenige, was die Planetenbahnen mit ihren Schleifen sind. Die Planetenbahnen mit ihren Schleifen entsprechen offenbar demjenigen, was im Menschen sich wirbelt, Lemniskatenform annimmt.

Wenn wir die menschliche Gestalt einfach ins Auge fassen und sie in ihrem Verhältnis zur Erde denken, werden wir gar nicht anders können als dasjenige, was in der menschlichen Gestalt radial ist, in einen ebensolchen Zusammenhang zu bringen mit der Bahn der Sonne, wie wir in einen Zusammenhang bringen dasjenige, was lemniskatisch angeordnet ist, mit der Planetenbahn.

Sie sehen, was herauskommt, wenn man den ganzen Menschen, nicht bloß das menschliche Erkenntnisorgan, in ein gewisses Verhältnis bringt zu dem Sternenhimmel. Da kommt das heraus, daß wir in der Vertikalachse des Menschen in einer gewissen Weise werden zu

suchen haben dasjenige, was der Sonnenbahn entspricht; daß wir werden zu suchen haben in alle dem, was lemniskatisch angeordnet ist, dasjenige, was den Planetenbahnen entspricht, den lemniskatischen, allerdings variabel lemniskatischen Planetenbahnen. Daraus wird aber etwas außerordentlich Bedeutsames folgen. Wir werden uns vorzustellen haben, daß der Mensch durch seine Vertikale in einer Beziehung steht zur Sonnenbahn. Wo haben wir die Möglichkeit, jetzt an die andere Bahn zu denken, die auch nicht eine Schleife zeigt, an die Mondenbahn? Wir werden natürlich – Sie brauchen ja nur unbefangen die Bildungen auf der Erde anzuschauen – in dem, worauf wir schon gewiesen haben, in der Linie, welche längs des tierischen Rückgrates verläuft, das der Mondbahn Entsprechende zu suchen haben. Und wir werden in dieser Tatsache, daß des Menschen Rückgratlinie der Sonnenbahn zugeteilt ist, daß des Tieres Rückgratlinie der Mondenbahn zugeteilt ist, zu suchen haben den morphologischen Unterschied des Menschen von dem Tiere.

Also gerade wenn wir aufsuchen wollen den Unterschied des Menschen von dem Tier, können wir nicht auf der Erde stehen bleiben. Es hilft uns nichts, da eine bloß komparative Morphologie zu treiben, sondern wir müssen dasjenige, was wir in der Morphologie finden, dem ganzen Weltenall zuteilen, so daß wir also daraus auch eine Andeutung bekommen werden darüber, wie Sonnenbahn und Mondenbahn zueinander gelegen sein müssen, wenigstens zunächst perspektivisch gelegen sein müssen. Man muß sich immer ganz vorsichtig ausdrücken. Sie müssen so gelegen sein, daß approximativ die eine Bahn auf der anderen Bahn senkrecht steht.

Wenn Sie bedenken, daß wir es also bei der menschlichen Vertikalen, oder sagen wir besser bei demjenigen, was der Hauptlinie des menschlichen Rückgrates entspricht, zu tun haben mit etwas, was gegenüber dieser sinnvollen morphologischen Betrachtungsweise ganz entschieden seine Zugeordnetheit zeigt zur Sonnenbahn, dann werden wir nicht anders können, als die Sonnenbahn in einen Zusammenhang zu bringen, den wir allerdings in den nächsten Stunden noch genauer werden zu definieren haben, mit demje-

nigen, was in irgendeiner Weise zusammenfällt mit dem Radius der Erde, wobei ja die Erde Bewegungen ausführen mag, so daß sie mit vielen Radien zusammenfällt mit der Sonnenbahn. Jedenfalls gibt es eine Vorstellung, wenn wir sagen, es muß die Sonnenbahn in ihrer Richtung radial zur Oberfläche der Erde stehen. Wenn wir uns das vorstellen, so bleibt ja nichts anderes übrig, als daran zu denken, daß die Erde jedenfalls in keiner Weise eine Drehung *um* die Sonne ausführen kann, daß also dasjenige, was man mit vollem Recht sorgfältig herausrechnet als die Drehung der Erde um die Sonne, ganz gewiß die Resultierende sein muß von irgendwelchen anderen Bewegungen.

Nun sind ja natürlich alle Einzelheiten, die dabei in Betracht kommen in bezug auf die menschliche Bildung, so kompliziert, daß die Kürze dieses Kurses nicht gestattet, Ihnen alles auszuführen. Aber wenn Sie die angedeuteten morphologischen, qualitativ-morphologischen Darstellungen ernsthaft ins Auge fassen, so werden Sie es der menschlichen Bildung anmerken, daß wir es zu tun haben mit einem Nachfolgen der Erde gegenüber der Sonne, gewissermaßen mit einem Vorauseilen der Sonne und einem Nachfolgen der Erde. Es muß sich also darum handeln, daß Erdenbahn und Sonnenbahn in einer gewissen Art zusammenfallen, daß die Erde in einer gewissen Weise der Sonne nachfolgt, so daß es möglich ist, daß die Radien der Erde bei der Drehung der Erde in die Sonnenbahn hineinfallen, oder wenigstens in einer bestimmten Beziehung zu ihr stehen.

Nun können Sie ja natürlich einwenden, daß dieses alles widerspreche demjenigen, was die gewöhnliche Astronomie sagt. Aber es ist nicht einmal der Fall, es ist in der Tat nicht einmal der Fall! Denn Sie wissen ja, daß die gewöhnliche Astronomie zu Hilfe nehmen muß, um alle Erscheinungen zu erklären, außer dem Stillestehen der Sonne in einem bestimmten Punkt, der der Brennpunkt einer Ellipse sein soll, in der sich die Erde bewegt, auch noch eine Bewegung der Sonne nach einem bestimmten Sternbilde hin. Wenn Sie sich entsprechende Vorstellungen machen über die Richtung dieser Bewegung, dann werden Sie schon unter Umständen aus Sonnenbewe-

gung und Erdenbewegung, wie sie da konstruiert werden, wiederum eine resultierende Bahn erhalten für die Erdenbewegung, die nicht zusammenfällt mit der gedachten Ellipse, in der sich die Erde um die Sonne dreht, sondern die eine andere Gestalt hat, die also durchaus nicht braucht so zu sein (Ellipse). Ich will Sie nach und nach auf diese Dinge hinführen, will heute nur darauf hinweisen, daß es nicht nötig ist, daß Sie das, was ich hier sage, für besonders umwälzend gegenüber der gewöhnlichen Astronomie halten. Das wichtigere ist die methodologische Betrachtungsweise, die Einordnung der menschlichen Gestalt in das ganze Bewegungssystem der Gestirne. Es handelt sich mir durchaus nicht darum, irgendwie hier eine Revolution der Astronomie vorzutragen. Das ist auch gar nicht besonders der Fall. Wenn Sie sich vorstellen, daß so etwas Bewegung der Erde ist (Fig. 6) und die Sonne auch eine Bewegung hat, so werden Sie

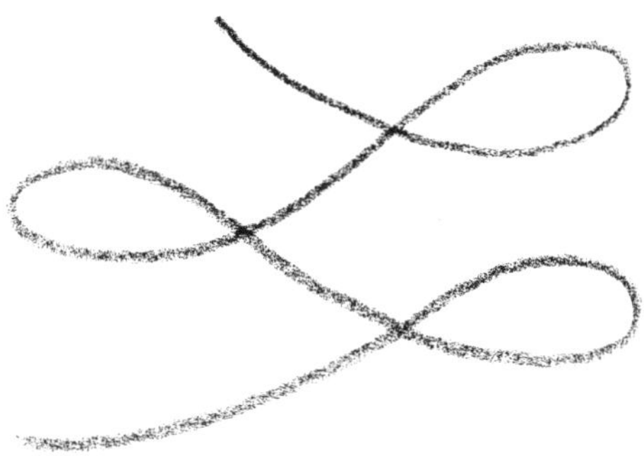

Fig. 6

sich leicht vorstellen können, daß, wenn die Erde hinter der Sonne nachfolgt und die Sonne sich bewegt, es nicht unbedingt notwendig ist, auch nach den gegenwärtigen astronomischen Ansichten nicht, daß die Erde hier vorbeiläuft an der Sonne, sondern daß die Erde irgendwie, wenn hier die Sonne schon entschlüpft ist, nachzieht in der Sonnenbahn selber. Es ist sogar möglich, wenn Sie die hypothetische Geschwindigkeit ins Auge fassen, die ausgerechnet ist für die Sonnenbahn, daß Sie ein sehr nettes rechnerisches Resultat herausbekommen, daß Ihnen die Bildung der Resultierenden aus der angenommenen Erdenbewegung und der angenommenen Sonnenbewe-

gung allerdings eine resultierende Bewegung gibt, sogar mit einer entsprechenden Geschwindigkeit, die sich in die heutige Astronomie einordnen läßt. Ich möchte nur darauf aufmerksam machen, daß die Dinge, die hier vorgetragen sind, durchaus nicht ohne Beziehung zur gegenwärtigen Astronomie vorgetragen werden, sondern mit einer gründlicheren Beziehung dazu als gewisse Theorien, die man, indem man heraussondert einige Bewegungen und die anderen unberücksichtigt läßt, eben als gewisse Theorien vorträgt. Mir kommt es nicht darauf an, hier geradezu eine Revolution der Astronomie Ihnen vorzutragen – ich betone das ausdrücklich, damit nicht Märchen entstehen –, sondern mir kommt es darauf an, das, was menschliche Gestaltung ist, zuzuordnen den Bewegungen der Himmelskörper, überhaupt dem ganzen System des Kosmos. Ich mache Sie im übrigen darauf aufmerksam, daß ja die Dinge durchaus nicht so einfach liegen in bezug auf das Zusammendenken der astronomischen Beobachtungen mit den Bahnen, die man für die Gestirne konstruiert, da ja, wie Sie aus dem zweiten Keplerschen Gesetz wissen, die Bahnformen wesentlich zusammenhängen mit den Radienvektoren, das heißt mit der Geschwindigkeit, die der Radiusvektor hat. Also, die ganze Form der Bahn ist ja abhängig von der Gestaltung des Radiusvektor. Wenn das der Fall ist, dann müssen wir auch in den Bahnformen, die uns entgegentreten, etwas sehen, worüber wir uns unter Umständen beim bloßen Aspekt Illusionen hingeben können. Denn es könnte ja durchaus sein, daß wir in demjenigen, was wir ausrechnen aus der Geschwindigkeit und wiederum aus der Länge des Radiusvektor, schon nicht ursprüngliche Größen hätten, sondern wiederum Resultierende von ursprünglichen Größen, so daß das Scheinbild, das entsteht, auf ein weiter Zurückliegendes weist.

Nun braucht man durchaus nicht einen solchen Ausspruch als etwas Besonderes anzusehen. Denn sehen Sie, wenn Sie im Sinne unserer gegenwärtigen Astronomie den Ort der Sonne zu irgendeiner Tageszeit an irgendeinem Tage ausrechnen wollen, so brauchen Sie ja eigentlich heute *mehr* als bloß eine Rechnung, die etwa davon ausginge, dasjenige zugrunde zu legen, was der einfachen

Aufstellung des Gesetzes entspricht: Es bewegt sich die Erde um die Sonne. Man hat es als besonders merkwürdig hervorgehoben, daß in der älteren Mysterien-Astronomie – nicht in der exoterischen – nicht von *einer* Sonne, sondern von drei Sonnen gesprochen worden ist, daß man drei Sonnen unterschieden hat. Nun, ich muß gestehen, daß ich eigentlich darin nichts besonders Auffälliges finde, denn die gegenwärtige Astronomie hat auch drei Sonnen. Sie hat die Sonne, deren Bahn sie ausrechnet als das scheinbare Gegenbild der Erdenbewegung um die Sonne. Nicht wahr, sie hat diese Sonne, deren Bahn sie ausrechnet. Sie hat dann noch eine Sonne, die eigentlich nur eine gedachte Sonne ist, durch die sie gewisse Dinge, die nicht stimmen, korrigiert. Und dann hat sie auch noch eine dritte Sonne, durch die sie die Dinge wiederum zurückkorrigiert, die dann doch noch nicht stimmen, wenn man die erste Korrektur vorgenommen hat. So daß man in der Tat auch in der gegenwärtigen Astronomie drei Sonnen unterscheidet: die wirkliche und zwei gedachte. Die braucht man, denn dasjenige, was man ausrechnet, das stimmt eben nicht für den wirklichen Sonnenort. Man muß immer korrigieren. Und das weist Sie schon darauf hin, daß wir ja auf unsere Rechnungen nicht allzu stark bauen dürfen, daß es schon anderer Mittel bedarf, um sich adäquate Vorstellungen von den Bewegungen der Gestirne zu machen als diejenigen sind, die aus den Rechnungsansätzen gegenwärtig gemacht werden.

Nun werden wir aber nicht dasjenige, was wir so, ich möchte sagen, an allgemeinen Vorstellungen über die Planetenbahnen bisher herausgerechnet haben, zu großer Bestimmtheit bringen können, wenn wir nicht weitergehen können in der Betrachtung der irdischen Wesen selber. Und da ist es schon notwendig, daß man sich einmal unbefangen anschaut, wie in einer gewissen Hinsicht die Reiche der Natur eigentlich zueinander stehen. Man betrachtet ja gewöhnlich diese Reiche so, daß man sie in einer geraden Linie denkt: Mineralisches Reich, pflanzliches Reich, tierisches Reich. Ich will noch anschließen das menschliche Reich, das ja manche nicht gelten lassen, aber das ist ja gleich. Nun fragt es sich, ob denn eine solche Anordnung überhaupt einen Sinn hat. Diese Anordnung liegt ja vielen

unserer gegenwärtigen Betrachtungen zugrunde, hat wenigstens in der Blütezeit der mechanistischen Naturbetrachtung zugrunde gelegen. Gegenwärtig herrscht ja auf solchen Gebieten eine gewisse – Verzweiflung könnte man es nennen, in der Wissenschaft, aber die Denkgewohnheiten sind doch noch dieselben geblieben, wie sie vor zwanzig oder dreißig Jahren noch in voller Blüte bestanden haben. Am liebsten wäre es da den Leuten gewesen, diese Reihenfolge: Mineralreich, Pflanzenreich, Tierreich, Mensch so verfolgen zu können, daß das Mineralreich das einfachste wäre, dann vielleicht durch eine gewisse Kombination der Mineralstruktur die Pflanzenstruktur zu gewinnen, wiederum durch die weitere Kombination der Pflanzenstruktur die Tierstruktur, und so bis hinauf zum Menschen. In all den Gedanken, die man entwickelt hat über Urzeugung, generatio aequivoca, in all diesen Dingen spricht sich ja die Tendenz aus, dasjenige, was beseeltes Lebendiges ist, auf das Unbeseelte, das Unorganische, Mineralische zurückzuführen. Und ich glaube, daß es heute noch viele Wissenschafter gibt, welche daran zweifeln, daß man in irgendeiner anderen Weise vernünftig den Zusammenhang in der Reihe der Naturreiche sich denken könne, als eben so, daß man dasjenige, was zuletzt im Menschen erscheint, zurückführt auf das Unorganische. In wie vielen Abhandlungen, Büchern, Vorträgen und sonstigen wissenschaftlichen Offenbarungen, die durchaus ernst und fachmännisch genommen sein wollen, finden Sie überall wie hypnotisiert den Blick darauf hingewendet, auf welche Weise eigentlich irgendeinmal im Naturzusammenhang aus bloß mineralisch zu betrachtenden Atomanordnungen das belebte Urwesen entstanden sein könnte. Nun frägt es sich, ob man in dieser Weise überhaupt die ganze Reihe der Naturwesen ins Auge fassen kann; ob man dann, wenn man sie so ins Auge faßt, auf die bedeutsamsten Merkmale, die ganz offen zutage liegen, Rücksicht nimmt.

Wenn Sie zunächst ein Pflanzenwesen mit einem Tierwesen vergleichen, so werden Sie, wenn Sie alles zusammennehmen, was Ihnen die Betrachtung darbietet, finden, daß in der Tierbildung durchaus nicht etwas liegt, was bloß sich ausnimmt wie eine Fortsetzung der Pflanzenbildung. Man kann sich, wenn man die einfachste ein-

jährige Pflanzenbildung betrachtet, deren Fortsetzung denken in der Dauerpflanze. Aber es ist unmöglich, aus den organischen Bildungsprinzipien irgend etwas herauszufinden, was die Pflanzenbildung in Fortsetzung zeigen würde zur Tierbildung hin. Dagegen ist es sehr wohl möglich, einen polarischen Gegensatz herauszufinden zwischen der Pflanzenbildung und der Tierbildung. Diesen polarischen Gegensatz können Sie einfach ergreifen an der auffälligsten Erscheinung, an demjenigen, was der Gegensatz ist in den Assimilationsprozessen zwischen dem Verhalten der Pflanze und des Tieres zum Kohlenstoff und der eigentümlichen Verwendung des Sauerstoffs. Es muß natürlich durchaus darauf aufmerksam gemacht werden, daß man diese Dinge in der richtigen Weise anschauen soll. Man darf natürlich nicht sagen, das Tier atmet bloß Sauerstoff ein, die Pflanze atmet bloß Sauerstoff aus und Kohlenstoff ein. So liegt ja die Sache nicht. Aber dennoch, im Ganzen der pflanzlichen Bildung ist in bezug auf das organische Leben ein polarischer Gegensatz im Verhalten zum Sauerstoff und zum Kohlenstoff. Es läßt sich am leichtesten dasjenige, was da vorliegt, so aussprechen, daß man sagt: Dasjenige, was beim Tier dadurch eintritt, daß sich der Sauerstoff an den Kohlenstoff bindet und die Kohlensäure ausgeschieden wird, ist beim Tier eigentlich Entbildungsprozeß, Entbildungsprozeß in dem Sinne, daß es aufgehoben werden muß, wenn das Tier bestehen will. Beim Menschen ist es geradeso. Bei der Pflanze aber muß dieses gerade gebildet werden.

Denken Sie sich, daß dasjenige, was da in einer gewissen Beziehung als Ausscheidungsprozeß auftritt, was weg muß beim Tier, gerade den Bildungsprozeß der Pflanze ausmacht. Da ist wirklich ein polarischer Gegensatz mit Händen zu greifen. Sie können sich nicht den Pflanzenbildungsprozeß entsprechend gradlinig fortdenken, um daraus den tierischen Bildungsprozeß zu haben. Aber Sie können sich dasjenige, was beim tierischen Bildungsprozeß verhindert werden muß, umgekehrt aus dem Pflanzenbildungsprozeß vorstellen. Wie weggenommen werden muß vom tierischen Bildungsprozeß der Kohlenstoff durch den Sauerstoff in der Kohlensäure, so können Sie sich geradezu, wenn Sie den Prozeß umdrehen, ihn als den Pflan-

zenbildungsprozeß vorstellen. So daß Sie in irgendeiner gradlinigen Fortsetzung von der Pflanze zum Tier nicht kommen. Wohl aber können Sie, ohne daß wir hier in eine falsche Symbolik verfallen, sich eine ideale Mitte denken und können auf der einen Seite den Pflanzenbildungsprozß, auf der anderen Seite den Tierbildungsprozeß sehen: ein Gabelungsprozeß (Fig. 7). Dasjenige, was in der Mitte

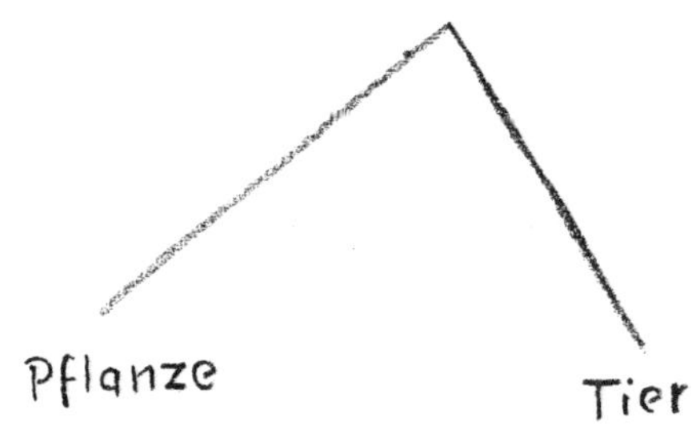

Fig. 7

drinnen liegt, das stellen wir uns zunächst als irgendeine ideale Mitte dar, so daß, wenn wir uns den Pflanzenbildungsprozeß gradlinig fortgesetzt denken würden, wir zur Dauerpflanze kommen würden, nicht zum Tier. Aber wenn wir zur Dauerpflanze kommen, dann stellt sich uns ja gleich etwas dar, was wir nur entsprechend weit zu verfolgen brauchen, um zu etwas anderem zu kommen. Wenn Sie sich die Dauerpflanze vorstellen, so werden Sie nicht anders können, als dasjenige, was in gewisser Beziehung in der Fortsetzung dieser Entwickelungsströmung der Dauerpflanze liegt, sich vorzustellen als den Weg zur Mineralisierung. Da haben Sie den Weg zur Mineralisierung. Wir können also sagen: Wir haben in der direkten Fortsetzung des Pflanzenbildungsprozesses den Weg zur Mineralisierung. Suchen wir den polarischen Gegensatz an dem anderen Ast, bei der Tierbildung, so würde natürlich jemand, der schematisch vorgeht, sagen, er muß hier auch die andere Seite, den anderen Ast der Gabel fortsetzen. Das wäre aber kein polarisches Fortsetzen, sondern Sie müssen sich jetzt denken: Beim Pflanzenbildungsprozeß haben wir eine Fortsetzung; beim Tierbildungsprozeß muß ich negativ gehen, muß ich zurückgehen, da muß ich umkehren, muß ich mir vorstel-

len, daß der Tierbildungsprozeß nicht über sich hinausschießt, sondern zurückbleibt hinter seinem Werden.

Nun studieren Sie einmal dasjenige, was in der Zoologie vorliegt, ich will sagen, durch die Untersuchungen von *Selenka* über den Unterschied zwischen Mensch und Tier in der embryonalen Bildung, und wie diese Bildung dann erscheint nach der Geburt beim Menschen, wie sie erscheint bei dem höheren Tier, dann werden Sie eine Vorstellung verknüpfen können mit diesem Zurückbleiben. In der Tat verdanken wir unsere menschliche Bildung dem Umstande, daß wir während der Embryonalbildung nicht so weit vorschreiten wie das Tier, sondern zurückbleiben. So daß also, indem wir ganz äußerlich hypothesenfrei diese drei Reiche betrachten, wir allerdings nötig haben, hier eine merkwürdige mathematische Linie zu ziehen, nämlich eine, die bei ihrer Fortsetzung verschwindet, wenn wir vom Tier zum Menschen übergehen, und hier (bei der Pflanze) eine Linie, die sich verlängert (Fig. 8). Wiederum eine Erweiterung der Mathematik! Es ist bei der Zeichnung dieses Schemas ein Unterschied, der

Fig. 8

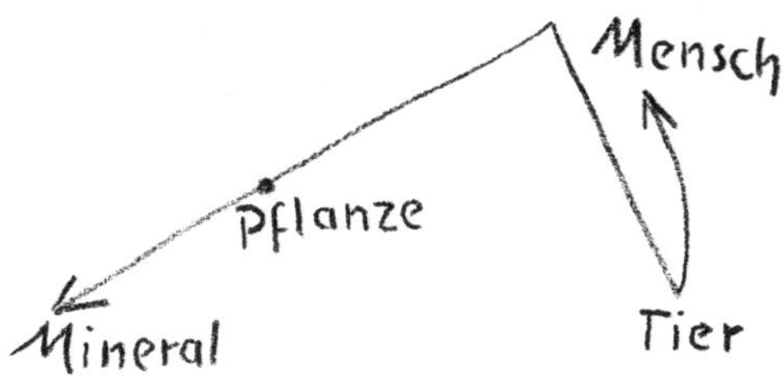

ein rein mathematischer ist: Es gibt Linien, die, wenn wir sie fortsetzen, länger werden, und solche, die, wenn wir sie fortsetzen, kürzer werden. Das ist eine vollständig gültige mathematische Vorstellung. Wir müssen also, wenn wir schematisch die Reiche der Natur anordnen wollen, sie so anordnen, daß wir irgendeinen idealen Punkt haben, von dem aus sich gabelt Pflanzenreich, Tierreich, und dann müssen wir die Linien fortsetzen, aber wir müssen die Linie im Pflanzenreich so fortsetzen, daß sie länger wird bei ihrem Verlängern, im Tierreich so fortsetzen, daß sie kürzer wird bei ihrer Verlän-

gerung. Das ist durchaus eine mathematische Vorstellung. Dann werden wir die Beziehungen bekommen zwischen den Reichen der Natur, zunächst einfach nebeneinanderstellend die Reiche der Natur. Die Frage entsteht jetzt – und nur diese Frage wollen wir uns jetzt als die Frage vorstellen, die zu beantworten wichtig ist: Was entspricht diesem idealen Punkt in der Wirklichkeit? Und da werden wir ahnen können, wie auf dieselbe Weise zusammenhängen muß die Gestaltung der verschiedenen Reiche der Natur mit diesem idealen Punkt hier, wie im Weltenall irgendwelche Bewegungen zusammenhängen müssen mit irgend etwas, was wiederum diesem idealen Punkt da in der Mitte entspricht.

Das ist dasjenige, was wir uns dann für morgen überlegen wollen.

DREIZEHNTER VORTRAG

Stuttgart, 13. Januar 1921

Sie wissen ja, es wird die Entwickelung unserer astronomischen Ansichten so dargestellt in der populären Literatur, daß man sagt, bis zur Zeit des Kopernikus habe geherrscht das ptolemäische Weltensystem, und durch *Kopernikus* sei dann dasjenige System geistiges Eigentum der zivilisierten Welt geworden, welches wir mit den entsprechenden Modifikationen heute noch anerkennen. Nun wird es für die Betrachtungsweise der folgenden Tage von einer besonderen Wichtigkeit sein, daß wir uns eine gewisse Tatsache heute vor Augen rücken, eine Tatsache, die ich Ihnen nur eben mitteilen will, indem ich Ihnen vorlese ein Zitat des *Archimedes* über die Anschauung vom Weltensystem, vom Sternensystem des *Aristarch von Samos.* Archimedes sagt: «Nach seiner Meinung ist die Welt viel größer, als soeben gesagt wurde, denn er setzt voraus, daß die Sterne und die Sonne unbeweglich seien, daß die Erde sich um die Sonne als Zentrum bewege, und daß die Fixsternsphäre, deren Zentrum ebenfalls in der Sonne liege, so groß sei, daß der Umfang des von der Erde beschriebenen Kreises sich zu der Distanz der Fixsterne verhalte wie das Zentrum einer Kugel zu ihrer Oberfläche.»

Wenn Sie diese Worte, die die räumliche Weltanschauung des Aristarch von Samos charakerisieren sollen, nehmen, so werden Sie sich sagen: Zwischen dem räumlichen Weltenbilde des Aristarch von Samos und unserem räumlichen Weltenbilde, wie es sich herausgebildet hat seit der Zeit des Kopernikus, ist absolut gar kein Unterschied. Aristarch von Samos hat ja gelebt im 3. Jahrhundert vor dem Anfang der christlichen Zeitrechnung, so daß wir für diejenigen Menschen, die wie Aristarch von Samos damals auf einem gewissen Gebiete führend waren im geistigen Leben, anzunehmen haben, daß sie durchaus der räumlichen Weltanschauung gehuldigt haben, der heute die Astronomie huldigt. Und es liegt demgegenüber doch die bedeutsame Tatsache vor, daß dann eigentlich im allgemeinen Bewußtsein derjenigen Menschen, die über solche Dinge nachge-

dacht haben, diese, nennen wir sie heliozentrische, Weltanschauung verschwunden ist, und daß die ptolemäische Weltanschauung an ihre Stelle trat, bis mit dem Heraufkommen desjenigen, was wir ja gewöhnt sind die fünfte nachatlantische Kulturperiode zu nennen, wiederum heraufkommt diese heliozentrische Weltanschauung, die wir finden bei solchen Menschen wie Aristarch von Samos, also im 3. vorchristlichen Jahrhundert. Und Sie werden ja leicht glauben können, daß dasjenige, was für diesen Aristarch von Samos gilt, für viele Menschen gegolten hat. Wer die Entwickelung der geistigen Anschauung der Menschheit studiert, der findet auf einem gewissen Gebiet der menschheitlichen Entwickelung, wenn das auch heute schwierig durch äußerliche Dokumente zu belegen ist, daß diese heliozentrische Weltanschauung gerade um so mehr anerkannt wird von denjenigen, die für diese Anerkennung in Betracht kamen, je weiter man von Aristarch von Samos in frühere Zeiten zurückgeht. Und geht man in diejenige Zeit zurück, die wir gewohnt sind die dritte nachatlantische Zeit zu nennen, so muß man sagen, daß bei den maßgebenden Menschen, bei denjenigen Menschen, die als Autoritäten galten in solchen Dingen, in dieser dritten nachatlantischen Zeit durchaus die heliozentrische Weltanschauung vorhanden war, die Archimedes als bei Aristarch von Samos vorhanden schildert, so schildert, daß wir sie von der heutigen nicht unterscheiden können.

Wir müssen also sagen: Es liegt gerade das Eigentümliche vor, daß die heliozentrische Weltanschauung im menschlichen Denken vorhanden ist, abgelöst wird von dem ptolemäischen System und wiederum zurückerobert wird im fünften nachatlantischen Zeitraum. Es ist geradezu so, daß das ptolemäische System eigentlich nur maßgeblich ist im wesentlichen für den vierten nachatlantischen Zeitraum. Es ist nicht willkürlich, daß ich dieses jetzt gerade einschalte, nachdem ich Sie gestern hingewiesen habe auf einen gewissen ideellen Punkt in der Entwickelungsgeschichte der Naturreiche, sondern wir werden sehen, daß zwischen diesen Tatsachen durchaus ein organischer Zusammenhang waltet. Aber wir werden uns noch etwas nährer befassen müssen gerade mit dieser eben angeführten Tatsache.

Worin besteht denn das Wesentliche des ptolemäischen Weltsystems? Das Wesentliche besteht darin, daß *Ptolemäus* und die Seinen wiederum zurückgehen auf die Anschauung von der stillstehenden Erde, von der Bewegung des Fixsternhimmels um die Erde herum, ebenso der Bewegung der Sonne um die Erde herum, und daß er für die Bewegungen der Planeten, mit deren Scheinbildern wir uns ja schon befaßt haben, ganz besondere mathematische Formeln aufstellt. Ptolemäus denkt sich im wesentlichen die Sache so, daß, wenn er hier die Erde annimmt, da herum den Fixsternhimmel, daß die Sonne sich in einem exzentrischen Kreis um die Erde herumbewegt. Auch die Planeten bewegen sich im Kreise, aber nicht so, daß er sie einfach wie die Sonne in *einem* Kreise herumbewegen lassen würde (Fig. 1). Das tut er nicht. Sondern er nimmt

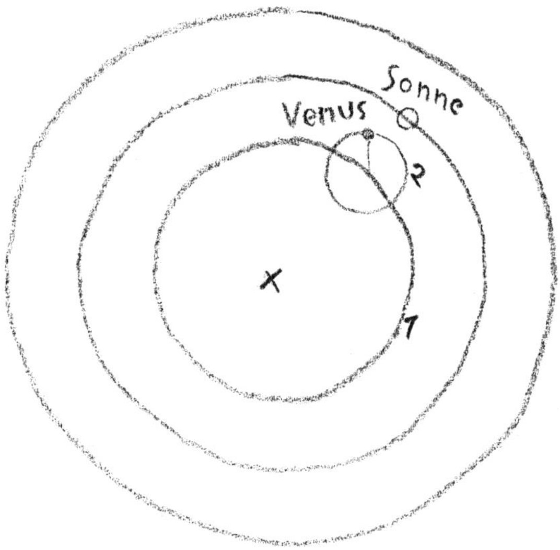

Fig. 1

einen Punkt an, der sich in diesem exzentrischen Kreise bewegt, den er den «deferierenden Kreis» nennt, und läßt diesen Punkt wiederum den Mittelpunkt eines Kreises sein. Und nun läßt er den Planeten sich bewegen auf diesem Kreise, so daß also der wahre Weg der Planetenbewegung entsteht aus dem Zusammenwirken der Bewe-

gungen in diesem Kreise (1) und auf diesem Kreise (2). Also sagen wir, Ptolemäus nimmt an etwa für die Venus, daß sie wiederum auf einem Kreis (2) rotiert, dessen Mittelpunkt sich in diesem Kreise (1) bewegt, so daß eigentlich der Weg der Venus eine resultierende Bewegung aus diesen zwei Bewegungen wäre. Man hat nötig, um diese Bewegung zu verstehen, diese zwei Kreise anzunehmen: diesen Kreis, den Deferent (1) und den kleinen, der dann der epizyklische Kreis (2) wäre. Solche Bewegungen nimmt Ptolemäus an für Saturn, Jupiter, Mars, Venus, Merkur, nicht aber für die Sonne, während er den Mond noch in einem kleinen Kreise, in einem epizyklischen sich bewegen läßt. Es beruhten diese Annahmen darauf, daß die Ptolemäer berechneten – man kann eigentlich nur sagen: sehr sorgfältig berechneten – die Orte am Himmel, in denen sich die Planeten befinden, und daß sie daraus diese Bewegungen zusammensetzten, um zu verstehen, daß die Planeten an einem bestimmten Orte zu einer bestimmten Zeit seien. Es ist erstaunlich, wie genau, relativ genau wenigstens, die Berechnungen der Ptolemäer, des Ptolemäus und seiner Anhänger, in dieser Beziehung eigentlich waren. Es ist so, daß, wenn man zum Beispiel die Bahn irgendeines Planeten, sagen wir des Mars, heute nach unseren gegenwärtigen astronomischen Berechnungen aufzeichnet und vergleicht dann das, was man heute nach den Beobachtungsresultaten als diese sogenannte scheinbare Bahn des Mars aufzeichnen kann mit dem, was man gezeichnet hat mit Zugrundelegung der Theorie der deferierenden und epizyklischen Kreise nach Ptolemäus, so unterscheiden sich diese zwei Kurven kaum. Es ist ein ganz geringfügiger Unterschied, der nur darauf beruht, daß man heute mit genaueren Beobachtungsresultaten rechnet. Also, in bezug auf die Genauigkeit der Beobachtungen waren eigentlich diese Leute nicht weit hinter den heutigen Resultaten zurückgeblieben. Es lag also nicht an ihren Beobachtungen, daß sie dieses merkwürdige System der Planetenbewegungen annahmen, bei dem einem ja vorzugsweise die Kompliziertheit auffällt; denn jeder wird sich natürlich sagen, das kopernikanische System ist wesentlich einfacher. – Da haben wir die Sonne in der Mitte, die Planeten bewegen sich in Kreisen oder Ellipsen um die Sonne

herum. Das ist sehr einfach, nicht wahr. Das hier (Fig. 1), das ist sehr kompliziert, da hat man es zu tun mit einer kreisförmigen Bahn, noch einmal ein Kreis, und sogar noch mit einem exzentrischen Kreis.

Nun geht mit einer gewissen Zähigkeit das Festhalten an diesem ptolemäischen System gerade durch die ganze vierte nachatlantische Zeit hindurch, und man muß sich eigentlich fragen: Wodurch unterscheidet sich denn die Art und Weise des Denkens über den Weltenraum und seinen Inhalt bei den Ptolemäern von dem bei Aristarch von Samos und denjenigen, die so dachten wie er? Wodurch unterscheiden sich diese Denkweisen über das Weltsystem? Es ist allerdings schwer, über diesen Unterschied populär zu sprechen, aus dem Grunde, weil ja manches sich äußerlich gleich ausnimmt, aber innerlich durch und durch verschieden ist. Wenn so Archimedes beschreibt das System des Aristarch von Samos, so müssen wir sagen: Dieses heliozentrische System, das ist im Grunde gar nicht von dem kopernikanischen unterschieden. – Wenn wir aber genauer eingehen auf den ganzen Geist des Weltenbildes des Aristarch, so finden wir doch etwas anderes. Auch bei Aristarch von Samos ist ganz gewiß vorhanden ein Verfolgen der äußeren Erscheinungen mit mathematischen Linien. Er stellt durch mathematische Linien sich die Bewegungen der Himmelskörper vor. Die Kopernikaner stellen auch durch mathematische Linien diese Bewegungen der Himmelskörper dar. Dazwischen liegt dieses andere merkwürdige System, das System der Ptolemäer. Man kann nicht sagen, daß da in derselben Weise das mathematische Vorstellen zusammenfällt mit dem, was beobachtet wird.

Sehen Sie, das ist ein durchgreifender Unterschied. Das mathematische Vorstellen lehnt sich nicht an die Folge der Beobachtungspunkte an, sondern das mathematische Vorstellen nimmt sich aus als etwas, was, um den Beobachtungen gerecht zu werden, sich absondert von den Beobachtungen, etwas anderes wird als das bloße Verknüpfen der Beobachtungen, und findet dann, daß man die Beobachtungen verstehen kann, wenn man solche Vorstellungen hat. Denken Sie sich doch einmal, heute würde ein Mensch ein Modell

machen von dem Planetensystem, er würde irgendwo die Sonne anbringen, würde Drähte ziehen, welche die Planetenbahnen darstellen, und diese Drähte würden ihm eben auch die Planetenbahnen bedeuten. Er würde also zusammenfassen die Orte der Planeten gewissermaßen durch mathematische Linien. Das hat Ptolemäus nicht getan. Ptolemäus würde sein Modell so konstruieren müssen, daß er etwa hier einen Drehpunkt annimmt, daß er dann hier eine Stange annimmt, am Ende dieser Stange ein Rad drehen läßt, dann hier wiederum ein Rad drehen läßt. So würde er ein Modell machen (Fig. 2). Und dasjenige, was er da als Modell macht, was in seinen

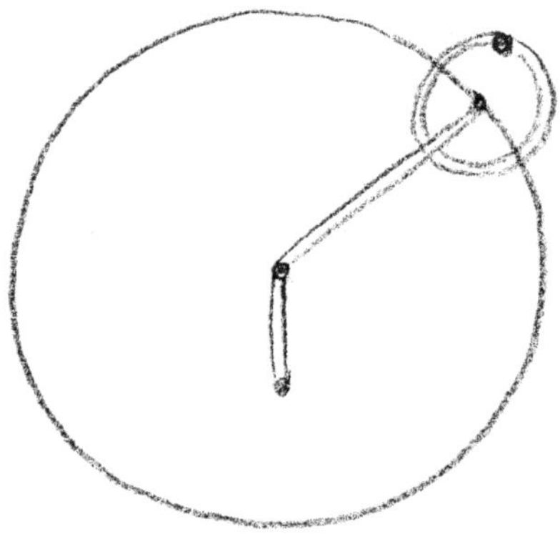

Fig. 2

Vorstellungen lebt als mathematisches Bild, das hat gar keine Ähnlichkeit mit dem, was äußerlich gesehen wird. Das mathematische Bild ist bei ihm etwas anderes als dasjenige, was äußerlich gesehen wird. Und nun kommt man im kopernikanischen System darauf zurück, die einzelnen empirischen Beobachtungsorte wiederum zu verbinden durch die mathematischen Linien, die demselben entsprechen, was bei Aristarch von Samos da war. – Aber ist es dasselbe? Das ist es gerade, was wir fragen müssen: Ist es dasselbe?

Ich glaube, wenn Sie verfolgen, aus welchen Voraussetzungen heraus das kopernikanische System entstanden ist und wie es aufrechterhalten wird, dann werden Sie sich sagen: Das ist so, daß es eigentlich sehr ähnlich ist unserem ganzen mathematischen Verhalten

im empirischen Felde. Kopernikus, das läßt sich ja nachweisen, hat zuerst sich so ideell konstruiert das Planetensystem, wie wir ideell ein Dreieck konstruieren, das wir dann in der empirischen Wirklichkeit draußen finden. Er ging also gewissermaßen aus von einer Art a priorischen mathematischen Urteils und wendete das an auf die empirischen Tatsachen.

Was liegt denn aber wohl zugrunde diesem komplizierten System des Ptolemäus, daß es eben so kompliziert wurde? Es war so kompliziert, daß ja, als man es dem bekannten König Alfons von Spanien – Sie kennen ja wohl die Geschichte – vorgelegt hat, der aus seinem königlichen Bewußtsein heraus gesagt hat: Wenn ihn Gott bei der Schöpfung der Welt zu Rate gezogen hätte, so wäre die ganze Welt auf eine einfachere Art entstanden als auf eine solche, wo so viele Zykel und Epizykel nötig sind. In diesem Aufstellen von Zykel und Epizykel ist da etwas darinnen, was doch einen Zusammenhang hat mit einem Wirklichkeitsinhalt? Diese Frage möchte ich einmal vor Sie hinstellen: Ist das wirklich nur etwas phantastisch Ersonnenes, oder ist darin irgend etwas, was doch vielleicht darauf hinweist, daß es sich auf eine Wirklichkeit bezieht, was da ausersonnen ist? Das können wir wohl nur entscheiden, wenn wir auf die Sache etwas genauer eingehen.

Sehen Sie, wenn man verfolgt ganz im Sinne des ptolemäischen Systems, also mit Zugrundelegung der ptolemäischen Theorien die Bewegungen der Sonne, die scheinbaren Bewegungen der Sonne, wie wir sagen, die scheinbaren Bewegungen von Merkur, Venus, Mars, Jupiter, Saturn, so kann man sagen, die Bewegungswinkel ergeben immer eine gewisse Größe. Und wir können daher die Bewegungen vergleichen, welche die Orte der betreffenden Gestirne am Himmel zeigen. Die Sonne bewegt sich nicht in einem Epizykel. Daher können wir sagen, ihre Tagesbewegung im Epizykel ist gleich Null. Dagegen müssen wir, wenn wir damit vergleichen die Tagesbewegung im Epizykel beim Merkur, sie mit irgendeiner Zahl ansetzen, ich will sie nennen x_1, bei Venus will ich sagen x_2, bei Mars x_3, bei Jupiter x_4, Saturn x_5. Und jetzt wollen wir ins Auge fassen jene Bewegungen, welche die Mittelpunkte der Epizykel im Sinne des

ptolemäischen Systems auf den deferierenden Kreisen haben. Nehmen wir für die Sonne y an, dann stellt sich das Merkwürdige heraus, daß, wenn wir für die Bewegung des Mittelpunktes des Epizykels den Wert aufsuchen für Merkur, so ist er gleich der Bewegung der Sonne. Wir müssen wieder y ansetzen. Und bei Venus müssen wir auch y ansetzen. Das heißt: Für Merkur und Venus gilt dieses, daß sich die Mittelpunkte ihrer Epizykel auf Bahnen bewegen, die durchaus zusammenfallen mit der Sonnenbahn, entsprechen der Sonnenbahn, also parallel sind. Dagegen sind die Bewegungen der Mittelpunkte der Epizykel für Mars, Jupiter, Saturn verschieden, sagen wir: x', x'', x'''. Aber das Eigentümliche besteht, daß, wenn ich bilde $x_3 + x'$, $x_4 + x''$, $x_5 + x'''$, daß ich dann durch Zusammenzählen der Bewegungen in den Epizykeln und der Bewegungen des Mittelpunktes der Epizykel, also im deferierenden Kreis, für diese Planeten bekomme eine konstante Größe, und zwar dieselbe, die ich bekomme als y für die Bewegung der Sonne und des Mittelpunktes der Merkur- und Venus-Epizykel:

$$x_3 + x' = y$$
$$x_4 + x'' = y$$
$$x_5 + x''' = y.$$

Sie sehen, da ist eine merkwürdige Regelmäßigkeit drinnen! Diese Regelmäßigkeit, die führt uns dazu, in anderer Art anzusehen die kosmische Bedeutung des Mittelpunktes des Epizykels bei Venus und Merkur, die wir also die sonnennahen Planeten nennen, wie bei Jupiter, Mars, Saturn und so weiter, die wir die sonnenfernen Planeten nennen. Bei diesen sonnenfernen Planeten hat der Mittelpunkt des Epizykels nicht dieselbe kosmische Bedeutung. Es ist irgend etwas drinnen, was die ganze Bedeutung des Bahnverlaufs zu einer andern macht als bei den sonnennahen Planeten. Diese Tatsache war gut bekannt den Ptolemäern und sie war mitbestimmend für den ganzen Ausbau dieses merkwürdigen, sich im Geiste von den empirischen Tatsachen loslösenden Zykel- und Epizykel-Gedankens. Sie haben geradezu in einer solchen Tatsache eine Notwendigkeit gese-

hen, ein solches System aufzustellen. Denn es liegt darin, für den heutigen Menschen mehr oder weniger ganz unausgesprochen, denn der läßt sich einfach erzählen, daß sie die Zykel gebildet haben und so weiter, für diese Leute aber nach ihrer besonderen Art der Anschauung durchaus faßbar der Gedanke: Wenn Merkur und Venus in etwas anderem dieselben Werte haben wie Jupiter, Saturn und Mars, so darf man nicht einfach die Sache so behandeln, daß man von einem gleichmäßigen Umkreis oder so etwas spricht. Denn ein Planet hat eine Bedeutung nicht nur innerhalb seines Raumes, sondern auch noch außerhalb seines Raumes. Er benimmt sich so, daß man nicht bloß auf ihn hinschauen soll, wenn man ihn ins Auge faßt an seinem Ort am Himmel und in seinen Beziehungen zu den andern Himmelskörpern, sondern man muß aus ihm hinausgehen zum Mittelpunkt des Epizykels. Und dieser Mittelpunkt seines Epizykels benimmt sich im Raum so wie die Sonne sich im Raum benimmt. So daß diese Leute sagten, wenn ich das in die moderne Sprache übersetze: Die Epizykelmittelpunkte für Merkur und Venus verhalten sich im kosmischen Raum mit Bezug auf ihre Bewegungen, wie sich die Sonne selbst verhält. Aber die anderen, Mars, Jupiter, Saturn verhalten sich nicht so, sondern die nehmen das Recht für sich in Anspruch, erst dann, wenn man summiert ihre Epizykelbewegungen mit den Bewegungen im deferierenden Kreis, so zu sein in ihren Bewegungen wie die Sonne. Also ihr Verhalten zur Sonne ist ein anderes.

Auf dieses verschiedene Verhalten zur Sonne hat man im ptolemäischen System gebaut, und das ist im wesentlichen ein Grund für die Ausbildung des Systems, weil man eben nicht einfach durch Zusammenfassung der empirisch gegebenen Planetenorte in Linien ein Gedankensystem aufbauen wollte, sondern man wollte auf etwas anderes ein Gedankensystem aufbauen. Zugrunde lag eine wirkliche Erkenntnis. Das ist ganz und gar nicht zu leugnen, wenn man sich einfach richtig historisch darauf einläßt. Der heutige Mensch sagt natürlich: Wir haben es mit der kopernikanischen Anschauung so weit gebracht und haben nicht nötig, uns auf diese Geister einzulas-

sen. – Der heutige Mensch läßt sich nicht ein darauf, aber wenn man sich wirklich einläßt, so kommt man darauf, daß die Ptolemäer sich sagten: Ja, Mars, Jupiter, Saturn, sie stehen eben in einem anderen Verhältnis zum Menschen als Merkur und Venus; es entspricht anderes im Menschen dem Jupiter, Saturn, Mars als dem Merkur und der Venus. Und sie brachten Jupiter, Saturn und Mars in Zusammenhang mit der Gestaltung des menschlichen Hauptes, dagegen Venus und Merkur mit der Gestaltung desjenigen, was in der menschlichen Organisation unter dem Herzen ist. Besser gesagt als «Haupt» wäre eigentlich, wenn ich sagte: Es wurden zusammengebracht Jupiter, Saturn und Mars mit der Gestaltung alles desjenigen, was über dem Herzen gelegen ist, Venus und Merkur mit demjenigen, was unter dem Herzen gelegen ist im Menschen. Also, sie bezogen schon, diese Ptolemäer, dasjenige, was sie ausdrückten in ihrem System, auf den Menschen.

Und worauf stützte sich denn das? Ich glaube, wenn Sie darüber ein richtiges Urteil gewinnen wollen, so müssen Sie recht sorgfältig den innersten Grundton meiner «Rätsel der Philosophie» lesen, wo ich versuchte herauszugestalten, wie ganz anders die Art, sich erkenntnismäßig zur Welt zu stellen, vor dem 15. Jahrhundert war und nachher. Dieses Sich-Herausschälen aus der Welt, das war erst nach dem 15. Jahrhundert vorhanden, vorher nicht. In diesem Punkte wird man allerdings nicht leicht verständlich der gegenwärtigen Welt. Heute sagen sich die Menschen: Ich denke mir dieses oder jenes über die Welt, habe so oder so meine Sinneswahrnehmungen. Wir sind in der neueren geschichtlichen Entwickelung furchtbar gescheit geworden, früher waren die Menschen dumm, haben allerlei Kindisches sich vorgestellt. – Aber viel anders stellt man sich die Sache doch nicht vor, als daß die Kerle, wenn sie sich früher nur genügend angestrengt hätten, schon ebenso gescheit geworden wären. Es habe nur erst die ganze Entwickelung im Unterricht der Menschheit dauern müssen, daß die Menschen so gescheit geworden sind wie dann später. Darauf nimmt man eben keine Rücksicht, daß das Anschauen selbst, das ganze Sich-Verhalten zur Welt ein anderes war. Wenn Sie die verschiedenen Stufen, die ich ja charakterisiert habe in

meinen «Rätseln der Philosophie», vergleichen, so werden Sie sich sagen: Es war wirklich durch die ganze Zeit hindurch vom Beginn der vierten Epoche bis zu ihrem Ende eigentlich eine solche scharfe Trennung von Begriff, Vorstellung und sinnlichen Inhalten nicht wie später. Sie fielen mehr zusammen. Man sah zu gleicher Zeit in der Sinnesqualität das Vorstellungsmäßige. Das wird natürlich immer intensiver, je weiter man in der Zeit zurückgeht. In dieser Beziehung muß man sich wirkliche Vorstellungen machen über die Evolution der Menschheit. Denn sehen Sie, für unsere heutige Zeit ist dasjenige, was Dr. *Stein* in seinem Buch geschrieben hat über das Wesen der Sinneswahrnehmung, ja ganz ausgezeichnet, aber wenn er dazumal auf der Schule in Alexandrien über desselbe Thema eine Dissertation hätte schreiben sollen, dann würde er ganz anders über die Sinneswahrnehmung haben schreiben müssen. Das will man eben heute nicht anerkennen, in der Zeit, wo wir alles verabsolutieren.

Nun also, wenn wir noch weiter zurückgehen, gar in die ägyptisch-chaldäische Zeit in ihrer Blütezeit, dann finden wir ein noch intensiveres Zusammensein des Begriffes, der Vorstellung mit der äußeren physisch-sinnlichen Realität. Und sehen Sie, aus diesem intensiveren Zusammensein sind die Anschauungen entstanden, die wir zuletzt schon in der Dekadenz bei Aristarch von Samos finden. Bei den Früheren waren sie ja viel mehr vorhanden. Das heliozentrische System *fühlte* man, als man eben noch ganz und gar mit der Vorstellung drinnen lebte in der äußeren Sinnlichkeit. Und in der vierten nachatlantischen Zeit, vom 8. vorchristlichen Jahrhundert bis zum 15. nachchristlichen Jahrhundert, da mußte ja der Mensch heraus aus dieser ganzen Sinneswelt, mußte heraus aus diesem Zusammensein mit der Sinneswelt. In welchem Felde konnte er das am besten? Er konnte es am besten da, wo das Zusammenbringen der äußeren Realität mit der Vorstellung scheinbar die allergrößten Schwierigkeiten machte. Da konnte er sich losreißen in bezug auf sein Vorstellen von den sinnlichen Eindrücken.

Wenn wir von diesem Gesichtspunkte aus das ptolemäische System wie ein wichtiges Mittel der menschlichen Erziehung ansehen,

dann kommen wir erst auf sein Wesen. Es ist die große Schule des Sich-Emanzipierens der menschlichen Vorstellungen von der sinnlichen Wahrnehmung. Und als diese Emanzipation soweit eingetreten war, daß ein gewisser Grad erreicht wurde im innerlichen Denkenkönnen, was sich später dadurch zeigte, daß solche Geister wie *Galilei* und die anderen im eminentesten Sinne mathematisch-abstrakt denken, sehr kompliziert mathematisch-abstrakt denken, da konnte Kopernikus kommen und konnte sich gerade diese Tatsachen, diese Beobachtungsresultate von dem Gleichsein des *y* an verschiedenen Orten vorlegen und konnte daraus dann wiederum zurück von diesen mathematischen Resultaten sein kopernikanisches Weltensystem konstruieren. Denn das ist aus diesen Resultaten heraus gezeichnet. Das ist also ein Wiederzurückgehen von den abstrakt gefaßten Vorstellungen zu der äußeren, physisch-sinnlichen Wirklichkeit.

Es ist außerordentlich interessant, sich das einmal vorzuhalten, wie gerade im astronomischen Bild die Menschheit sich losreißt von der äußeren Wirklichkeit. Und wenn man sich das vorhält, dann wird man auch eine Möglichkeit gewinnen, in der richtigen Weise zu bewerten die Art, wie wir wiederum auch in umfassenderem Sinne zurück müssen. Aber wie zurück müssen? *Kepler* hatte davon noch ein Gefühl. Ich habe öfter einen Ausspruch zitiert, der ganz pathetisch klingt, wo er etwa sagt: Ich habe die heiligen Gefäße der Ägypter aus ihren Tempeln entwendet, um sie den modernen Menschen wiederum zu bringen. – In seinem Planetensystem, das ja bei ihm entsprungen ist aus einer sehr, sehr romantischen Auffassung des Weltenbaues, empfand er so etwas wie eine Erneuerung des alten heliozentrischen Systems in seinem eigenen. Aber dieses alte heliozentrische System war eben nicht aus dem Anschauen mit den Augen heraus gemacht, sondern es war gemacht aus dem Erfühlen desjenigen, was in den Sternen lebte.

Der Mensch, der ursprünglich aufgestellt hat dasjenige Weltensystem, das in Aristarch von Samos'scher Weise die Sonne zum Zentrum macht und die Erde herumkreisen läßt und so weiter, dieser Mensch hat in seinem Herzen die Wirkungen der Sonne gefühlt, in

seinem Kopf die Wirkungen von Jupiter, Saturn und Mars, und er hat in seinem Magen und in seiner Leber und seiner Milz die Wirkung von Venus und Merkur gefühlt. Das war reale Erfahrung, und aus dieser realen Erfahrung im ganzen Menschen ist dieses System herausgebildet. Dann verlor man diese umfassende Erfahrung. Man konnte noch wahrnehmen mit den Augen und Ohren und der Nase, aber nicht mehr mit dem Herzen, mit der Leber. So etwas, wie etwas aus der Sonne wahrnehmen mit dem Herzen, etwas aus dem Jupiter wahrnehmen mit der Nase, das ist natürlich der helle Wahnsinn für die Menschen der Gegenwart. Geradeso genau aber kann man so etwas erkennen, wie die andern es für einen Wahnsinn halten, man weiß schon warum. Dieses intensive Miterleben des Weltenalls, das verlor sich im Lauf der Zeit. Und Ptolemäus bildete zunächst ein mathematisches Weltbild heraus, das noch etwas hatte vom alten Fühlen, aber als Qualität, möchte man sagen, sich schon losgelöst hatte. Die Ptolemäer fühlten nur mehr in ihren älteren Zeiten, später gar nicht mehr, sie fühlten nur mehr ganz leise, daß mit der Sonne etwas anderes los ist als zum Beispiel mit dem Jupiter. Die Sonne äußert ihre Wirkung in verhältnismäßig einfacher Weise durch das Herz; der Jupiter geht einem schon wie ein Rad im Kopf herum, worin sich der Epizykel ausdrückt; und in einem anderen Sinn, der hier (Fig. 1) charakterisiert ist, geht wiederum die Venus unter dem Herzen durch. Aber von dem hat man nur noch zurückbehalten in dieser Zeit das Mathematische, das man in Kreisform darstellt: das Einfachere, die Sonnenbahn, im Verhältnis zum Komplizierteren der Planetenbahn, aber das doch noch wenigstens in seiner mathematischen Konfiguration in Beziehung zur menschlichen Organisation.

Dann geht das ganz verloren und es tritt die völlige Abstraktion ein. Aber heute muß wiederum der Weg zurück gesucht werden, um vom ganzen Menschen aus wiederum eine Beziehung zum Kosmos herzustellen. Es muß nicht gewissermaßen von Kepler zu einer weiteren Abstraktion gegangen werden, wie es *Newton* gemacht hat, der Abstraktionen gesetzt hat an die Stelle der Konkretheit, Masse und so weiter eingesetzt hat, was ja nur eine Umformung, eine

Transformation ist, wofür aber zunächst gar kein empirischer Tatbestand vorliegt. Es muß der andere Weg eingeschlagen werden, der Weg, wo in die Wirklichkeit noch tiefer hineingegangen wird, als Kepler hineingegangen ist. Dazu muß man aber allerdings nun auch dasjenige betrachten, was ja zusammenhängt mit Auf- und Untergang der Sonne, Sonnenwandel, Sternenwandel und so weiter: die besondere Artung und Gestaltung der Reiche der äußeren Natur. Es ist doch eigentümlich, daß wir einen Gegensatz finden zwischen den sogenannten äußeren Planeten und den inneren Planeten, und in der Mitte finden wir nach heliozentrischer Anschauung die Erdenwesenheit. Und ebenso finden wir in einer ganz merkwürdigen Weise eine Art von Gegensatz, wie wir gestern gesagt haben, zwischen Mineral, Pflanze auf der einen Seite, auf dem einen Ast liegend, und Tier und Mensch wie auf dem anderen Ast liegend, auf der andern Seite. Und wir müssen, wenn wir die Gabelung zeichnen, Pflanze und Mineral in der Fortsetzung zeichnen; wir müssen Tier und Mensch so zeichnen, daß die Bildung in sich selber zurückkehrt (Fig. 3).

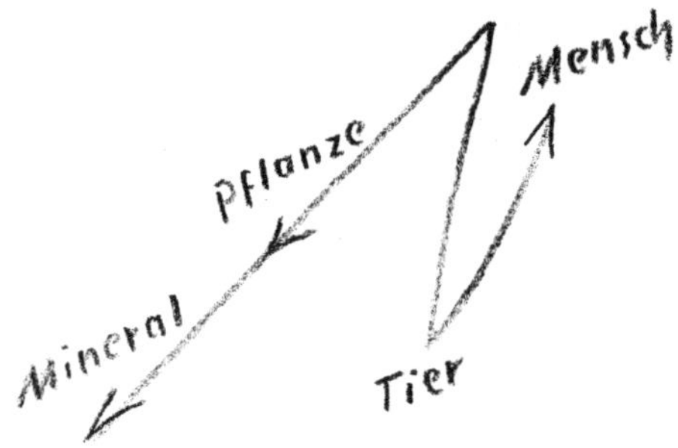

Fig. 3

So haben wir zweierlei vor uns hingestellt: Dasjenige, was genannt werden kann das besondere Verhältnis der Wege der Epizykelmittelpunkte und der Punkte an den Epizykelumfängen, wodurch ein ganz anderes Verhalten zur Sonne entsteht bei den oberen wie bei den unteren Planeten; und weiter das Fortschreiten im Pflanzenwerden, das Hineinsausen ins Mineralische einerseits, die Tierbildung und die Umkehrung von der Tierbildung zum Menschen an-

dererseits. Sie brauchen, wie ich es schon gestern sagte, nur in der *Selenka*-Forschung ein wenig sich umzusehen, so werden Sie manches in diesem Symbolischen gerechtfertigt finden.

Diese zwei Dinge wollen wir als Probleme aufstellen und wollen von da aus versuchen, ein wirklichkeitsgemäßes Weltsystem zu bekommen.

VIERZEHNTER VORTRAG

Stuttgart, 14. Januar 1921

Wir werden heute die gestern angeschlagenen Töne unserer Betrachtung in der Weise fortsetzen, daß wir versuchen werden aus dem Material, das ja schließlich zusammengesetzt ist aus Beobachtungen der Himmelserscheinungen, hinter deren wahre Gestalt wir zu kommen suchen, versuchen werden Vorstellungen zu gewinnen, die uns in das Gefüge der Himmelserscheinungen hineinführen können. Da möchte ich noch einmal zunächst auf etwas hinweisen, was aus der gestern anfänglich mehr historisch gehaltenen Betrachtung folgen kann.

Wir müssen ja uns klar sein darüber, daß schließlich sowohl das ptolemäische Weltensystem wie auch dasjenige, das in der gegenwärtigen Astronomie gebräuchlich ist, Versuche darstellen, dasjenige in irgendeiner Weise zusammenzufassen, was sich der Beobachtung darbietet. Und ein Versuch, dasjenige, was man wahrgenommen hat – Sie wissen, ich kann nach dem gestern Ausgeführten nicht sagen: «gesehen» hat –, in gewissen Mathematik-ähnlichen Figuren zusammenzufassen, der liegt sowohl im ptolemäischen System vor wie auch schließlich im kopernikanischen System. Denn dasjenige, was zugrunde gelegt werden muß einer jeglichen Geometrie oder einem jeglichen Rechnen und Messen, sind ja schließlich doch eben die Beobachtungen. Und um das richtige Auffassen des beobachtbaren Tatbestandes kann es sich ja im Grunde einzig und allein handeln. Aber man muß sich schon einmal vertraut machen mit der Erkenntnistatsache, daß im heutigen wissenschaftlichen Leben dasjenige, was beobachtet, was wahrgenommen werden kann, viel zu leicht hingenommen wird, um eine entprechende Ansicht darüber wirklich zu gewinnen.

Es muß sich ja für uns zunächst eine Frage aufwerfen, die unmittelbar aus den beobachtbaren Tatsachen erfließt. Natürlich, ich konnte nicht alle Einzelheiten in diesen Vorträgen, die so skizzenhaft wie möglich sein müssen wegen der Kürze der Zeit, auch wirk-

lich vorführen und durchsprechen. Ich konnte nur die Richtungen angeben. Aber in diesem Angeben der Richtungen habe ich versucht, Sie darauf hinzuweisen, daß den Bewegungen der Himmelskörper im Himmelsraum in irgendeiner Weise zugeordnet sein muß dasjenige, was gestaltet ist im menschlichen Organismus, ja schließlich auch im tierischen, im pflanzlichen Organismus. Es muß da einen Zusammenhang geben. Daß es einen solchen Zusammenhang geben muß, das kann man ersehen aus der Art und Weise, wie wir die Tatsachen betrachtet haben. Und je weiter Sie auf die Tatsachen eingehen würden, desto mehr würden Sie diesen Zusammenhang eben sehen. Ich wollte Sie nur auf den Weg, ich sage das noch einmal, hinweisen, auf dem zum Schluß das Ergebnis gefunden werden kann: Dieser menschliche und auch der tierische, der pflanzliche Organismus, sie sind so gestaltet, daß, wenn man diese Gestalt linienhaft ins Auge faßt, wie wir es getan haben, indem wir zum Beispiel den Verlauf der Lemniskate nach den verschiedenen Richtungen hin im Organismus uns vor die Seele geführt haben, daß man dann zunächst etwas Ähnliches findet zwischen dieser Gestaltung und denjenigen Liniensystemen, die man ziehen kann, wenn man die Bewegungen der Weltenkörper ins Auge faßt. Dann aber entsteht die Frage: Ja, wodurch ist denn dieser Zusammenhang eigentlich bedingt? Welche Möglichkeit gibt es denn, diesen Zusammenhang sich wirklich als einen durchsichtigen, als einen in sich begründeten, vor Augen zu führen? Und um dieser Frage näherzutreten, müssen wir die besondere Anschauungsart, die dem ptolemäischen Weltensystem zugrunde liegt, vergleichen mit derjenigen Anschauungsart, die unserem heutigen kopernikanischen Weltensystem zugrunde liegt.

Was tun wir denn, wenn wir im Sinne des heutigen kopernikanischen Weltsystems uns denkend, rechnend, geometrisierend ein Weltensystem zurechtlegen? Wir beobachten. Wir beobachten Körper im Himmelsraum, die wir einfach nach dem Augenschein als identisch ansehen können. Sie sehen, ich drücke mich sehr vorsichtig aus. Mehr dürfen wir aber auch nicht sagen, als daß wir diese Körper dem Augenschein nach als identisch ansehen. Derjenige, der gewisse,

ganz einfache Experimente macht, der wird nämlich durchaus zu solcher Vorsicht in der Ausdrucksweise gegenüber der Außenwelt aufgefordert. Ich mache Sie auf folgendes kleine Experiment aufmerksam, das an sich keinen Wert hat, sondern das nur eine Bedeutung hat zur Heranbildung gewisser Vorsichten im menschlichen Vorstellungsleben.

Denken Sie sich einmal, ich würde ein Pferd in einer gewissen Weise abrichten, so daß, indem es fortläuft, es eine gewisse Regelmäßigkeit der Schrittentfaltung hat – das hat ja ein Pferd sogar immer – und ich würde jetzt zwölf aufeinanderfolgende Stellungen des Pferdes photographieren. Ich würde also zwölf Bilder des Pferdes bekommen. Diese zwölf Bilder des Pferdes, die würde ich so anordnen, daß sie in einem Kreise angeordnet sind, vor dem ich in einer gewissen Entfernung als Beobachter mich befinde. Und jetzt würde ich hier drüber eine Trommel geben, welche ein Loch hat, eine Trommel, die ich ins Rotieren bringe, so daß ich zunächst nur *ein* Bild des Pferdes sehe, dann, wenn die Trommel weitergelaufen ist im Rotieren, sehe ich das nächste Bild und so weiter. Ich werde das Scheinbild bekommen eines herumlaufenden Pferdes. Ich werde meinen, ein kleines Pferdchen läuft da im Kreis herum. Und dennoch, der reale Tatbestand, der da zugrunde liegt, ist nicht der, daß da ein reales Pferd herumläuft, sondern der, daß zwölf Pferdebilder von mir in einer gewissen Weise angeschaut sind, von denen jedes eigentlich an seinem Ort bleibt.

Sie sehen also, ich kann nicht nur den Schein einer Bewegung im perspektivischen Sinn hervorrufen, ich kann auch den Schein einer Bewegung durchaus in qualitativer Weise hervorrufen. Es muß nicht alles, was wie eine Bewegung erscheint, eine Bewegung auch wirklich sein. Daher muß schon derjenige, der vorsichtig sprechen will und erst durch sorgfältige Untersuchung zur Wahrheit kommen will, eben zunächst sagen, so sonderbar und paradox es unseren ja so gescheiten Zeitgenossen klingt: Ja, ich betrachte drei aufeinanderfolgende Lagen desjenigen, was ich einen Himmelskörper nenne, so, daß ich dasjenige, was da zugrunde liegt, für identisch hinnehme. Das heißt: Ich verfolge den Mond in seiner Bahn und lege dabei zu-

nächst hypothetisch das zugrunde, daß es immer derselbe Mond ist. Das ist durchaus richtig, aber nur gegenüber einer so progredierenden Erscheinung. Was tun wir also? Wir sehen dasjenige, was wir für identische Himmelskörper nehmen, in einer sogenannten Bewegung, verbinden, was wir an verschiedenen Orten sehen, in Linien und versuchen diese Linien zu interpretieren. Das ist dasjenige, was uns das kopernikanische Weltensystem gibt.

In einer solchen Weise ist nicht vorgegangen ursprünglich diejenige Schule, aus der das ptolemäische Weltensystem hervorgegangen ist. Man lebte noch immer wahrnehmend im ganzen Menschen, wie ich Ihnen gestern angedeutet habe. Und weil man noch wahrnehmend im ganzen Menschen lebte, war auch die ganze Vorstellung, die man da hatte gegenüber einem Himmelskörper, eine wesentlich andere, als sie später geworden ist. Derjenige, der noch im wahrnehmenden Sinne das ptolemäische Weltensystem vor sich hatte, der sagte nicht: Der Mond steht da oben. Das sagte er eben nicht, das interpretiert man nur jetzt hinein ins Weltensystem. Er sagte eben nicht: Der Mond ist da oben, denn da hätte er die Erscheinung bloß auf das Auge bezogen. Das tat er nicht, er bezog die Erscheinung auf den ganzen Menschen und meinte das so: Hier stehe ich auf der Erde, und ebenso wahr wie ich auf der Erde stehe, stehe ich auch im Mond drinnen, denn der Mond, das ist das da (Fig. 1, S. 254 schraffierte Fläche). Das ist die Erde und das Ganze ist der Mond, der ja viel größer ist als die Erde. Der ist nämlich im Radius so groß, wie dasjenige ist, was wir jetzt nennen die Entfernung des Mondes, ich kann nicht sagen des Mondmittelpunktes, von dem Erdenmittelpunkt. So groß ist der Mond im Sinne des ptolemäischen Weltensystems, wie es ursprünglich ausgebildet worden ist. Und dieser Körper, der sonst überall unsichtbar ist, der entwickelt an dem einen Ende einen Vorgang, durch den dieses kleine Stückchen sichtbar wird. Alles andere ist unsichtbar und ist außerdem von solcher Substantialität, daß man drinnen leben kann, daß man von ihm durchdrungen wird. Nur an diesem einen Ende, da wird es sichtbar. Und im Verhältnis zur Erde dreht sich diese ganze Sphäre, die übrigens nicht eine Sphäre ist, sondern ein Rotations-Ellipsoid, und

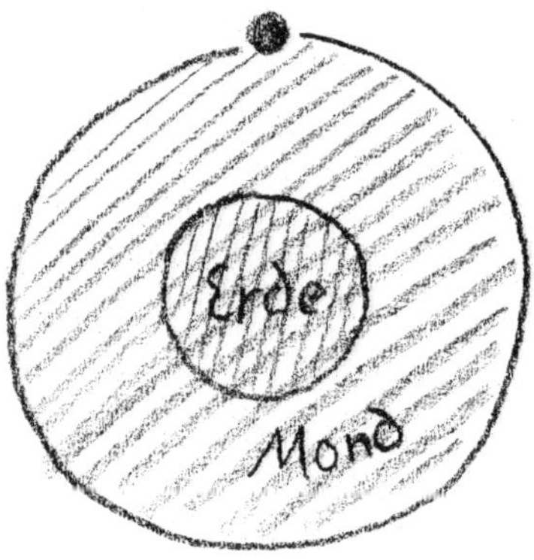

Fig. 1

damit dreht sich dasjenige, was da das sichtbare Stückchen ist, also dasjenige, was der sichtbare Mond ist. Das ist nur ein Teil der vollen Wirklichkeit, mit der man es hier zu tun hat.

Es wird Ihnen dasjenige, was da auftritt als eine Vorstellung, die wirklich da war, in seinem Formbild nicht so schrecklich paradox erscheinen, wenn Sie ein Analogon sich vor die Seele führen. Führen Sie sich das Analogon der menschlichen oder tierischen Keimzelle vor das Auge (Fig. 2). Sie wissen, in einem gewissen Stadium der

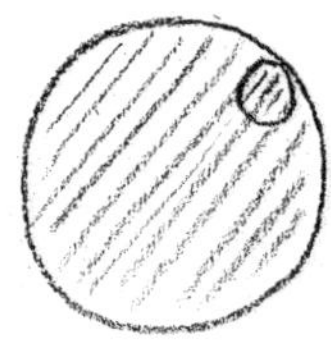

Fig. 2

Entwickelung bildet sich an der einen Stelle des sonst im wesentlichen durchsichtigen Eikeimes der sogenannte Fruchthof, und von dem Fruchthof geht die Bildung des übrigen Embryos aus. Also exzentrisch, peripher bildet sich ein Mittelpunkt, von dem dann die übrige Bildung ausgeht. Wenn Sie dieses kleine Körperchen vergleichen mit demjenigen, was hier als Vorstellung dem ptolemäischen Weltensystem zugrunde liegt zum Beispiel vom Monde, dann haben

Sie Vorstellungen von demjenigen, was man da durchaus analog dachte. So daß man sagen kann: Im Sinne dieser ptolemäischen Weltauffassung ist eben noch eine ganz andere Wirklichkeit vorhanden als diejenige ist, welche nur eingeschlossen ist innerhalb des Lichtbildes des Mondes.

Das ist dasjenige, was eingetreten ist mit dem Menschen seit jener Zeit, da das ptolemäische Weltensystem als eine Realität empfunden wurde: Das innerliche Erleben, das innerliche Fühlen im Organismus, daß man da drinnen ist im Monde, das hat sich ganz verloren, und man ist beschränkt worden auf das Lichtbild. Der Mensch des fünften nachatlantischen Zeitraumes kann nicht sagen, weil er es nicht mehr weiß: Ich stehe im Mond drinnen, respektive der Mond durchdringt mich, weil für ihn der Mond nur die kleine Lichtscheibe oder Lichtkugel oder Kugel überhaupt ist. Aus solch innerlichen Wahrnehmungen heraus wurde das ptolemäische Weltensystem konstruiert. Nun, auf diese Wahrnehmungen kommt man ja auch heute wieder, wenn man die Dinge im richtigen Licht betrachtet, wenn man sich zurückerobert die Möglichkeit, wiederum den ganzen Mond zu erleben. Aber es bleibt durchaus begreiflich, daß derjenige, der heute von der gebräuchlichen Vorstellung «der Mond» ausgeht, nun sagt: Ja, ich kann nicht recht fassen, was da eigentlich für ein Bezug sein sollte zwischen dem Mond und irgend etwas in mir. Und es ist wirklich schließlich noch besser, wenn die Leute absprechend urteilen über irgend etwas, was vom Mond ausgeht und auf den Menschen einen Einfluß hat, als wenn sie sich darüber allerlei phantastische Vorstellungen machen. Sobald aber wiederum die Vorstellung eine real entsprechende wird, daß wir ja im Mond drinnen leben, daß also das, was Mond genannt werden kann, ein Kraftzusammenhang ist, der uns fortwährend durchdringt, dann braucht nicht mehr Verwunderung darüber einzutreten, daß dieser Kraftzusammenhang auch gestaltend im Menschen auftritt und im Tier, daß wirklich dasjenige, was da uns durchdringend wirkt, eben etwas ist, was mit dem Gestalten unseres Organismus etwas zu tun hat. Solche Vorstellungen also sind es, die wir uns wiederum zurückerobern müssen. Wir müssen uns durchaus klar sein darüber, daß der

sichtbare Himmel eben durchaus nur eine fragmentarische Offenbarung des wirklichen, substanzerfüllten Weltenraumes ist.

Wenn Sie nun die Vorstellung entwickeln, Sie leben so in einem Substanz-Zusammenhang drinnen, so werden Sie das Gefühl haben: Das ist etwas sehr, sehr Reales. Wir haben es aber heute in unserer gebräuchlichen astronomischen Anschauung durch etwas Erdachtes ersetzt. Wir haben es ersetzt durch dasjenige, was wir die Gravitation nennen. Wir finden nur, daß eine gegenseitige Anziehungskraft desjenigen, was wir als Körper des Mondes und was wir als Körper der Erde denken, stattfindet. Diese Gravitationslinie, die könnten wir uns rotierend denken, dann würden wir ungefähr aus dem Bilde, das entsteht durch diese rotierende Gravitationslinie, das herausbekommen, was in früheren astronomischen Ansichten die Sphäre genannt worden ist, die Sphäre irgendeines Planeten. Es ist im Grunde nichts anderes geschehen, als daß dasjenige, was substantiell empfunden worden ist und nun auch wiederum substantiell erlebt werden kann, in gedachte Linien verwandelt worden ist.

Sie sehen, wir müssen uns also die ganze Konfiguration der differenzierten Weltenraumerfüllung anders denken, als wir das gewohnt sind. Wir richten uns heute nach den Gravitationsvorstellungen, zum Beispiel sagen wir, daß Ebbe und Flut zusammenhängen mit gewissen vom Mond ausgehenden Gravitationskräften. Wir reden davon, wie da eine Gravitation vom Weltenkörper ausgeht und das Wasser hebt. Im Sinne jener anderen Vorstellungsweise müssen wir sagen, der Mond durchdringt auch die Erde, und indem er die wässerige Erdensphäre durchdringt, spielt sich etwas ab, was hier an dieser Stelle als Wassererhebung sich abspielt; an einer andern Stelle gibt sich die Mondensphäre als Lichterscheinung kund. Wir brauchen nicht zu denken, daß da eine besondere Anziehungskraft vorhanden ist, sondern wir denken, daß gewissermaßen diese die Erde durchdringende Mondensphäre mit der Erde zusammen eine Organsiation bildet, und wir sehen in den zwei Vorgängen bloß zwei Seiten *eines* Vorganges.

Ich habe die historische Betrachtungsweise von gestern nur zu Hilfe genommen, um Sie auf gewisse Begriffe zu führen. Ich hätte

ebenso gut den Versuch machen können, diese Begriffe ganz ohne Anlehnung an ehemalige Vorstellungen zu gewinnen, aber da hätte ja die ganze Betrachtung von geisteswissenschaftlichen Voraussetzungen ausgehen müssen, aus denen heraus man zu denselben Vorstellungen kommen würde.

Stellen Sie sich nun hier die Erdensphäre vor (Fig. 3). Ich stelle dasjenige, was die feste Erdkugel ist, als Erdensphäre vor. Natürlich muß ich mir in wesentlich anderer Konsistenz und Substantialität

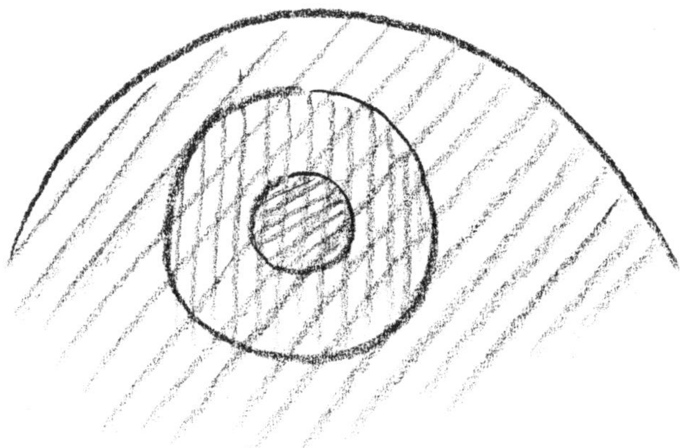

Fig. 3

nun die Mondensphäre vorstellen. Ich kann natürlich auch dasjenige, was rauminhaltlich durchdrungen ist von diesen zwei Sphären, von einer dritten, vierten Sphäre durchdrungen denken. Also ich denke in irgendeiner Weise das durchdrungen von einer dritten Sphäre, das würde die Sonnensphäre sein können, die qualitativ innerlich verschieden ist von der Mondensphäre. Ich bin also durchdrungen, sage ich, als Mensch von der Sonnen- und Mondensphäre. Die stehen natürlich in einem Wechselverhältnis, indem sie sich durchdringen, und der Ausdruck dieser Wechselbeziehung ist irgend etwas im Organismus Gestaltetes. Und jetzt werden Sie darauf kommen, daß man schließlich zusammenschauen kann dasjenige, was in dieser Weise in verschiedener Substantialität durchdringt den

Organismus, und das, was seinen Ausdruck finden kann in der Gestaltung; daß die Gestaltung einfach das Ergebnis ist dieser Durchdringung. Und dasjenige, was wir dann als Bewegungen der Himmelskörper sehen, das ist gewissermaßen das Zeichen, das Sichtbarwerden unter gewissen Verhältnissen der Grenze dieser Sphären. Das ist etwas, was zunächst durchaus notwendig ist, um wiederum zu realeren Vorstellungen über den Bau unseres Weltensystems zu kommen. Und Sie können jetzt schon etwas Wirklicheres als früher mit der Idee verbinden, daß die menschliche Organisation etwas zu tun hat mit diesem Bau des Weltensystems. So lange man da draußen die Himmelskörper sieht, so lange wird man keine sehr klaren Vorstellungen gewinnen können über diese Zusammenhänge. In dem Augenblick, wo man übergeht zu dem Wirklichen, kann man diese klare Vorstellung gewinnen, wenn auch natürlich die Dinge anfangen, etwas verwirrend zu werden, weil es so viele Sphären gibt, von denen man durchdrungen ist, so daß man tatsächlich ja etwas unangenehm von all diesem Durchdringen des Organismus berührt werden kann.

Die Sache wird aber noch schlimmer, möchte ich sagen. Wir sind zunächst ja von der Erdensphäre in einer gewissen, sogar erweiterten Weise durchdrungen, denn zur Erde gehört ja nicht nur die feste Erdkugel, auf der wir stehen, sondern auch die Wassermasse; es gehört aber auch die Luft, in der wir ja schon drinnen sind, dazu. Das ist schon *eine* Sphäre, in der wir da drinnen sind. Diese Luft, sie ist nur im Verhältnis zu demjenigen, was die Himmelserscheinungen bewirken, noch etwas sehr Grobes. Nun denken Sie sich also, wir stehen in der Erdensphäre drinnen, wir stehen in der Sonnensphäre drinnen, in der Mondensphäre und noch in vielen anderen. Aber wir wollen nur die drei einmal herausheben und uns also sagen: Irgend etwas in uns ist das Ergebnis der Substantialitäten dieser drei Sphären. Wir haben qualitativ jetzt etwas, was, wenn es quantitativ auftritt, der Mathematiker mit einem gewissen Horror empfindet, dasjenige, was er das Problem der drei Körper nennt. Das aber wirkt in seinem Ergebnis, in seiner Realität, in uns. Wir müssen uns dadurch klarwerden, daß das wirkliche Entziffern der Realität, der Wirklichkeit keine einfache Sache ist, und daß die Gewöhnung, in einfacher,

bequemer Weise die Wirklichkeit aufzufassen, eigentlich wirklich nur ihren Ursprung hat in der menschlichen Denkbequemlichkeit. Und vieles von dem, was eben als wissenschaftlich gilt, hat nur seinen Ursprung in dieser menschlichen Denkbequemlichkeit. Sieht man von ihr ab, dann muß man eben so vorsichtig zu Werke gehen, wie wir das in diesen Vorträgen versuchten, die nur manchmal deshalb nicht vorsichtig genug aussehen, weil gesprungen werden mußte skizzenhaft von dem einen zum andern, so daß Sie sich selbst die Verbindungen suchen müssen; sie sind aber da.

Nun müssen wir aber ebenso vorsichtig vorgehen, wenn wir dasselbe Problem von einer anderen Seite anfassen wollen, auf die ich auch schon aufmerksam gemacht habe, nämlich von der Seite des menschlichen Organismus selbst im Vergleich mit den Wesen der anderen Naturreiche. Ich habe Ihnen gesagt, wir können uns vorstellen eine Gabelung, von einem ideellen Punkte ausgehend. Auf dem einen Aste haben wir dann zu verzeichnen die Pflanzenwelt, auf dem andern Ast die Tierwelt. Wenn wir uns das Werden der Pflanzenwelt fortgesetzt denken im wirklichen Naturreich, so kommen wir in das Mineralisieren des Pflanzenreiches hinein. Das werden wir uns ja durchaus als einen realen Vorgang vorstellen können, wenn wir es am gröbsten Beispiel anfassen. Wir treffen heute die mineralische Steinkohle und sehen in ihr mineralisiertes Pflanzliches. Was sollte uns denn abhalten davon, auf analoge Vorgänge, die sich abgespielt haben für anderes Pflanzenartiges, hinzuschauen und, sagen wir, die kieseligen und sonstigen Bestandteile der mineralischen Erdsubstanz aus dem Mineralisieren des Pflanzlichen abzuleiten?

Nicht in derselben Weise, sagte ich, können wir vorgehen, wenn wir die Beziehungen suchen des Tierreiches zum Menschenreich. Da müssen wir gewissermaßen uns vorstellen, die Entwickelung rückt im Tierreich vor, neigt sich aber dann auf sich selbst zurück und realisiert sich physisch auf früherer Stufe als diejenige des Tieres ist. So daß man gewissermaßen sagen kann: Die tierische und die menschliche Bildung marschiert von einem gemeinsamen Punkte aus. Das Tier geht aber weiter, bevor es äußerlich physisch real wird; der Mensch hält sich auf einer früheren Stufe zurück und macht sich auf

dieser Stufe physisch real. Dadurch ist es ja möglich – denn diese Vorgänge müssen wir auf die Embryonal-Entwickelung beziehen –, daß der Mensch noch in ganz anderem Maße als das Tier entwickelungsfähig bleibt, nachdem er geboren ist. Im Mineral ist die pflanzliche Bildung über das Extrem des Pflanzlichen hinausgegangen; im Menschen wird die tierische Bildung nicht bis zum Extrem getrieben, sondern in sich zurückbehalten und auf einer früheren Stufe die äußere Ausgestaltung von der Natur vorgenommen. So daß wir eben diesen ideellen Punkt bekommen, von dem aus sich gabelt in einen längeren, unbegrenzt langen Ast und in einen kürzeren, in sich auch von der negativen Seite unbestimmten Ast: Pflanzenreich, Mineralreich; Tierreich, Menschenreich.

Nun handelt es sich darum, eine gewisse Vorstellung zu gewinnen von dem, was da eigentlich vorliegt mit dieser Bildung des Menschen im Verhältnis zur Bildung des Tieres. Zurückgehalten also ist die Entwickelung beim Menschen, gewissermaßen vorzeitig real gemacht ist dasjenige, was sich realisieren will. Wenn man studiert in der Weise, wie der Vorgang vorgestellt werden muß nach dem, was ich Ihnen bereits in diesen Vorträgen mitgeteilt habe, wenn man studiert den Anteil, den die Sonnenentität hat bei der Bildung des Tierkörpers – natürlich immer auf dem Umwege durch die Embryonalbildung –, so weiß man, daß gewissermaßen der direkte Sonnenschein etwas zu tun hat mit der Konfiguration des tierischen Kopfes, das Indirekte des Sonnenlichtes, also ich möchte sagen der Sonnenschatten im Verhältnis zur Erde, etwas zu tun hat mit dem polarischen Gegenteil des tierischen Kopfes. Wenn wir nun ins Auge fassen ganz stramm dieses Durchdringen der tierischen Bildung mit der kosmischen Sonnensubstantialität und die Formen ins Auge fassen, dann werden wir damit eine Vorstellung verbinden lernen, die ich in der folgenden Weise vor Sie hinzeichnen möchte. Nehmen Sie einmal an, die tierische Bildung wird in irgendeiner Weise bewirkt im Zusammenhang mit der Sonne. Nun, nehmen wir jetzt eine gebräuchliche astronomische Vorstellung und fragen wir uns im Sinne dieser Vorstellung: Gibt es außer dem, was da durch besondere Konstellation eben vorliegen wird als Wirkungsweise zwischen Sonne

und Tier, irgendwo die Möglichkeit einer Wirkung des Sonnenlichtes im Kosmos, die nicht so ohne weiteres mit der Sonne selbst zusammenhängt? Ja, die gibt es. Jedesmal, wenn uns der Vollmond bescheint oder überhaupt nur der beleuchtete Mond, so scheint uns das Sonnenlicht an. Da wird uns gewissermaßen kosmisch die Möglichkeit geschaffen, daß das Sonnenlicht uns bestrahlt. Das ist natürlich auch beim werdenden Menschen, in der Keimeszeit, der Embryonalzeit der Fall und war der Fall in früheren Erdenstadien so, daß es damals eine direkte Wirkung war. Das, was heute als Nachklang da ist, ist eben vererbt. Da haben wir also wiederum ein Sonnenwirken, einmal direkt und einmal ein indirektes, im Rückstrahlen des Sonnenlichtes vom Monde her.

Und nun stellen Sie sich das Folgende vor. Stellen Sie sich einmal vor, wenn ich es wiederum schematisch zeichnen will, beim Tiere läge es mit der Entfaltung, dem Werden des Tieres so, daß es unter dem Eindruck der Sonnenwirkungen nach diesem Schema entstünde (Fig. 4). Ich möchte sagen, das wäre die gewöhnliche Tag- und

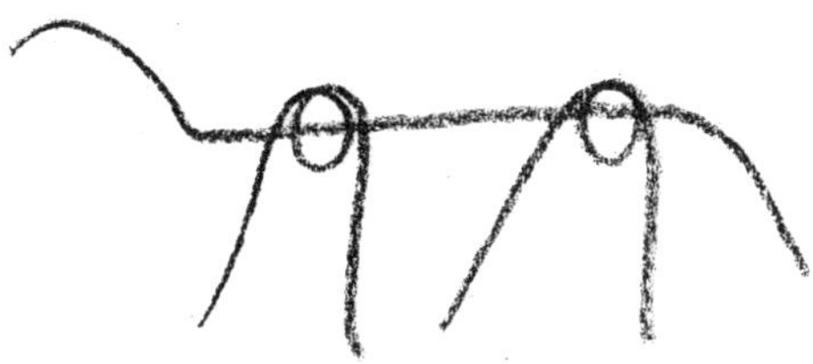

Fig. 4

Nachtwirkung, also Kopf und polarer Gegensatz des Kopfes. Das wäre die gewöhnliche Sonnenwirkung beim Tier. Und jetzt nehmen wir einmal jene Wirkung des Sonnenlichtes, die auftritt, wenn der Mond in Opposition steht, wenn Vollmond ist, wenn also gewissermaßen von der Gegenseite her das Sonnenlicht wirkt, durch die Reflexion sich entgegenwirkt. Wenn wir dieses (Pfeil senkrecht nach unten in Fig. 5, S. 262) als die Richtung für die tierischen Bildungen der direkten Sonnenstrahlen denken, so müßten wir uns vorstellen, die tierische Bildung ginge immer weiter im Sinne dieses direkten

Sonnenstrahles (Fig. 5), und es würde ein Tier immer mehr und mehr Tier, je mehr die Sonne auf es wirkt. Wenn aber von der Gegenseite her der Mond entgegenwirkt, beziehungsweise die Sonne auf dem

Fig. 5

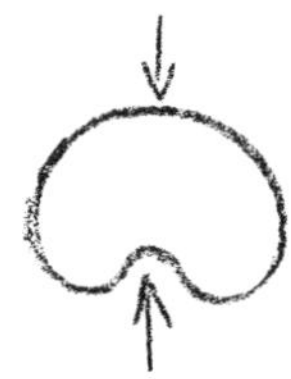

Fig. 6

Umweg des Mondes, dann wird von dem Tierwerden weggenommen, es wird in sich zurückgenommen (Fig. 6). Das entspricht der Verkürzung des zweiten Gabelastes, dieses Zurücknehmen (Fig. 7). Sie sehen also, wir bekommen ein kosmisches Korrelat für dasjenige, was ich Ihnen als eine gewisse Charakteristik für den Unterschied des Menschen mit dem Tier gegeben habe.

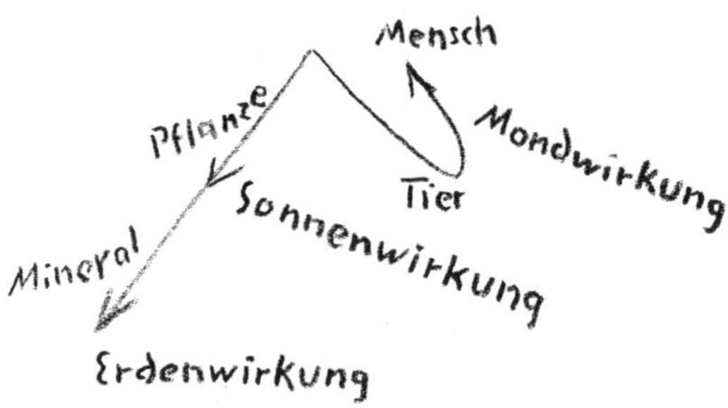

Fig. 7

Dasjenige, was ich Ihnen da jetzt gesagt habe, das ist unmittelbar wirklich wahrzunehmen für den, der sich die Möglichkeit verschafft, solche Dinge wahrzunehmen. Der Mensch verdankt tatsächlich dieses Zurückhalten seiner Organisation der Gegenwirkung des Sonnenlichtes auf dem Umweg des Mondes. Es wird die Wirkung des Sonnenlichtes dadurch, und zwar die eigene Qualität – es ist ja im-

mer Sonnenlicht – abgeschwächt, indem sich die Sonne selbst in der Mondwirkung ein Gegenbild entgegenstellt. Würde sie sich nicht selber entgegenstellen in der Mondenlichtwirkung, so würde das, was als Bildungstendenz in uns liegt, uns die tierische Gestalt geben. So wirkt das entgegen, was eben Sonnenwirkung, reflektiert vom Monde, ist. Die Bildung wird angehalten, indem das Negative wirkt, und die Menschengestalt ist die Folge.

Verfolgen wir nun auf dem anderen Gabelast die Pflanze in ihrer Bildung und stellen wir uns vor dasjenige, was in der Pflanze Sonnenwirkung ist – daß eine Sonnenwirkung da ist, ist ja handgreiflich –, das würde sich nicht entfalten können zu einer gewissen Zeit. Es kann sich ja während des Winters dasjenige nicht entfalten, was in der Pflanze sprießendes, sprossendes Leben ist. Man sieht schon den Unterschied in der Entfaltung der Pflanze, wenn man einfach den Unterschied von Tag und Nacht ins Auge faßt. Aber denken Sie sich nun diese Wirkung, die immer im Rhythmus abläuft, in unbegrenzter Anzahl wiederholt, möchte ich sagen, was haben wir dann eigentlich? Wir haben Wirkung der Sonne, und Eigenwirkung der Erde, wenn die Sonne also nicht direkt wirkt, sondern von der Erde bedeckt ist. Die Sonne wirkt; die Sonne wirkt wiederum nicht, sondern die Erde, wenn die Sonne von unten wirkt, die Erde ihr entgegenliegt. Wir haben also den Rhythmus: Sonnenwirkung vorwiegend; Erdenwirkung vorwiegend. Wir haben also das Pflanzliche ausgesetzt abwechselnd der Sonne und dann wiederum hineingezogen, bildhaft ausgedrückt, in das Irdische, gewissermaßen vom Irdischen in sich gezogen. Wir haben da etwas anderes. Wir haben im letzten Falle eine wesentliche Verstärkung desjenigen, was in der Pflanze als das Sonnenhafte wirkt, und diese Verstärkung des Sonnenhaften durch das andere, Erdhafte, das drückt sich dadurch aus, daß die Pflanze allmählich dem Mineralisierungsprozeß verfällt. So daß wir also sagen müssen: Wir gabeln so, daß wir in bezug auf die Pflanze Sonnenwirkung sehen, fortgesetzt durch die Erde zur Mineralisierung; Sonnenwirkung im Tiere, in sich zurückgenommen durch die Mondenwirkung im Menschen (Fig. 7). Ich könnte auch diese Figur noch etwas anders zeichnen, dann würde sie diese Gestalt bekom-

men können (Fig. 8): hier zum Menschlichen zurückgehend; hier zum Mineralischen, das natürlich in einer anderen Form sein müßte, vorschreitend. Es ist zunächst ja nur eine symbolische Figur, aber diese symbolische Figur drückt uns in einer gewissen Weise klarer als die erste Figur, die bloß in Linien da ist, dasjenige aus, was ich diese Gabelung nennen möchte zwischen dem Mineralreich und Pflanzenreich auf der einen Seite und dem menschlichen und tierischen Reich auf der anderen Seite.

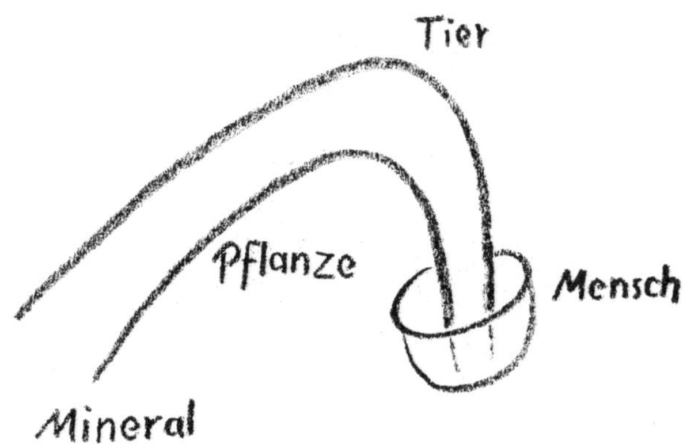

Fig. 8

Man wird niemals gerecht einer Systematik der Naturwesen, wenn man sie nur gradlinig vorstellt, wenn man nicht diese Vorstellung zugrunde legt. Daher werden alle Natursysteme immer unbefriedigend ausfallen, die bloß in gradliniger Weise vom Mineralreich angefangen zum Pflanzenreich übergehen, dann zum Tierreich, dann zum Menschen. Es handelt sich darum, daß man es, wenn man diese Vierheit darstellt, mit einem viel komplizierteren Zusammenhang zu tun hat als mit einem solchen, der bloß etwa in einer gradlinigen Entwickelungsströmung und dergleichen läge. Wenn man von einer solchen Vorstellung ausgeht, wird man ganz gewiß nicht zu irgendeiner generatio aequivoca, zu irgendeiner Urzeugung geführt, sondern zu diesem ideellen Mittelpunkt, der irgendwo zwischen Tier und Pflanze liegt, der überhaupt nicht im Physischen gefunden werden kann, der aber ganz gewiß einen Zusammenhang hat mit dem Problem der drei Körper: Erde, Sonne, Mond. Wenn

Sie also auch vielleicht nicht mathematisch vorstellbar haben dasjenige, was man sich vorstellen könnte als eine Art von ideellem Schwerpunkt der drei Körper Sonne, Mond und Erde, wenn Sie auch damit das Problem der drei Körper nicht gut lösen können – im Menschen ist es gelöst! Indem der Mensch Mineralisches, Tierisches, Pflanzliches in sich verarbeitet, ist in ihm tatsächlich dasjenige geschaffen, was eine Art ideeller Durchschnittspunkt der drei Wirkungen ist. Es ist in ihm eingezeichnet, es ist ganz zweifellos da. Und weil es da ist, hat man sich damit abzufinden, daß gerade dasjenige, was da im Menschen ist, ganz gewiß empirisch an verschiedenen Orten ist, weil es in jedem einzelnen Menschen ist, in allen Menschen, die über die ganze Erde zerstreut sind, so daß sie in einer gewissen Beziehung stehen müssen zu Sonne, Mond und Erde. Und wenn es in einer gewissen Weise gelingt, eine Art ideellen Durchschnittspunkt zu finden von Sonnen-, Mond- und Erdenwirkung, und man die Bewegung dieses Punktes für jeden einzelnen Menschen finden könnte, dann würde uns das wesentlich weiter führen zu dem Begreifen desjenigen, was wir vielleicht Bewegung nennen können in bezug auf Sonne, Mond und Erde.

Aber, wie gesagt, hier wird das Problem eigentlich nur verwickelter, weil wir so viele Punkte haben, als Menschen auf der Erde sind, für die wir die Bewegungen suchen müssen. Aber es könnte ja sein, daß diese Bewegungen für die verschiedenen Menschen nur scheinbar verschieden sind. Darüber wollen wir uns dann morgen weiter unterhalten.

FÜNFZEHNTER VORTRAG

Stuttgart, 15. Januar 1921

Ich möchte heute versuchen, einiges von dem, was vielleicht Schwierigkeiten macht in der Auffassung der Dinge, die wir bisher betrachtet haben, hinüberzuführen zu Vorstellungen, welche Ihnen zeigen werden, wie man in der Tat mit demjenigen nicht auskommen kann im Begreifen der Welterscheinungen, das man so gerne, natürlich nach der Bequemlichkeit der menschlichen Denkgewohnheiten, zugrunde legen möchte. Wir haben ja die Welterscheinungen im Zusammenhang mit dem Menschen nach den verschiedensten Richtungen hin betrachtet. Wir haben namentlich immer wiederum darauf hingewiesen, wie ein gewisser Zusammenhang sich zeigt zwischen der menschlichen Gestaltung und demjenigen, was uns in den Himmelserscheinungen entgegentritt, gleichgültig, ob wir im Sinne eines älteren Weltsystems oder im Sinne der kopernikanischen Theorien die Bewegungen der Weltenkörper zu einem Bilde zusammenfassen. Das Bild muß immer in verschiedener Weise zum Menschen in ein Verhältnis gebracht werden, das haben wir gesehen, aber wir kommen in einer wirklichen Wissenschaft nicht darum herum, dieses Verhältnis auch wirklich anzunehmen.

Nun stellen sich aber dabei ganz erhebliche Schwierigkeiten ein. Wir haben zuerst im Verlauf dieser Vorträge auf die Schwierigkeit hingewiesen, die sich darin ausdrückt, daß, sobald man versucht, die Verhältnisse der Umlaufzeiten der Planeten unseres Systems zu betrachten, sich inkommensurable Zahlen ergeben, daß es also notwendig ist, gewissermaßen mit dem Rechnen aufzuhören. Denn wo sich inkommensurable Zahlen ergeben, da ist keine überschaubare Einheit vorhanden. Und so sehen wir, daß wir mit derjenigen mathematischen Denkweise und Methodik, durch die wir zusammenfassen möchten die Erscheinungen unseres Weltenraumes, durch die Erscheinungen selbst aus der Wirklichkeit herausgetrieben werden, daß wir also nicht voraussetzen dürfen, wir könnten mit demjenigen, was wir im gewöhnlichen, starren dreidimensionalen Raum für

unsere Geometrie zugrunde legen, uns irgendwie die Welterscheinungen erklärlich machen. Insbesondere aber tauchte uns ja gestern eine Schwierigkeit auf: Wir waren in die Notwendigkeit versetzt, vorauszusetzen ein gewisses Verhältnis von Sonne, Mond und Erde, das in irgendeiner Weise im Menschen, im Bau des Menschen zum Ausdruck kommen muß und das man fassen möchte. Und in dem Augenblick, wo sich solch ein Zusammenwirken einer Dreiheit geltend macht, da kommt man mit dem Rechnen im Raum in beträchtliche Schwierigkeiten hinein. Auf alles das habe ich ja bisher aufmerksam gemacht. Nun kann sich uns etwas ergeben, wenigstens als ein Anhaltspunkt, um rein geometrisch, aber in einem erhöhteren Maße geometrisch, eine Vorstellung zu gewinnen von dem, was da eigentlich zugrunde liegt als Schwierigkeit, mit dem Rechnen im Raum die Zusammenhänge der Himmelserscheinungen zu erfassen.

Wenn wir noch einmal zurückgehen auf die verschiedenen Versuche, die ich Ihnen angedeutet habe, die Gestaltung des Menschen selber wirklich zu erfassen, so kommen wir auf folgendes. Wir können den Versuch machen, die Gliederung der menschlichen Wesenheit, von der wir ja auch in diesen Vorträgen öfter gesprochen haben, wirklich ernst zu nehmen, wie es ja sein muß. Wir können davon sprechen, daß die menschliche Hauptesorganisation mit ihrer Zentrierung im Nerven-Sinnessystem eine gewisse Selbständigkeit für sich hat; ebenso das rhythmische System mit allem, was dazu gehört; und schließlich hat auch das Stoffwechselsystem mit alledem, was in der Gliedmaßenorganisation dazu gehört, wiederum eine Art Selbständigkeit für sich. Wir können also in der menschlichen Organisation auf drei in sich selbständige Systeme hinweisen, und wir werden, wenn wir in einer venünftigen Weise dabei das Prinzip der Metamorphose zugrunde legen, das ja unbedingt in der organischen Natur zugrunde gelegt werden muß, uns Vorstellungen zu bilden haben darüber, wie sich nach dem Prinzip der Metamorphose diese drei Glieder der menschlichen Organisation zueinander verhalten.

Also, verstehen Sie mich recht! Wir wollen uns eine, wenn auch vielleicht zunächst nur bildhafte Vorstellung davon machen, wie

sich die drei Glieder der menschlichen Organisation zueinander verhalten. Oberflächlich angesehen wird das natürlich schwierig sein. Es wird schwierig sein, dasjenige, was im menschlichen Haupte an Organen angetroffen werden kann, deutlich zu erkennen als Metamorphose derjenigen Organe, welche dem Stoffwechsel-Gliedmaßensystem zugrunde liegen. Aber wenn man so weit auf die Morphologie des Menschen eingeht, wie ich es angedeutet habe, dann kommt man doch in einer gewissen Weise zurecht, wenn man wirklich die Vorstellung gründlich durchdenkt, daß wir es in dem Wechselverhältnis zwischen Röhrenknochen und Schädelknochen zu tun haben mit einer vollständigen Wendung der Innenfläche des Knochens nach außen nach dem Prinzip, wie man einen Handschuh umdreht, und daß man bei dieser Umwendung es zugleich zu tun hat mit einer Änderung der Kraftverhältnisse. Es würde, wenn ich so, wie ich einen Handschuh drehe, im Röhrenknochen das Innere nach außen wenden würde, wieder ein Röhrenknochen entstehen, natürlich. Wenn wir aber voraussetzen, daß der Röhrenknochen nur dadurch sich konfiguriert hat, daß er angeordnet ist, wie ich es dargestellt habe, nach innen zu in durchlaufendes Radiales, daß er also genötigt ist, seine Materienanordnung dem Radialen entsprechend zu machen, und ich ihn dann so umwende, daß das Innere nach außen kommt, und er dann nicht dem Radialen folgt in seiner Anordnung, sondern dem Sphäroidalen, so wird das Innere, das sich jetzt dem Sphäroidalen zuwendet, eben diese Form bekommen (Fig. 1).

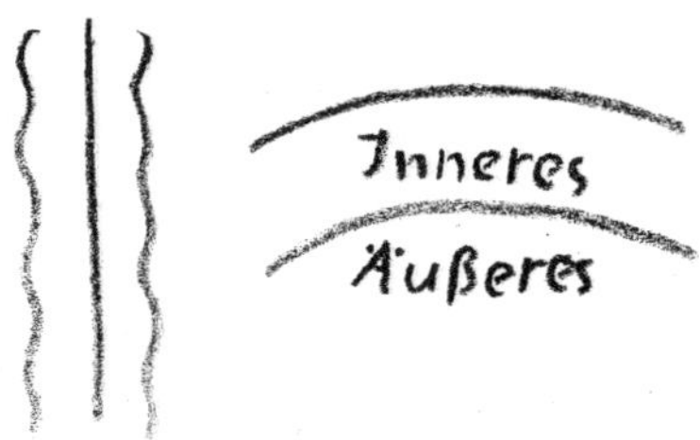

Fig. 1

Das frühere Äußere ist jetzt das Innere und umgekehrt. Wenn Sie dieses ins Auge fassen im extremsten Fall der Umwandelung des

Röhrenknochens in den Schädelknochen, dann werden Sie sich sagen: Die äußeren Enden der menschlichen Gliederung, das Gliedmaßensystem und das Schädelsystem, sie stellen gewissermaßen Pole der Organisation dar, aber so, daß wir nicht einfach die Pole im linearen Sinne als entgegengesetzt zu denken haben, sondern daß wir, wenn wir übergehen von einem Pol zum anderen, auch entsprechend einen Übergang annehmen müssen zwischen Radius und Kugeloberfläche. Ohne daß man so komplizierte Vorstellungen zu Hilfe nimmt, ist es durchaus unmöglich, irgendwie eine der Sache adäquate Vorstellung vom menschlichen Organismus zu bekommen.

Nun, dasjenige, was gewissermaßen die Mitte bildet, das mittlere Glied der Organisation des Menschen, dasjenige also, was zugeordnet ist dem rhythmischen Organismus, das wird in der Mitte drinnenstehen, wird gewissermaßen wie den Übergang bilden von Radialstruktur zu Sphäroidalstruktur. Aus diesem Prinzip heraus ist nun morphologisch die ganze menschliche Organisation zu begreifen. Wir müssen uns also klarmachen, wenn wir irgend etwas in der Stoffwechselorganisation haben als Organ, also sagen wir zum Beispiel die Leber oder irgendeines der Organe eben, die dem Stoffwechsel im eminentesten Sinne angehören – man kann immer nur sagen «im eminentesten Sinne angehören», denn die Dinge sind ja wiederum ineinandergeschoben –, wenn wir also ein solches Organ haben, und wir suchen entsprechend dasjenige Organ, das in der Hauptesorganisation durch Umwendung metamorphosiert mit ihm zusammenhängen kann, dann werden wir natürlich eine ganz gewaltige Deformation des betreffenden Organs zu konstatieren haben, wenn wir mit dem Begreifen der Form zurechtkommen wollen. Daher wird es schwierig sein, mathematisch irgendwie die Sache zu fassen. Aber ohne daß man irgendwo anfaßt mit dem Mathematischen, wird man überhaupt nicht zurechtkommen. Und wenn Sie bedenken – nehmen Sie es selbst nur wie ein Bild –, daß man in dem Begreifen der menschlichen Gestalt etwas hat, was hinausweist auf die Bewegungen der Himmelskörper, so wird es sich darum handeln, daß, wenn man zusammenfassen will dasjenige, was in den Bewegungen der Himmelskörper auftritt, man es auch in einer ähnlichen

Weise auffassen muß; daß man nicht so vorgeht, als ob einfach die Dinge sich abspielten in einer Weise, an die man herankommt mit *der* Geometrie, die einfach mit dem gewöhnlichen Raum rechnet und die daher, weil sie das tut, ja mit keiner Umwendung rechnen kann. Sobald man von einer solchen Umwendung spricht, wie ich es getan habe, kann man nicht mehr mit dem gewöhnlichen Raum rechnen. Der gewöhnliche Raum gilt da, wo ich Kubikinhalte bilde im gewöhnlichen Sinne. Wenn ich aber genötigt bin, das Innere zum Äußeren zu machen, dann hört die Möglichkeit auf, mit denjenigen Vorstellungen rechnend fortzugehen, die ich im gewöhnlichen Raum habe.

Nun, wenn ich aber die menschliche Gestalt mir so vorstellen muß, daß ich Wendungen in dem entsprechenden Sinne dazu brauche, so muß ich mir auch die Bewegungen der Himmelskörper vorstellen so, daß ich Wendungen dazu brauche. Ich kann also unmöglich in demselben Sinne vorgehen, wie die gegenwärtige Astronomie vorgeht, die sich eben zum Begreifen der Himmelserscheinungen einfach nur des gewöhnlichen, starren Raumes bedient. Wenn Sie einfach zunächst die Kopforganisation und die Stoffwechselorganisation des Menschen nehmen, so müssen Sie, um von der einen zur anderen überzugehen, eine solche Wendung und noch dazu mit Variationen der Formen sich vorstellen. Nun, suchen wir uns eine Möglichkeit, zunächst bildhaft so etwas vorzustellen.

Sehen Sie, dazu haben wir ja schon vorgearbeitet, indem wir hingewiesen haben auf die Cassinische Kurve und auch auf diejenige Auffassung des Kreises, in der der Kreis nicht einfach eine Linie ist, bei der jeder Punkt von einem Mittelpunkt gleichweit entfernt steht, sondern diejenige Linie, bei der jeder Punkt von zwei fixen Punkten in der Weise entfernt ist, daß der Quotient dieser Entfernungen eine konstante Größe ist. Da haben wir also den Kreis durch eine andere Auffassung gegeben. Wir haben zunächst also auf die Cassinische Kurve hingewiesen und haben gezeigt, wie diese Cassinische Kurve im wesentlichen drei Formen hat: Die eine Form ist ellipsenähnlich, wie ich Ihnen gesagt habe. Sie entsteht dann, wenn zwischen den Konstanten ein bestimmtes Verhältnis ist, das wir angegeben haben;

die zweite Form ist die Lemniskate; die dritte Form, die ist so, daß wir der Vorstellung gemäß eine Einheit haben, daß wir auch analytisch eine Einheit haben, daß wir aber in der Anschauung eine Einheit nicht haben. Diese zwei Äste der Cassinischen Kurve sind eben *eine* Kurve. Wir müssen aber, wenn wir die Linie ziehen, eben aus dem Raum heraus und kommen dann eigentlich wiederum in den Raum herein, wenn wir den anderen Ast ziehen. Begrifflich ist es so, daß wir einen einzigen Zug mit unserer Hand machen, wenn wir diese zwei anschaulich voneinander getrennten Gebiete hinzeich-

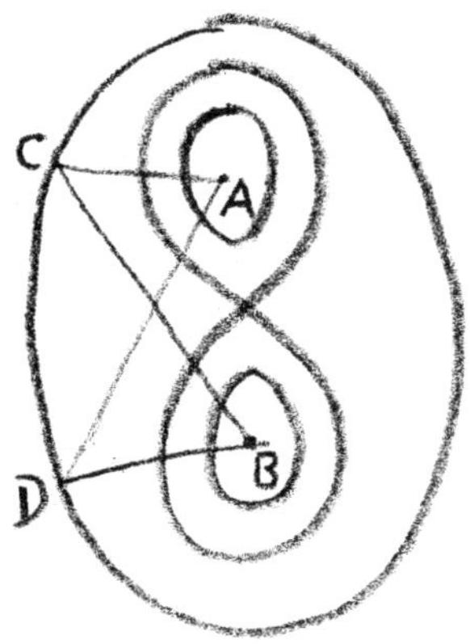

Fig. 2

nen. Wir können nicht im gewöhnlichen Raum diese Linie ziehen, aber begrifflich ist dasjenige, was da oben ist und dasjenige, was da unten ist, eben durchaus *eine* Linie (Fig. 2). Nun aber habe ich Ihnen gesagt, daß diese Linie noch in einer anderen Weise vorgestellt werden kann. Sie kann so vorgestellt werden, daß man frägt: Welche Bahn muß ein von dem einen fixen Punkte *A* beleuchteter Punkt durchlaufen, damit er in dem anderen fixen Punkte *B* stets mit gleicher Glanzstärke erscheint? Also ich bekomme da die Cassinische Kurve als den geometrischen Ort all derjenigen Punkte, die durchlaufen muß ein von dem einen fixen Punkte *A* beleuchteter Punkt, damit dieser Punkt in dem anderen fixen Punkte *B* immer mit dem gleichen Leuchtglanz beobachtet werden kann.

Nun wird es Ihnen nicht schwer sein sich vorzustellen, daß, wenn etwas von *A* nach *C* leuchtet und durch Reflexion wiederum nach *B* leuchtet, daß das denselben Glanz liefern kann wie das, was von *A* nach *D* leuchtet und so weiter. Das wird Ihnen ja nicht sonderlich schwer sein sich vorzustellen. Aber Sie werden schon gewisse Schwierigkeiten haben vorzustellen, wenn es an die Lemniskate herankommt. Da werden Sie nicht so ganz leicht zurechtkommen mit dem gewöhnlichen Abzirkeln nach den Reflexionsgesetzen und so weiter. Und erst recht schwierig wird es Ihnen werden, nun die Vorstellung zu bilden, daß von dem Punkte *B* aus hier in diesem Ast der Cassinischen Kurve (welcher *B* umschlingt) immer derselbe Leuchteglanz beobachtet werden soll, der durch den Lichtpunkt *A* bewirkt wird. Denn Sie müßten sich ja vorstellen, daß da der Lichtstrahl (beim Übergang vom einen Ast zum andern) aus dem Raume herausgeht, und daß er da wiederum in den Raum hineinleuchtet. Es würde dieselbe Schwierigkeit geben, die es gibt, wenn ich eben einfach nur verlange, daß wir mit der Hand durch den Raum mit *einem* Linienzug die zwei Äste ziehen. Aber ohne daß man diese Vorstellung ausbildet, kommt man wiederum nicht zurecht, wenn man die Formumwandlung oder den Formzusammenhang sucht irgendeines Organes des Kopfes mit irgendeinem Organ des Stoffwechsels des Menschen. Da müssen Sie unbedingt, wenn Sie den Zusammenhang suchen wollen, aus dem Raum heraus. Das heißt mit anderen Worten, so sonderbar, so paradox es klingt: Wenn Sie mit dem Verstehen irgendeiner Form Ihres Kopfes zum Verstehen irgendeiner Form innerhalb des Stoffwechselsystems übergehen wollen, dann können Sie nicht im Raume verbleiben, dann müssen Sie aus dem Raume heraus. Sie müssen aus sich selber heraus und müssen etwas suchen, was nicht im Raume ist, was ebensowenig im gewöhnlichen Raume ist, wie dasjenige, was zwischen dem oberen und dem unteren Ast der Cassinischen Kurve liegt. Es ist das ja nichts anderes als ein anderer Ausdruck dafür, daß man die Metamorphose sich vorzustellen hat als eine vollständige Wendung.

Nun, wenn wir uns hier noch vorstellen den Zusammenhang zwischen dem oberen Ast der diskontinuierlichen Cassinischen Kurve

und dem unteren Ast, dann legen wir zugrunde wirkliche Konstanten, unveränderliche, starre Konstanten. Wenn wir aber die Konstanten selbst, wie wir es getan haben, veränderlich machen, dann gibt es einfach die Möglichkeit, bei veränderlicher Konstante, also bei doppelt variablen Gleichungen, den oberen Ast zum Beispiel so vorzustellen und den unteren Ast so vorzustellen (Fig. 3). Wir werden allerdings darauf hinauskommen, daß der obere Ast so sich gestaltet. Wenn Sie also die Cassinische Kurve so verändern, daß Sie statt der Konstanten selber wieder Variable nehmen, das heißt Funktionen zugrunde legen statt der unveränderlichen Konstanten, dann werden Sie zwei verschiedene Äste bekommen. Und darunter wird auch der Fall sein können, daß der eine Ast gewissermaßen aus dem Unendlichen kommt und wiederum ins Unendliche fortgeht.

Fig. 3

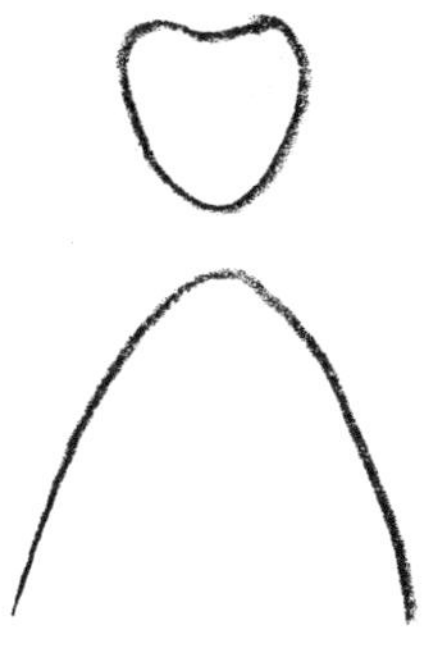

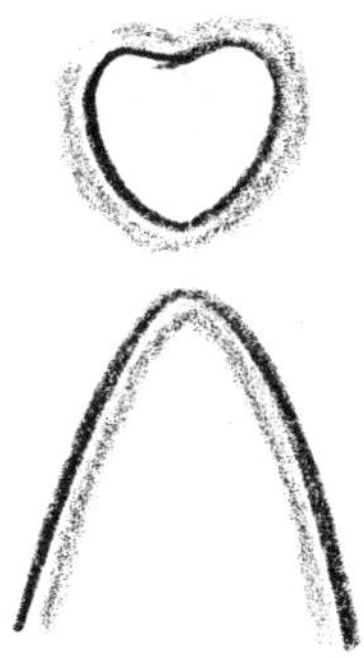

Fig. 4

Dieses Verhältnis aber, das ist es, was Sie zugrunde legen können, wenn Sie gewisse Gestalten innerhalb des menschlichen Hauptes verfolgen, sie linienhaft zusammenfassen und dann sie beziehen auf die Gestalten gewisser Organzusammenhänge im Stoffwechselsystem, die Sie wiederum linienhaft zusammenfassen. Da haben wir die ganze Komplikation der menschlichen Gestalt. Und die Sache wird allerdings dadurch nicht einfacher, daß Sie sich eben vorstellen müsssen, daß diese Linie mit der Tendenz nach außen vorzustellen ist, diese Linie mit der Tendenz nach innen gewendet zu denken ist (Fig. 4).

Sie werden sagen – ich hoffe es zwar nicht, daß Sie allzuviel Wert darauf legen, sondern das nur als vorübergehende Anwandlung empfinden –: Dann ist ja diese menschliche Organisation so kompliziert, daß man fast auf das Begreifen verzichten möchte. Da ist einem schon lieber das gewöhnliche Philisterbegreifen, wie es heute in der Physiologie und Anatomie geübt wird. Da braucht man sich nicht so anzustrengen, braucht nicht die Vorstellungen verschwinden zu lassen und doch wiederum nicht verschwinden zu lassen, die Vorstellungen umzuwenden und dergleichen! – Aber man gelangt dann eben nicht zu einer Erfassung der menschlichen Organisation, sondern man gibt sich nur der Täuschung hin, daß man dazu gelange.

Nun, wenn Sie in die menschliche Organisation so hineinsehen und sich sagen: Da ist also etwas in der menschlichen Organisation, was aus dem Raume herausfällt, was nicht im Raume drinnen ist, was mir die Notwendigkeit gibt, so vorzustellen, daß ich räumlich voneinander getrennte Liniensysteme habe, die nach einem anderen Prinzip zusammenhängen als demjenigen, das unser dreidimensionaler Raum bietet –, wenn Sie sich das vorstellen, dann werden Sie ja vielleicht nicht mehr weit davon entfernt sein, sich zunächst in formaler Weise auch das Folgende vorzustellen. Etwas eingewendet werden kann ja zunächst gegen das formale Vorstellen von dem, was ich jetzt sagen werde, von niemandem, denn es handelt sich nur darum, in der gleichen Weise zu einer Vorstellung zu kommen, wie man in der Mathematik zu einer Vorstellung kommt. Da kann niemand einwenden, daß man die Sache nicht beweisen könne oder dergleichen. Denn da handelt es sich nur darum, zu einer in sich geschlossenen Vorstellung zu kommen.

Denken Sie sich einmal, Sie hätten es nicht bloß zu tun mit dem gewöhnlichen Raum, der also drei gedachte Dimensionen hat, sondern Sie hätten es zu tun mit einem *Gegenraum*. Ich nenne ihn zunächst Gegenraum, und ich möchte ihn in der folgenden Weise für die Vorstellung zunächst entstehen lassen: Denken Sie sich, ich bilde in der Vorstellung den gewöhnlichen dreidimensionalen, starren Raum; ich bilde die erste Dimension, ich bilde die zweite Dimension und ich bilde die dritte Dimension (Fig. 5). Indem ich diese drei

Dimensionen gebildet habe, habe ich gewissermaßen vorstellungsgemäß die Erfüllung geschaffen desjenigen, was sich mir darbietet als der gewöhnliche dreidimensionale Raum. Aber Sie wissen ja, man kann überall nicht bloß *vor*gehen bis zu einer gewissen Intensität, sondern man kann auch davon *weg*nehmen, immer weiter wegnehmen und kommt dann zur Negation. Sie wissen, es gibt nicht nur Vermögen, sondern auch Schulden. Es ist möglich, daß ich nicht nur die drei Dimensionen entstehen lasse, sondern daß ich sie auch verschwinden lasse. Nur stelle ich mir den Vorgang des Entstehens

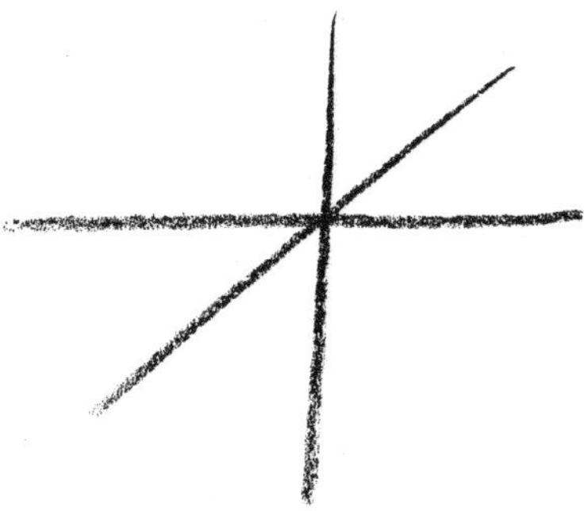

Fig. 5

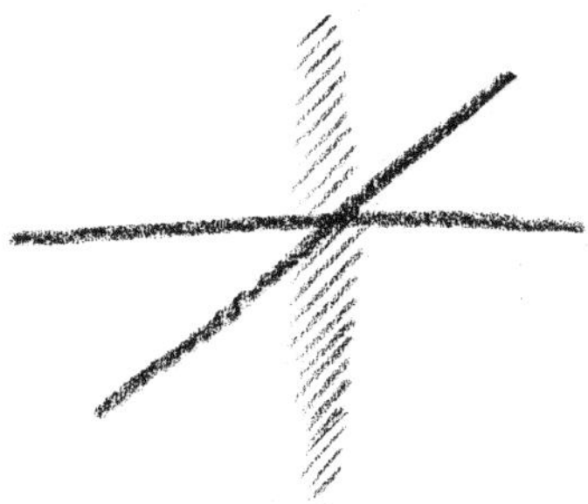

Fig. 6

und Verschwindens als einen realen vor, als etwas, was ist. Ich kann auch bloß in zwei Dimensionen vorstellen, aber das meine ich jetzt nicht, sondern ich meine: Daß da nur zwei Dimensionen sind, davon ist die Ursache nicht, daß ich nie eine dritte gehabt habe, sondern davon ist die Ursache, daß ich wohl eine dritte gehabt habe, aber daß sie mir wiederum entschwunden ist. Die zwei Dimensionen sind das Ergebnis des zuerst Entstehens und dann Vergehens der dritten Dimension. Ich habe also jetzt einen Raum, der nur äußerlich noch zwei Dimensionen zeigt, den ich aber innerlich mir so vorzustellen habe, daß er zwei dritte Dimensionen, eine positive und eine negative, zeigt; die negative Dimension kommt aus etwas heraus, was nicht mehr in meinem dreidimensionalen Raum drinnen sein kann,

was ich natürlich nicht als vierte Dimension im gewöhnlichen Sinn vorstellen muß, sondern als etwas, was sich zur dritten verhält wie das Negative zum Positiven (Fig. 6).

Nun nehmen Sie einmal an, ich würde jetzt so etwas nun einfügen demjenigen, was wir uns da ausgebildet haben (Fig. 7); das wäre irgendwie real vorhanden, aber so, wie in der Wirklichkeit zumeist die Dinge real sind; so, daß es approximativ das nachbildet, was ich

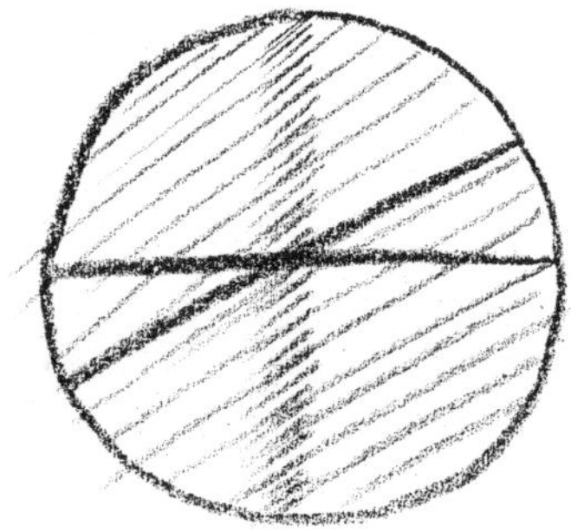

Fig. 7

hier gezeichnet habe, nicht ganz pedantisch genau. Es ist das ja nicht etwas, worüber man sich besonders verwundern darf. Denn Sie finden in der äußeren sinnlichen Wirklichkeit die mathematischen Figuren nicht anders als approximativ. Sie brauchen also nicht zu verlangen, daß es hier anders sei, wenn ich für dieses Bild eine Wirklichkeit suche, daß die anders sein soll als approximativ. Aber denken Sie einmal, ich müßte eine Wirklichkeit zeichnen, die irgendwie dem entspräche, dann müßte ich dies nicht ganz genau ebenso zeichnen, sondern etwas Abgeflachtes zeichnen, was dem entsprechen würde. Nun, daß da etwas war und wieder verschwunden ist, das will ich jetzt so andeuten, daß meinetwillen die Dichtigkeit einer Wirkung, die durch diese starke Schattierung angedeutet ist, da entstanden ist, aber wiederum sich abgeschwächt hat (Fig. 8). Sie haben hier eine Sphäre, die aber eigentlich in der Mitte einen verdichteten Teil hat. Nun bitte ich Sie, vergleichen Sie mit dem, was hier aufgezeichnet ist, erstens das reale Weltensystem, wie es sich dem Augenschein darbietet, die Sphäre mit ihren seltener stehenden Sternen

und das nach diesem Prinzip gehäufte Sternensystem, das man gewöhnlich das Milchstraßensystem nennt. Aber vergleichen Sie auch die gewöhnlichen Sternkarten. Sie werden finden, daß sich dieses – bitte bleiben wir zunächst dabei, es als Bild zu betrachten –, daß sich dieses Bild gar nicht anders zeigt als dasjenige, was man immer aufzeichnet als Durchgang der Sonne oder der Erde durch den Tierkreis, während man da hinaus (oben und unten) irgendwo zu verlegen hat den Nord- und Südpol. Sie sehen, so ganz ferne stehe ich dem, was in der äußeren Wirklichkeit ist, mit der Vorstellung nicht, die hier gebildet worden ist. Die realen Beziehungen werden wir schon in den nächsten Vorträgen aufsuchen.

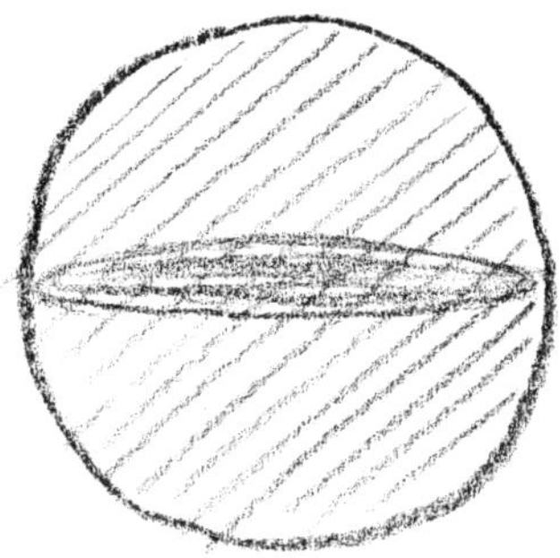

Fig. 8

Zur Erfassung desjenigen aber, was wir vorhin gerade angeführt haben für den Menschen, ist dasjenige, was wir da ausgebildet haben, noch nicht hinreichend, sondern da müssen wir weiter gehen. Da müssen wir sagen: Wir lassen jetzt auch noch die zweite Dimension verschwinden, so daß wir nur eine Dimension, eine Gerade bekommen; aber diese Gerade ist eben nicht eine Gerade, die einfach im dreidimensionalen Raum gezogen ist, sondern sie ist noch stehengeblieben, nachdem ich die dritte und die zweite Dimension habe verschwinden lassen. Und jetzt lassen wir auch noch die dritte Dimension verschwinden und bekommen dadurch eben einfach den Punkt. Halten wir das fest, daß wir den Punkt bekommen haben dadurch, daß die drei Dimensionen verschwunden sind, und nehmen

wir an, dieser Punkt böte sich uns dar in der Realität als irgend etwas selber Existierendes. Aber wie müssen wir dann, wenn er sich als etwas Wirksames zeigt, seine Wirksamkeit uns vorstellen? Wir könnten, wenn wir seine Wirksamkeit uns vorstellen, diese Wirksamkeit in keine Beziehung bringen zu irgendeinem Punkt, sagen wir, der im Raum der x-Achse liegt. Denn diese gibt es nicht, die ist verschwunden. Wir könnten ihn auch nicht beziehen auf etwas, was eine x- und y-Koordinate hätte, denn das gibt es auch nicht, das ist verschwunden aus dem Raum. Auch nicht auf die dritte Dimension des Raumes könnten wir ihn beziehen in seiner Wirksamkeit, sondern wir müßten sagen: Wenn er uns seine Wirksamkeit darbietet, dann müssen wir ihn beziehen auf dasjenige, was ganz außerhalb des dreidimensionalen Raumes liegt. Es ist unmöglich nach diesem Vorgehen unseres Denkprozesses, ihn auf etwas zu beziehen, das wir irgendwie hineinbeziehen können in den dreidimensionalen Raum. Wir können ihn nur auf etwas beziehen, was außerhalb des dreidimensionalen Raumes liegt, nicht auf «x ausgelöscht», «y ausgelöscht», «z ausgelöscht», sondern auf das, was x y z auslöscht, was also im dreidimensionalen Raum gar nicht darinnen ist.

Wir haben das zunächst als eine formale Vorstellung gebildet. Diese Vorstellung wird aber höchst real. Sie wird sehr, sehr real, wenn man nicht mit den bequemen wissenschaftlichen Vorstellungen, mit denen man heute die Dinge beherrschen möchte, vorgeht, sondern sich etwas tiefer in die Dinge einläßt. Betrachten Sie nämlich einmal mit der wirklichen Tendenz, etwas zu begreifen, den Sehvorgang in seinem Zusammenhang mit der Organisation des Auges. Betrachten Sie diese ganze Organisation des Auges, wie sie sich darstellt. Sie wissen ja vielleicht, ich habe es in andern Vorträgen öfter erwähnt, man muß das Auge begreifen nicht als eine bloße Bildung von innen nach außen, sondern als etwas, was von außen nach innen einorganisiert ist. Man kann die Bildung von außen nach innen verfolgen, indem man phylogenetisch die Bildung der niederen Tiere verfolgt und dann zum Sehvorgang übergeht. Wenn Sie den Sehvorgang studieren, müssen Sie versuchen, sich innerlich begreiflich zu machen, wie er von außen angeregt wird, wie das Organ ihm

angepaßt ist, auch von außen angeregt zu werden, wie es nach dem Sehnerv zu nach innen weiter wirkt und dann in die allgemeine Organisation übergehr, gewissermaßen in der allgemeinen Organisation verschwindet. Man kann ja natürlich die Endigung der Sehnerven finden, aber – das ist ja etwas, was sich approximativ ausdrückt – wenn man in die feinere Organisation übergeht, kann man schon sagen: Es schwindet hinein in diese Organisation. Wenn Sie nun diesen Sehvorgang mit den zu ihm gehörigen Organen wiederum ganz gewissenhaft vergleichen, zum Beispiel mit dem Nierenabsonderungsvorgang, dann müssen Sie den Ausführungsgang bei der Nierenabsonderung beziehen auf dasjenige, was auf der andern Seite sich auslebt von außen nach innen, indem das Auge in den Sehnerv übergeht.

Wenn Sie zu Vorstellungen kommen wollen, die diese zwei Dinge miteinander in Beziehung bringen, so daß Sie dann aus diesen Beziehungen die Erscheinungen bei dem einen und dem anderen Prozeß begreifen können, dann müssen Sie zu Hilfe nehmen solche Vorstellungen wie die vorhin angedeuteten. In dem Augenblick, wo Sie, wir können ja das eine für das andere setzen, solche Vorstellungen sich im dreidimensionalen Raum denken für den Sehvorgang und dann das Entsprechende beim Nierenabsonderungsvorgang suchen, müssen Sie sich die Wirkung so denken, als ob Sie aus dem dreidimensionalen Raum herauskommen würden. Sie müssen ganz genau einen solchen Gedankenprozeß durchmachen, wie ich ihn jetzt mit dem Auslöschen der Dimensionen durchgemacht habe; Sie kommen sonst nicht zurecht.

Und in einer ähnlichen Weise müssen Sie vorgehen, wenn Sie versuchen, die Kurven zu verstehen, die sich Ihnen ergeben, wenn Sie einschließlich der Schleifen die gewöhnliche, durch das Auge zu beobachtende Bahn von Venus und Merkur am Himmel untersuchen, und dann die Bahn von Jupiter und Mars untersuchen. Sie können, sagen wir unter Benützung von Polarkoordinaten, den Ausgangspunkt ihres Koordinatensystems bei der Venusschleife im dreidimensionalen Raum nehmen. Da können Sie das. Sie kommen aber nicht zurecht, wenn Sie nun die Schleifenlinie des Mars zum

Beispiel begreifen wollen nach demselben Prinzip. Sie müssen ideell voraussetzen, daß hier die Ausgangspunkte für ein Polarkoordinatensystem außerhalb des dreidimensionalen Raumes liegen. Und Sie sind in die Notwendigkeit versetzt, überall die Koordinaten so zu nehmen, daß Sie das eine Mal, sagen wir für die Venusbahn mit der Schleife, von dem Koordinatenpol ausgehen und diese Koordinaten hier annehmen (Fig. 9); das andere Mal, für die Jupiterbahn oder

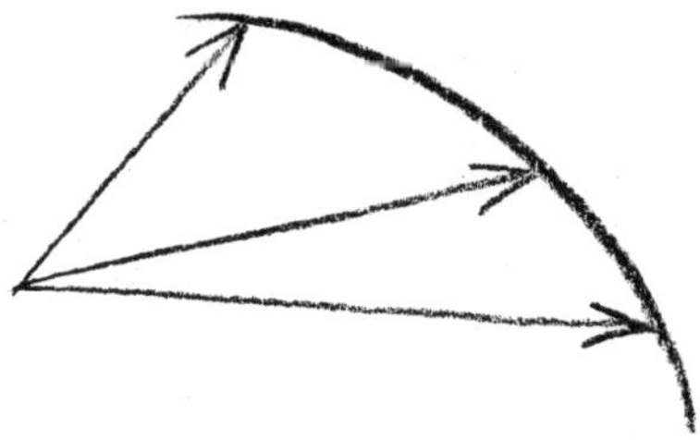

Fig. 9

die Marsbahn mit der Schleife, kommen Sie nur dann zurecht, wenn Sie sich sagen: Ich nehme nicht einen solchen Ausgangspunkt meines Polarkoordinatensystems, wo ich immer ein Stück *zu*geben muß, um die Polarkoordinaten zu bekommen, sondern ich nehme als Ausgangspunkt meines Polarkoordinatensystems die Sphäre, also alles dasjenige, was da ins Unbestimmte hinein dahinterliegt (Fig. 10), und

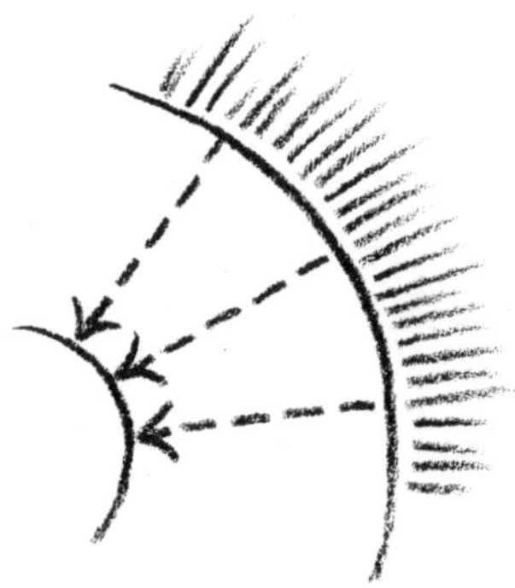

Fig. 10

bekomme dann solche Koordinaten (gestrichelte Linien); dann muß ich immer ein Stück *weg*lassen. Und ich bekomme dann die Linie, die auch etwas hat wie einen Mittelpunkt, aber dieser Mittelpunkt

ist in unermeßlichen Sphären. Es könnte also notwendig sein, daß wir zum weiteren Verfolgen der Bahnen der Planten schon die Vorstellung gebrauchen, daß bei der Konstitution der Bahn der inneren Planeten wir in die Notwendigkeit versetzt werden, uns vorzustellen, daß für sie irgendein Zentrum da ist im gewöhnlichen Raum, daß wir aber dann die Notwendigkeit hätten, aus dem gewöhnlichen Raum herauszugehen, wenn wir Zentren vorstellen wollen für die Jupiterbahn, die Marsbahn und so weiter.

Sie sehen, wir kommen hier dazu, den Raum überwinden zu müssen. Es ist durchaus notwendig. Sie werden sehen, wenn Sie wirklich gewissenhaft vorgehen im Begreifen der Erscheinungen, daß Sie nicht auskommen mit den bloßen dreidimensionalen Raumvorstellungen. Sie müssen das Zusammenwirken ins Auge fassen zwischen einem Raum, der die drei gewöhnlichen Dimensionen hat und den Sie sich ideell vorstellen können als von einem Mittelpunkt radial auslaufend, und einem anderen Raum, der diesen dreidimensionalen Raum fortwährend vernichtet, und der nun nicht von einem Punkte ausgehend gedacht werden darf, sondern der ausgehend gedacht werden muß von der in unbegrenzter Weite liegenden Sphäre; wobei also der Punkt das eine Mal den Flächeninhalt Null hat und das andere Mal den Flächeninhalt einer unermeßlich großen Kugelfläche. Wir müssen also unterscheiden zwischen zweierlei Punkten: zwischen einem Punkt, der den Flächeninhalt Null hat, den er nach außen wendet, und einem Punkt, der den Flächeninhalt einer unbegrenzt großen Kugelfläche hat, den er nach innen wendet. Im rein Geometrischen genügt es, wenn wir uns den abstrakten Punkt vorstellen. Im Reiche der Wirklichkeit genügt das nicht. Wir kommen nicht zurecht, wenn wir uns den bloß abstrakten Punkt vorstellen. Da müssen wir überall fragen, ob der Punkt, den wir uns vorstellen, nach innen oder nach außen gekrümmt ist, denn danach richtet sich sein Wirkungsfeld.

Aber noch etwas anderes müssen Sie ins Auge fassen. Sie können sich ja nun vorstellen, Sie hätten irgendwo diesen Punkt, der eine Sphäre ist (Fig. 11, starker Kreis). Zunächst ist für Sie keine Notwendigkeit, den Punkt, der ja in unermeßlichen Weiten liegt, gera-

de just hier (*a*) vorzustellen. Wir können ihn ja auch ein Stückchen weiter draußen vorstellen (*b*, *c*). Jeden Punkt können Sie irgendwo draußen vorstellen, nur müssen Sie sich diese Sphäre hier (innerer Kreis) frei lassen. Denn das ist ausgespart gewissermaßen,

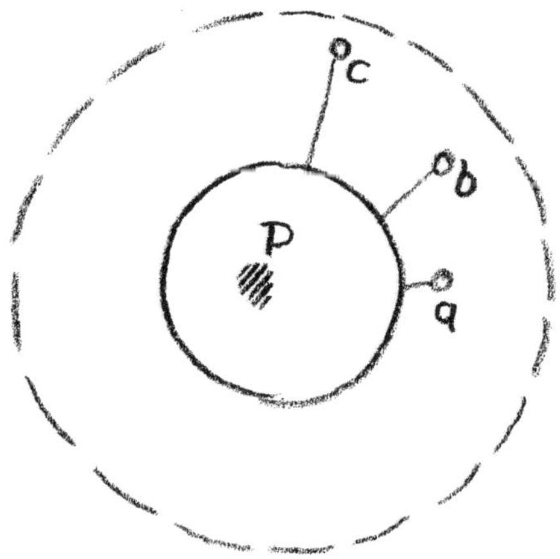

Fig. 11

das ist der umgekehrte Kreis oder die umgekehrte Kugel, wenn Sie wollen. Aber denken Sie sich, es läge das Folgende vor: Dasjenige, was da außerhalb dieses abstrakten Kreises (starker Kreis) liegt, was also dieser Punkt ist, der seine Krümmung nach innen kehrt – denn der ganze Raum, der da außerhalb dieser Kugelfläche (starker Kreis) liegt, ist eben dann ein Punkt, der seine Krümmung nach innen kehrt –, dieser Raum, der wäre wiederum doch irgendwo begrenzt. Also, Sie können weit gehen, aber die Wirklichkeit wäre nicht so, daß Sie überall hingehen könnten, da läge wiederum irgendwo eine Grenze ganz anderer Art (gestrichelter Kreis). Was müßte denn das zur Folge haben? Das müßte zur Folge haben, daß hier irgendwo (P) auftreten müßte dasjenige, was wiederum dazu gehört zu dem, was da draußen liegt. Es müßte da drinnen eine kleine Sphäre auftreten, die zu dem gehört, was da draußen liegt. Sie würden also sagen müssen: Da außerhalb einer Sphäre gibt es etwas; aber sehen kann ich das, was da draußen liegt, indem ich da (P) hineinschaue. Denn das

ist dasjenige, was da wieder erscheint, was da sich wieder geltend macht, was die Fortsetzung ist von dem, was da draußen liegt. Dasjenige, was ich suche, wenn ich in die unendlichen Fernen gehe, kommt mir aus dem Zentrum wiederum zum Vorschein.

Sehen Sie, solche Vorstellungen bilde man in genügender Weise aus. Sie machen ja immerhin den Eindruck von etwas, was schon formal durchaus berechtigt ist. Aber es wird noch etwas ganz anderes damit getan werden können, wenn man versucht, mit solchen Vorstellungen zu durchdringen dasjenige, was äußerlich wirklich ist. Denn denken Sie sich einmal, es gäbe eine Erscheinung innerhalb des Himmelsraumes, nennen wir sie zunächst Mond. Diese Erscheinung hätte man nicht dadurch zu begreifen, daß man einfach sagt: Der Mond, er ist ein Körper, er hat da seinen Mittelpunkt und wir untersuchen ihn nach dem Prinzip, daß er da seinen Mittelpunkt hat und ein Körper ist. – Nehmen Sie an – verzeihen Sie, wenn ich etwas euphemistisch rede –, diese Denkweise paßte nicht in die Wirklichkeit, sondern ich müßte anders sagen, ich müßte sagen: Wenn ich in meiner Welt von einem Punkt aus immer weiter und weiter gehe, dann komme ich dahin, wo ich nicht mehr andere Himmelskörper finde, wo ich, wenn es sich aber um eine Wirklichkeit handelt, doch auch nicht bloß den leeren euklidischen Raum finden kann, wo ich aber etwas finde, das mich durch seine Wirklichkeit nötigt, seine Fortsetzung hier (P) zu denken. Ich wäre dann genötigt, den Rauminhalt dieses Mondes als ein Stück der gesamten Welt zu denken, mit Ausnahme alles desjenigen, was an Sternen und so weiter außerhalb des Mondes ist. Ich müßte mir also denken auf der einen Seite alles dasjenige, was ich an Sternen im Weltenraum habe (*a*, *b*, *c* in Fig. 11). Die müßte ich in einer einheitlichen Weise behandeln, das setze ich zunächst voraus. Aber das Innere des Mondes, den Rauminhalt des Mondes dürfte ich nicht so behandeln, sondern nur so, daß ich sagte: Ich kann auf der einen Seite gehen ins Weite. Da setze ich voraus, daß da irgendwo die Sphäre ist – es ist ja zunächst die scheinbare Sphäre, aber es muß irgendwie gedacht werden, daß da auch etwas Effektives dem zugrunde liegt. Aber mit alle dem, was sich mir da in den Weiten ergibt, hat das nichts zu tun,

was innerhalb der Kugeloberfläche des Mondes liegt; das hat zu tun mit demjenigen, was beginnt, wenn die Sterne aufhören. Das ist ein Stück, in einer sonderbaren Weise zugehörig nicht zu meiner Welt, sondern zu derjenigen Welt, der die anderen Sterne alle nicht angehören. Wenn sich so etwas innerhalb einer Welt findet, dann haben wir es zu tun mit einem Einschub in die Welt, der ganz anderer Natur ist, der ganz andere innere Qualitäten zeigt als dasjenige, was um ihn herum ist. Und wir dürfen dann vergleichen das Verhältnis eines solchen Mondes zu seinem umliegenden Himmel mit dem Verhältnis, das wir haben zum Beispiel zwischen den Nierenabsonderungen mit dem zugrunde liegenden Organismus und dem Augenorganismus. Von diesem Punkt aus wollen wir dann morgen weiter reden.

Es liegt nicht an mir, daß ich versuchen muß, Ihnen komplizierte Vorstellungen zu formen über den Bau des Weltenalls, sondern es liegt daran, daß man mit anderen Vorstellungen nur dann zurechtkommt, wenn man sagt: Nun, wir fassen die Erscheinungen mit diesen Vorstellungen zusammen, und dann – dann ist halt eine Grenze, dann kommt man halt nicht weiter. Es liegt an der Wirklichkeit und durchaus nicht an irgendeiner Sucht, besondere Vorstellungen auszubilden, wenn man, um Sie in das Verständnis des Weltenbaus einzuführen, eben solch komplizierte Vorstellungen ausbildet.

SECHZEHNTER VORTRAG

Stuttgart, 16. Januar 1921

Es handelt sich, wie Sie gesehen haben, darum, die Elemente zusammenzutragen, die zuletzt dazu führen können, die Formen der Bewegungen der Himmelskörper zu bestimmen und zu diesen Formen hinzuzubestimmen dasjenige, was man die gegenseitige Lage der Himmelskörper nennen könnte. Denn eine Anschauung unseres Himmelskörpersystems läßt sich nur gewinnen, wenn man imstande ist, insofern man Bewegungsformen Kurven nennt, erstens Kurvenformen zu bestimmen, also das Figurale, und dann die Zentren der Beobachtung zu bestimmen. Das ist die Aufgabe, die eigentlich einer solchen Betrachtung gestellt ist, wie wir sie jetzt eingeleitet haben. Ich habe mit voller Absicht diese Betrachtung zunächst hier diesmal so gehalten, wie es eben geschehen ist, aus bestimmten Gründen.

Die größten Fehler, die im Wissenschaftsleben gemacht werden, die bestehen darin, daß man versucht, Zusammenfassungen zu machen, bevor man die Bedingungen dieses Zusammenfassens wirklich hergestellt hat. Man hat den Hang, Theorien zu machen, das heißt abschließende Ansichten zu gewinnen. Man kann gewissermaßen nicht abwarten, bis die Bedingungen da sind zum Theorienmachen. Und das muß in unser Wissenschaftsleben hineingeworfen werden, daß man dazu kommt, ein Gefühl dafür zu bekommen, wie man einfach nicht versuchen darf, gewisse Fragen zu beantworten, bevor die Bedingungen zur Antwort wirklich hergestellt sind. Ich weiß, daß es natürlich – die Anwesenden sind selbstverständlich ausgenommen – vielen Leuten heute lieber ist, wenn man ihnen fertige Kurven hinstellt für planetarische und sonstige Bewegungen, weil sie dann etwas haben, was ihnen Antwort gibt auf ihre Frage: Wie verhält sich das und jenes gemäß der Summe der Begriffe, die vorhanden sind? Aber wenn die Fragen so liegen, daß man sie mit dieser Summe von Begriffen, die vorhanden sind, nicht beantworten kann, dann ist eben alles Reden in theoretischer Beziehung ein Un-

ding. Man kommt dadurch nur zu einer scheinbaren, ganz illusionären Beruhigung über die Sache. Daher versuchte ich auch in bezug auf die Wissenschaftspädagogik diese Vorträge so zu gestalten, wie ich sie eben gestaltet habe.

Nun haben wir ja bisher Ergebnisse gewonnen, die uns zeigen, daß wir sorgfältig unterscheiden müssen, wenn wir die Kurvenformen für die Himmelsbewegungen herausfinden wollen, solche Dinge, wie sie uns auftreten in den scheinbaren Bewegungen, sagen wir zum Beispiel in der Schleifenform der Venusbahn, die in der Konjunktion auftritt, und die Schleifenform für die Marsbahn, die in der Opposition auftritt. Wir sind zu einer Ansicht gekommen, daß wir da sorgfältig unterscheiden müssen dadurch, daß wir ja aufmerksam machen wollten, wie verschieden die Kurvenformen sind, die sich in der menschlichen Gestaltungskraft geltend machen auf der einen Seite für die Kopforganisation, auf der anderen Seite für die Organisation des Stoffwechsels und der Gliedmaßen, und daß doch ein gewisser Zusammenhang zwischen diesen zwei Formen vorhanden ist, nur eben ein solcher, der gesucht werden muß durch einen Übergang außerhalb des Raumes, nicht in dem starren euklidischen Raum.

Nun handelt es sich hier darum, daß man einen Übergang erst finden muß von dem, was man da gewissermaßen am eigenen menschlichen Organismus entdeckt, zu dem, was draußen im Weltenraum vorhanden ist, der ja zunächst eigentlich scheinbar nur als der euklidische Raum auftritt, als der starre Raum vorhanden ist. Man bekommt darüber eine Anschauung aber nur, wenn man dieselbe Methode fortsetzt, die wir gewonnen haben, wenn man nämlich wirklich den Zusammenhang sucht zwischen dem, was im Menschen selber vorgeht, und demjenigen, was draußen in der Bewegung der Himmelskörper im Weltenraum vor sich geht. Man kann dann nicht anders, als die Frage aufwerfen: Welche Erkenntnisbeziehung besteht zwischen Bewegungen, die im relativen Sinne aufgefaßt werden dürfen, und Bewegungen, die eben durchaus nicht im relativen Sinne aufgefaßt werden dürfen? Wir sind uns ja klar darüber, daß wir unter den Gestaltungskräften des menschlichen Organismus solche ha-

ben, die radial wirken, und solche, die wir uns in der Sphäre denken müssen (Fig. 1). Nun handelt es sich darum, wie sich für unsere menschliche Erkenntnis bei einer äußeren Bewegung dasjenige darstellt, was nur in der Sphäre verläuft, und wie dasjenige, was nur verläuft in der Richtung des Radius.

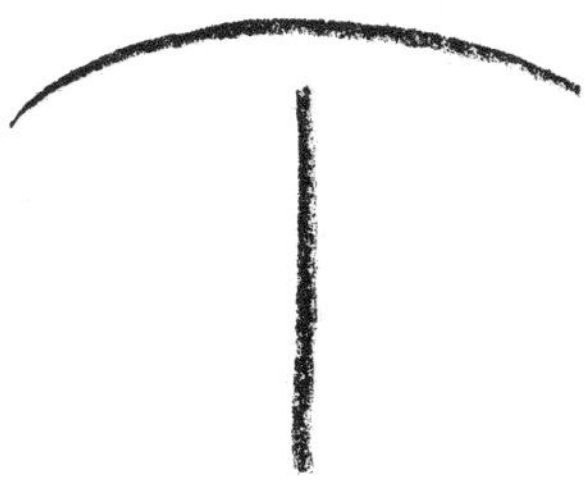

Fig. 1

Es ist ja heute schon ein gewisser Anfang gemacht, sogar in experimenteller Beziehung, solche Bewegungen auch im Raum zu unterscheiden. Man kann verfolgen die Bewegungen eines Weltenkörpers in der Sphäre durch den Augenschein; man kann aber heute durch die Spektralanalyse auch Bewegungen verfolgen, die in dem Sinne des Radius gehen, kann verfolgen in der Visierlinie liegende Annäherungen und Entfernungen der Weltenkörper. Sie wissen ja, daß die Verfolgung dieses Problems zu den interessanten Resultaten geführt hat der Doppelsterne, die sich umeinander bewegen, welche Bewegungen man ja nur feststellen konnte dadurch, daß man durch Anwendung des *Dopplerschen* Prinzipes eben das Problem, das ich da andeutete, verfolgt hat.

Nun aber handelt es sich darum, festzustellen, ob wir bei jenem Vorgehen, das den Menschen in das ganze Weltengebäude einbezieht, auch die Möglichkeit haben, irgend etwas auszumachen darüber, ob – ich will mich zunächst ganz vorsichtig ausdrücken – eine Bewegung nur eine scheinbare sein kann, oder ob diese Bewegung irgendwie eine wirkliche sein muß, ob irgend etwas darauf hindeutet, daß eine Bewegung eine wirkliche ist. Ich habe Ihnen ja schon erwähnt, wir müssen den Unterschied machen zwischen sol-

chen Bewegungen, die eben relativ sein können, und solchen Bewegungen, die, wie die rotierenden, die scherenden, die deformierenden, hindeuten darauf, daß sie nicht im relativen Sinne aufgefaßt werden können. Da muß man suchen nach einem Kriterium der wirklichen Bewegungen. Dieses Kriterium der wirklichen Bewegungen kann sich nur dadurch ergeben, daß man die inneren Verhältnisse des Bewegten ins Auge faßt. Es kann sich niemals darauf beschränken, bloß die äußeren Beziehungen der Orte ins Auge zu fassen.

Ich habe öfter das ganz triviale Beispiel gebraucht von zwei Menschen, die ich nebeneinander stehen sehe um 9 Uhr vormittags und um 3 Uhr nachmittags, wobei nur der Unterschied besteht, daß der eine von den beiden stehengeblieben ist, und der andere, nachdem ich weggegangen war, nachdem ich mit der Beobachtung aufgehört habe, einen Gang gemacht hat, der ihn 6 Stunden beschäftigt hat. Jetzt steht er wieder neben dem andern um 3 Uhr. Ich werde doch aus den bloßen Beobachtungen der Orte niemals darauf kommen können, was da eigentlich vorliegt. Bloß dann, wenn ich die Ermüdung des einen oder anderen ins Auge fasse, also einen inneren Vorgang, werde ich mich über die Bewegung unterrichten können. Darum also handelt es sich, daß man darauf kommen muß, was von dem Bewegten mitgemacht, durchgemacht wird, wenn man eine Bewegung eben als Bewegung in sich charakterisieren will. Nun ist dazu noch etwas anderes notwendig, das ich dann morgen vornehmen will, aber wir wollen uns heute wenigstens dem Problem nähern.

Nun müssen wir da von einer ganz anderen Ecke her die Sache wiederum ins Auge fassen. Sehen Sie, wenn wir heute die Gestaltung des menschlichen Organismus betrachten, so können wir natürlich im Grunde zunächst nur eine Art Anschauungszusammenhang gewinnen mit demjenigen, was draußen im Weltenraum ist. Denn es weist ja alles darauf hin, daß der Mensch in einem hohen Grade unabhängig ist von den Bewegungen des Weltenraumes und daß er gewissermaßen gerade mit demjenigen, was sich ausdrückt in seinem unmittelbaren Erleben, sich emanzipiert hat von den Welten-

erscheinungen, so daß wir nur zurückverweisen können auf Zeiten, in denen der Mensch noch weniger sein Seelenleben in bezug auf dasjenige, was er erlebt, in die Waagschale wirft als im gewöhnlichen, das heißt nachgeburtlichen Erdenleben. Wir können nur zurückverweisen auf die Embryonalzeit, wo ja in der Tat die Bildung im Einklang mit den Weltenkräften erfolgt. Und dasjenige, was dann noch bleibt, das ist gewissermaßen, was sich innerhalb der menschlichen Organisation aus dem während der Embryonalzeit Eingepflanzten forterhält. Man kann da nicht ganz in dem Sinne, wie es sonst üblich ist, von Vererbung sprechen, weil ja nichts eigentlich «vererbt» ist, aber man muß sich einen ähnlichen Vorgang denken in diesem Zurückbleiben von gewissen Entitäten aus einer früheren Entwickelungszeit.

Nun handelt es sich aber darum, die Frage zu beantworten: Ist denn in diesem gewöhnlichen Leben, das wir führen nach unserer Geburt, wenn wir schon zum vollen Bewußtsein gekommen sind, gar keine Andeutung mehr darauf zu finden, wie der Zusammenhang mit den kosmischen Kräften ist? Wenn wir den menschlichen Wechselzustand zwischen Wachen und Schlafen betrachten, so finden wir bei dem heutigen Kulturmenschen zwar noch, daß er einen solchen Wechsel eintreten lassen muß zwischen Wachen und Schlafen, aber Sie wissen ja alle sehr gut, daß er diesen Wechsel, obwohl er in seiner Zeitenfolge zur Erhaltung der menschlichen Gesundheit durchaus übereinstimmen muß mit dem natürlichen Wechsel von Tag und Nacht, heute heraushebt von demjenigen, was der Naturlauf ist. In den Städten läßt man das ja nicht mehr zusammenfallen, auf dem Lande bei den Bauern ist es doch noch da. Gerade dadurch sind diese in ihrer besonderen seelischen Konstitution, daß sie die Nacht durchschlafen und den Tag durchwachen. Wenn der Tag länger und die Nacht kürzer wird, schlafen sie weniger; wenn die Nacht länger wird, schlafen sie länger. Aber das sind schließlich doch Dinge, die nur zu vagen Vergleichen führen können, auf die sich keine klare Anschauung aufbauen läßt. Wir müssen schon nach etwas anderem fragen, wenn wir das Hereinragen desjenigen, was Weltverhältnisse sind, in die menschlichen subjektiven Verhältnisse ins Auge

fassen wollen, um dadurch etwas herauszufinden im menschlichen Inneren, was uns auf absolute Bewegungen im Weltenall hinweisen kann.

Und da möchte ich auf etwas aufmerksam machen, was schließlich sehr gut beobachtet werden kann, wenn man nur seine Beobachtungen über größere Felder ausdehnt: daß zwar der Mensch sich leicht emanzipiert mit Bezug auf das Abwechseln von Schlafen und Wachen, sich leicht emanzipiert von der Zeitenfolge, daß er sich aber, ohne daß die Folgen bemerkbar werden, nicht emanzipieren kann in bezug auf seine Lage. Selbst diejenigen Menschen, die, wie es ja auch jetzt schon solche Kulturlinge unter uns gibt, die Nacht zum Tage und den Tag zur Nacht machen, selbst die müssen doch für das Schlafen diejenige Lage wählen, die nicht die aufrechte Lage des Wachens ist. Sie müssen gewissermaßen ihre Rückgratlinie in die Richtung der Rückgratlinie des Tieres bringen. Und gerade wenn man auf diese Dinge weiter eingeht, wenn man zum Beispiel auch in Erwägung zieht die physiologische Tatsache, daß es Menschen gibt, die unter gewissen Krankheitsverhältnissen nicht gut in der horizontalen Lage schlafen können, sondern möglichst aufrecht sitzen müssen, dann wird man gerade durch solche Abweichungen des Zusammenhanges zwischen der horizontalen Lage und dem Schlafen auf Gesetzmäßigkeiten kommen. Gerade wenn man die Ausnahmen betrachtet, die durch mehr oder weniger bemerkbare Krankheiten eintreten, bei Asthmatikern zum Beispiel, wird man auf die Gesetzmäßigkeiten in diesem Felde sehr deutlich hinweisen können. Und man kann durchaus, wenn man alle Tatsachen zusammenfaßt, sagen, daß der Mensch sich um des Schlafens willen in eine Lage bringen muß, die sein Leben so verlaufen läßt während des Schlafes, wie in einer gewisse Beziehung das Tierleben verläuft. Wenn Sie solche Tiere, die nicht genau ihre Rückgratlinie parallel zur Erdoberfläche haben, genau betrachten, werden Sie eine weitere Bestätigung der Sache finden. Das alles ist ja etwas, was ich nur in Richtlinien angeben kann, was im einzelnen vielfach ja erst Gegenstand der Wissenschaft werden muß, weil man die Dinge ja nicht in dieser Art bisher erschöpfend betrachtet hat. Da und dort sind ja immer wieder-

um kleine Hinweisungen von Leuten geschehen, aber nicht in erschöpfender Weise; es sind die für den wissenschaftlichen Fortgang notwendigen Untersuchungen nicht getrieben worden.

Das ist zunächst eine Tatsache. Eine andere Tatsache ist die folgende. Sie wissen, dasjenige, was man trival Ermüdung nennt, was eine sehr komplizierte Tatsachenreihe ist, das kann eintreten, wenn wir uns willkürlich bewegen. Wir bewegen uns dann willkürlich, indem wir unseren Schwerpunkt in der Richtung parallel zur Erdoberfläche führen. Wir bewegen uns gewissermaßen in einer Fläche, die parallel zur Erdoberfläche liegt. In einer solchen Fläche verläuft der Vorgang, der unsere äußeren willkürlichen Bewegungen begleitet. Und wir können in demjenigen, was sich da abspielt, etwas durchaus Zusammengehörendes finden. Wir können finden auf der einen Seite die Beweglichkeit parallel zur Erdoberfläche und das Ermüdetwerden; wir können weitergehen und können sagen: Durch diese Bewegung parallel zur Erdoberfläche, die sich symptomatisch in der Ermüdung zum Ausdruck bringt, liegt ja ein Stoffwechselvorgang, liegt Stoffwechselverbrauch vor. Es liegt also etwas zugrunde dem Horizontalbewegen, was wir durchaus beobachten können wie einen inneren Vorgang des menschlichen Organismus. Nun tritt aber erstens das auf, daß der Mensch so veranlagt ist, daß er diese Bewegung, selbstverständlich mit ihren Parallelerscheinungen des Umsatzes im Stoffwechsel, nicht entbehren kann, durchaus nicht entbehren kann für seine Organisation. Bei demjenigen, der Briefträger ist, sorgt schon der Beruf dafür, daß er sich in horizontaler Weise bewegt; und wer nicht Briefträger ist, der muß spazieren gehen. Es beruht ja darauf auch die volkswirtschaftlich interessante Beziehung zwischen der Verwertbarkeit der in die Volkswirtschaft einfließenden Beweglichkeit des Menschen und der aus der Volkswirtschaft draußen bleibenden Beweglichkeit des Menschen, im Spiel, im Sport und dergleichen. Da fließen schon die physiologischen Dinge mit den volkswirtschaftlichen zusammen. Nun, ich habe ja öfter bei der Kritik des Arbeitsbegriffes gerade auf diesen Zusammenhang hingewiesen, und man kann nicht Nationalökonomie treiben, wenn man nicht hier den Zusammenhang sucht eben zwischen der reinen So-

zialwissenschaft und der Physiologie. Aber dasjenige, was für uns jetzt in diesem Augenblick wichtig ist, das ist, daß wir beobachten können diesen parallelen Vorgang: Bewegung in der horizontalen Fläche und einen gewissen Stoffwechselvorgang.

Wir können diesen Stoffwechselvorgang auch woanders aufsuchen. Wir können ihn aufsuchen in dem Wechselzustand zwischen Schlafen und Wachen. Nur wird gewissermaßen der Vorgang bei willkürlichen Bewegungen so vollzogen, daß, auch ganz abgesehen von dem, was im Inneren des Menschen vorgeht, der Stoffwechselumsatz zu gleicher Zeit ein äußerer Vorgang ist. Ich möchte sagen, es geschieht da etwas, wofür die Oberflächenbegrenztheit des menschlichen Leibes nicht einzig und allein maßgebend ist. Es wird Stoff umgesetzt, aber so, daß diese Stoffverwandlung, die da geschieht, gewissermaßen im Absoluten, im «relativ Absoluten» natürlich, sich vollzieht, so daß man nicht sagen kann, daß das nur eine Bedeutung für die menschliche innere Organisation hat.

Aber die Ermüdung, die wiederum die symptomatische Begleiterscheinung der Bewegung mit dem Stoffwechselumsatz ist, tritt auch dann ein, wenn man einfach einen Tag gelebt hat und nichts getan hat. Das heißt, dieselben Entitäten, die wirksam sind bei der willkürlichen Bewegung, wirken auch im Menschen im täglichen Leben rein durch die innerliche Organisation. Und es muß daher der Stoffwechselumsatz auch dann stattfinden, wenn dieser Vorgang der Ermüdung einfach eintritt, ohne daß wir ihn willkürlich herbeiführen. Wir bringen uns selbst in die horizontale Lage zum Herbeiführen dieses Stoffwechsels, der da eintritt bei dem nicht willkürlichen Handeln, der einfach im Lauf der Zeit eintritt, wenn ich mich so ausdrücken darf. Wir bringen uns in die horizontale Lage während des Schlafes, um in dieser horizontalen Lage unsern Leib etwas ausführen zu lassen, was er auch dann ausführt, wenn wir in willkürlicher Bewegung sind. Daher sehen Sie, daß die horizontale Lage etwas Bedeutsames ist, daß es nicht gleichgültig ist, ob wir die horizontale Lage einnehmen, daß wir, wenn wir unsern Organismus etwas ausführen lassen wollen, ohne daß wir etwas dazu tun, uns in diese Lage bringen müssen. Das heißt mit anderen Worten: Wir brin-

gen uns während des Schlafes in eine Lage, wo etwas geschieht in unserem Organismus, was sonst geschieht, wenn wir uns willkürlich bewegen.

Es muß also eine Bewegung in unserem Organismus vor sich gehen, die wir nicht willkürlich herbeiführen. Es muß eine Bewegung Bedeutung haben für unseren Organismus, die wir nicht willkürlich herbeiführen. Und Sie brauchen sich nur ein wenig beobachtend die Tatsachen zurecht zu legen, so werden Sie zu dem folgenden Resultate kommen, wozu ich hier die Zwischenglieder weglassen muß, weil ich keine Zeit dazu habe. Genau ebenso, wie der absolute Stoffwechsel ausgeführt wird durch die menschliche Bewegung, so daß dasjenige, was da im Stoffwechsel vor sich geht, gewissermaßen eine reale chemische oder physikalische Bedeutung hat, für die die Begrenzung durch die Haut zunächst nicht da ist, die also im Menschen so geschieht, daß der Mensch dem Kosmos angehört, genau derselbe Vorgang, dieser selbe Stoffwechselumsatz wird beim Schlafen herbeigeführt so, daß er innerhalb des menschlichen Organismus seine Bedeutung hat. Dasjenige, was sich umsetzt bei der willkürlichen Bewegung, setzt sich auch um im Schlaf. Aber das Resultat wird übergeführt von dem einen Teil des Organismus in den andern Teil des Organismus. Wir versorgen unser Haupt, unsern Kopf während des Schlafes. Wir vollziehen oder lassen vielmehr unseren Organismus im Innern vollziehen einen Stoffwechselumsatz, für den jetzt die menschliche Haut als Abschließung eine Bedeutung hat, wo die Umwandlung so geschieht, daß der Endprozeß eine Bedeutung für das Innere der menschlichen Organisation hat.

Wir können also sagen: Wir bewegen uns willkürlich – ein Stoffwechselumsatz findet statt; wir lassen uns bewegen vom Kosmos – ein Stoffwechselumsatz findet statt. Der letztere findet so statt, daß das Ergebnis, das bei dem ersteren Stoffwechselumsatz gewissermaßen in der Außenwelt verläuft, jetzt umkehrt und im menschlichen Haupte als solchem sich geltend macht. Es kehrt einfach um, es verfließt nicht weiter, aber wir müssen uns, damit es umkehrt, damit es überhaupt da ist, in die horizontale Lage bringen. Wir müssen also studieren den Zusammenhang zwischen jenen Vorgängen im

menschlichen Organismus, die bei der willkürlichen Bewegung sich vollziehen, und jenen Vorgängen, die sich vollziehen im Schlafe. Und daraus, daß wir das an einem bestimmten Punkte unserer Betrachtung so tun müssen, daraus können Sie ja sehen, welche Bedeutung es hat, wenn in den allgemeinen anthroposophischen Vorträgen immer betont werden muß, daß wir unseren Willen, der an den Stoffwechsel gebunden ist, eigentlich in einem solchen Verhältnis zum Vorstellungsleben haben, wie das des Schlafens zum Wachen. In bezug auf die Entfaltung des Willens, sagte ich immer wieder und wiederum, schlafen wir fortwährend. Jetzt haben Sie hier die genaue Determination der Sache. Sie haben jetzt hier gewissermaßen den Menschen willkürlich bewegt in der horizontalen Fläche, und er vollzieht da dasselbe wie im Schlafe, nämlich Schlafen durch seinen Willen. Schlafen und Bewegung durch den Willen stehen in dieser Beziehung. Und wir schlafen in der horizontalen Lage, wobei nur das Ergebnis das andere ist, daß dasjenige, was in die Außenwelt verpufft bei der willkürlichen Bewegung, von unserer Hauptesorganisation aufgenommen und weiter verarbeitet wird.

Wir haben also zwei streng auseinander zu haltende Vorgänge: Das Verpuffen des Stoffwechselprozesses bei der willkürlichen Bewegung und das innerliche Verarbeiten des Stoffwechselumsatzes bei demjenigen, was während des Schlafes in unserem Haupte sich abspielt. Und wir können, wenn wir jetzt das Ganze auf die Tierheit beziehen, ermessen, welche Bedeutung es hat, wenn wir sagen: Das Tier vollbringt überhaupt sein Leben in der horizontalen Lage. Es muß in einer ganz anderen Weise beim Tier organisiert sein diese Umkehrung des Stoffwechsels für das Haupt, und es bedeutet die willkürliche Bewegung beim Tier durchaus etwas ganz anderes als beim Menschen. Das ist dasjenige, was in der Gegenwart so wenig wissenschaftlich berücksichtigt wird. Jetzt wird nur gesprochen von dem, was sich äußerlich darbietet, und es wird übersehen, daß derselbe äußere Vorgang bei dem einen Wesen etwas ganz anderes darstellen kann als bei dem anderen Wesen. Ich will jetzt absehen von allen religiösen Intentionen, sondern nur *da*rauf hinweisen: Der Mensch stirbt, das Tier stirbt; das braucht in psychologischer Bezie-

hung durchaus bei den beiden Wesen nicht dasselbe zu sein. Denn derjenige, der es dasselbe sein läßt und daraufhin seine Untersuchungen anstellt, der gleicht einem Menschen, der ein Rasiermesser findet und sagt, es ist ein Messer, die Funktion muß dieselbe Bedeutung haben wie bei einem anderen Messer, also schneide ich mit dem Rasiermesser meine Knödel. – Wenn man die Dinge so trivial ausspricht, wird man sagen: Das wird der Mensch doch nicht tun. – Aber wenn er nicht acht gibt, passieren diese Dinge nämlich gerade mit dem vorgerücktesten Untersuchen.

Nun werden wir also darauf hingewiesen, daß wir in unseren willkürlichen Bewegungen eben denjenigen Vorgang finden, der sich ausdrückt in einer Kurvenrichtung, die parallel zur Erdoberfläche geht. Wir werden da also gedrängt zu einer Kurvenrichtung, die diesen Verlauf nimmt. Nun, was haben wir denn da zugrunde gelegt? Wir haben zugrunde gelegt einen inneren Vorgang, etwas, was im Menschen vor sich geht, was wir auf der einen Seite als etwas Gegebenes haben im Schlafe, was wir auf der anderen Seite als etwas haben, was wir selber ausführen, so daß wir in dem, was wir ausführen, die Möglichkeit haben, das andere zu bestimmen. Wir haben also die Möglichkeit, dasjenige, was aus dem Weltenraum heraus mit unserem Organismus im Schlafe getan wird, als das zu Definierende zu betrachten, das wir erkennen sollen, und das andere, das wir äußerlich vollziehen, das wir also kennen in bezug auf seine Lageverhältnisse, als den Oberbegriff des Definierens zu betrachten.

Das ist dasjenige, wonach man streben muß in einer wirklichen Wissenschaft: Nicht Erscheinungen durch abstrakte Begriffe zu definieren, sondern Erscheinungen durch Erscheinungen zu definieren. Das ist dasjenige, was natürlich notwendig macht, daß man zuerst die Erscheinungen wirklich versteht, dann kann man sie durch einander definieren. Das ist überhaupt das Charakteristische desjenigen, wonach gestrebt wird von anthroposophischer Geisteswissenschaft: Zum wirklichen Phänomenalismus zu kommen, Erscheinungen durch Erscheinungen zu erklären, nicht abstrakte Begriffe zu bilden, durch die die Erscheinungen erklärt werden; und auch nicht die Erscheinungen einfach hinzustellen und sie zu lassen, wie sie

sind im zufälligen empirischen Tatbestand, denn da können sie nebeneinanderstehen, ohne daß sie einander irgendwie erklären können.

Von da aus möchte ich nun zu etwas übergehen, was Ihnen zeigen wird, welche Tragweite überhaupt dieses phänomenologische Streben hat. Man kann sagen, um zu entsprechenden Vorstellungen zu kommen, ist heute eine Überfülle von empirischem Material schon da. Dasjenige, was uns fehlt, ist nicht empirisches Material, sondern das sind die Zusammenfassungsmöglichkeiten, die ja zu gleicher Zeit die Möglichkeiten sind, das eine Phänomen durch das andere Phänomen wirklich zu erklären. Man muß die Phänomene zuerst verstehen, bevor man sie durch einander erklären kann. Man muß aber den Willen entwickeln, so vorzugehen, wie wir hier vorgehen, daß man zuerst die Tendenz entwickelt, eine Erscheinung wirklich zu durchdringen. Diese Tendenz läßt man heute vielfach außer acht. Daher wird in unserem Forschungsinstitut es sich in erster Linie nicht darum handeln, im Sinne der alten experimentellen Methoden weiter zu experimentieren, denn da ist eigentlich wirklich eine Überfülle von empirischem Material vorhanden, nicht zur Technik, wohl aber zum wirklichen Zusammenfassen. Es wird sich nicht darum handeln, die alten Experimentierrichtungen weiter fortzusetzen, sondern, wie ich ja auch in dem Wärmekurs im letzten Winter aufmerksam gemacht habe, handelt es sich darum, die Versuchsanordnungen anders zu machen. Wir werden nicht nur die Instrumente brauchen, die man heute in gewohnter Weise bei dem Optiker und so weiter kauft, sondern wir werden nötig haben, unsere Instrumente schon selbst zu konstruieren, damit wir andere Versuchsanordnungen haben, und die Phänomene so hinzustellen, daß das eine durch das andere erklärt werden kann. Wir müssen wirklich von Grund auf arbeiten. Dann wird sich aber auch eine Überfülle wiederum ergeben von demjenigen, was wirklich eine lichtvolle Perspektive darbieten kann. Mit denjenigen Instrumenten, die da sind, können die Leute der Gegenwart wirklich genügend viel machen. Sie sind außerordentlich geschickt geworden in ihrer Einseitigkeit, damit zu experimentieren. Wir brauchen neue Versuchsanordnungen, das muß

durchaus ins Auge gefaßt werden, denn mit den alten Versuchsanordnungen kommen wir über gewisse Fragen einfach nicht hinaus. Und auf der anderen Seite darf auch wiederum nicht auf Grundlage der Resultate, die durch die alten Untersuchungen gewonnen sind, einfach blind weiter spekuliert werden, sondern es müssen uns die experimentellen Ergebnisse immer wiederum die Möglichkeit geben, so viel wie möglich, wenn wir uns entfernt haben von den Tatsachen, zu den Tatsachen zurückzukehren. Wir müssen immer gleich die Möglichkeit finden können, wenn man an einen bestimmten Punkt gekommen ist mit den Versuchen, nicht weiter zu theoretisieren, sondern mit dem, was sich ergibt, sogleich zu der Beobachtung zu gehen, die dann eine erläuternde Beobachtung ist. Sonst wird man über gewisse Grenzen, die aber nur Augenblicksgrenzen der Wissenschaft sind, nicht hinauskommen. Und da mache ich aufmerksam auf eine solche Grenze, die übrigens von keinem Menschen so genommen wird, als ob sie nicht überwindbar wäre, die aber nur überwindbar sein wird, wenn man auf dem betreffenden Felde zu anderen Versuchsanordnungen übergeht. Das ist die Frage der Sonnenkonstitution.

Nicht wahr, zunächst ergibt sich ja aus wirklich sorgfältigen, gewissenhaften Beobachtungen, die mit allen heute zur Verfügung stehenden Mitteln angestellt worden sind, daß wir zu unterscheiden haben irgend etwas in der Sonnenmitte, worüber alle Menschen im unklaren sind. Es wird einfach vom Sonnenkern gesprochen. Was der ist, darüber kann kein Mensch eine Auskunft geben, bis dahin reicht die Untersuchungsmethode nicht. Das ist keine Kritik und kein Tadel, denn das gibt ja jeder zu. Den Sonnenkern läßt man dann umgeben sein von der Photosphäre, der Atmosphäre, der Chromosphäre und der Korona. Es beginnt die Möglichkeit, sich Vorstellungen zu machen, bei der Photosphäre. Man kann sich auch Vorstellungen über die Atmosphäre, die Chromosphäre machen. Nehmen Sie nun einmal an, man wolle sich Vorstellungen machen über das Auftreten der Sonnenflecken. Man wird finden, indem man an diese merkwürdige Erscheinung herantritt, die ja nicht ganz willkürlich verläuft, sondern die einen gewissen Rhythmus zeigt in Maxima

und Minima der Sonnenfleckenbildung, nach ungefähr 11-jähriger Periode sich regelnd, daß diese Sonnenfleckenphänomene, wenn man sie verfolgt, in Zusammenhang gebracht werden müssen mit Vorgängen, die in irgendeiner Weise außerhalb des Sonnenkernes liegen. Man legt sich gewisse Vorgänge da zurecht und spricht von explosionsartigen oder ähnlichen Verhältnissen. Nun handelt es sich darum, daß man, wenn man so vorgeht, immer von Voraussetzungen ausgeht, die man im irdischen Felde gewonnen hat. Wenn man nämlich nicht versucht, sein Begriffsfeld zuerst zu bearbeiten und zu erweitern, wie wir es getan haben, indem wir Kurven uns vorgestellt haben, die aus dem Raum herausgehen; wenn man nicht zu seiner Selbsterziehung so etwas macht, möchte ich sagen, dann gibt es ja auch keine andere Möglichkeit als dasjenige, was vorliegt an Beobachtungsergebnissen von einem außerhalb der irdischen Welt befindlichen Körper, so zu erklären, wie es die irdischen Verhältnisse darstellen.

Was läge denn überhaupt im Sinne der heutigen Vorstellungswelt näher, als einfach sich die Vorgänge im Sonnenleben ähnlich den Vorgängen im Erdenleben, nur modifiziert, vorzustellen! Es bilden sich da aber zunächst relativ unübersteigbare Hindernisse. Das, was man physische Konstitution der Sonne nennt, das läßt sich nicht durchschauen mit den Vorstellungen, die man im irdischen Leben gewinnt. Es kann sich nur darum handeln, die Beobachtungsresultate, die bis zu einem gewissen Grade auf diesem Felde durchaus sprechend sind, in einer ihnen adäquaten Weise vorstellungsgemäß zu durchdringen. Man wird sich da schon ein wenig befreunden müssen mit dem, was ich charakterisieren möchte etwa in der folgenden Weise. Nicht wahr, hat man irgendeinen äußeren Zusammenhang, den man mit einer geometrischen Wahrheit durchleuchtet, so sagt man sich: Dasjenige, was man zuerst geometrisch konstruiert hat, schnappt ein; die äußere Wirklichkeit *ist* so. – Man fühlt sich verbunden mit der äußeren Wirklichkeit, wenn man das wiederfindet, was man zuerst konstruiert hat. Nun darf ja natürlich dieses innerliche Erfreutsein, daß es einschnappt, nicht zu weit getrieben werden, denn es schnappt auch immer ein bei denjenigen, die bei diesem

Einschnappen schon übergeschnappt sind. Die finden auch immer, daß die Vorstellungen, die sie ausgebildet haben, durchaus übereinstimmen mit der äußeren Wirklichkeit. Aber es liegt doch etwas Gültiges in diesen Dingen.

Nun handelt es sich darum, daß eben einfach der Versuch gemacht werden muß, sich vorzustellen zuerst einen Vorgang, der im irdischen Leben so verläuft, daß wir uns seinen Verlauf vorstellen durch das Verfolgen der Richtung vom Mittelpunkt nach außen, also in der Richtung des Radialen. Wir fassen einen Vorgang ins Auge, sagen wir zum Beispiel einen gewissen Ausbruch, einen vulkanischen Ausbruch oder die Richtung irgendeiner Deformation bei Erdbeben und dergleichen. Wir verfolgen also Vorgänge auf der Erde im Sinne einer Linie, die vom Mittelpunkt nach auswärts geht. Nun können Sie sich aber auch vorstellen, das sogenannte Sonneninnere sei so geartet, daß es seine Erscheinungen nicht vom Mittelpunkt nach außen stößt, sondern daß die Erscheinungen von der Korona über die Chromosphäre, Atmosphäre, Photosphäre, nun statt von innen nach außen, von außen nach innen verlaufen. Daß die Vorgänge also (Fig. 2), wenn das die Photosphäre ist, das die Atmosphäre, das die

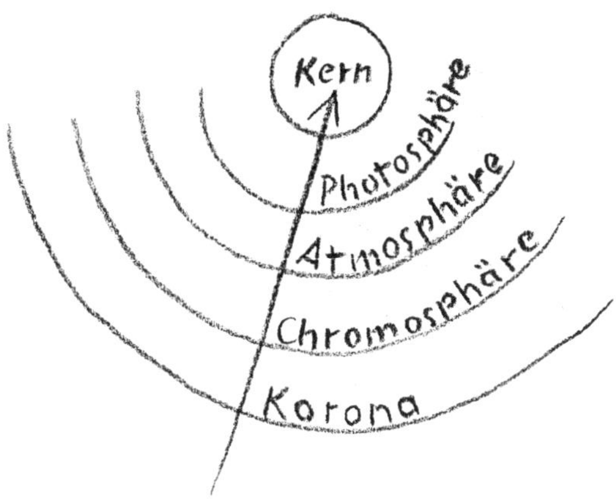

Fig. 2

Chromosphäre, hier die Korona, nach innen verlaufen, und sich gewissermaßen nach dem Mittelpunkt hin, nach dem sie tendieren, verlieren, so wie sich die Erscheinungen, die von der Erde ausgehen,

in der Flächenausdehnung verlieren. Dann kommen Sie zu einem Vorstellungsbilde, das Ihnen gestattet, in einer gewissen Weise die empirischen Resultate zusammenzufassen. Wenn Sie also konkret sprechen, so werden Sie sagen: Wenn auf der Erde Ursachen dazu vorliegen, daß nach oben hin ein Kraterausbruch erfolgt, so würde der Ursachenzusammenhang auf der Sonne so liegen, daß von außen nach innen so etwas geschieht wie ein Kraterausbruch, so daß seine Natur die ganze Sache anders zusammenhält, weil das eine Mal alles in die Weite auseinanderläuft, das andere Mal ins Zentrum zusammenstrebt.

Sie sehen, es würde sich darum handeln, die Phänomene, die man hier verfolgt, erst zu durchdringen, zu verstehen, um sie dann durch einander erklären zu können. Und erst wenn man in dieser Weise auf das Qualitative der Dinge eingeht, wenn man sich wirklich darauf einläßt, im umfassendsten Sinne eine Art qualitativer Mathematik zu finden, kommt man vorwärts. Davon werden wir morgen noch sprechen. Heute möchte ich nur noch erwähnen, daß es ja auch noch die Möglichkeit gibt gerade für die Mathematiker, aus dem Mathematischen heraus schon Übergänge zu finden zu einer qualitativen Betrachtung, zu einer qualitativen Mathematik. Und diese Möglichkeit ist sogar in unserem Zeitalter in ganz intensiver Weise vorhanden, indem man einfach versucht, die analytische Geometrie und ihre Ergebnisse im Zusammenhang zu betrachten mit synthetischer Geometrie, mit innerem Erleben der projektiven Geometrie. Das liefert einen Anfang zwar, aber einen sehr, sehr guten Anfang. Und derjenige, der mit solchen Dingen den Anfang gemacht hat, der also durchaus darauf eingegangen ist, einmal sich klarzumachen, wie es doch so ist, daß eine Linie nicht zwei unendlich ferne Punkte hat, den einen auf einer, den andern auf der andern Seite, sondern unter allen Umständen nur einen unendlich fernen Punkt hat, der findet dann auch realere Begriffe auf diesem Gebiet und von da aus eine qualitative Mathematik, durch die er nicht mehr das, was sich polarisch ausnimmt, bloß entgegengesetzt, sondern gleichgerichtet denkt. Es ist ja auch nicht qualitativ gleich gerichtet. Die Erscheinungen der Anode und Kathode sind nicht gleich gerich-

tet, sondern es liegt etwas anderes dahinter. Und der Weg, einmal dahinterzukommen, was da für ein Unterschied vorliegt, der liegt eben darin, daß man sich nicht gestattet, überhaupt eine reale Linie mit zwei Enden zu denken, sondern daß man sich klar wird darüber, daß eine reale Linie in ihrer Totalität nicht mit zwei Enden gedacht werden darf, sondern mit einem Ende, und das andere Ende geht einfach durch reale Verhältnisse über in eine Fortsetzung, die irgendwo liegen muß.

Beachten Sie nur die Tragweite einer solchen Auseinandersetzung. Sie führt tief hinein in manches Rätsel der Natur, das, wenn man ohne diese Vorbereitung an es herangeht, eben doch nur so aufgefaßt werden kann, daß niemals die Vorstellung die Erscheinung durchdringen wird.

SIEBZEHNTER VORTRAG

Stuttgart, 17. Januar 1921

Ich möchte zuerst auf eine Sache noch einmal zurückkommen, die vielleicht Mißverständnisse hervorrufen könnte, wenn einmal sich der eine oder andere der verehrten Zuhörer veranlaßt finden könnte, die Dinge, die hier vorgetragen sind, weiter durchzudenken.* Es handelt sich darum, daß Sie sich vorzustellen haben, daß zu gleicher Zeit die Fläche, in der ich die Lemniskate zeichne, um die Achse der Lemniskate, um die Verbindungslinie der zwei Brennpunkte, oder wie Sie es nennen wollen, sich dreht. Dann muß ich natürlich in den Raum hinein die Lemniskate zeichnen. Das (Fig. 1) ist die Projek-

Fig. 1

tion. Und mit dieser räumlichen Zeichnung der Lemniskate hat man es zu tun, wenn man all die Dinge berücksichtigt, die ich gesagt habe, wenn man also das Knochensystem und Nervensystem verfolgt – sogar die Blutzirkulation kann man verfolgen. Das alles ist nicht auf der Ebene, sondern im Raum zu denken. Daher ist zwar diese Achterfigur der Lemniskate durchaus berechtigt, aber ich habe ja schon angedeutet, daß man es hier eigentlich mit Rotationskörpern zu tun hat. Das also liegt auch dem zugrunde, was ich eben ausgeführt habe dadurch, daß ich sagte: Es sind in einer gewissen Weise die Organisationsgestaltungen in dem Nerven-Sinnessystem und in dem Stoffwechsel-Gliedmaßensystem eben nach dem Prinzip einer solchen Rotations-Lemniskate einander zugeordnet.

Nun handelt es sich darum, daß wir ja genötigt waren, gewissermaßen das Kriterium der Bewegungen unserer Erde im Raume,

* Siehe Hinweis zu S. 302.

denn mit unserer Erde sind wir ja in einer gewissen Weise räumlich verbunden, zu suchen in den Veränderungen, die im Menschen selber vor sich gehen. Ich sagte: Wenn man Bewegungen bloß äußerlich anschaut, dann ist es nicht möglich, hinauszukommen über die Relativität der Bewegungen. In dem Augenblick aber, wo man die Bewegungen mitmacht und wo man durch das Mitmachen der Bewegungen Veränderungen im Inneren des betreffenden Körpers konstatieren kann, handelt es sich darum, daß man an den inneren Veränderungen die Realität der Bewegungen gewissermaßen ablesen kann.

Wir haben hingewiesen darauf, daß wir ja in den Stoffwechselvorgängen ein Kriterium haben für die willkürliche Bewegung, die der Mensch vornimmt, indem er gewissermaßen seinen Schwerpunkt parallel zur Erdoberfläche bewegt. Und in denjenigen Vorgängen, welche ähnlich verlaufen wie diese Stoffwechselvorgänge beim willkürlichen Bewegen, in den Ermüdungserscheinungen, die im Lauf des Tages, also bei wechselndem Sonnenstand eintreten, haben wir ein Kriterium für eine Bewegung, die wir ganz zweifellos mit der Erde im Weltenraum vollführen. Wir können also sagen: Dasjenige, was sich abspielt zwischen dem Haupte und dem übrigen Menschen in der vertikalen Richtung, wenn der Mensch aufrecht steht, das spielt sich ab in der Richtung parallel zur Erdoberfläche, in der im wesentlichen das tierische Rückgrat verläuft, wenn der Mensch schläft. So daß wir also eigentlich im Vergleich des Stoffwechsels für Schlafen und Wachen eine Art Reagens haben für die Bewegungsverhältnisse von Erde und Sonne.

Wir können dann von da aus zu den anderen Wesen der Natur gehen. Wir sehen die Pflanze, die eine Richtung radial einhält. Das ist dieselbe Richtung, welche wir als Mensch im wachenden Zustand haben. Nur müssen wir uns klar sein, daß, insofern wir unsere Vertikalrichtung mit der Vertikalrichtung des Pflanzenwachstums vergleichen, wir beide nicht mit denselben Vorzeichen einsetzen dürfen, sondern daß wir beide mit entgegengesetzten Vorzeichen einsetzen müssen. Es gibt viele Gründe, die uns dazu zwingen, die Vertikalrichtung des Menschen entgegengesetzt der vertikalen Wachstumsrichtung der Pflanze einzusetzen. Es gibt viele Gründe. Ich will nur

auf denjenigen noch einmal hinweisen, den ich ja schon erwähnt habe. Es ist der, daß der Pflanzenwachstumsprozeß, der mit der Ablagerung des Kohlenstoffes endet, im Menschen aufgehoben wird, daß der im Menschen gewissermaßen negativ gemacht werden muß. Dasjenige, was die Pflanze in sich konsolidiert, das muß der Mensch wegschaffen. Dieses und Ähnliches zwingt uns dazu, uns zu sagen: Wenn wir die Richtung des Pflanzenwachstums so setzen, so müssen wir die entsprechende Richtung beim Menschen in dieser Weise setzen (Fig. 2). Nun handelt es sich um die Frage: Was haben wir in

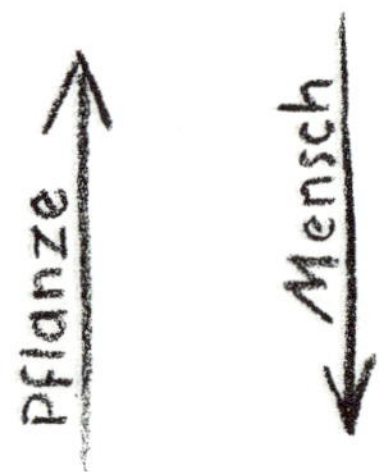

Fig. 2

dieser Richtung eigentlich? Wir haben dasjenige in dieser Richtung, was zusammenhängt mit unserem Wachstum von Jahr zu Jahr, solange wir überhaupt wachsen, dasjenige, was also bei uns einen ähnlichen Prozeß vorstellt wie bei der Pflanze. Wir kommen aber nur zurecht, wenn wir uns vorstellen: Die Pflanze wächst von der Erde radial nach aufwärts, nach dem Weltenraum; uns selbst müssen wir aber so vorstellen, daß unserem physisch sichtbaren Wachstum ein Überphysisch-Unsichtbares entgegenwächst, gewissermaßen von oben nach unten in uns hineinwächst. Wir haben ein Verständnis der menschlichen Gestalt in vertikaler Richtung dadurch zu suchen, daß wir uns gewissermaßen vorstellen: Der Mensch wächst nach oben, aber es wächst ihm entgegen eine Art unsichtbare Pflanzenbildung, die ihre Wurzeln nach oben, nach dem Kopfe entwickelt, ihre Blüten nach unten entwickelt. Es ist ein negativer Pflanzenbildungsprozeß, der dem physischen Menschenbildungsprozeß entgegengesetzt ist. In dieser Richtung (die beiden Pfeile) haben wir also zu suchen gleichartige Bewegungen. So wie die Pflanze von der Erde weg-

wächst, so haben wir uns vorzustellen, daß aus dem Weltenraum heraus von der Sonne her diese überphysische Menschenpflanze dem Mittelpunkt der Erde entgegenwächst. Und wir haben – wie gesagt, ich kann jetzt nur die Richtung angeben, Sie können das durchaus aus den empirischen Erscheinungen weiter verfolgen – in dem, was da als eine gleich gerichtete Linie uns erscheint, eine Wachstumslinie, nur das eine Mal positiv herausstrebend, das andere Mal negativ zurückstrebend, wir haben in dem zu suchen die Verbindungslinie zwischen Erde und Sonne. Sie werden sich das nicht anders vorstellen können, das ist sogar eine ziemlich triviale Vorstellung, als daß Sie zu gleicher Zeit darin zu suchen haben die Bewegungslinien sowohl für die Erde wie für die Sonne. Wir haben also Bewegungslinien für Erde und Sonne zu suchen in der Verbindung der beiden, aber so, daß diese Linie eine Vertikallinie ergibt für die Oberfläche der Erde.

Dasjenige, was ich Ihnen hier vortrage, müßte eigentlich in vielen Vorträgen auseinandergesetzt werden, aber ich möchte Ihnen doch gewissermaßen etwas Substantielles geben, das Sie dann weiter verfolgen können, und ich möchte Sie zu einem gewissen Resultat führen, das allerdings abrupt an die mehr methodisch angeordneten Betrachtungen jetzt wird angereiht werden müssen: Nun, auf diese Weise kommen wir dazu, uns vorstellen zu müssen, daß in einer gewissen Weise eigentlich Erde und Sonne sich in derselben Bahn und doch wiederum einander entgegengesetzt bewegen. Gewissermaßen substantiell können Sie für diesen Tatbestand durch dasjenige eine Vorstellung gewinnen, was ich gestern auseinandergesetzt habe. Ich habe Ihnen nämlich gesagt, es gehe nicht anders, als sich die Konstitution der Sonne – Sonnenkern, Photosphäre, Atmosphäre, Chromosphäre, Korona – so vorzustellen, daß man in demselben Sinne, wie man bei der Erde für die Kraterbildung gewisser Entströmungen, sogar für Ebbe und Flut, von innen nach außen geht, bei der Sonne von außen nach innen geht, so daß die Sonne ihre Ausströmungen von der Peripherie nach dem Innern des Sonnenkerns schickt. So daß wir gewissermaßen die Dinge da in der Umgebung der Sonne so sehen, wie wir sehen würden die Dinge auf der Erde, wenn wir im Mittelpunkt der Erde stünden und hinausschauen wür-

den, nur würden wir die Sache aus dem Konvexen ins Konkave gebogen haben. Wir sehen gewissermaßen die Erdvorgänge, wenn wir in die Sonne blicken, doch so, wie wenn wir im Mittelpunkt der Erde stünden, aber wie wenn die Innenfläche der Erde aus dem Konkaven in das Konvexe gebogen wäre, so daß das Innere der Erde Sonnenäußeres geworden wäre. Wenn Sie nämlich diese Vorstellung zugrunde legen, so werden Sie die polarisch gegensätzliche Natur von Erde und Sonne sehr gut ins Auge fassen können. Das ist auch wichtig, daß Sie eine Vorstellung davon bekommen, wie man die Sonnenkonstitution aus der Erdenkonstitution auch bekommt durch ein solches Umwenden, wie ich es Ihnen gezeigt habe in bezug auf den Stoffwechsel-Gliedmaßenorganismus mit dem Röhrenknochen und den Nerven-Sinnesorganismus mit dem Schädelknochen. Damit aber bekommen Sie erst recht eine Zuordnung des Menschen zum Kosmos. Es verhält sich in der Tat die Polarität im Menschen so, wie sich die Polarität zwischen Sonne und Erde verhält.

Ich werde jetzt einen gewissen, vielleicht für manchen problematisch ausschauenden Gedankengang verfolgen. Er würde sich Ihnen als ganz sicher ausnehmen, wenn wir alle Mittelglieder studieren könnten, aber ich möchte Sie, wie ich schon sagte, zu etwas Substantiellem führen. Wir haben also eine Kurve zu suchen, welche uns möglich macht vorzustellen, daß die Bewegungen von Sonne und Erde in ein und derselben Bahn verlaufen, und doch wiederum entgegengesetzt. Diese Kurve, die ist eindeutig zu bestimmen. Wenn man alle in Betracht kommenden geometrischen Örter, die man auf diese Weise findet, ins Aufe faßt, dann ist diese Kurve durchaus eindeutig zu bestimmen. Sie brauchen nur diese Kurve so vorzustellen, daß sie so verläuft, daß sie eine Rotations-Lemniskate ist, die aber zu gleicher Zeit im Raum fortschreitet (Fig. 3). Stellen Sie sich dann vor, an irgendeinem Punkte dieser lemniskatischen Schraubenlinie sei die Erde, an einem anderen Punkte sei die Sonne, und die Erde bewege sich der Sonne nach. So haben Sie hier die Bewegung der Erde hinauf, die Bewegung der Sonne hinunter (bei E_1, S_1). Sie gehen aneinander vorbei. Sie bekommen keine Möglichkeit, dasjenige vorzustellen, was nun wirklich zugrunde liegt nach den Kriterien, die gel-

ten können als Bewegungen sowohl der Erde als der Sonne, Sie bekommen keine andere Möglichkeit, als sich das alles aus dem heraus vorzustellen, daß Erde und Sonne sich in einer lemniskatischen Schraubenlinie bewegen, einander nachfolgen, und daß dasjenige, was sich nun in den Raum projiziert, dadurch entsteht. Hier haben

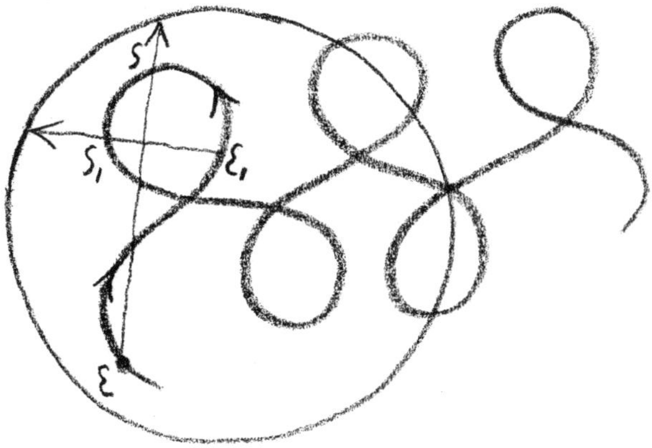

Fig. 3

Sie die Visierlinie (ES); denken Sie sich, Sie projizieren den Sonnenstand hier (S); nehmen Sie an, die Sonne sei vorwärtsgegangen (S_1), Sie bekommen die scheinbaren Orte mit alle dem, was dabei zu berücksichtigen ist, durchaus als Projektion desjenigen, was sich ergibt, wenn sich Erde und Sonne aneinander vorbeibewegen. Sie müssen nur, wenn Sie diese Rechnung stimmend finden wollen, alle die verschiedenen Korrekturen, zum Beispiel die *Besselschen* Gleichungen und dergleichen, einbeziehen, Sie müssen in die Orte alles das einbeziehen, was wirklich da ist. Sie müssen berücksichtigen, daß ja für die Rechnung die gegenwärtige Astronomie drei Sonnen hat, wie ich schon erwähnt habe, nämlich die wirkliche Sonne, die Zwischensonne und die mittlere Sonne. Von diesen drei Sonnen sind zwei natürlich gedachte, denn nur die wahre Sonne ist eben da. Aber dasjenige, was wir in unserer Zeitbestimmung haben, das rechnet erstens mit der Zwischensonne, die nur in Perigäum und Apogäum zusammenfällt, sonst überall auseinanderfällt mit der wahren

Sonne, und ferner mit der anderen Sonne, die nur in der Tagundnachtgleiche zusammenfällt mit der Zwischensonne. Man braucht das, was man sonst als Sonnenbahn bestimmt hat, nur nach all dem zu korrigieren. Wenn man das alles zusammennimmt und nun die Rechnung anstellt, so bekommt man allerdings dieses Resultat heraus. Man bekommt auf diese Weise ein Resultat, das mit demjenigen stimmt, was uns durch die Beobachtung des Zusammenhanges des Menschen mit dem Kosmos sich eben auch ergibt.

Nun handelt es sich darum, daß wir diese Kurve, die wir hier bekommen haben, in der richtigen Weise beziehen auf unser Sonnensystem. Ich will zu diesem Zweck Ihnen einzeichnen, ohne daß ich heute schon berücksichtige die beiden äußersten Planeten – sie sind in diesem Zusammenhang nicht nötig –, zunächst das gewöhnliche hypothetische Sonnensystem (Fig. 4): die Saturnbahn – es kommt

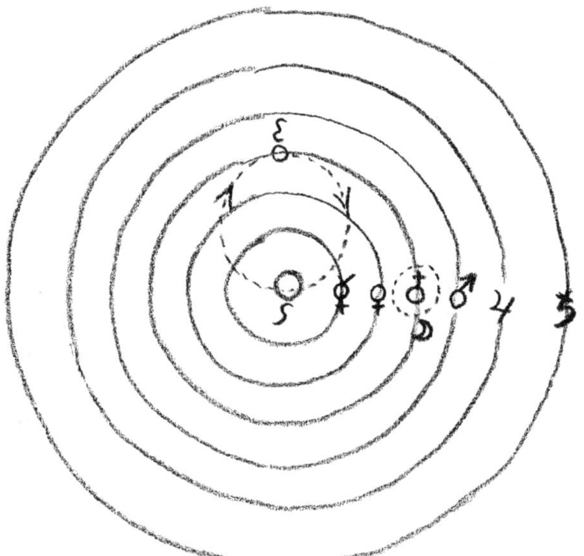

Fig. 4

auf die Verhältnisse nicht an – die Jupiterbahn, die Marsbahn, die Erdenbahn mit der Mondenbahn, die Venusbahn, die Merkurbahn, die Sonne. Irgendwo auf diesen Bahnen hätten wir dann die betref-

fenden Planeten zu suchen. Nun handelt es sich darum, wenn wir zunächst als irgendein perspektivisches Bild dasjenige gelten lassen, was da ist, wie sich da hineinstellt dasjenige, was wir eben jetzt über die Sonnen-Erdenbahn gesagt haben. Das stellt sich nämlich, wenn wir in der Weise, wie ich es vorhin gesagt habe, die Rechnung verfolgen, in der folgenden Weise hinein. Wir haben zu zeichnen die Bahn der Erde so, daß sie gewissermaßen hinstrebt nach dem Orte, den früher die Sonne gehabt hat, und wiederum die Sonne nach dem Ort, den früher die Erde gehabt hat. Wir bekommen auf diese Weise die Hälfte der Lemniskate heraus: Erde, Sonne, Erde, Sonne; wenn die herumgegangen ist, dann geht es weiter (Fig. 5). Sie sehen,

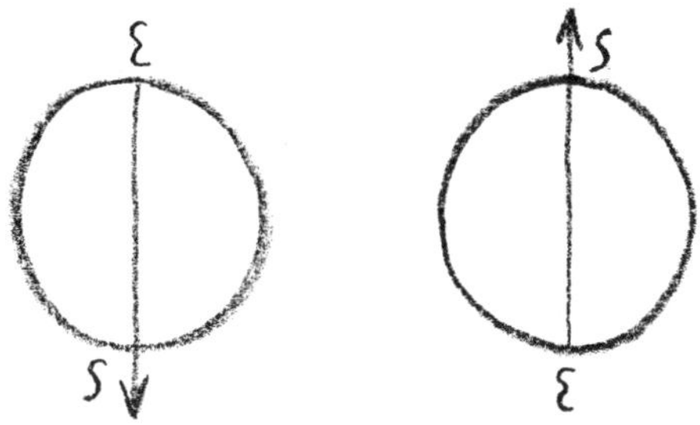

Fig. 5

sie bewegen sich aneinander vorbei. So daß wir die wirkliche Bahn von Erde und Sonne bekommen, wenn wir uns abwechselnd denken die Erde einmal so, daß sie an der Stelle steht, wo wir sonst gewohnt sind, die Sonne hinzuzeichnen, und dafür dann die Sonne dorthin zeichnen müssen, wo wir sonst gewohnt sind, die Erde hinzuzeichnen. In der Tat bekommen wir das, was Bewegungsverhältnis von Erde und Sonne ist, nicht, wenn wir die eine oder die andere als ruhend annehmen, sondern wenn wir beide in einer Bewegung denken, wodurch die eine der anderen nachfolgt, aber zu gleicher Zeit sie aneinander vorbeigehen. So daß wir uns vorstellen müssen: Perspektivisch gesehen ist abwechselnd die Sonne im Mittelpunkt unseres Planetensystems, und dann wiederum ist eigentlich die Erde an der Stelle, wo sonst die Sonne ist. Sie wechseln gewissermaßen ab. Nur ist die Sache kompliziert, weil mittlerweile selbstverständlich

die Planeten auch ihren Ort ändern, und dadurch kommt eine bedeutsame Komplikation heraus. Aber wenn ich zunächst diese perspektivische Zeichnung (Fig. 4) gelten lasse, dann muß ich die Sache so zeichnen (Sonne im Mittelpunkt). Und ich bekomme gewissermaßen die andere Anordnung, wenn ich ideal hinzeichne die Folge der Planeten so, daß hier (im Mittelpunkt) die Erde ist, dann der Mond, Merkur, Venus, Sonne, Mars, Jupiter, Saturn. Sie sehen also, es handelt sich darum, daß wir gewissermaßen verführt werden durch die Perspektiven, ein höchst einfaches System aufzustellen, das aber nicht so einfach ist. Es ist tatsächlich so, als ob in bezug auf die Planeten Erde und Sonne ihre Orte wechseln würden in bezug auf den Mittelpunkt.

Es ist mir eigentlich gar nicht leicht, muß ich sagen, diese Dinge, die ja heute noch als etwas Phantastisches genommen werden könnten, Ihnen vorzutragen, denn es ist ja schon einmal nicht möglich, sie mit allen Schikanen im einzelnen zu rechnen, sie können aber gerechnet werden. Aber man wollte schon einmal, daß ich die Beziehungen von Astronomie zu anderen wissenschaftlichen Gebieten Ihnen auseinandersetze, und da bleibt nichts anderes übrig, als jetzt auch eine klare Zusammenfassung des Ganzen zu geben.

Nun haben wir also, wenn wir die Bahn von Erde und Sonne verfolgen, wiederum abgesehen vom Planetensystem, uns zu denken eine Lemniskate, in der die Erde der Sonne nachläuft. Sie ist hier projiziert (Fig. 6). Sie sehen dadurch auch eine Möglichkeit, mit der Gravitation eine vernünftige Vorstellung zu verbinden. Sie liegt zugrunde dem Prinzip des Nachziehens. Und wenn Sie die Sache so vorstellen, so brauchen Sie nicht die etwas fragliche Zweiheit von Gravitationskraft und Tangentialkraft, denn die sind hier auf *eine* Kraft reduziert, wenn Sie sich die Sache ordentlich durchdenken. Es ist ja ohnedies, nicht wahr, eine etwas problematische Vorstellung, daß man sich denken soll die Sonne im Mittelpunkt und darum herum die Planeten, durch welche so ein Schubs in der Tangentenrichtung geht, wie ja das doch eigentlich vorausgesetzt werden muß, wenn man den Newtonianismus festhalten will. Wenn Sie sich nun hier dieses als die Erden-Sonnenbahn denken, dann sind Sie genö-

tigt, um in der Perspektive die Formen herauszubringen, welche die andern Planetenbahnen haben mit dem Verlauf der Erden-Sonnenbahn, die Bahn der sonnennahen Planeten sich so vorzustellen, daß sie etwa so einzuzeichnen wären. Sie haben dadurch die Mög-

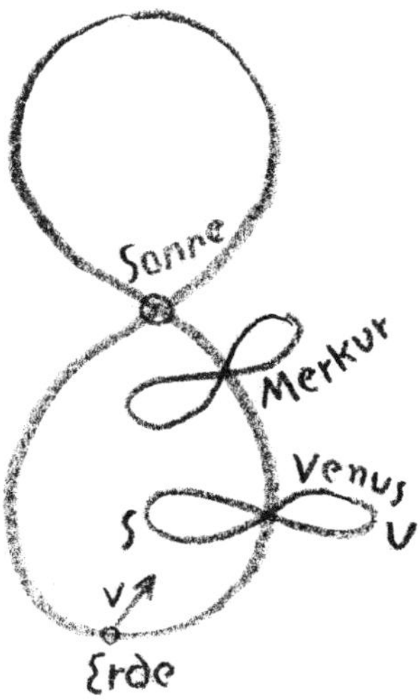

Fig. 6

lichkeit, wenn Sie hier die Visierlinie haben, bei einem gewissen anderen Stand des Planeten in der Bahn die Schleife als perspektivisches Gebilde herauszubekommen. Die Visierlinie (v) ist hier. Wir bekommen hier die Schleife (s) und diese zwei Äste verlaufen scheinbar ins Unendliche (u). Dagegen hat man sich vorzustellen, daß, wenn dies hier zunächst die Erden-Sonnenbahn ist und hier die Bahn der inneren Planeten, daß die entsprechenden Bahnen der äußeren Planeten solche Lemniskaten sind (Fig. 7, S. 312; die neue Bahn wurde um Fig. 6 herumgezeichnet); ich müßte sie jetzt hinaufzeichnen, aber die nächste wäre eben so. Aber nun schreitet die Lemniskate fort, drückt sich also durch durch diese Lemniskate, die die äußeren Planeten darstellt.

Wir haben ein System bestimmt angeordneter Lemniskaten als die Bahnen der Planeten und auch als die Erden-Sonnenbahn. Sie werden leicht dies, was ich jetzt schematisch darstelle, in Einklang brin-

gen können mit der Tatsache, daß wir in der Perspektive sehen die Venusschleife, die Merkurschleife in der Konjunktionsstellung, daß wir dann sehen müssen in der Perspektive die Jupiter-, Mars- und Saturnschleifen in der Oppositionsstellung. Und Sie werden jetzt vor

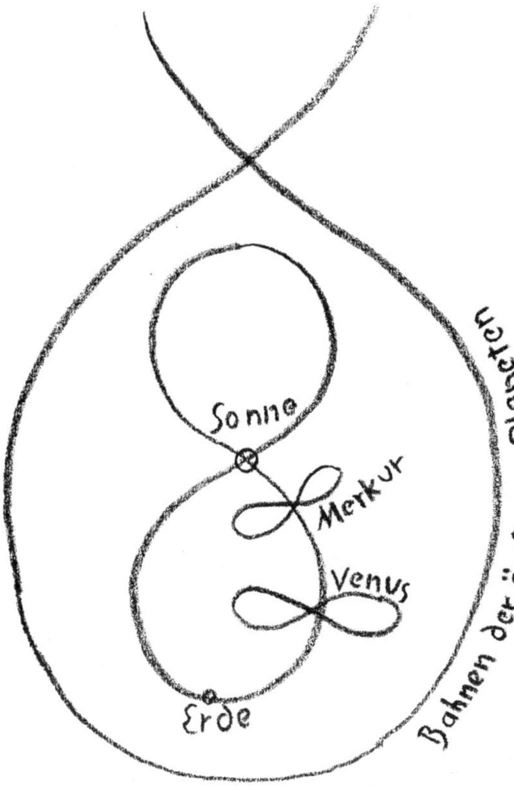

Fig. 7

allen Dingen einsehen, welcher Zusammenhang wiederum ist zwischen den Planeten als solchen und dem Menschen. Denn Sie brauchen das nur anzuschauen und Sie werden sich sagen: Dasjenige, was Sie in Merkur und Venus haben, das liegt nahe der Richtung der Erden-Sonnenbahn selber. Das ist gewissermaßen in kosmischer Nähe der Erden-Sonnenbahn. Es ist daher sich so verhaltend, daß es etwas mit der radialen Linie zu tun hat, die ja im Grunde die Verbin-

dung von Erde und Sonne darstellt. Dagegen die anderen Bahnen, die Bahnen der äußeren Planeten, der oberen Planeten, die kommen mehr in Betracht durch ihre seitliche Richtung, ihre sphärische Richtung; die nähern sich in ihrer Wirksamkeit mehr dem an, was peripherisch in seiner Bewegung verläuft. Wir können daher auch sagen: Dasjenige, was wir an Venus und Merkur sehen, das ist viel mehr verwandt mit dem, was als kosmische Wirklichkeit in uns lebt; dasjenige, was wir in der Bahn der äußeren Planeten sehen, das ist viel mehr mit demjenigen verwandt, was der Fixsternhimmel im allgemeinen ist. Und wir kommen daher auch da zu einer Art qualitativer Bewertung desjenigen, was sich da im Kosmos eigentlich abspielt. Natürlich sind die Linien, die ich hier gezogen habe, durchaus nur schematisch gemeint, und eigentlich müßte man sagen: Ein innerer Planet hat eine Bahn, die eine Schleife macht, deren Mitte die Erden-Sonnenbahn selber ist; ein äußerer Planet nimmt in seine Schleife die Erden-Sonnenbahn auf.

Das ist dasjenige, was eigentlich das Wesentliche ist, denn die Sache selbst ist so außerordentlich kompliziert, daß man eigentlich eben nur zu den schematischen Vorstellungen gelangen kann. Aber Sie sehen daraus auch, wie notwendig es ist, wiederum abzukommen, so unangenehm das auch manchem klingen mag, von einem gewissen Prinzip, das im Beginn der neueren Zeit in unsere Naturerklärungen eingezogen ist. Es ist das Prinzip, alles nach der Einfachheit zu erklären. Es wurde einmal zur Tendenz: Das Einfache ist das Richtige. Und heute wird man ja noch immer heftig getadelt, wenn man Dinge gibt, die nicht einfach genug sind. Aber die Natur ist eben durchaus nicht einfach. Ja, man möchte sogar sagen, die Natur, die Wirklichkeit ist dasjenige, was einfach ausschaut, was aber, wenn man es wirklich untersucht, kompliziert ist, so daß man in der Regel in demjenigen, was sich als einfach darbietet, ein Scheingebilde hat.

Es ist mir gar nicht darum zu tun gewesen, etwa nach diesem hin die Vorträge zu gipfeln, denn irgend etwas auszusprechen, was von vornherein nicht im Einklang steht mit dem Anerkannten, das ist dasjenige nicht, was ich prinzipiell anstrebe, sondern hier handelt es sich wirklich darum, hinter die Wahrheit zu kommen. Nun bergen

aber die Annahmen des heutigen astronomischen Weltenbildes so viele Widersprüche in sich, daß man tatsächlich ganz unbefriedigt zurückkommt, wenn man heute die gang und gäbe Astronomie durchgemacht hat. Man sieht ja, daß angenommen wird hypothetisch das Weltenbild, das ich ja auch aufgezeichnet habe: Die Planetenbahnen in Ellipsen, in einem Brennpunkt die Sonne und so weiter. Man läßt dann, weil man nicht anders kann, diese Planetenbahnen verschiedene Neigungen haben. Diese verschiedenen Neigungen ergeben sich durch die Perspektive; diese komplizierten Dinge, es sind alles perspektivische Dinge. Aber man rechnet ja eigentlich nicht mit diesem einfachen planetarischen System, das man den Kindern in der Schule erklärt und das dann später beibehalten wird, sondern tatsächlich nach dem Weltenbild des *Tycho de Brahe,* und es müssen außerdem fortwährend Korrekturen eingesetzt werden. Denn wenn man nach den gebräuchlichen Formeln, sagen wir den Sonnenort für einen bestimmten Zeitpunkt ausrechnet, stimmt es nicht. Dann steht an dem Ort, statt daß die wahre Sonne dort stünde, entweder die Zwischensonne oder die mittlere Sonne, also gedachte Dinge. Ja, es ist so, es stehen ganz gedachte Dinge dort, und man muß immer Korrekturen einführen, um zum Richtigen zu kommen. In diesen Korrekturen, da steckt dasjenige drin, was zur Wahrheit führt. Wenn man, statt daß man bei den Formeln stehen bleibt und zu gedachten Dingen kommt, die Formeln in sich beweglich macht und dann versucht, Kurven zu zeichnen, dann kommt man schon zu diesem System, das hier gezeichnet ist, wenn auch schematisch.

Nun, sehen Sie, ich habe versucht, vor allen Dingen Wert darauf zu legen, daß in Ihnen ein Bild entstehe von dem Zusammenklang der menschlichen Organisation mit der Konstitution des Kosmos. Diesen Zusammenklang werden Sie, wenn Sie alles bisher verfolgt haben, nicht als etwas ansehen können, das sich versündigt gegen diejenige Art von Gesinnung, die in der Wissenschaft sein soll. Es ist in der Zeit, in welcher der Übergang sich herausentwickelt hat von dem ptolemäischen zu dem kopernikanischen Weltenbilde, auch mit der ganzen Deutung des Zusammenhanges zwischen Mensch und

Himmelserscheinungen eine Veränderung eingetreten. Wenn man in jene älteren Zeiten zurückgeht, in denen, wenn auch in einer anderen Perspektive, möchte ich sagen, ich habe vor einigen Tagen darüber gesprochen, man durchsichtige Vorstellungen hatte über den Zusammenklang der Himmelsbewegungen mit der Gestalt des Menschen, dann findet man durchaus etwas, was ja instinktiv war, was aber, ins Bewußtsein hinaufgehoben, schon unsere gegenwärtige Wissenschaftsgesinnung ergibt, der wir auch wiederum treu bleiben müssen, wenn wir uns gerade auf ein so problematisches und gewagtes Gebiet begeben.

Es ist eigentlich kein Unterschied zwischen der Art und Weise, wie wir Mathematik sonst anwenden, und wie wir diese qualitative Mathematik, die wir allmählich uns herausgebildet haben, nun anwenden auf den Menschen und die Himmelserscheinungen. Aber sehen Sie, es hat sich ja in derselben Zeit, in der der Übergang sich entwickelt hat von dem alten heliozentrischen System zu dem neuen heliozentrischen System, auch in der Menschheitsentwickelung insofern für die Erkenntnis ein Bruch ergeben, als keine Brücke mehr gelassen worden ist zwischen der physisch-sinnlichen Weltenordnung, der natürlichen Weltenordnung, und der moralischen Weltenordnung. Ich habe es ja öfter in anderen Vorträgen erwähnt: Wir sind heute eben durchaus in dem Zwiespalt drinnen, daß wir genötigt sind, auf der einen Seite die theoretischen Naturvorstellungen ausklingen zu lassen in irgendeinem Urgebilde, daß sich also aus rein natürlichen Vorgängen die Welt entfaltet hat; so unsere Erde, da sind wir drinnen, da geht das wiederum nach rein natürlicher Gesetzmäßigkeit weiter, erreicht sein Ende. Mitten drinnen leben wir. Aus unserm Innern steigen auf moralische Impulse, man weiß nicht, woher sie kommen. Man weiß aber ganz gewiß, wenn man im Sinne dieses Dualismus denkt, daß einstmals gerade für diese moralischen Impulse ein großes Grab da sein wird. So denkt man, wenn man so wenig die Brücke schlägt zwischen der natürlichen Weltenordnung und der moralischen Weltenordnung. Dieser Übergang zwischen der natürlichen Weltenordnung und der moralischen Weltenordnung muß eben wieder gefunden werden. Wir müssen wieder in die Lage

kommen, in Einklang miteinander denken zu können die natürliche Weltenordnung und die moralische Weltenordnung. Ich habe bei anderen Gelegenheiten davon gesprochen, wie dieser Übergang gesucht werden kann. Er kann eben durch anthroposophische Geisteswissenschaft wirklich gefunden werden.

Hier aber möchte ich Sie darauf aufmerksam machen, daß sich dieses Auseinanderfallen der natürlichen Weltenordnung und der moralischen Weltenordnung auch im Speziellen auf gewissen Gebieten zeigt. Und ein solches Gebiet ist dasjenige, mit dem wir es hier zu tun haben. Da ist auch in einer gewissen Weise innerhalb der Menschheitsentwickelung auseinandergefallen der natürliche Aspekt und der moralische Aspekt. Der moralische Aspekt hat sich herausgebildet in der Astrologie, der natürliche Aspekt in der geistentblößten Astronomie. Daß wir in der Astrologie, wie sie heute getrieben wird, nichts zu sehen haben, was mit irgendeiner Wissenschaft, so wie sie aufgefaßt wird, etwas zu tun hat, das brauche ich Ihnen ja nicht auseinanderzusetzen; daß das eine Verirrung nach der einen Seite ist, das wird Ihnen ja nicht bewiesen zu werden brauchen. Aber nach der anderen Seite haben wir in dem, was man unser astronomisches Weltensystem nennt, eben auch eine Verirrung. Wir haben es nicht zu tun mit Wirklichkeiten, etwa bei den perspektivischen Linien oder meinetwillen projektivischen Linien, die gewöhnlich gezeichnet werden, wenn wir unser Planetensystem aufzeichnen, auch bei den Linien nicht, die noch entstehen, wenn nun wiederum eine aus vielen Komponenten zusammengesetzte Resultierende beobachtet wird in dem Lauf, den die Sonne selber macht mit dem ganzen Planetensystem. Wir haben es bei all dem zu tun mit Dingen, die sich aus sehr vielen Komponenten zusammensetzen. Und weil wir es da mit Relativitäten zu tun haben, so ist es eben notwendig, daß man sich an ein Kriterium hält, das einen zum wirklichen Verständnis der Kurven führen kann, wenn es auch manchem ein noch so vages Kriterium scheint, wenn wir einfach hinter das Geheimnis zu kommen versuchen, warum der Mensch das Bedürfnis hat, sich im Schlafe horizontal zu legen, also eben herauszukommen aus der Verbindungslinie zwischen Erde und Sonne. Wie er

seine willkürlichen Bewegungen nur vollziehen kann, wenn sein Schwerpunkt sich bewegt senkrecht auf der Verbindungslinie von der Erde zur Sonne, so kann er, wenn er seine unwillkürlichen Bewegungen vollführt, diese nur vollziehen, indem er sich selbst hineinlegt in die Richtung senkrecht auf die Bahn Erde-Sonne. Will er herauskommen aus der Wirksamkeit der willkürlichen Bewegung, so daß dasjenige, was sonst in seiner willkürlichen Bewegung wirkt, innerlich wirkt und einen Stoffwechselumsatz zwischen Leib und Kopf bewirkt, dann muß er sich in diese Linie hineinlegen. Und ebenso können Sie den Übergang finden zu den anderen Richtungen des Menschen, und Sie werden aus Richtungen, die im Menschen zu verzeichnen sind, die aus seiner Gestaltung heraus zu gewinnen sind, zusammensetzen können diejenigen Kurven, um die es sich bei der Bewegung der Himmelskörper handelt. Das ist nicht so leicht wie dasjenige, was man mit den bloßen Fernrohren und ihren Winkeln macht. Aber es ist der einzig mögliche Weg, durch den man diesen Zusammenhang zwischen dem Menschen und den Himmelserscheinungen finden kann.

ACHTZEHNTER VORTRAG

Stuttgart, 18. Januar 1921

Wenn wir uns noch einmal zurückerinnern an dasjenige, was von mir gesagt worden ist mit Bezug auf die Gegensätzlichkeit von Erde und Sonne, so werden wir daraus ersehen, daß es sich bei der Beantwortung solcher Fragen darum handelt, die empirischen Tatsachen in einer bestimmten Art zu verfolgen. Es ist durchaus nicht möglich, sich Anschauungen zu bilden über etwas, was man sieht, wenn man nicht voraussetzt, daß eventuell radikale Verschiedenheiten in der Interpretation des Gesehenen notwendig sind. Man kommt zur richtigen Deutung von solchen Erscheinungen, wie sie dargeboten werden im Anblick des sogenannten Sonnenkörpers doch nur, wenn man ausgeht von solchen Voraussetzungen, wie wir sie gemacht haben, von der Frage etwa: Wie muß man, wenn man auf der Erde gewisse Erscheinungen deutet, Erscheinungen, die auf der Erde die Gestalt annehmen, daß sie vom Mittelpunkte nach dem Umfang zu, gegen den Weltenraum hinaus wirken, wie muß man ähnliche Erscheinungen, also für den äußeren Anblick ähnliche Erscheinungen dann deuten, wenn man das Auge oder das bewaffnete Auge nach der Sonne richtet? Und es werden sich erst die empirisch beobachtbaren Erscheinungen im rechten Lichte zeigen, wenn man so etwas zugrunde legen kann, wie: Während irgendwo an der Oberfläche der Erde ein gewisser Ausbruch oder dergleichen gedeutet werden muß als nach oben tendierend (Fig. 1a), muß ein Vorgang der Sonne, meinetwillen ein Sonnenfleck, so gedeutet werden, daß er von außen nach innen tendiert (Fig. 1b). Und wie man dann, wenn man diese Betrachtungsweise fortsetzt, sich zu denken hat, daß man, indem man sich hinunter bewegt unter die Oberfläche der Erde, eben in die dichte Materie kommt, so wird man sich vorzustellen haben, daß man in die Materienverdünnung kommt, indem man sich von dem Sonnenäußern gegen das Sonneninnere zu bewegt. So daß man sagen kann: Schauen wir die Erde in ihrem ganzen Hineingestelltsein in die Welt an, so nimmt sie sich für uns aus als ponderable Materie,

in die Welt hineingestellt; mit der Sonne werden wir nur zurechtkommen, wenn wir sie so vorstellen, daß wir, gerade indem wir von dem Umfang gegen das Innere gehen, uns von der ponderablen Materie immer mehr und mehr entfernen, immer mehr und mehr in das Imponderable hineinkommen, daß wir also genau das entgegengesetzte Verhalten haben beim Annähern an den Mittelpunkt. Wir

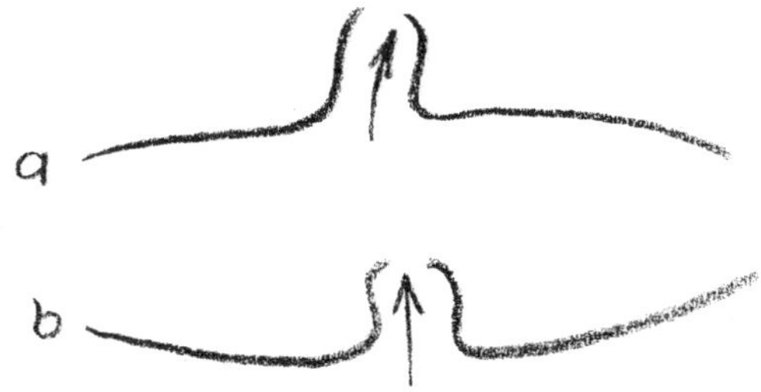

Fig. 1

müßen uns also die Sonne gewissermaßen vorstellen wie eine Aushöhlung der, sagen wir, Weltenmaterie, wie einen Hohlraum, eine Hohlkugel, die von Materie umhüllt wird; im Gegensatz zur Erde, die dichte Materie darstellt und von dünnerer Materie umhüllt wird. Wir haben uns also bei der Erde vorzustellen: Außen Luft, innen dichtere Materie; bei der Sonne ist es umgekehrt: Wir kommen von der relativ dichteren Materie hinein in die dünnere Materie, und endlich in die Negation der Materie. Wer die Erscheinungen auf diesem Gebiet wirklich unbefangen zusammennimmt, der kann nicht anders, als sich sagen: In der Sonne haben wir nicht einen gegenüber der Erdenmaterie einfach verdünnten Weltenkörper vor uns, sondern wir haben in gewisser Beziehung, wenn wir die Erde in ihrer Materialität als positiv ansetzen, in der Sonne, in dem innern Teil der Sonne, negative Materie vor uns. Wir kommen mit den Erscheinungen nur zurecht, wenn wir uns im inneren Sonnenraum negative Materie denken.

Nun, negative Materie ist gegenüber der positiven Materie saugend. Die positive Materie ist drückend, die negative ist saugend. Wenn Sie sich aber vorstellen, daß die Sonne eine Ansammlung von

Saugekraft ist, dann brauchen Sie gar nicht weiter irgendeine Erklärung der Gravitation als nur diese, denn das ist schon die Erklärung der Gravitation. Und wenn Sie sich weiter vorstellen dasjenige, was ich Ihnen gestern auseinandergesetzt habe, daß die Bewegung von Erde und Sonne einfach so ist, daß die Erde der Sonne nachfolgt in derselben Bahnrichtung, dann haben Sie den kosmischen Zusammenhang zwischen Sonne und Erde: Voran die Sonne als Ansammlung von Saugekraft und durch diese Saugekraft die Erde im Weltenraum in derselben Bahnrichtung nachgezogen, in der die Sonne selber im Weltenraum sich vorschiebt. Sie durchschauen auf diese Weise dasjenige, was Sie sonst nicht innerlich mit Vorstellungen begleiten können. Sie werden niemals irgendwie zurechtkommen mit einer Vorstellung, die zusammenhält die Erscheinungen, wenn Sie nicht solche Vorstellungen zugrunde legen, wenn Sie nicht wirklich in der Materie sich eine positive und eine negative Intensität denken, so daß die Materie selber als Erdenmaterie positiv ist, als Intensität positiv ist, während die Sonnenmaterie als Intensität negativ ist, also gegenüber dem erfüllten Raum nicht nur ein leerer Raum ist, sondern eine Raumaussparung, weniger als ein leerer Raum.

Das ist eine Vorstellung, die vielleicht schwierig zu bilden ist. Aber warum sollten sich nicht diejenigen, die gewohnt sind, mathematische Vorstellungen zu haben, eine gewisse Erfüllung des Raumes unter der Größe $+ a$ vorstellen können, dann den leeren Raum als Null, und einen Raum, der weniger ist als leer, als $- a$ vorstellen können? Und Sie haben jetzt die Möglichkeit, eine richtige mathematische oder wenigstens zur Mathematik analoge Beziehung zu denken zwischen verschiedenen Intensitäten der Materie, hier in diesem besonderen Fall zwischen der Erden- und der Sonnenmaterie.

Gewissermaßen wie in Parenthese möchte ich nur einfügen: Ganz gleichgültig, wie man nun denkt über die Beziehungen des reellen Positiven und Negativen zum Imaginären – wie man darüber denkt, will ich nicht erörtern; irgendeine Interpretation wird sich ja doch finden lassen müssen für die sogenannten imaginären Zahlen, da sie sich ebenfalls als Auflösung von Gleichungen und dergleichen ergeben –, wenn man in dieser Weise im Intensiven ein Positives

und ein Negatives zugrunde legt, so könnte man ja auch ein Imaginäres zugrunde legen, und man würde dann bekommen

$$\begin{array}{ccc} & +a\sqrt{-1} & \\ -a & 0 & +a \\ & -a\sqrt{-1} & \end{array}$$

und man hätte auch eine Möglichkeit, zu der positiven und negativen Materie dasjenige hinzuzufügen, was man in der Anthroposophie zum Beispiel die Materie oder, wenn man so will, die Geistigkeit des Astralischen zu nennen hat. Man hätte dann eine Möglichkeit, auch einen mathematischen Übergang zum Astralischen zu finden. Das wollte ich aber, wie gesagt, nur in Parenthese einfügen.

Nun nehmen Sie wiederum den Zusammenhang desjenigen, was ich jetzt ausgeführt habe, mit dem Menschen selbst. Sie können sich folgendes sagen: Es ist ja zweifellos, daß des Menschen physischer Leib seine Beziehungen zur ponderablen Erdenmaterie hat. Da der Mensch als wachender Mensch, im physischen Leibe stehend, seine Beziehungen zur Erdenmaterie hat, so können wir diese Beziehungen zur Erdenmaterie im Sinne der früheren Ausführungen vergleichen mit der Vertikalrichtung der Pflanze. Aber wir haben gestern gesehen, daß wir eigentlich die Pflanze uns entgegengesetzt zu denken haben im Menschen in ihrer Richtung, daß wir gewissermaßen die äußere Pflanze von unten nach oben wachsend vorzustellen haben, die im Menschen zu denkende Pflanze von oben nach unten (Fig. 2, S. 322). Ja, was wächst denn da von oben nach unten? Etwas Sichtbares gewiß nicht, etwas Übersinnliches. Da wir das mit der Sonne in Beziehung bringen, so müssen wir, wenn wir die Pflanzenwachstumskräfte mit der Sonnen-Erdenbahn in Beziehung bringen so, daß wir sie denken von der Erde gegen die Sonne hin gerichtet, uns dasjenige, was im Menschen heranwächst im umgekehrten Sinne, als in seinem Ätherleibe wachsend denken. Also dasjenige, was von der Sonne ausgeht, diese Saugekraft, wirkt im Menschen, seinen Ätherleib von oben nach unten durchdringend. So daß am Men-

schen, wenn Sie den menschlichen Leib nehmen, zwei einander entgegengesetzte Entitäten wirksam sind: Sonnenentität und Erdenentität. Wir müssen im einzelnen nachweisen können, daß das da ist, und wenn wir die Dinge in der richtigen Weise interpretieren können, so können wir es auch nachweisen. Denn dasjenige, was da

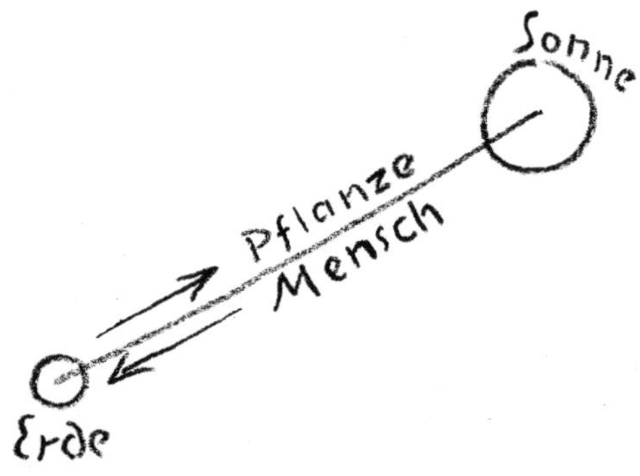

Fig. 2

im Menschen von oben nach unten wirkt, es kann sich ja in der verschiedensten Weise auseinanderlegen. Wenn wir eine Kraft haben, die in der Richtung a – b wirkt, so können wir sie nicht nur in dieser Richtung verfolgen. Wir können sie auch verfolgen imaginär. Wenn sie diese Stärke hat, brauchen wir uns nur diese Kraft zerlegt zu

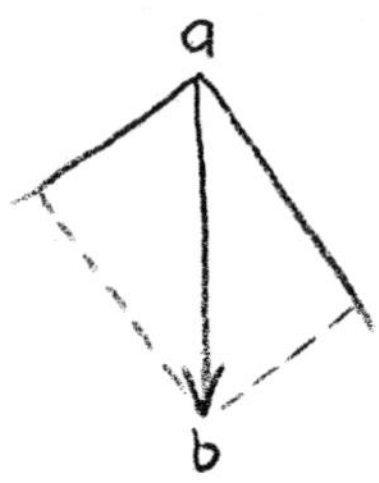

Fig. 3

denken in zwei Komponenten (Fig. 3). Wir können also überall Komponenten der Kräfte bilden, die eigentlich in der Richtung der Erden-Sonnenbahn liegen.

Wenn ich mit einem Finger hierher drücke, so ergibt sich für die Druckfläche der Druck, den die ponderable Materie auf mich ausübt, und der Gegendruck entspricht der Sonnenkraft, die durch mich, das heißt durch meinen Ätherleib wirkt. Sie haben, wenn Sie sich hier eine Fläche denken, die auf den Menschen drückt, oder gegen die der Mensch drückt, entgegengesetzt die Wirkung der ponderablen Kraft und die Wirkung der imponderablen Kraft. Und dasjenige, was Ihnen hier eine Druckempfindung gibt, ist nichts anderes als die Wechselwirkung des ponderablen Druckes von außen nach innen und des imponderablen Druckes von innen nach außen (Fig. 4).

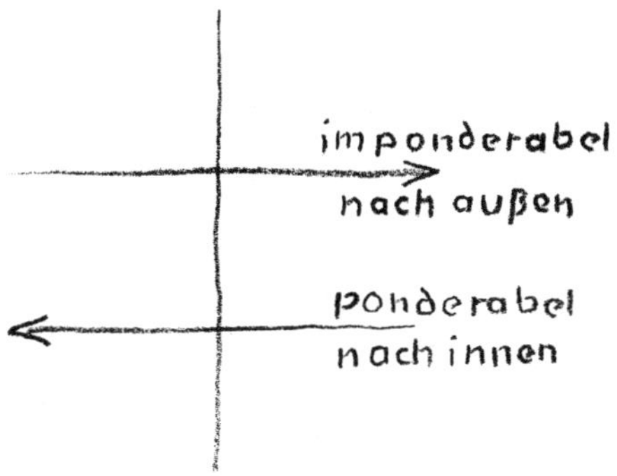

Fig. 4

Man kann sagen: Wenn man mit klarem innerem Seelenauge die Dinge überblickt, so spürt man den Gegensatz von Erde und Sonne, in den man hineingestellt ist, in jeder Sinneswahrnehmung. Alles ist am Menschen so zu verfolgen, daß man Kosmisches darin erkennen kann. Das Kosmische spielt überall herein in den Menschen. Und das ist so ungeheuer wichtig, daß man wirklich diese den Menschen abschließende Betrachtungsweise überwindet, die nur haften bleibt an demjenigen, was eigentlich ohne Zusammenhang mit der Umgebung ins Auge gefaßt wird. Ich habe ja in diesen Betrachtungen schon den Vergleich angeführt: Wenn wir den Menschen so hineinstellen in die Welt, daß wir Kopf und Gliedmaßen und so weiter betrachten, so ist eine solche Betrachtungsweise einfach so, wie wenn wir eine Magnetnadel betrachten, die sich richtet nach einer be-

stimmten Richtung, und wir suchen nun in der Magnetnadel die Ursache dafür, statt sie in den magnetischen Polen der Erde zu suchen. Wir müssen eben wirklich, wenn wir ein Ding oder ein Faktum verstehen wollen, in die Totalität hineingehen, aus der heraus dieses Ding oder diese Tatsache zu verstehen ist. Es kommt eben überall darauf an, daß wir suchen nach der entsprechenden Totalität. Das ist dasjenige, was der heute üblichen Betrachtungsweise so ungeheuer fremd ist: Bevor man irgend etwas entscheidet, erst sich die entsprechende Totalität, auf die es ankommt, aufzusuchen. Wenn Sie einen Salzkristall in die Hand nehmen, können Sie ihn, so wie er ist, allerdings auch nur relativ, aber wenigstens relativ, als eine Totalität betrachten. Er ist etwas wie eine abgeschlossene Entität in sich. Pflücken Sie eine Rose ab und stellen Sie sie vor sich hin – sie ist so, wie Sie sie da hinstellen, keine abgeschlossene Entität. Sie könnte ja so, wie sie dasteht, nicht in demselben Sinne dastehen wie ein Salzkristall. Der muß sich zwar auch in einem Medium bilden und dergleichen, ist aber eine Totalität. Die Rose ist erst dann als Totalität zu betrachten, wenn man sie im Zusammenhang mit dem ganzen Rosenstock betrachtet. Da hat sie die entsprechende Totalität, die der Salzwürfel von sich aus hat, so daß wir gar keine Berechtigung haben, eine Rose als eine Realität für sich zu betrachten. Und so müssen wir auch, indem wir den Menschen in bezug auf seine ganze Wesenheit betrachten, nicht stehenbleiben dabei, ihn nur in seiner Haut zu fassen, sondern wir müssen ihn im Zusammenhang mit dem ganzen Weltenall betrachten, das uns sichtbar ist; denn nur aus diesem Zusammenhang heraus ist er zu verstehen. Und wenn man eine solche Betrachtungsweise fortsetzt, dann kommt man auch dazu, einen gewissen tieferen Sinn verbinden zu können mit den Erscheinungen, wie sie sich darbieten und von uns in der Erkenntnis beherrscht werden können.

Wir haben im Verlauf dieser Betrachtungen gesagt: Wenn wir die Umlaufzeiten der Planeten miteinander vergleichen, so stellen sich inkommensurable Größen heraus. Denn wären die Größen kommensurabel, so würden die Planetenbahnen nach und nach in ein solches Verhältnis kommen, daß das ganze Planetensystem starr

würde. Aber es ist ja in unserem Planetensystem diese Tendenz zum Erstarren, zum Totwerden drinnen. Wenn man die Tatsache nimmt, die dadurch gegeben ist, daß man durch gewisse Kurven und Rechnungsformeln dasjenige ausdrückt, was im Planetensystem vorliegt, und diese Kurven und diese Rechnungsformeln, wie wir gesehen haben, niemals mit der Realität völlig stimmen, so muß man sagen: Versucht man mit leicht durchschaubaren Formeln oder leicht durchschaubarem Figuralen die Erscheinungen des Himmels zu fassen, so entschlüpfen einem die Erscheinungen; sie entschlüpfen fortwährend. Es ist also wahr: Wenn wir den Blick hinausrichten auf das reale Bild der Himmelserscheinungen und dann den Blick wenden auf das, was wir machen können in der Rechnung, kriegen wir niemals eine Formel zustande, die sich vollkommen mit den Erscheinungen deckt. Wir können solch eine Zeichnung machen, wie ich sie Ihnen gestern als System der Lemniskaten entworfen habe; das können wir machen. Dieses System wird aber nur dann in der richtigen Art aufgefaßt, wenn man sagt: Würde ich es nun ganz bestimmt hinzeichnen in irgendeiner Form, so könnte es höchstens das Richtige sein für die gegenwärtige Zeit. Schon wenn die Zeit eintritt, die so weit entfernt ist von der unsrigen, wie diejenige, die ich als die künftige Eiszeit angegeben habe, dann müßte ich dieses System in einer wesentlichen Art modifizieren, so modifizieren, daß ich die Konstanten der Kurve variabel nehme und sie selber wiederum ziemlich komplizierte Funktionen sind. So daß ich niemals einfache Linien zeichnen kann, sondern ich kann nur komplizierte Linien zeichnen. Und auch, wenn ich diese Linien hier zeichne, so müßte ich eigentlich sagen: Ja schön, ich zeichne also einmal für irgendeinen Himmelskörper eine Bahn hin – wir haben gestern gesehen, es wird immer eine lemniskatische Bahn sein. Ja, aber nach einiger Zeit kommt für mich die Notwendigkeit, diese Zeichnung nicht mehr gelten zu lassen, sondern die Lemniskate etwas breiter zu machen, und ich muß dann solch eine Lemniskate zeichnen und so weiter (Fig. 5).

Das heißt, wenn ich anfangen würde, den Bahnen der Himmelskörper nachzufahren, so müßte ich eigentlich mich hineinstellen ins

Weltenall und immerfort die Bahn verfolgen, immerfort variieren. Ich darf gar nicht eine konstante Bahn aufzeichnen. Ich muß jede Bahn, die ich aufzeichne, mit dem Bewußtsein aufzeichnen, daß ich fortwährend verändern muß, weil mit jedem Zeitenverlauf von mir gefordert wird, daß die Bahn wiederum etwas anders ist. Also, ich

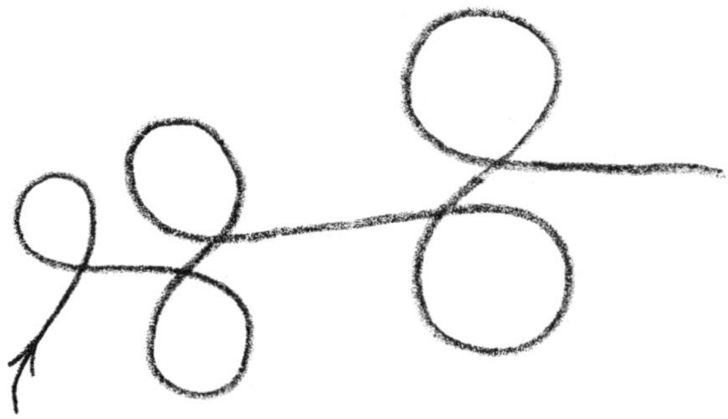

Fig. 5

bin gar nicht in der Lage, wenn ich adäquat die Himmelskörper mit ihren Bahnen fassen will, fertige Linien zu zeichnen. Wenn ich fertige Linien zeichne, sind es Annäherungslinien, und ich muß Korrekturen einführen. Das heißt: Jeder fertigen Linie entschlüpft hinterher dasjenige, was real am Himmel ist. Ich mag was immer für eine fertige mathematische Linie denken, das Reale entschlüpft mir, es faßt sich nicht hinein. Damit aber spreche ich selber eine Realität aus: Es ist etwas in einem Planetensystem, was auf der einen Seite ins Starre, auf der anderen Seite ins bewegliche Lemniskatisieren hineintendiert. Es ist ein Gegensatz im Sonnen- oder Planetensystem zwischen der Tendenz nach der Starrheit und der Tendenz nach der Veränderlichkeit, nach dem Heraustreten aus sich selber.

Wenn man anschauend, jetzt nicht spekulierend, sondern anschauend diesen Gegensatz verfolgt, dann kommt man darauf, sich zu sagen: Dasjenige, was der kometarische Körper ist, das ist eigentlich gar nicht in demselben Sinn ein Körper wie der Planet. – Sie können dasjenige, was ich als Richtlinien gebe, sich verifizieren gerade durch ganz genaues Verfolgen desjenigen, was die empirischen

Tatsachen geben, wenn Sie nur nicht haften an den Theorien, durch die manche diese Tatsachen in Fesseln schlagen. Sie können sich überzeugen, wie sich das verifizieren läßt, was ich Ihnen sagen werde, und wie es sich immer mehr und mehr verifizieren wird, je mehr man empirische Tatsachen zusammenfassen wird. Wenn man nämlich die kometarische Natur verfolgt, so kommt man nicht zurecht, wenn man sich den kometarischen Körper auch so denkt, wie man gewöhnt ist, sich den planetarischen Körper zu denken. Den planetarischen Körper – ich komme jetzt auf etwas zurück, was ich methodologisch schon angeführt habe – können Sie immerhin so vorstellen, wie wenn er ein abgeschlossener Körper wäre und sich weiter bewegen würde, und Sie werden den Tatsachen nicht sehr widersprechen. Beim kometarischen Körper werden Sie immer gegenüber den Erscheinungen auf Widersprüche stoßen, wenn Sie ihn nach dem Muster des planetarischen Körpers betrachten. Sie werden einen kometarischen Körper niemals verstehen in seinem Hinziehen, seinem scheinbaren Hinziehen durch den Weltenraum, wenn Sie ihn so betrachten, wie Sie gewöhnt sind, planetarische Körper zu betrachten. Aber versuchen Sie einmal, ihn in der folgenden Weise zu betrachten und alle empirischen Tatsachen, die es gibt, aufzureihen auf dem Faden dieser Betrachtungsweise. Denken Sie sich, in der Richtung hier (Fig. 6) – man kann sagen: gegen die Sonne zu – da ent-

Fig. 6

steht fortwährend der Komet. Er schiebt seinen Kern, seinen scheinbaren Kern, vor; rückwärts, da verliert sich die Sache. Und so schiebt er sich vor, auf der einen Seite immer neu entstehend, auf der andern Seite vergehend. Er ist gar nicht in demselben Sinn ein Körper, wie der Planet. Er ist etwas, was fortwährend entsteht und vergeht,

was vorne Neues ansetzt und hinten das Alte verliert. Er schiebt sich wie ein bloßer Lichtschein vorwärts, aber ich sage nicht, daß er ein solcher bloß ist.

Nun, erinnern Sie sich an dasjenige, was ich Ihnen vor ein paar Tagen gesagt habe, daß wir es eigentlich nicht zu tun haben bloß mit dem Monde hier (Fig. 7) und der Erde hier, sondern daß jeder

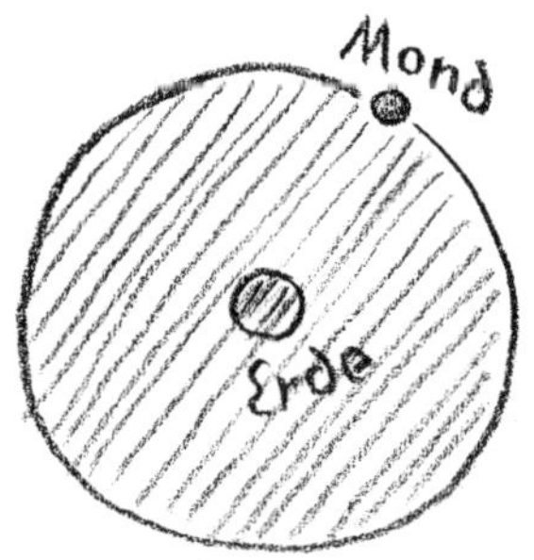

Fig. 7

Planet eine gewisse Sphäre hat und eigentlich das da nur ein Punkt der Peripherie ist, so daß der Mond im Grunde genommen dasjenige ist, das begrenzt wird von seiner Bahn. Wir stehen mit der Erde in der Mondensphäre drinnen. So stehen wir in einer gewissen Beziehung auch in der Sonnensphäre drinnen, so stehen wir in der Sphäre der Planeten drinnen. Die sind nicht bloß dasjenige, was sich da in den Lemniskaten bewegt und was dort an jenem Punkte ist, sondern der Punkt ist nur ein besonders ausgezeichneter Teil; ich sagte Ihnen: wie der Fruchthof im Eikeim des menschlichen Embryos. Wenn Sie das aber ins Auge fassen, so werden Sie sich sagen: Ich betrachte die Erde, ich betrachte die Sonne. Da aber schieben sich zwei Sphären ineinander, und diese Sphären drücken sich so aus, daß sie gewissermaßen von entgegengesetzt gerichteten Materien herkommen, vom Sonnenmittelpunkt, gegen den negative Materie hintendiert, vom Erdenmittelpunkt, von dem positive Materie ausstrahlt. Da durchdringt sich positive und negative Materialität. Es durchdringt sich natürlich nicht so, daß die Durchdringung überall eine homogene ist – so würden sich nicht einmal zwei Wolken durchdringen,

wenn sie durcheinanderziehen –, sondern sie sind durchaus inhomogen. Und nun stellen Sie sich vor in diesem Durchdringen das Aufeinanderstoßen bestimmter Dichtigkeitsverhältnisse, dann haben Sie die Bedingungen gegeben, daß einfach durch die eine Substantialität, die von der anderen durchdrungen wird, solche Erscheinungen wie die Kometen entstehen. Das sind werdende Erscheinungen, fortwährend werdende und fortwährend vergehende Erscheinungen, und wir haben uns nicht vorzustellen, wenn wir theoretisch im Sinne des kopernikanischen Systems unser Planetensystem aufzeichnen, daß da die Sonne ist, Uranus, Saturn, und dann kommt von weit her der Komet und geht wieder weit hinaus (Fig. 8). Da außerhalb brau-

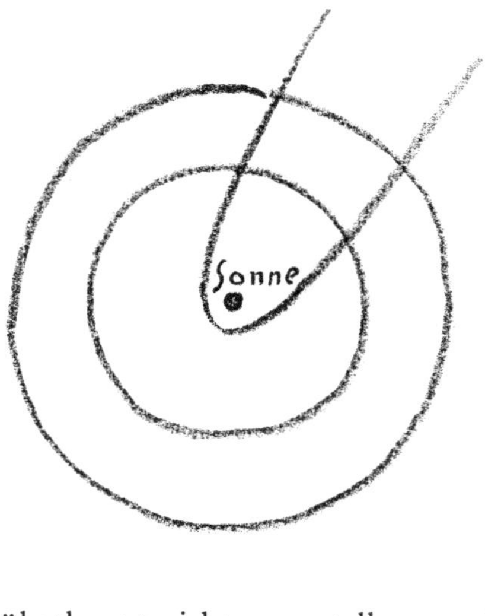

Fig. 8

chen wir uns ihn überhaupt nicht vorzustellen, sondern er *wird,* verändert im Perihel seine Gestalt, die fortwährend etwas Werdendes ist, verliert sich da wiederum. Er ist etwas Entstehendes und Vergehendes, kann daher unter Umständen auch scheinbar Bahnen nehmen, die nicht geschlossen sind, parabolische oder hyperbolische Bahnen, weil es sich nicht darum handelt, daß da etwas herumzieht, was in geschlossener Bahn zu sein braucht, sondern weil etwas entsteht und durchaus entstehen kann in einer parabolischen Richtung, und hier verschwindet, nicht mehr ist. Den Kometen müssen wir

durchaus als etwas Flüchtiges ansehen, einen Ausgleich, wenn wir die Sonne und die Erde in Betracht ziehen, zwischen ponderabler Materie und imponderabler Materie; ein Sich-Begegnen von ponderabler und imponderabler Materie, die sich nicht gleich so ausgleichen, wie sie sich ausgleichen, wenn das Licht in der Luft sich ausbreitet, wo sich ja auch Ponderables und Imponderables begegnen, aber da breiten sie sich stetig aus, gewissermaßen homogen, sie stoßen sich nicht. Beim Kometen haben wir ein gegeseitiges Sich-Stoßen, weil sie sich nicht anpassen. Nehmen Sie zum Beispiel Luft, und es gehe das Licht mit einer gewissen Stärke durch die Luft hindurch, es breite sich aus, homogen; wenn das Licht sich aber nicht

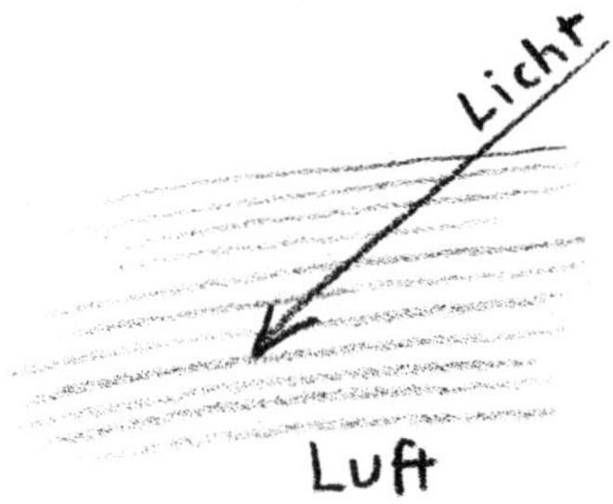

Fig. 9

schnell genug anpaßt an die Luftausbreitung, dann geschieht gewissermaßen – aber ich bitte, das nicht im mechanischen Sinn zu nehmen, sondern als etwas Innerliches – eine innerliche Reibung zwischen ponderabler und imponderabler Materie (Fig. 9). Verfolgen Sie den Komenten, da ist diese durch den Raum ziehende Reibung von ponderabler und imponderabler Materie etwas fortwährend Entstehendes und Vergehendes.

Mit diesen Betrachtungen, meine lieben Freunde, habe ich Ihnen etwas geben wollen, was vorzugsweise in methodologischer Richtung wirken soll. Wenn es auch die Kürze der Zeit notwendig gemacht hat, daß ich das eine oder das andere skizzenhaft nur andeutend behandelt habe, so wird doch, wenn die Gedanken und die Angaben

dieser Vorträge verfolgt werden, gesehen werden, wie ich hinweisen wollte auf eine notwendige Umgestaltung der Methodologie unserer naturwissenschaftlichen Betrachtungsweise. Von besonderer Wichtigkeit wäre es, daß von solchen Vorträgen eine Anregung ausginge. Ich kann ja, ich möchte sagen, nur Direktiven geben, aber überall, wo hier scheinbar mit mathematischen Linien gearbeitet worden ist, werden Sie Anregungen finden zum empirischen Forschen, zum Experimentieren. Sie können überall, im Groben und im Feinen, durchaus versuchen dasjenige zu verifizieren, was hier scheinbar mathematisch und figural dargestellt worden ist. Ob Sie einen blauen oder roten Kinderballon nehmen und untersuchen, wie irgendein Effekt auf diesen Ballon ausgeübt wird, wenn Sie dem Ballon gewissermaßen hier einen von außen nach innen wirkenden Insult beibringen, so daß er in einer gesetzmäßigen Weise nach innen sich vertieft, und dann probieren, wie sich dasselbe gestaltet, wenn Sie irgendwie in einer Versuchsanordnung die Kräfte von innen nach außen wirken lassen in radialer Beziehung – wenn Sie diese Erscheinung in Spannkräften, in Deformationen auch nur so im Groben verfolgen; oder wenn Sie versuchen, durch Erwärmung gewisser Stoffe, Ausbreitungslinien für die Erwärmung zu gewinnen – hier von innen nach außen, dort von der Peripherie nach innen; oder wenn Sie versuchen, die Erscheinungen optisch oder magnetisch oder sonstwie zu verfolgen – überall werden Sie sehen, wie das, was hier angeführt worden ist zum Beispiel über den Gegensatz von Sonne und Erde, sich experimentell verfolgen läßt. Vor allen Dingen wird man, wenn solche Experimente wirklich gemacht werden, in einer ganz andern Weise eindringen in die Wirklichkeit, als man bisher eingedrungen ist, weil man gewisse Wirklichkeitsverhältnisse treffen wird, die man bisher gar nicht getroffen hat. Man wird auf diese Art aus dem Lichte, aus der Wärme usw. noch ganz andere Wirkungen herausholen können, als bisher herausgeholt worden sind, weil man an die Erscheinungen nicht herangegangen ist so, daß sie sich voll enthüllt hätten.

Zu solchen Dingen wollte ich anregen. Wir können in Vorträgen, die demnächst oder nach einiger Zeit wiederum gehalten werden, ja

selbst zu Experimenten durchdringen. Das wird davon abhängen, ob wir bis dahin durch das Gedeihen unseres physikalischen und sonstiger Forschungsinstitute schon Versuchsanordnungen haben, die in die Zukunft hineinsprechen. Es wird sich ja durchaus darum handeln, daß wir nicht in unseren Forschungsinstituten das Ideal verfolgen, möglichst tadellose Instrumente von den Instrumentenverkäufern zu erwerben und die hinzustellen, und da auch so zu experimentieren, wie die anderen experimentieren. Denn nach der Richtung hin ist ja wirklich überall Außerordentliches geleistet worden. Dasjenige, was für uns notwendig ist, ist durchaus, wie ich schon erwähnt habe, das Herstellen neuer Versuchsanordnungen. Wir müssen nicht von einem fertig eingerichteten physikalischen Kabinett, sondern möglichst von einem leeren Zimmer ausgehen, und hineingehen nicht mit den heutigen fertigen Instrumenten, sondern mit den in unserer Seele werdenden neuen physikalischen Gedanken. Je leerer die Zimmer und je voller unsere Köpfe, desto bessere Experimentatoren werden wir nach und nach werden, meine lieben Freunde!

Das ist dasjenige, worauf es gerade ankommt in diesem Zusammenhang. Wir haben nötig, die Aufgaben der Zeit in dieser Weise zu fassen. Man braucht sich ja nur zu erinnern, welche Fesseln einem im gewöhnlichen heutigen Studiengang in den einzelnen experimentellen Wissenschaften einfach dadurch angelegt waren, daß man ja nichts anderes sehen konnte, nichts anderes hinstellen konnte als dasjenige, was durch die Apparate hinstellbar ist. Wie wollen Sie denn das Spektrum im *Goetheschen* Sinn mit den heutigen Instrumenten studieren? Das können Sie ja gar nicht! Sie können ja mit den heutigen Instrumenten nichts anderes herausbekommen als dasjenige, was Sie in den Physikbüchern lesen. Sie können nicht einmal einen vernünftigen Sinn damit verbinden, daß man abweist das Hineininterpretieren von Lichtstrahlen in die Lichterscheinungen – da doch nirgends Strahlen sind. Wir machen, wenn wir die Vorstellung haben, das sei ein Gefäß, mit Wasser gefüllt, da unten sei eine Münze, und diese Münze erscheint woanders, wir machen da flott Einfallslot und alles mögliche (Fig. 10), wir verfolgen das alles mit Li-

nien, während wir solch eine Einzelheit überhaupt nicht verfolgen sollten. Wir haben es nirgends mit einer solchen Einzelheit zu tun.

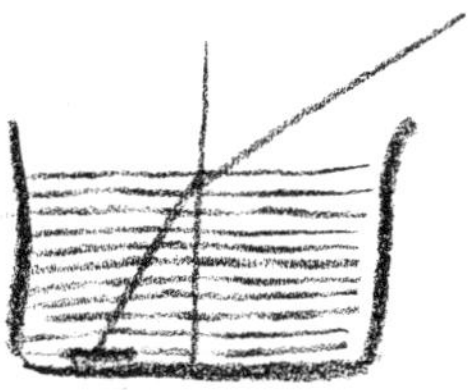

Fig. 10

Fig. 11

Wenn das der Boden eines Gefäßes ist (Fig. 11) und hier eine Münze liegt, so kommen wir dazu, wie wir diese Münze zu behandeln haben, erst, wenn wir das Folgende denken: hier den Boden eines Gefäßes und hier nicht eine Münze, sondern einen Papierkreis (Fig. 12). Die Erscheinung ist diese, daß, wenn das gesehen wird durch eine Wasseroberfläche, der Papierkreis gehoben und vergrößert ist. Das ist die Erscheinung, die kann man aufzeichnen. Und wenn Sie nun nicht einen Papierkreis haben, sondern ein Stück von diesem Papierkreis da unten, so haben Sie kein Recht, es anders zu behandeln. Das (die Münze) ist nur ein Stück des Kreises. Da haben Sie nicht

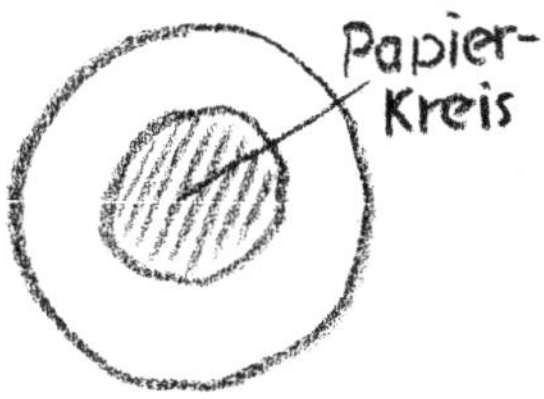

Fig. 12

Fig. 13

einzuzeichnen allerlei Linien, sondern Sie haben das als ein Stück des Kreises zu behandeln, der nicht da ist im differenziert Sichtbaren, der aber durchaus da ist, indem er ein Stück Boden ist. Einfach dadurch, daß ich hier unten einen Punkt sichtbar habe, habe ich

diesen sichtbaren Punkt in der Theorie so zu behandeln, daß er gar keinen Punkt bedeutet, sondern den Teil eines Kreises (Fig. 13). Geradeso wenig wie ich eine Magnetnadel, wenn ich sie richtig in ihrer Wirklichkeit behandeln soll, nicht so behandeln darf, als ob hier ein Mittelpunkt wäre und hier ein Nord- und Südpol, sondern so, daß einfach durch diese Anordnung das Ganze eine unbegrenzte Linie

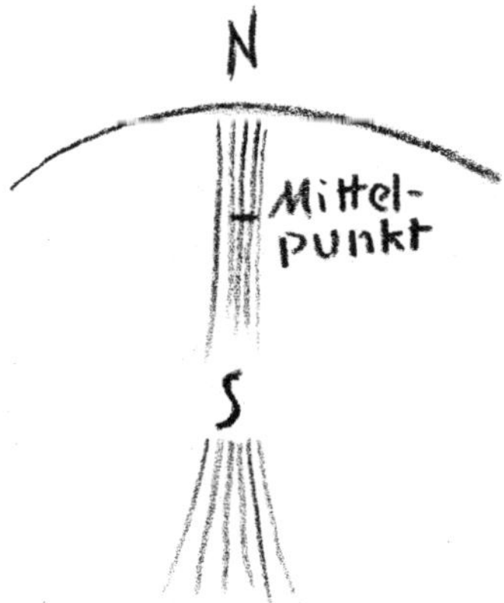

Fig. 14

ist, daß auf der einen Seite die Kräfte peripherisch wirken, auf der anderen Seite zentral wirken (Fig. 14). Bei elektrischen Erscheinungen drückt sich das dadurch aus, daß wir auf der einen Seite die Kathode, auf der anderen Seite die Anode bekommen, auf der einen Seite das Licht nur erklären können, wenn wir es ansehen als ein Stück einer Sphäre, deren Radius uns gegeben ist in der Richtung, in der die Elektrizität wirkt, und der andere Pol uns als kleiner Teil des Radius gegeben ist. Wir dürfen gar nicht von einer einfachen Polarität der Pole sprechen, sondern wir müssen davon sprechen, daß, indem irgendwo Anode und Kathode auftreten, das einem ganzen System angehört, einfach durch die ganze Anordnung. Erst dadurch wird man zu einer richtigen Erfassung der Erscheinungen kommen.

Nun, meine lieben Freunde, ich habe mich befaßt mit dem Durchlesen der verschiedenen Fragen. Ich glaube aber, wenn sich die Fragesteller ihre Fragen überlegen, so werden sie finden, daß in dem, was ich auseinandergesetzt habe, die Elemente für die Beantwortung liegen, wenn sie versuchen, den Weg überall zu finden von

dem, was ich hier dargestellt habe, zu ihren Fragen. Es ist schon wirklich so, daß man in dieser Weise versuchen sollte, Stück für Stück vorwärts zu gehen. Nur mit einer Frage möchte ich mich mit ein paar Worten befassen. Das ist die Frage: «Bei der Vertretung einer derartigen Naturwissenschaft vor der Außenwelt kann leicht die Frage aufgeworfen werden, inwiefern zur Auffindung solcher Zusammenhänge der Erscheinungen die Erkenntnisse von Imagination, Inspiration und Intuition notwendig sind. Wie wird diese Frage zu beantworten sein?»

Ja nun, meine lieben Freunde, wenn es so wäre, daß zur Auffindung gewisser Dinge eben Imagination, Inspiration und Intuition nötig wären? Wie soll man denn herumkommen um die Imagination, Inspiration und Intuition, wenn einfach der gewöhnlichen, gegenständlichen, intellektualistischen Erfahrung sich eben die Wahrheit nicht ergibt, die Wirklichkeit nicht ergibt? Was soll man denn anders tun, als zu den Erkenntnissen der Imagination, Inspiration und Intuition zu gehen? Es ist ja immer durchaus möglich – wenn die Dinge so liegen, daß man durchaus nicht vorwärtsrücken will zu Imagination, Inspiration und Intuition –, daß man dann die Forschungsergebnisse nehmen und sie an dem prüfen kann, was man im äußeren empirischen Felde findet. Man wird schon immer die Dinge verifiziert finden. Aber die Dinge sind im Grunde genommen doch heute nicht mehr so ferne liegend, als man gewöhnlich denkt. Und wenn eben nur der Weg gegangen würde von der gewöhnlichen analytischen Betrachtungsweise der Mathematik zur Betrachtungsweise der projektivischen Mathematik und darüber hinaus, wenn mehr kultiviert würde die Vorstellung, die ich hier zugrunde legte in den Kurven, bei denen man aus dem Raum heraus muß – man würde es tatsächlich nicht so schwer haben, zur Imagination vorwärts zu dringen. Es ist durchaus eine Frage des innerlich seelischen Mutes. Und diesen innerlich seelischen Mut, man braucht ihn zum heutigen Forschen. Daher ist es schon notwendig, daß man durchaus geltend macht: Für die gewöhnliche Anschauungsweise entpuppt sich eben nicht die volle Wirklichkeit. Für diejenige Anschauungsweise, die sich nicht scheut, die menschliche Seelenkraft

weiter zu entwickeln, enthüllen sich immer mehr und mehr sonst verhüllte Tiefen der Wirklichkeit.

Das ist dasjenige, was ich Ihnen am Schlusse sagen möchte. Im übrigen möchte ich aber nur den Wunsch aussprechen, daß dasjenige, was ich nur anregen wollte, was ich gewissermaßen fadenzeichnen wollte, insbesondere in experimenteller Beziehung, in experimenteller Richtung Anregung bringen möchte. Das ist dasjenige, was wir brauchen. Wir brauchen empirische Verifizierungen desjenigen, was durchaus in solcher Art aufgefaßt werden muß zunächst, wie es hier vorgebracht worden ist. Wir müssen einmal darüber hinauskommen, nur immer wiederum auf Grundlage desjenigen zu urteilen, was nun seit langer Zeit solche Tatsachen erzeugt, wie die ist, die ich gleich erzählen werde; wir müssen über solche Dinge hinauskommen. Ich sprach einmal mit einem Hochschulprofessor der Physik über die Goethesche Farbenlehre. Der Mann hat sogar die Goethesche Farbenlehre herausgegeben und einen Kommentar dazu geschrieben. Ich sprach mit ihm über die Goethesche Farbenlehre, und er sagte mir, nachdem wir uns auseinandergesetzt hatten, er wäre ein strenger Newtonianer. Er sagte: Bei der Goetheschen Farbenlehre kann sich ja überhaupt kein Mensch etwas denken, ein Physiker kann sich dabei nichts vorstellen. – Also der Mann ist durch seine physikalische Erziehung dazu gebracht worden, sich nichts vorstellen zu können bei der Goetheschen Farbenlehre. Ich konnte das begreifen. Es kann sich eigentlich der heutige Physiker, wenn er ehrlich ist, bei der Goetheschen Farbenlehre nichts vorstellen. Er muß einfach die Grundlagen des heutigen physikalischen Denkens überwinden, muß abkommen können von ihnen. Dann wird er aber eben jenen Übergang finden, der zu finden ist von den Erscheinungen zu jener Interpretation, die in der Goetheschen Farbenlehre liegt und die zu gleicher Zeit sein kann ein wichtiger Ausgangspunkt für sonstige physikalische Betrachtungen, für physikalische Betrachtungen, die bis zum Astronomischen hinreichen.

Wenn Sie, ohne befangen zu sein, den Wärmeteil des Spektrums und den chemischen Teil des Spektrums in ihrem ganz verschiedenen Verhalten gegenüber gewissen Reagenzien betrachten, dann

werden Sie finden, daß Sie schon in diesem Spektrum den Gegensatz haben, den ich heute zwischen Erd- und Sonnenwirkung dargestellt habe. Im Spektrum selber haben wir ein Bild des Gegensatzes Erde und Sonne, so wie im ganzen menschlichen Organismus wiederum dieser Gegensatz ausgedrückt ist. In jeder Berührung eines Körpers durch die Tastempfindung wirken Sonne und Erde. So wirken wiederum im Spektrum Sonne und Erde. Und man kann nicht das Spektrum als einfach so etwas in den Raum Hineingesetztes betrachten, wenn man es als Sonnenspektrum hat, sondern man muß sich klar sein, daß das in den konkreten Raum, der zwischen Sonne und Erde liegt, hineingesetzt ist. Man hat es ja niemals mit abstraktem Raum bei konkreten Erscheinungen zu tun, sondern es sind ja überall die konkreten Dinge auch da, und man muß sie mitrechnen. Sonst kommt es eben dahin, das Himmelssystem in seiner Entstehung nach dem Muster zu erklären, wie man das tut: Man nimmt ein kleines Öltröpfchen, das im Wasser schwimmt, schneidet ein Kartenblatt in Kreisform aus, schiebt es hinein, steckt von oben eine Stecknadel durch und fängt nun an zu drehen. Das Öltröpfchen plattet sich ab, sondert kleine Tröpfchen ab: Ein Planetensystem ist entstanden! Man erklärt das den Zuhörern und sagt ihnen: Da, seht Ihr, das ist das Planetensystem. – Das vergleicht man mit dem Planetensystem draußen, mit dem kopernikanischen System, und sagt: Das ist das gleiche. – Nun schön, aber man darf nicht vergessen, der Herr Lehrer war ja da und hat gedreht. Also man muß auch, wenn man nicht unwahr sein will, diesen Riesendämon dazusetzen, der da draußen die Weltenachse dreht, sonst entsteht ja nicht dasjenige, wovon man erklärt hat, daß es entstünde. Sonst dürfte man ja nicht die Sache als Versinnlichung anführen, wenn man da draußen nicht den Riesendämon hätte. Man muß auch in der wissenschaftlichen Erklärung ehrlicher und auch bedachter werden, als man es heute eigentlich im Grunde ist.

Gerade auf diese innerlich-methodologischen Beziehungen wollte ich Sie in diesen Vorträgen hinweisen, und das nächste Mal wollen wir dann von anderen Gesichtspunkten aus über gewisse Gebiete wiederum sprechen.

HINWEISE

Zu dieser Ausgabe

Aus der intensiven Zusammenarbeit Rudolf Steiners mit dem Lehrerkollegium der Waldorfschule ist der Kurs hervorgegangen. Dieser Entstehung muß der heutige Leser Rechnung tragen. Was vorliegt, ist kein Lehrbuch, sondern Zeugnis von einem Bildungsgeschehen innerhalb eines Kreises ganz bestimmter Persönlichkeiten, welchen eindringliche Zukunftsimpulse für die Entwicklung der Wissenschaften übergeben wurden. Der Kurs hat seinen Zuhörern, wie man empfinden kann, viel zugemutet und ist wohl so weit gegangen, als irgend Aussicht auf ein Verständnis noch vorhanden sein mochte. Dieses ist aber bis heute erst in einem bescheidenen Maße zustandegekommen. Große Fragen, wie etwa diejenige der lemniskatischen Sonnen- und Erdbewegung, sind nicht abschließend gelöst, obschon es an Bemühungen nicht gefehlt hat. Auch andere Fragestellungen haben in zahlreichen Arbeiten ihre Fruchtbarkeit erweisen können, in stärkstem Maße vielleicht das Problem des «Gegenraumes» (S. 274), worüber ein Hinweis noch näher orientieren wird. – Ein Lehrbuch der Astronomie oder der Naturwissenschaft ist der Kurs also nicht. Er hat eigentlich das schulmäßige Wissen über die behandelten Dinge vorausgesetzt. Nur so waren die Zuhörer in der Lage, die Freiheit wahrzunehmen, aus welcher heraus dieses Wissen gehandhabt wurde. Hier stellten sich auch herausgeberische Probleme. Ein Beispiel mag sie illustrieren: Bei der Beschreibung der Planetenschleifen S. 206 wird in einer kühnen Vereinfachung dem Merkur gleich wie allen übrigen Planeten nur eine einzige Schleife im Jahr zugeschrieben. Lehrbuchmäßig ist diese Behauptung nicht, denn Merkur macht drei Schleifen im Jahr. Die Stelle ist beim ersten Druck denn auch so erschienen, daß sie korrigiert wurde. In der gegenwärtigen Ausgabe wurde auf den ursprünglichen Text zurückgegangen. Die Stelle kann auch so verstanden werden, daß eben nur *eine* Schleife zu guter Merkur-Sichtbarkeit führt. Darauf wird im Hinweis zu S. 206 noch näher eingegangen. Allerdings stimmt die Schleife guter Morgen-Sichtbarkeit nicht überein mit jener guter Abend-Sichtbarkeit. Gleichwohl war die Stelle des Kurses eine Herausforderung, sich mit dem Problem Merkurs genauer zu befassen. – Daß Rudolf Steiner es in den allermeisten Fällen nicht nötig hatte, von anderen belehrt zu werden, haben die Kursteilnehmer wohl aus vielfacher Erfahrung gewußt. Doch wußten sie wohl nicht, wie er, bevor er seine Ausführungen gab, auch die Lehren der Wissenschaft sich intensiv vergegenwärtigt hat. Zum vorliegenden Kurs existieren 114 Seiten Notizbucheintragungen, welche in Nr. 104 der «Beiträge zur Rudolf Steiner-Gesamtausgabe» 1990 gedruckt worden sind. Da findet man auf S. 65 der Eintragungen auch die Aufzeichnung von der *einen* Merkurschleife im *synodischen* Umlauf, also in 116 Tagen. – Aus dem Beispiel geht hervor, daß es sinnlos war, dem Leser dieses Kurses einen auf die landläufige Darstellung «korrigierten» Text zu überliefern. Nötig ist aber der Einblick in die Tatsache, daß der Vortragende das landläufige Wissen kannte und dennoch die Ausführungen machte, die er eben gemacht hat. – Ein eindrückliches Beispiel der Notizbucheintragungen ist die Vergegenwärtigung des

Wissens über die Cassinische Kurve auf S. 48/49, und dann der Vergleich dieser doch spärlichen Aufzeichnungen mit den beschwingten Ausführungen im 9. Vortrag. – Aus den Beispielen geht auch hervor, daß die Herausgabe nicht ohne ausführlichere Hinweise gemacht werden konnte. Das hatte sich eigentlich schon beim ersten Druck gezeigt, wo einige Fußnoten nicht zu vermeiden gewesen waren. – Die Haltung des Kurses ist, wie auf S. 75 und 133 direkt ausgesprochen wird und aus anderen Stellen indirekt hervorgeht, im Unterschied zu den allermeisten anthroposophischen Ausführungen Rudolf Steiners nicht diejenige der geistigen Anschauung, sondern eine rein verstandesmäßige. Die des gesunden Menschenverstandes also, des so gesunden, daß er, wie Rudolf Steiner oft ausgeführt hat, die Ergebnisse der geistigen Anschauung zu beurteilen fähig ist.

Dem Kurs ist die Besonderheit widerfahren, daß er, noch bevor der Druck von 1926 vorlag, aus der Nachschrift heraus zu einer Schrift verarbeitet wurde durch Dr. W. Kaiser, damals noch cand. phil. II. Das Buch erschien 1925 in Stuttgart unter dem Titel «Astronomie in geisteswissenschaftlicher Beleuchtung». Rudolf Steiner hatte das Manuskript noch kurz vor seinem Tode gesehen und die Drucklegung gutgeheißen. Die Schrift enthält nicht nur ein Referat des Kurses, sondern enthält auch die Auseinandersetzung des Autors mit vielen Fragen, welche durch den Kurs aufgeworfen werden. Sie ist wohl die einzige Schrift geblieben, welche sich mit dem Kurs als Ganzem auseinandersetzt. Ein Jahr später erschien er dann im Druck, herausgegeben von Dr. Elisabeth Vreede, der Leiterin der Mathematisch-Astronomischen Sektion am Goetheanum. Den Herausgebern der gegenwärtigen Ausgabe war es eine große Hilfe, auf die Arbeit des ersten Druckes aufbauen zu können. In den folgenden Hinweisen wird der Textvergleich, wo nichts anderes gesagt ist, auf diesen ersten Druck bezogen.

Textunterlagen: Das Hauptstenogramm und die aus ihm hergestellte maschinenschriftliche Übertragung in Langschrift, im Folgenden «Nachschrift» genannt, stammten von Hedda Hummel. Das Stenogramm ist verloren, während Exemplare der Nachschrift noch vorhanden sind. Als Textunterlage für den ersten Druck scheint allein eine solche gedient zu haben. Im Gegensatz dazu hatte die gegenwärtige Ausgabe die Möglichkeit, während des Kurses gemachte private stenografische Notizen zweier Zuhörer verwenden zu können, recht ausführliche von Dr. Karl Schubert und wesentlich knappere von Dr. med. Eugen Kolisko. Beide waren als Lehrer der Waldorfschule Teilnehmer des Kurses. Die Aufzeichnungen sind partienweise wörtlich, dann wieder zusammengezogen. Große Stücke fehlen ganz. Dennoch haben sie zur Aufklärung fragwürdiger Stellen gute Dienste geleistet. Die Entzifferung der Gabelsberger Stenogrammnotizen sind Herrn Richard Schönberg und Herrn Günther Frenz zu verdanken. Insgesamt gehen etwa 70 Textänderungen darauf zurück. Falls sie in den nachfolgenden Hinweisen nachgewiesen sind, wird auf ihre Quelle mit dem Wort «Stenogramm» verwiesen. Die genannten Aufzeichnungen enthalten ferner viele Zeichnungen, welche zur Sicherstellung der während des Sprechens entworfenen Figuren beigetragen haben. – Wo der vorliegende Text vom ersten Druck abweicht, handelt es sich entweder um bloß stilistische Änderungen oder um eigentliche Korrekturen. Erstere sind zahlreich, weil die beiden Texte

nicht dieselbe Zielsetzung haben. Der erste Druck war als Arbeitsmaterial für einen Personenkreis bestimmt, welcher wie eine Erweiterung des ursprünglichen Zuhörerkreises angesehen werden muß. Dieser Druck wurde darum auch nur in numerierten Exemplaren abgegeben, nicht zur bloßen Lektüre, sondern für die eigene Arbeit, insbesondere für Forschungen in den angegebenen Richtungen. Das war die Intention Rudolf Steiners mit solchen Kursen. Für die Herausgabe in der Gesamtausgabe besteht eine solche Einschränkung nicht. Das stellt an die Form des Textes andere Ansprüche, welche zu stilistischen Änderungen geführt haben. Die eigentlichen Korrekturen reichen von trivialen bis zu verantwortungsvollen, etwa der Ergänzung fehlender Wörter oder auch Gruppen von Wörtern. Soweit derartige Korrekturen, welche bei den Mängeln der Stenogramme und bei den Gegebenheiten der freien Rede unumgänglich sind, auch schon für den ersten Druck vorgenommen wurden, sind sie fast ausnahmslos in den neuen Text übernommen worden. Die wenigen Stellen, wo auf die Nachschrift zurückgegangen wurde, sind im Folgenden vermerkt. Nicht vermerkt sind stilistische und triviale Korrekturen, sondern nur solche, welche Sinn, Verständnis und Interpretation der Ausführungen tangieren können. Dasselbe gilt auch für die Änderungen, welche durch das Stenogramm veranlaßt sind. Einige von diesen zeigen erneut, wie sehr die Nachschriften durch stenografische Lesefehler verunstaltet sind, zeigen erneut die Bedeutung eines Originalstenogramms. Wo ein solches fehlt, fehlt auch die Hoffnung, so und so viele Wörter, die nur «von Stenografie- Gnaden» Einlaß gefunden haben, rektifizieren zu können. Denn wer könnte ohne Stenogramm zum Beispiel darauf kommen, daß «wie gewöhnlich» als «wie Geologen» gelesen werden muß (S. 55)?

Der Titel des Kurses «Das Verhältnis der verschiedenen naturwissenschaftlichen Gebiete zur Astronomie» stammt von Rudolf Steiner (siehe Seite 15).

Die beiden Untertitel stammen von den Herausgebern: «Dritter naturwissenschaftlicher Kurs» soll zum Ausdruck bringen, daß er im gleichen Rahmen und etwa vor derselben Zuhörerschaft stattgefunden hat wie die beiden rein naturwissenschaftlichen Kurse, im Kreise der Lehrerschaft nämlich der etwa 16 Monate vorher gegründeten Freien Waldorfschule in Stuttgart und weniger anderer, zumeist naturwissenschaftlich oder mathematisch gebildeter Persönlichkeiten. Rudolf Steiner war Leiter der Schule und es spielen in den Kurs ganz natürlicherweise die Dinge herein, welche in den pädagogischen Zusammenhängen von Bedeutung waren. Ein pädagogischer Kurs ist er dennoch nicht, aber das Menschenkundliche tritt so bedeutsam auf, daß er oft wie eine Fortsetzung der «Allgemeinen Menschenkunde als Grundlage der Pädagogik» (GA 293), welche zur Begründung der Schule gehalten wurde, empfunden werden kann. So war ein weiterer Titel nötig, welcher dieses Menschenkundliche zum Ausdruck bringt.

Hinweise zum Text

Werke Rudolf Steiners, welche innerhalb der Gesamtausgabe (GA) erschienen sind, werden in den Hinweisen mit der Bibliographie-Nummer angegeben.

Zu Seite

18 *Nikolaus Kopernikus,* Thorn 1473–1543 Frauenburg. Begründer der neuzeitlichen Astronomie.

Galileo Galilei, Pisa 1564–1642 Arcetri bei Florenz. Einer der Pioniere der naturwissenschaftlichen Entwicklung.

Johannes Kepler, Weil der Stadt (Württemberg) 1571–1630 Regensburg. Fortsetzer der neuen Astronomie des Kopernikus. Fußend auf den Beobachtungen Tycho de Brahes, entdeckt er die 3 nach ihm benannten Gesetze der Planetenbewegung.

20 *Entsprechend kommt die Menschheit ... zu anderen Forschungen:* Die Nachschrift hat «Forschungen» statt «Folgerungen», was einen guten Sinn ergibt, wenn der Satz wie angegeben ergänzt wird.

21 *Immanuel Kant,* Königsberg 1724–1804 ebenda. Sein Ausspruch lautet wörtlich: «Ich behaupte aber, daß in jeder besonderen Naturlehre nur so viel *eigentliche* Wissenschaft angetroffen werden könne, als darin Mathematik anzutreffen ist.» (Vorrede zu der 1786 veröffentlichten Schrift «Metaphysische Anfangsgründe der Naturwissenschaft»)

22 *Emil Du Bois-Reymond,* Berlin 1818–1896 ebenda. Seine berühmte Rede «Über die Grenzen des Naturerkennens» fand statt an der öffentlichen Sitzung der 45. Versammlung deutscher Naturforscher und Ärzte zu Leipzig, am 14. Aug. 1872.

Sir Isaac Newton, Woolsthorpe, Lincolnshire 1642–1727 Kensington, London. Mathematiker, Physiker, Astronom. Formulierte abschließend die Prinzipien der klassischen Mechanik und wurde durch ihre Anwendung auf die Himmelserscheinungen der Begründer der Himmelsmechanik. Sein Hauptwerk «Philosophiae naturalis principia mathematica», 1687.

24 *Johann Wolfgang Goethe,* Frankfurt a. M. 1749–1832 Weimar. Seine Wirbeltheorie des Schädels findet sich in den «Naturwissenschaftlichen Schriften», herausgegeben von Rudolf Steiner in Kürschners «Deutscher National-Litteratur», 5 Bände, Nachdruck Dornach 1975, GA 1a–e, im Band 1, S. 316ff. In der Anmerkung S. 322 ist die Okensche Entdeckung von 1807 besprochen.

Lorenz Oken, Bohlsbach bei Offenburg 1779–1851 Zürich. Veröffentlichte seine Wirbeltheorie des Schädels in der Programmschrift, mit welcher er 1807 eine Professur in Jena antrat.

24 *Carl Gegenbaur,* Würzburg 1826–1903 Heidelberg. Anatom. Die bezügl. Arbeiten sind: «Über die Kopfnerven von Hexanchus und ihr Verhältnis zur ‹Wirbeltheorie› des Schädels», Jenaische Zeitschr. f. Naturwsch., Bd. 6, 1871; «Das Kopfskelett der Selachier, ein Beitrag zur Erkenntnis der Genese des Kopfskeletts der Wirbeltiere. Untersuchung zur vergl. Anatomie der Wirbeltiere», 3. Heft, Leipzig 1872.

29 *Dieser andere Pol ist ... die Embryologie:* Damit wird der Faden aufgegriffen, welcher am Ende des «Zweiten naturwissenschaftlichen Kurses» angeknüpft worden ist (14. Vortrag in «Geisteswissenschaftliche Impulse zur Entwickelung der Physik», GA 321).

dem ersten Drittel des 19. Jahrhunderts: Nach Stenogramm, statt «der Mitte des ... ».

32 *Fig. 8:* Die Figur ist eine vergrößerte Herauszeichnung des Gebietes M in Fig. 7, wobei unklar ist, ob sie so ausgeführt oder nur innerhalb von M angedeutet wurde.

Makrokosmos in sich zur Ruhe gebracht: «in sich» ergänzt.

gerade dieser Kraftlinie: Es bleibt offen, auf welche Linie im Sprechen hingewiesen wurde.

36 *auf Gebiete, die der Sache nach naheliegen:* «der Sache nach» statt «ihm» gesetzt.

37 *Goethesches Diktum:* Gemeint ist wohl das Wort «Der Mensch begreift niemals, wie anthropomorphisch er ist». Siehe Hinweis zu S. 24, Band V, «Sprüche in Prosa», S. 353.

38 *«ganz herrlich weit gebracht»:* Aus Goethes «Faust» I, Nacht (gotisches Zimmer), Wagner im Gespräch mit Faust.

39 *Die alten Chaldäer haben ... Beobachtungen ... gehabt:* Hervorragend ist ihre Kenntnis der Perioden für die Wiederkehr der Ereignisse. So des nach dem Griechen Meton benannten Zyklus von 19 Jahren für die Wiederkehr der Stellungen von Sonne und Mond in bezug zu den Fixsternen. Der griechische Astrologe Rhetorios zählt auf Grund chaldäischer Quellen viele solcher Perioden auf, z. B. für Mars: 284 Jahre = 151 Umläufe = 133 synodische Perioden. Beide Zahlen sind nach heutigen Kenntnissen um einen Tag falsch, haben also einen relativen Fehler von 0,01 Promille (gerechnet mit siderischen Jahren, weil nach v. d. Waerden die Babylonier das tropische Jahr nicht gekannt haben). Rhetorios und andere geben auch «große Jahre» für die Wiederkehr des Gleichen an, z. B. den Satz: «Die kosmische Wiederkehr geschieht in 1'753'005 Jahren; dann kommen alle Sterne im 30. Grad des Krebses oder im 1. Grad des Löwen zusammen und es findet eine volle Erfüllung statt; aber in dem Krebse geschieht eine Überschwemmung in einem Teil des Weltalls.» (Nach B. L. van der Waerden, «Erwachende Wissenschaft», Bd. 2, Basel 1968, S. 109 und 116.)

39 *daß aber Venus und Merkur sich um die Sonne bewegen:* Vgl. Hinweis zu S. 236.

Tycho de Brahe, Knudstrup in Schonen 1546–1601 Prag. Erreichte eine neue Stufe in der Exaktheit der astronomischen Beobachtung. Über das «Tychonische Planetensystem» vgl. man S. 236 und den entsprechenden Hinweis.

40 *Hart aneinander stoßen in der Zeit des Kopernikus:* Rudolf Steiner hat auffallend oft von Kopernikus gesprochen, öfter z.B. als von Kepler, wie ein Vergleich der Stellen in den Nachschlagewerken ergibt (Adolf Arenson, «Leitfaden durch 50 Vortragszyklen Rudolf Steiners» und Emil Mötteli, «Sachwort- und Namenregister der Inhaltsangaben, Übersichtsbände zur Gesamtausgabe II»). Der tiefste Grund findet sich wohl in den Vorträgen «Mysterienstätten des Mittelalters, Rosenkreuzertum und modernes Einweihungsprinzip» GA 233a, Vortrag 4. Man vgl. auch «Die geistige Führung des Menschen und der Menschheit» S. 81–88 (GA 15, 1974) und «Der Entstehungsmoment der Naturwissenschaft in der Weltgeschichte und ihre seitherige Entwickelung» (GA 326, Personenverzeichnis). – Kopernikus hat sein Werk über das heliozentrische Planetensystem im wesentlichen 1507 vollendet, hielt es aber zurück. Er lag 1543 schon im Sterben, als «De revolutionibus orbium coelestium» durch einen Freund, der die Drucklegung leitete, veröffentlicht und mit einem Vorwort versehen wurde, welches das Werk als rein hypothetisch-fachwissenschaftliche Berechnungsmethode darstellte. Kopernikus hatte es Papst Paul III. gewidmet. So kam es durch die Zensur. Erst ab der 3. Auflage 1616/17 wurde es verboten. Dabei blieb es bis 1822.

41 *wie wenig Wesenhaftes ... in Betracht gezogen wird:* Geändert aus «in Betracht kommt».

43 *ist das Eigentümliche eingetreten:* «das Eigentümliche» ist ergänzt nach dem Stenogramm.

man hat ... die zwei ersten Hauptsätze des Kopernikus genommen, den dritten weggelassen: Laplace gibt davon in der «Mecanique celeste» zu Beginn des Kapitels «Über die Libration des Mondes» (Bd. V) folgende Darstellung: «Die Alten hatten erkannt, daß der Mond in seiner Bewegung um die Erde uns immer dasselbe Gesicht zeigt; doch weit entfernt, sich darüber zu wundern, betrachteten sie dieses Phänomen für jeden Körper, der sich um ein Zentrum herumbewegt, als natürlich. Dieser Irrtum, oder besser gesagt, diese Illusion nötigte Kopernikus, zur Wahrung der Parallelität der Erdachse dieser eine jährliche Bewegung zuzuschreiben entgegengesetzt dem Umlauf der Erde in ihrer Bahn und ausgestattet mit denselben Ungleichheiten, was sein System beträchtlich komplizierte. Es war Kepler, der als erster bemerkte, daß die Parallelität der Rotationsachse einer Kugel von selbst sich erhalten muß bei den verschiedensten Bewegungen des Kugelmittelpunktes. Durch diese Bemerkung ist das System des Kopernikus einfacher geworden; ...». Gegen diese Auffassung in der Himmelskunde hat sich Rudolf Steiner immer wieder gewendet. Das erste Mal vielleicht 1906 (in «Vor dem Tore der Theosophie», GA 95, 1978, S.

105), dann in einer längeren, aber ganz vereinzelten Ausführung am 29. 4. 1908 (in GA 98 «Natur- und Geistwesen – ihr Wirken in unserer sichtbaren Welt»). Wiederholt kommt die Sprache darauf in den Zusammenhängen der Waldorfschule, zuerst ganz überraschend in dem vorbereitenden Lehrerkurs «Erziehungskunst. Seminarbesprechungen und Lehrplanvorträge» (GA 295, 1977, S. 141). Dann wiederum drei Wochen später in den Lehrerkonferenzen. Dasselbe Thema behandelt weiter ein Mitgliedervortrag, ebenfalls in Stuttgart («Geisteswissenschaftliche Behandlung sozialer und pädagogischer Fragen», GA 162, Vortrag vom 28. 9. 1919). Diese gehäufte Besprechung in den Stuttgarter Schulzusammenhängen ist wohl nur so zu verstehen, daß sie sich an Persönlichkeiten innerhalb der Lehrerschaft richtete, welchen Rudolf Steiner zutraute, aus diesen Ausführungen etwas machen zu können. Nach 1919 blieb dann das Thema fast unberührt bis zum vorliegenden Kurs. (Eine kurze Erwähnung findet sich S. 39 und 97 in «Entsprechungen zwischen Mikrokosmos und Makrokosmos», GA 201.) Die Art, wie hier darüber gesprochen ist, hängt zusammen mit den Antezedenzien und den Gegebenheiten bei diesen angesprochenen Persönlichkeiten. Dieser Schwierigkeit muß beim Erscheinen des Kurses in der Gesamtausgabe Rechnung getragen werden. Wenn es auch unmöglich ist, für die bei den damaligen Zuhörern vorhandenen Voraussetzungen mit wenigen Worten einen Ersatz zu schaffen, so besteht anderseits durch die Gesamtausgabe eine umfassende Orientierungsmöglichkeit über das, worum es sich im Rahmen der ganzen Geisteswissenschaft handelt. Aus dem Vielen, was genannt werden müßte, sei nur Weniges herausgenommen: Die im Hinweis zu Kopernikus, S. 40, erwähnten Vorträge «Mysterienstätten des Mittelalters», GA 233, besprechen das ganze Problem der kopernikanischen Weltanschauung wohl in seinem tiefsten Aspekt; im Zyklus «Geistige Hierarchien und ihre Widerspiegelung in der physischen Welt», GA 110, vergleicht der 6. Vortrag das kopernikanische mit dem ptolemäischen Weltsystem und charakterisiert die beiden als physischen bzw. geistigen Aspekt des Kosmos; am Ende des 3. Vortrages der «Exkurse in das Gebiet des Markus-Evangeliums», GA 124, stehen die Worte: «Vom Kopernikanismus kennt man heute in der äußeren Wissenschaft nur den Teil, der zum Absterbenden gehört. Der Teil, der weiterleben soll – nicht nur das, wodurch er durch die vier Jahrhunderte schon gewirkt hat, sondern was weiterleben soll –, das muß sich die Menschheit erst erobern.»; der 12. Vortrag des Zyklus «Das Johannes-Evangelium im Verhältnis zu den drei anderen Evangelien, besonders zu dem Lukas-Evangelium», GA 112, gibt eine sehr grundsätzliche Charakterisierung des Verhältnisses gegenwärtiger Wissenschaft zum alten Hellsehen, die darin gipfelt, daß in der Wissenschaft nur soviel an wahrhafter Erkenntnis enthalten ist, als die dabei verwendeten Begriffe umgewandelten alten Schauungen entstammen, welche in der Form des Begriffes aber immer dünner und dünner werden. – Auf dem Hintergrunde der beiden zuletzt genannten Gesichtspunkte vermag man für die Betonung des 3. Hauptsatzes des Kopernikus die richtige Perspektive zu gewinnen: Es geht um mehr als nur um historische Richtigkeit, es geht gerade um dasjenige im Werk des Kopernikus, was das Zukunftsträchtige enthält und

was er mit einem genialen Gedanken ergriffen hat. – Allerdings, wer dem 3. Hauptgesetz eine selbständige Bedeutung zuerkennt, nimmt die Himmelsmechanik nicht für allein maßgebend. Das ist hier in der Tat der Fall. Eine knappe Formulierung der Haltung gegenüber der Himmelsmechanik enthielt schon ein Passus in dem vorhin genannten Vortrag vom 28. 9. 1919: «Und im wesentlichen steht die Menschheit der Gegenwart durchaus noch auf diesem Standpunkt: sich vorzustellen die Erde als eine große Kugel im Weltenraum, und das Außerirdische eigentlich nur umfassend mit mathematischen, mechanischen Vorstellungen, die höchstens für einzelne, etwas exakter denkende Menschen bloß mathematische sind, weil ja die ersonnenen Begriffe über allerlei Gravitationskräfte von besonneneren Menschen weggelassen werden, und eigentlich das außerirdische Weltenbild nur mathematisch vorgestellt wird.» Bei diesen «Besonneneren» muß ganz gewiß Kirchhoffs gedacht werden, welcher S. 134 genannt werden wird, vgl. auch den entsprechenden Hinweis. Ein schwerwiegender Einwand gegen die rein himmelsmechanische Denkweise, welcher an vielen Orten ausgeführt ist, wird ganz am Ende dieses Kurses wiederholt (S. 337). – Zusammen mit dem Weglassen des 3. Hauptsatzes des Kopernikus wird auch die Behauptung besprochen, daß eine Verschiebung der Erdachse parallel zu sich selber den Ort des Himmelspoles nicht verändere. Nun wird zwar kaum jemand leugnen, daß wegen der endlichen Entfernung der Sterne eine Verschiebung des Poles eintreten müsse, aber im Verhältnis zu anderen Vernachlässigungen, die gemacht werden, wird sie als unwesentlich weggelassen. Diese Haltung macht das *Ausmaß* eines Effektes zum Kriterium seiner Wesentlichkeit. Ohne dieses würde der Praktiker mathematischer Approximation dastehen wie ein Kämpfer, dem die Waffe aus der Hand geschlagen ist. Doch gibt die Quantität als Kriterium der Wesentlichkeit eine Gewähr nur für das Gewordene, nicht für das Werdende. Es .ist ein Darüberhinausgehendes nötig, um im Meer der unüberschaubaren kleinen Effekte die signifikanten auffinden zu können. Im Sinne des vorliegenden Kurses muß gesagt werden, daß er geradezu dieses Darüberhinausgehende an die Hand gibt, indem er z.B. die Brücke von der Astronomie zur menschlichen Gestalt schlägt.

45 *Das Mathematische … aus unserem Innern aufsteigt:* Das Verhältnis des Mathematischen zur äußeren Realität ist ausführlich im 1. Vortrag des Bandes «Geisteswissenschaftliche Impulse zur Entwickelung der Physik. Erster naturwissenschaftlicher Kurs», GA 320, auseinandergesetzt.

51 *Wir werden … noch … zu zeigen haben:* Man vgl. S. 289f.

Zeitlänge: Statt «Zeit und Länge», nach Stenogramm.

52 *zum Siechtum … kann das Heimweh führen:* Die Geschichte des Wortes ist aufschlußreich. Friedrich Kluge berichtet (Programm der Albert-Ludwigs-Universität, Freiburg i. Br., 1901, S. 26): «Aber es ist nicht eigentlich ein ausgesprochenes Heimatgefühl, das in dem Wort *Heimweh* steckt. Die ältesten Zeugnisse für das Wort, die wir besitzen, kennzeichnen das Wort als Namen einer Krankheit … Wir treffen es zunächst in medizinischen Fachschriften.»

53 *«der kalte Kunstgreis mit dem Doppelkinn»:* Der Ausspruch konnte bisher nicht nachgewiesen werden.

55 *wie Geologen:* Statt «wie gewöhnlich», nach Stenogramm.

58 *das sieht man … heute schon ein:* Ernst Mach schreibt («Die Mechanik in ihrer Entwicklung, historisch-kritisch dargestellt», 1883, 7. Aufl. 1912, S. 226): «Bleibt man aber auf dem Boden der Tatsachen, so weiß man nur von *relativen* Räumen und Bewegungen. Relativ sind die Bewegungen im Weltsystem … dieselben nach der ptolemäischen und nach der kopernikanischen Auffassung. Beide Auffassungen sind auch gleich *richtig,* nur ist die letztere einfacher und *praktischer.»* – Der Philosoph Christian von Ehrenfels spricht in seiner «Kosmogonie» (Jena 1916, S. 109) von der Bevorzugung der jeweilig «einfachsten», «natürlichsten» und «schlußkräftigsten» Hypothese. Hierher gehöre die Bevorzugung des kopernikanischen Sonnensystems vor dem ptolemäischen.

Ernst Mach, Turas (Mähren) 1838–1916 Haar bei München. Physiker und Erkenntnistheoretiker.

59 *der mineralischen Sphäre:* Geändert aus «der Mineraliensphäre».

64 *wir betrachten die Jahreszeitenwechsel:* Korrigiert aus «Jahreswechselzeiten», in Übereinstimmung mit dem vorhergehenden Absatz.

66 *nach der geistig-seelischen Seite:* «geistig-seelischen» statt «psychologischen», nach Stenogramm.

68 *Grundlage für wahrhaftige astronomische Anschauungen:* Statt «wahrhaftige Astronomie», nach Stenogramm.

69 *In ihm war noch ein Bewußtsein davon:* «ein Bewußtsein» statt «etwas» gesetzt.

72 *oder anders geschrieben:* In den beiden folgenden Proportionen sind die Glieder anders als im 1. Druck angeordnet aufgrund der Eintragung in ein Notizbuch (Nr. 52, 1921). Dadurch stehen in der letzten Proportion rechts die Zentralbeschleunigungen.

… das … Newtonsche Gravitationsgesetz aus dem Keplerschen Gesetz deduziert: Eine ähnliche Deduktion findet sich in Hegels «Enzyklopädie der Philosophischen Wissenschaften», § 270.

73 *caput mortuum:* Wörtlich «Totenkopf», heute im Sinn von nutzlos, wesenlos gebraucht.

Wir werden erst noch darauf zurückkommen müssen: Dazu ist es nicht gekommen.

74 *anthropomorphisch:* Die Nachschrift hat «alchimistisch», was ohne weitere erklärende Worte nicht verständlich ist. Es dürfte die anthropomorphische, personifizierende Ausdrucksweise der Alchimie gemeint sein.

76 was *man … genannt hat die regula philosophandi:* Newton in seinem Hauptwerk «Philosophiae naturalis principia mathematica» (1687). Er formuliert an der Stelle, wo es um die Inauguration der Himmelsmechanik geht, zu Beginn des 3. Buches, als Leitgedanken zur Übertragung der irdischen Mechanik auf den Himmel drei (später vier) «regulas philosophandi» und gibt Beispiele, die z.T. genau, z.T. mit unwesentlichen Variationen mit den hier gegebenen übereinstimmen.

kann Erklärungen eben nur … gewinnen: Geändert aus «kann es elementar … gewinnen.»

78 *Pierre Simon Marquis de Laplace,* Beaumont-en-Auge, Dep. Calvados 1749–1827 Paris. Baute die von Newton begründete Himmelsmechanik in großartiger Weise aus. «Mecanique céleste», 5 Bde., Paris 1799–1825. Diesen schickte er die ohne mathematische Formeln geschriebene «Exposition du système du monde» 1796 voraus, welche auch sein schriftstellerisches Niveau bekundet.

78 *«Naturgeschichte und Theorie des Himmels»:* Anonym erschienen 1755. Ganz naturwissenschaftlich, aus den Anschauungen der Newtonischen Himmelsmechanik geschrieben. «Gebt mir nur Materie, ich will eine Welt daraus bauen!», ruft der Verfasser in der Vorrede aus.

80 *Ebene des Sonnenäquators:* Man ist sonst gewohnt, auf die Ebene der Ekliptik zu beziehen. Vom genetischen Aspekt der Kant-Laplaceschen Theorie aus erscheint allerdings die Ebene des Sonnenäquators als maßgeblicher, und sie tritt denn auch bei Kant konsequenterweise auf, ebenso bei Laplace. Dieser nennt sie die natürliche Bezugsebene («Exposition du système du monde», 5. Buch, 6. Kapitel). Eigentlich müßte die Theorie erwarten, daß beide Ebenen zusammenfallen. Das ist nicht der Fall. Sie sind um 7° gegeneinander geneigt. Fast dieselbe Neigung hat auch die Bahnebene des Sonnen-nächsten Planeten Merkur, sie stimmt im übrigen aber mit derjenigen des Sonnenäquators nur grob überein, indem die Knotenlinien der beiden in der Ekliptik einen Winkel von 27° einschließen, der jährlich um 8'' wächst. – Indem hier der Sonnenäquator als Bezugsebene genannt wird, werden die vielen Tatsachen ins Blickfeld gerückt, welche die Astronomie ohne Erklärung als bloße Fakten hinnehmen muß: die Abweichungen der Bahnebenen voneinander und die meist starken Abweichungen der Äquatorebenen der Planeten von den Bahnebenen. Bei der Erde ist dies die für alles Leben so bedeutsame Inklination der Erdachse (von 23 ½ °). Wenn Rudolf Steiner einen so starken Nachdruck auf das 3. Hauptgesetz des Kopernikus gelegt hat, so gewiß auch deshalb, weil es anders sich zum Rätsel der Inklination stellt als die Himmelsmechanik. Diese müßte erwarten, daß alle Beziehungen so schön in Ordnung stehen wie bei Jupiter, wo Planetenbahn, Planetenäquator und Bahnebenen der Haupttrabanten (und sogar die Ekliptik) sehr wenig voneinander abweichen. Das ist bei der Erde anders. Daß hierbei viel im Spiel ist, zeigt der Nachdruck, womit davon gesprochen wurde, wenn es auch nur bei wenigen Gelegenheiten der Fall gewesen ist. Man vgl. dazu z. B. den im ersten Hinweis zu S. 119 genannten Vortrag.

84 *was Philosophen immer betont haben:* Bei den bekanntesten Philosophen hat der Gedanke nicht gefunden werden können. Am nächsten kommen ihm Denker, welche ausgesprochen oder unausgesprochen Kants «Naturgeschichte und Theorie des Himmels» weiter denken. So Carl du Prel («Entwicklungsgeschichte des Weltalls. Entwurf einer Philosophie der Astronomie. Dritte vermehrte Auflage der Schrift: Der Kampf ums Dasein am Himmel», Leipzig 1882, S. 166): «Das System der Planeten ist demnach konservativ, das der Kometen wandelbar ... Diesen anscheinenden Widerspruch, daß die Gravitation Resultate so verschiedener Art herbeiführen kann, löst die Entwicklungtheorie: die beiden Hauptgruppen des Sonnensystems befinden sich in verschiedenen Stadien eines Prozesses gegenseitiger Anpassung der Einzelglieder; hinsichtlich des Planetensystems ist dieser Prozeß abgeschlossen, es hat seinen Gleichgewichtszustand, daher ist es konservativ; das Kometensystem dagegen ist wandelbar, weil es sein Gleichgewicht noch nicht gefunden hat.»

besonders bei Laplace können Sie es verfolgen: Ein erster Beweis für die Stabilität des Planetensystems wurde unter vereinfachten Annahmen von Lagrange gegeben. Von ihm stammt auch das erste Beispiel einer «dynamischen Starrheit», nämlich von Planeten, die durch die Gravitationskräfte eine gebundene Umlaufzeit haben. (Zu einem großen Planeten gibt es in seiner Bahn in 60° Abstand die sog. «Lagrangeschen Punkte», um welche kleine Körper Schwankungen, «Librationen» ausführen können; auch Librationspunkte genannt.) Unter den Planetoiden wurde später in den «Trojanern» ein Beispiel dafür gefunden. Neuerdings spielen die Lagrange-Punkte eine Rolle bei den durch Weltraumsonden näher untersuchten Satelliten des Saturn. – Von Laplace stammen die Reihenentwickelungen für die näherungsweise Lösung des Vielkörperproblems, aus denen gefolgert wurde, daß sich bei rationalen Verhältnissen der Umlaufszeiten von Planeten die Störungen bis zur Instabilität summieren müßten. Später führte eine Preisaufgabe der Schwedischen Akademie zu einer großen Arbeit (1885) von Poincaré, in welcher gezeigt wurde, daß die fraglichen Reihen divergieren, daß also keine (allgemeinen) Lösungen existieren. – Diese Reihen sind bei kommensurablem bzw. rationalem Verhältnis der Umlaufszeiten unbrauchbar, sind brauchbar bei inkommensurablen Umlaufszeiten, aber, wie Heinrich Bruns nachwies, liegen auch dann die Stellen der Konvergenz und Divergenz überall dicht ineinander verzahnt. (Darüber vergleiche man Carl Ludwig Charlier, Die Mechanik des Himmels, 1907, Bd. 2, S. 307ff.) – Die modernen Ergebnisse erlauben von einer «praktischen Inkommensurabilität» im Planetensystem zu sprechen, z. B. wenn die Summe der ganzzahligen Vielfachheiten der Umlaufszeiten in einer Gleichung zwischen diesen Zeiten gleich oder größer als 4 ist. Die Instabilität bei kleineren Vielfachheiten zeigt sich z. B. im Zusammenhang von Jupiter mit den Kirkwoodschen Lücken des Planetoidengürtels. Hier herrscht gewissermaßen «erfüllte Unendlichkeit», wie der Text sich ausdrückt. Dabei darf man die «Erstarrung» teilweise im Sinne dynamischer Starrheit deuten, wie sie auch bei der gebundenen Eigenrotation des Erdmondes und anderer Planetenmonde vorliegt. Darauf wird S. 155ff.

nochmals eingegangen. – In der Auflage des Kurses von 1983 wurde im Hinweis noch auf die moderne KAM-Theorie eingegangen, unberechtigter Weise, wie sich seither gezeigt hat. Jürgen Moser, einer der Begründer der Theorie, hatte 1975 in seiner Wolfgang Pauli-Vorlesung an der Technischen Hochschule in Zürich eine begeisternde Darstellung der Geschichte der Himmelsmechanik und der Aussichten der KAM-Theorie gegeben. Heute, d. h. in den «Mitteilungen der Deutschen Mathematiker-Vereinigung» 4/1996, veröffentlicht der Autor erstmals seinen damaligen Vortrag in einer Fachzeitschrift, doch ergänzt durch einen Anhang, in welchem er markante Forschungsergebnisse seit jener Zeit bespricht. Einschneidend für die damaligen Hoffnungen sind vor allem Ergebnisse von J. Laskar von 1994, welche zu den Worten Anlaß geben: «Was also sind die Ergebnisse dieser Berechnungen, und was ist das Verdikt für die Anwendbarkeit der KAM-Theorie auf dieses Problem? ... Das Urteil von Laskar über die Anwendbarkeit der KAM-Theorie auf das Sonnensystem fällt also negativ aus. Viele der Planeten weisen nicht das quasi-periodische Verhalten auf, das in jener Theorie beschrieben wird, sondern besitzen sogar Unstabilitäten, die allerdings auf gewissen Gebieten im Phasenraum begrenzt zu sein scheinen, und nicht zum Auseinanderfallen des Systems führen. ... Also ... bleibt auch heute die Frage nach der Stabilität des Sonnensystems weiterhin offen!» Die Anwendbarkeit der KAM-Theorie auf das Sonnensystem wird also hier von einem der Autoren der Theorie selber verneint. Es sei noch hinzugefügt, daß die vorhin berührten Schwierigkeiten im Planetensystem vor allem seine Berechenbarkeit betreffen. Es stimmt, daß bei kommensurablen Verhältnissen die Reihen zur Berechnung unbrauchbar werden. Weil aber alle gemessenen Größen immer kommensurabel sind – das liegt schon im Begriff des Messens –, wären die Reihen der Planetenbewegung immer unbrauchbar. Das ist eine Aussage über die Reihen, nicht über das Planetensystem. Und könnte man bei gegebenen Zahlenverhältnissen beweisen, daß das System selber gefährlich instabil sei, so spielt eine Rolle, daß das Sonnensystem kein bloßes Newtonsches n-Körperproblem ist, denn es ist von Kometen durchzogen, von Magnetfeldern durchwirkt und von Licht durchflutet. Sorgen diese nicht dafür, daß auf lange Zeit keine bis zur x^{ten} Dezimalen konstante Zahlenverhältnisse walten? Der 8. Vortrag wird dazu den umfassenderen Einblick geben.

85 *Und wo Inkommensurabilität eintritt ..., schreiben den Dezimalbruch hin:* Die Stelle heißt im ersten Druck «Und wo Inkommensurabilität eintritt, da stehen wir doch gerade an dem Ort, in jenem Moment, wo wir landen müssen in der mathematischen Entwickelung an einer inkommensurablen Zahl. Da lassen wir die Zahl stehen, wir hören eigentlich auf. Wir schreiben den Dezimalbruch hin ...». Sie wurde sinngemäß geändert, weil es fast unmöglich ist, eine solche Stelle ohne sachliches Verständnis mitzuschreiben. Es kann nicht ausbleiben, daß die Worte mit der Vorsilbe «in» und diejenigen ohne «in» durcheinander geraten. Leider fehlt das Stenogramm von dieser und auch von der analogen Stelle S. 156.

Peter Hille, Erwitzen bei Paderborn 1854–1904 Berlin-Lichterfelde.

87 *der unbefruchteten Eizelle:* «unbefruchtet» statt «befruchtet», nach Stenogramm.

Panspermie: Damit ist hier gemeint die von Darwin vertretene und «Pangenesis» genannte Anschauung (Charles Darwin, «Das Variieren der Tiere und Pflanzen im Zustande der Domestikation» mit dem Anhang «Vorläufige Hypothese der Pangenesis», 1868). «Panspermie» etwa im Sinne von Svante Arrhenius hat die Verteilung und Wanderung der Lebenskeime im Weltall zum Inhalt.

Charles Darwin, Shrewsbury 1809–1882 Down b. Beckenham. Sein Hauptwerk «Die Entstehung der Arten durch natürliche Zuchtwahl» erschien 1859.

88 *ebenso wenig nahe liegt:* «wenig» ist ergänzt.

da (in der Astronomie) die inkommensurable Zahl ist: «inkommensurable Zahl» statt «jenseits der inkommensurablen Zahl» gesetzt.

89 *was ein Geometrie-Ähnliches ist:* Das Stenogramm hat «was Genesis der Zahl ist».

91 *Ernst Blümel,* Wien 1884–1952 Königsfelden. Mathematiker. Lehrer an der Freien Waldorfschule und anderen Schulen. Von ihm stammt, mit großer Wahrscheinlichkeit an den handschriftlichen Formeln und Korrekturen beurteilt, eine vollständig durchgeführte Textgestaltung für den vorliegenden Kurs. Sie erreichte die Herausgeber in einer so späten Phase der Arbeit, daß sie auf den vorliegenden Text kaum von Einfluß war. Eine andere Unterlage für den Text als die Hummel-Nachschrift scheint nicht verwendet worden zu sein. Vermutlich ist die Ausarbeitung dem ersten Druck vorangegangen, ohne ihn allerdings zu beeinflussen.

92 *das ist kein Axiom, sondern ein Postulat:* Siehe dazu in den Einleitungen zu Goethes Naturwissenschaftlichen Schriften, Hinweis zu S. 24, Bd. III, S. IX.

96 *Ernst Haeckel,* Potsdam 1834–1919 Jena. Zoologe.

Oscar Hertwig, Friedberg, Hessen 1849–1922 Berlin. Anatom.

zuerst etwas anderes vorausgesetzt wird: «anderes» ergänzt.

in Formen und Verhältnissen: «Formen» aus «Formeln» geändert.

97 «*Von Seelenrätseln*», GA 21.

101 *Eine Anzahl von Ihnen kennt schon dasjenige ...:* Die Teilnehmer am ersten naturwissenschaftlichen Kurs. Vgl. «Geisteswissenschaftliche Impulse zur Entwickelung der Physik. Erster naturwissenschaftlicher Kurs», GA 320, 1964, S. 126.

103 *Und wie wir gar zusammenhängen mit der Welt in den Zeiten zwischen denjenigen:* Statt «Und wie gar zusammenhängen die Zwischenzeiten» gesetzt.

107 *In meiner «Geheimwissenschaft» habe ich ... hingewiesen: «Die* Geheimwissenschaft im Umriß», GA 13, 1977, S. 63/64 und S. 418.

108 *denn schließlich sind die verschiedenen Weltsysteme etwas Chaotisches:* «verschiedenen» ergänzt nach S. 104, Zeile 14.

110 *wir ... den Erkenntnisprozeß nennen:* «Erkenntnisprozeß» statt «Erkennungsprozeß», gemäß Nachschrift.

111 *biblische Schöpfungsgeschichte durch embryologische Tatsachen zu interpretieren:* Es wird gesagt, daß es sich um Traditionen handelt, also nicht um Embryologie im naturwissenschaftlichen Sinne. H. P. Blavatsky referiert in der «Isis entschleiert» (Bd. 1, Deutsche Ausgabe Leipzig o.J., S. 388) kabbalistische Anschauungen über die Harmonie zwischen der embryonalen und der kosmischen Entwicklung, allerdings ohne Angabe bestimmter Literatur. Über die verborgene Embryologie in alchimistischen Schriften vgl. man die Bemerkung Rudolf Steiners im ersten Vortrag von «Mysterienstätten des Mittelalters», GA 233a, 1980, S. 26.

111 *das Nietzschesche Diktum:* Aus «Das trunkene Lied» im 4. Teil von «Also sprach Zarathustra».

115 *«Die Rätsel der Philosophie»,* GA 18, 1968, 5. Kapitel, S. 91 f.

bis zu einem Umschwung zurückgeführt: «bis zu einem Umschwung» ist ergänzt in Anlehnung an den Beginn des nächsten Abschnittes.

116 *Frage nach dem Realismus, dem Nominalismus:* Vgl. in den eben angeführten «Rätseln der Philosophie», S. 94, oder «Philosophie und Anthroposophie», GA 35, 1965, S. 89.

der sogenannte ontologische Gottesbeweis: Von Anselm von Canterbury (1033–1109). Über ihn vgl. die angeführten «Rätsel der Philosophie», S. 94.

Vincenz Knauer, Wien 1828–1894 Wien. Kath. Theologe, Privatdozent an der Wiener Universität.

117 *es war etwas in sie hineingekommen, was den Geist ...:* «hineingekommen» ist ergänzt.

119 *die größtmögliche Ausbildung der Eiszeiten:* Wie aus «Mein Lebensgang» (GA 28, 1982, S. 48) zu entnehmen ist, hat Rudolf Steiner schon am Ende seiner Schulzeit durch den Aufsatz seines Lehrers Franz Kofler die Anregung erhalten, sich mit der Eiszeit zu befassen, ein Interesse, das ihn durch das Leben begleitet hat. Koflers Aufsatz fußt auf der astronomischen Erklärung der Eiszeit durch A. J. Adhémar («Revolutions de la mer», Paris 1842, 3. Aufl. 1874). Er erschien 1879 im 14. Jahresbericht der Nied. Oestr. Landesoberrealschule Wiener-Neustadt und ist 1927 durch C. S. Picht in einem Privatdruck wieder zugänglich gemacht worden. 10 Jahre nach der Beschäftigung mit diesem Aufsatz schrieb Rudolf Steiner den Artikel «Eiszeit» in «Pierers Konversations-Lexikon» (7.

Aufl., herausgegeben von Joseph Kürschner, Berlin und Stuttgart 1889). Als die wesentlichen Ursachen der Eiszeit werden hier angegeben Veränderungen in der Verteilung von Wasser und Land und in der Dauer der Winterszeit. Nach dem 2. Keplerschen Gesetz ist der Winter lang, wenn die Erde im Winter durch das Aphel hindurchgeht, kurz im entgegengesetzten Fall. Diese Verhältnisse ändern sich mit einer Periode von 21000 Jahren. Da hinein wirken allerdings noch Veränderungen in der Exzentrizität der Erdbahn und Neigung der Erdachse, die, wenn sie überhaupt periodisch sind, sich über noch größere Zeiträume erstrecken. Während diese letzteren Einflüsse bei Kofler ausführlich besprochen sind, werden sie im Lexikon-Artikel nur knapp berührt und sind im vorliegenden Kurs nicht direkt erwähnt. Man vgl. zum Aufsatz und Lexikon-Artikel und zum Eiszeitproblem überhaupt Elisabeth Vreede, «Astronomie und Anthroposophie», Dornach 1980, S. 360–389. – Das Problem der Eiszeit im Zusammenhang mit der Stellung der Erdachse ist im Vortrag vom 31. 12. 1910 (im Band «Okkulte Geschichte», GA 126) vom unmittelbar spituellen Gesichtspunkt aus besprochen.

119 *öfter in den anthroposophischen Vorträgen auseinandergesetzt:* Z. B. in der Schrift «Die geistige Führung des Menschen und der Menschheit», GA 15, S. 57, welche Vorträge des Jahres 1911 in umgearbeiteter Form wiedergibt.

120 *Aristoteles,* 384-322 v. Chr. Schüler Platos und Erzieher Alexanders des Großen.

Plato, 427–347 v. Chr., von Athen. Schüler des Sokrates. Gründete im Haine Akademos seine Schule, der Ausgangspunkt aller «Akademien».

Heraklit, etwa 540–480 v. Chr., in Ephesos wirkend.

Sie finden ... in meiner «Geheimwissenschaft»: Auf S. 282; siehe Hinweis zu S. 107.

sprachliche Nuancierung der blauen ... Farbe: Eine frühere Ausführung findet sich im öffentlichen Vortrag vom 24. 3. 1920 in Dornach, welcher einstweilen gedruckt nur in «Die Menschenschule», Jg. 13, Basel 1939, S. 256, vorliegt.

121 *das Tropenmäßige ... ist in Indien ja erst ... eingetreten:* Vgl. dazu den Vortrag «Die vor- und frühgeschichtlichen Kulturen Europas und Asiens» in GA 325, 1969.

123 *Wir haben das schon auseinandergesetzt:* S. 47f.

Ich habe Ihnen geschildert dasjenige, was ... beim Kinde wirkt: S. 62f.

125 *eine Tatsache ..., die ich ... schon öfter hervorgehoben habe:* Z.B. in den Vorträgen «Entsprechungen zwischen Mikrokosmos und Makrokosmos. Der Mensch – eine Hieroglyphe des Weltenalls», GA 201, Vortrag 4, 12 und 14.

126 *wie ich ja auch schon öfter erwähnt habe:* in den im vorigen Hinweis genannten Vorträgen.

128 *von zwei Schallquellen:* «Schallquellen» statt «Schallwellen», nach Stenogramm.

mit einer größeren Geschwindigkeit bewegt als der Schall: Darüber spricht ausführlicher der Vortrag vom 21. 8. 1916 (in «Das Rätsel des Menschen», GA 170). Daß es sich nicht um eine Kleinigkeit handelt, hat sich in den letzten Jahrzehnten im Auftreten der «Schallmauer» erwiesen, an welcher der Mensch zuschande kommen müßte, wenn er dagegen keinen technischen Schutz hätte finden können. Darüber hat sich das wirklichkeitsfremde Denken ahnungslos hinweggesetzt.

133 *wie ich ... beschrieben habe die Verhältnisse der alten Atlantis:* In der Schrift «Aus der Akasha-Chronik», GA 11, im Kapitel «Unsere atlantischen Vorfahren».

134 *wie dann abstrakter Kirchhoff sich ausgedrückt hat:* Er schreibt in der Vorrede seiner «Mechanik» (Vorlesungen über Mathematische Physik. Mechanik, Leipzig 1876): «Man pflegt die Mechanik als Wissenschaft von den *Kräften* zu definieren, und die Kräfte als die *Ursachen,* welche Bewegungen hervorbringen oder hervorzubringen *streben* ... Aber dieser Definition haftet die Unklarheit an, von der die Begriffe der Ursache und des Strebens sich nicht befreien lassen ... Aus diesem Grunde stelle ich es als die Aufgabe der Mechanik hin, die in der Natur vor sich gehenden Bewegungen zu *beschreiben,* und zwar vollständig und auf die einfachste Weise zu beschreiben. Ich will damit sagen, daß es sich darum handelt, anzugeben, *welches* die Erscheinungen sind, die stattfinden, nicht aber darum, ihre Ursachen zu ermitteln.» Das Kirchhoffsche Buch bezeugt, daß sich in dieser Haltung die ganze Mechanik entwickeln läßt.

Gustav Robert Kirchhoff, Königsberg 1824–1887 Berlin.

in einheitlicher Wesenheit behandelnden Sinnesphysiologie: «einheitlicher» statt «ihrer» gesetzt.

136 *Phoronomie ist ein anderes Beispiel:* Die Nachschrift hat statt «Phoronomie» und «phoronomisch» hier und in den nächsten Sätzen «Embryologie» bzw. «geometrisch» oder gar «physiologisch».

von anderen Gebilden ausgehen: «Gebilden» statt «Gebieten», nach Stenogramm.

138 *diese Entwickelungslehre auch auf die Astronomie auszudehnen:* Carl du Prel schrieb eine «Entwicklungsgeschichte des Weltalls» (Leipzig 1882), welche die 3. Auflage der Schrift «Der Kampf ums Dasein am Himmel» ist, vgl. Hinweis zu S. 84. H. Lotze setzt sich mit solchen Gedanken in seinem «Mikrokosmus» auseinander und gibt davon etwa folgende Beschreibung (S. 29): «Die Wirklichkeit aber enthält aus der unendlichen Anzahl der Elementenverbindungen, welche ein vernunftloses Chaos liefern konnte, nicht eine Auswahl, welche eine berechnende Absicht geschaffen hätte, sondern die kleinere Summe jener Gebilde, die der mechanische Naturlauf selbst in dem unermeßlichen Wechsel seiner Ereignisse prüfte und als in sich zweckmäßige zur Erhaltung fähige Ganze von der zerstiebenden Spreu des Verkehrten schied, das er unparteiisch

auch entstehen, aber eben so unparteiisch auch wieder zu Grunde gehen ließ.» (4. Aufl. Leipzig 1885).

138 *Sonnen-Planetengebilde:* Nach Stenogramm, statt «Sonnen-Planetensystem».

144 *Hermann Minkowski,* Alexota bei Kowno 1864–1909 Göttingen. Hielt 1909 den Vortrag «Raum und Zeit».

145 *die anderen Vorträge:* 4 halböffentliche Vorträge für Akademiker «Proben über die Beziehungen der Geisteswissenschaft zu den einzelnen Fachwissenschaften», 11.–15. Januar 1921, erschienen in der «Gegenwart», Jg. 14, Bern 1952/53.

Waldorfschule: Freie Waldorfschule, Stuttgart, 1919 gegründet von Emil Molt (1876–1936) für die Arbeiterkinder der Waldorf-Astoria Zigarettenfabrik und für die Öffentlichkeit. Einheitliche Volks- und höhere Schule, geleitet von Rudolf Steiner bis zu seinem Tode 1925.

was er … in Anknüpfung an die Darstellungen fragen möchte: Die Beantwortung der Fragen fand am Ende des letzten Vortrages statt, vgl. S. 334ff.

146 *Ich habe Sie darauf aufmerksam gemacht, daß jene Verhältniszahlen … inkommensurable Größen sind:* Auf der S. 84f. und im Folgenden S. 155f. und 324ff.

147 *urindische Kulturperiode:* Siehe «Geheimwissenschaft», Hinweis zu S.107, auf S. 272ff.

148 *daß eben das Sinneserlebnis:* «Sinneserlebnis» statt «Sinnesergebnis», gemäß Stenogramm.

im alten atlantischen Gebiet: Siehe den Hinweis zu S.133.

149 *einer gewissen Willkür … unterworfen:* «Willkür» statt «Willenskultur», nach Stenogramm.

151 *ein Reagens für die Beurteilung der Himmelserscheinungen:* «Himmelserscheinungen» statt «Weltenerscheinungen», nach Stenogramm.

154 *die Dauerpflanze kann uns darüber nicht mehr viel sagen:* «mehr viel» statt «viel mehr» gesetzt.

155 *Es würden im Planetensystem Störungen entstehen, die … das Planetensystem zum Stillstand bringen würden:* Man vgl. dazu «Brockhaus abc Astronomie», Leipzig 1977, Artikel «Sonnensystem»: «Durch die dauernden Störungen, welche die großen Planeten, vor allem der massereiche Jupiter, auf die Bahnen derjenigen Körper ausüben, die sich die meiste Zeit in ihrer Nähe, nämlich in den inneren Teilen des Sonnensystems aufhalten, sind enge Beziehungen zwischen deren Bahnen und den Planetenbahnen entstanden. Solche Zusammenhänge zeigen die Planetoidenbahnen mit der Jupiterbahn und die Bahnen der kurzperiodischen Kometen mit einigen Planetenbahnen.» Und im Artikel «Planetoiden»: «So haben zahlreiche Planetoiden etwa die gleiche Perihellänge wie Jupiter.»

«Stillstand» ist in diesem Zusammenhang als gleichbedeutend mit Kommensurabilität, d. h. mit der ewigen Wiederkehr des Gleichen zu verstehen.

155 *Es ist durch eine einfache Rechnung ... nachzuweisen:* Kommensurabilität ist gleichbedeutend damit, daß alle Verhältnisse solche zwischen ganzen Zahlen sind. Die Rechnung würde dann etwa so verlaufen, daß man sie alle als Brüche schreibt, und diese auf Hauptnenner bringt. Dieser gibt die Zeit an, nach welcher das ganze Geschehen wieder bei seinem Ausgangspunkt angelangt ist. Eine solche Zeit gibt es bei inkommensurablen Verhältnissen nicht.

156 *Und diesen Zustand, den rechnen wir ... Da kommen wir ...:* Geändert aus «Und diesen Zustand, den rechnen wir eigentlich, denn wenn wir an das Ende der Rechnung kommen, kommen wir an das Inkommensurable; da kommen wir ... » des 1. Druckes. Man vergleiche die entsprechende Stelle S. 85 und den Hinweis dazu.

wenn wir nur die Gravitationskraft zugrundelegen ..., dann kommen wir ... zur kommensurablen Verhältntszahl: Das zeigt sich immer wieder, wo die Gravitationskraft stark ist. Zum Beispiel im Umlauf der Haupttrabanten des Jupiter. Schon Laplace war es bekannt, daß folgende Zahlenbeziehung besteht: Die mittlere Bewegung des ersten Trabanten plus zweimal die des dritten ist genau das dreifache derjenigen des zweiten. Ferner zeigen die Satelliten dem Jupiter immer dasselbe Gesicht. Das macht auch der Mond gegenüber der Erde. Dasselbe wird auch angenommen für die den Saturn am nächsten umlaufenden Trabanten, obwohl es schwierig zu bestätigen ist. Es gilt auch hier eine ähnliche Kommensurabilität wie beim Jupiter: Die mittlere Bewegung von Thetys plus die vierfache von Dione plus die fünffache von Mimas ist gleich der zehnfachen von Enceladus. Bei dem die Sonne am nächsten umlaufenden Merkur wurde bis bis in die sechziger Jahre ebenfalls angenommen, daß er der Sonne immer dieselbe Seite zuwende. Das hat sich allerdings nicht bestätigt, wohl aber die Kommensurabilität: Auf 3 Umdrehungen Merkurs um seine Achse kommen 2 Umläufe um die Sonne, vgl. den Hinweis zu S. 206. (Nach Gilbert E. Satterthwaite, «Encyclopedia of Astronomy», London 1970, und «Encyclopaedia Britannica», Knowledge in Depth, 1974, Artikel Saturn, Jupiter und Merkur).

158 *das sich invers verhält:* «invers» statt «divers», nach Stenogramm.

Hegel konnte sich um das nicht herumdrücken: Sein Ausspruch über Kometen und gute Weinjahre findet sich in der «Encyklopädie der philosophischen Wissenschaft im Grundriß», 2. Teil, Naturphilosophie, herausgegeben von Carl Ludwig Michelet, Berlin 1847, S. 154.

Georg Wilhelm Friedrich Hegel, Stuttgart 1770–1831 Berlin.

159 *so viele Kometen wie Fische im Meer:* Johannes Kepler, «Ausführlicher Bericht von dem neulich erschienenen Haarstern» [des Jahres 1607], Hall in Sachsen 1608. Die Abhandlung beginnt mit den Worten: «Von den Cometen ist dies meine einfältige Meinung, daß wie es natürlich, daß aus jeder Erden ein Kraut wachse, auch ohne Samen, und in jedem Wasser, sonderlich im weiten Meere,

Fische wachsen und darinnen umschweben, also daß auch das große Meer Oceanus nicht allerdings leer bleibe, sondern aus sonderem Wohlgefallen Gottes des Schöpfers die großen Walfische und Meerwunder dasselbige mit ihren weitschüchtigen Streifen hin und her besuchen und durchwandern; allermaßen sei es auch mit der himmlischen und überall durchgängigen und ledigen Luft beschaffen: daß nämlich dieselbige diese Art habe, aus ihr selber die Cometen zu gebären, damit sie, wie weit die auch sei, an allen Orten von den Cometen durchgangen werde und also nicht allerdings leer bleibe... Solcher Cometen halte ich der Himmel so voll sei, als das Meer voller Fische ist.» Heute werden im Sonnensystem 10^{10} Kometen angenommen (Brockhaus abc der Astronomie, Artikel «Sonnensystem», Leipzig 1977, S. 372).

160 *dem Kurs über Wärmelehre:* «Geisteswissenschaftliche Impulse zur Entwickelung der Physik. Zweiter naturwissenschaftlicher Kurs», GA 321, Ende von Vortrag 11 und Vortrag 12.

164 *gebräuchliche Kurven in einem gewissen Zusammenhang betrachten:* Eine erste, ähnliche Betrachtung der Kurven der Addition, Subtraktion, Multiplikation und Division findet sich im dritten der Vorträge «Wege zu einem neuen Baustil» (vom 28. Juni 1914, GA 286). Man weiß, daß die Zuhörer sehr überrascht waren, im Rahmen dieser künstlerischen Ausführungen, welche sich an die Mitarbeiter bei der Errichtung des ersten Goetheanumbaues richteten, plötzlich einen mathematischen Vortrag anzuhören. Erst lange nach dem Tode Rudolf Steiners kam Carl Kemper gerade auf Grund dieses Vortrages zu der Erkenntnis, daß dem Grundriß des Baues ein Divisionskreis des Quotienten 1:3 zugrunde lag, womit der mathematische Vortrag in «Wege zu einem neuen Baustil» plötzlich seine Erklärung fand. Vorher hatte man über den Grundriß ganz andere Meinungen gehabt. Der Vortrag enthält auch ausführliche Ausführungen über die Cassinische Kurve und ihre Formen. Die Darstellung dieser Kurve im vorliegenden Kurs schließt sich bis in die Bezeichnungen hinein eng an das Lehrbuch von Lübsen an (Heinrich Borchert Lübsen, «Ausführliches Lehrbuch der analytischen oder Höheren Geometrie, zum Selbstunterricht», 11. Auflage 1876). Diese und frühere Auflagen des Buches finden sich nicht in der Bibliothek Rudolf Steiners. Doch weiß man aus dem «Lebensgang» («Mein Lebensgang», GA 28, S. 42), welche Bedeutung den mathematischen Büchern Lübsens in der Schulzeit Rudolf Steiners zugekommen ist. Diese frühen Auflagen enthalten nichts von dem systematischen Gedanken, die Kurven mit den vier arithmetischen Operationen in Verbindung zu bringen. Der Divisionskreis fehlt ganz. Dieser systematische Gedanke taucht aber auf in der Neubearbeitung der Schrift durch A. Donadt (15. Auflage, 1908), wovon dann die Auflage von 1919 sich in der Bibliothek Rudolf Steiners findet, aber – merkwürdigerweise – an dieser Stelle nicht aufgeschnitten. Wenn es auch nahezuliegen scheint, die Kurven der 4 arithmetischen Grundoperationen zusammen zu behandeln, so findet der Gedanke sich sonst kaum in der mathematischen Literatur, denn niemand bringt sonst gerne die Cassinische Kurve in einen Zusammenhang mit den viel einfacheren 3 anderen Kurven.

166 *Cassinische Kurve:* Im vorliegenden Zusammenhang ist sehr interessant, daß die Kurve ganz aus astronomischen Überlegungen, und zwar als Bahn der Sonne, entstanden ist. Das bezeugt der Sohn Jacques Cassini (in «Elements d'astronomie», Paris 1740, S. 149–151). Vom Entdecker selber, Giovanni Domenico Cassini (Nizza 1625–1712 Paris), konnte unter seinen vielen Abhandlungen keine gefunden werden, welche über die Kurve näheren Aufschluß gibt. Man scheint nicht zu wissen, wie er auf die Multiplikationskurve kam. Schon 1755 ist D'Alembert auf eine bloße Vermutung darüber angewiesen (in Bd. 5 der Enzyklopädie von Diderot, Artikel «Ellipse, Ellipse de M. Cassini»). Cassini dürfte ausschließlich an der ellipsenartigen Form interessiert gewesen sein und bei der Bekanntmachung (in einer Sitzung der Pariser Akademie?) seiner Entdeckung auch nur diese gekannt haben. Die anderen Formen hat erst James Gregory, der Freund Newtons, entdeckt und 1704 in den Transactions Cambridge Royal Society bekannt gemacht. Er schließt seinen Artikel mit der ganz aus dem Newtonischen Attraktionsgesetz geholten Forderung: «Diese Kurve muß aus der Astronomie verschwinden.» – Auf den Wegen, welche Rudolf Steiner zur Erweiterung der Wissenschaft eingeschlagen hat, ist der Cassinischen Kurve eine erhebliche Bedeutung zugekommen. Er nennt sie am Philosophenkongreß von Bologna 1911 als ein wichtiges Beispiel eines Meditationsinhaltes, durch das die Erweiterung des Bewußtseins zu übersinnlicher Erkenntnis aufgesucht werden kann («Philosophie und Anthroposophie», GA 35, 1965, S. 118).

169 *indem ich hier (von 1 nach* 2) *vorschreite:* Die Klammer ist Interpretation des Wortes «hier» durch die Herausgeber. Die überlieferte Figur enthält keine Ziffern.

den andern Ast isoliert für sich betrachten: «isoliert» ist ergänzt.

171 *bekommt man verschiedene Formen des Kreises:* Der Formunterschied liegt hier in der Krümmung.

171 *Sie können das in der Gleichung verfolgen. Er geht über in die Ordinatenachse selber:* Im Notizbuch Nr. 52 (1921) ist dieses Verfolgen in der folgenden Weise durchgeführt (in «Beiträge zu Rudolf Steiner Gesamtausgabe», Nr. 104, S. 50):

$((x-a)^2 + y^2)^{1/2} : ((x+a)^2 + y^2)^{1/2} = m : n$

$(n^2-m^2) \cdot x^2 + (n^2-m^2) \cdot y^2 - 2a(n^2+m^2) \cdot x + (n^2-m^2) \cdot a^2 = 0$

Mittelpunkt hat die Koordinaten $a \cdot (n^2+m^2) : (n^2-m^2)\ ,\ 0$

$r = a \cdot 2mn : (n^2-m^2) \cdot$ $m = n$ Gleichung der Ordinatenachse

(Aus satztechnischen Gründen sind hier statt der Bruchstriche Divisionszeichen und statt der Quadratwurzeln Exponenten $^1/_2$ gesetzt.)

172 *Ich kann Ihnen natürlich diesen Kreis nicht aufzeichnen:* Sein Inneres kann man nicht zeichnen, denn es reicht nach Unendlich; den Rand davon kann man zeichnen als gewöhnlichen Kreis.

174 *Ernst Blümel:* Siehe Hinweis zu S. 91.

Hermann von Baravalle, Wien 1898–1973 Wiesneck. Mathematiker, Pädagoge der Mathematik und Physik, Verfasser von Lehrbüchern, Lehrer an der Waldorfschule und Gründer entsprechender Schulen in USA.

Carl Unger, Bad Cannstadt, Stuttgart 1878–1929 Nürnberg. Dr. Ing. Inhaber und Leiter einer Maschinenfabrik. Erkenntnistheoretiker. Vorstandsmitglied der Anthroposophischen Gesellschaft.

175 *Bahn eines Punktes ... damit er ... im Glanz ... dieselbe Stärke hat:* In der «Höheren Geometrie» von Lübsen (vgl. Hinweis zu S. 164 «gebräuchliche Kurven») ist diese Eigenschaft der Cassinischen Kurve in einer Fußnote ohne nähere Erläuterung erwähnt. – Wenn ein Punkt *M* eine von *A* ausgehende Welle so streut, wie man es bei Anwendung des Huygensschen Prinzips annimmt, nämlich isotrop und der einfallenden Intensität proportional, muß er in der Tat eine Cassinische Kurve beschreiben, damit die von ihm ausgehende Sekundärwelle in *B* mit konstanter Intensität ankommt. Beim Lichtglanz wäre dies dann der Fall, wenn es isotrop streuende Teilchen gäbe.

176 *an den Dornacher Ärztekurs ... angeschlossen haben:* Die Vortragsreihe «Entsprechungen zwischen Mikrokosmos und Makrokosmos» (GA 201), insbesondere Vortrag 2, siehe Hinweis zu S.125.

177 *eine Art umgekehrten Spektrums, das Goethe ja auch angeordnet hat:* Siehe den 1. und 2. naturwissenschaftlichen Kurs, «Geisteswissenschaftliche Impulse zur Entwickelung der Physik», GA 320 und 321, besonders Vortrag 4 bzw. Vorträge 8, 9 und 11. – In Fig. 12 sind «blau» und «gelb» ergänzt als die Außenteile des umgekehrten Spektrums. Hier ist die Rede nur von dem inneren Teil. Wird er allein, wie beim 1. Druck, rechts in die Verlängerung von Fig. 11 gelegt und so, daß die beiden Violett aneinandergrenzen, so entsteht ideell die geschlossene Figur in Form der über Unendlich (rot) sich schließenden Geraden. Gelb und Blau sind dann beiden Spektren gemeinsam.

178 *eine der ersten Versuchsanordnungen in unserem physikalisch-wissenschaftlichen Institut:* Diese war um die Zeit des 2. naturwissenschaftlichen Kurses im Stuttgarter Forschungsinstitut eingerichtet worden. Schon bald wurde dieses ein Opfer der Inflation der 20er Jahre. Die Experimente sind trotz teilweise positiver erster Ergebnisse nicht abgeschlossen worden. Die anspruchsvollen Versuchsbedingungen der 20er Jahre haben sich später nicht mehr realisieren lassen (siehe «Beiträge zur Rudolf Steiner Gesamtausgabe», Nr. 95/96, 1987).

183 *«Von Seelenrätseln»:* GA 21.

184 *aufmerksam gemacht, daß das Prinzip der Metamorphose ... modifiziert werden muß:* Auf S. 24.

191 *Himmelssphäre und Erdenradius:* «Erdenradius» statt «Erdenwirksamkeit», nach Stenogramm.

191 *konstituieren gewissermaßen zwei Einseitigkeiten:* «konstituieren» geändert aus «konstruieren»; «Einseitigkeiten» statt «Eiszeiten», nach Stenogramm.

das rhythmische Glied: «Glied» statt «Gebiet», nach Stenogramm.

192 *mit unserer menschlichen Organisation:* «menschlichen Organisation» statt «Menschheitsorganisation», nach Stenogramm.

199 *durch Weglassung von Schwingungsphasen ... anwendet:* Es dürften die Fresnelschen Formeln gemeint sein, welche besagen, welcher Teil einer Lichtwelle, die auf ein optisch dichteres Medium trifft, an der Grenzfläche reflektiert und welcher unter Änderung der Richtung eindringt. Dabei erfolgt die Reflexion mit einem Phasensprung von einer halben Periode. Fresnel hatte die Formeln auf mechanischem Wege gewonnen, d.h. aus der elastischen Lichttheorie. Sie sind in der heutigen elektromagnetischen Theorie der Lichtausbreitung unverändert gültig geblieben.

200 *Denkweise der Mechanik ... die es ... mit Zentralkräften* zu *tun hat:* Im ersten Vortrag des ersten naturwissenschaftlichen Kurses («Geisteswissenschaftliche Impulse zur Entwickelung der Physik. Erster naturwissenschaftlicher Kurs», GA 320) ist der Gegensatz von Zentralkräften mit Potential und Universalkräften ohne Potential ausgeführt. Die gegenwärtige Stelle kennzeichnet letztere durch rotierende, scherende und deformierende Bewegungen. Analog hat Eduard von Hartmann seine «organischen Oberkräfte» charakterisiert. Rudolf Steiner erwähnte diese letzteren im öffentlichen Vortrag vom 12. 11. 1917 («Ergänzung heutiger Wissenschaften durch Anthroposophie», GA 73, 1973, S. 124). Als tiefer Kenner der Naturwissenschaft hatte Hartmann eingesehen, daß diese um Kräfte nicht herumkommt, welche über Zentralkräfte hinausgehen. Er beschreibt sie im «System der Philosophie im Grundriß, Bd. 2, Grundriß der Naturphilosophie» (1907), S. 213ff. mit Worten wie den folgenden: «Die organischen Oberkräfte sind erstens keine materiellen, mechanischen, energetischen Kräfte ... sind zweitens nicht bewußte Intelligenzen ... sind drittens nicht individuell ... Die organischen Oberkräfte wirken erstens krummlinig (nicht geradlinig), drehend, scherend oder deformierend ... entfalten zweitens eine überbewußte ... Intelligenz ... sind drittens supraindividuell ... Es gibt organische Oberkräfte der Zellorgane, der Zellen, ... der Naturreiche, der Himmelskörper und des Universums.» Man vgl. auch den Hinweis zu S. 337.

204 *Zeitraum, der etwa 50'000 Jahre ... zurückrückt:* Die Figuren 2 und 3 finden sich samt der Angabe von 50'000 Jahren in dem verbreiteten Buche von A. Disterweg, «Populäre Himmelskunde», 20. Aufl., 1904, S. 346. Neue Nachschlagewerke wie Meyers Lexikon (1972) oder Brockhaus abc Astronomie (1977) enthalten etwa dieselben Figuren, aber mit der Angabe von 100'000 Jahren.

205 *Bewegungen des Sternes ... in der Visierlinie:* Darauf wird S. 287 zurückgekommen.

206 *Dann aber wendet er sich um … und geht dann wiederum so fort:* Die auf diese Worte folgende Ausführung über Merkur wurde im 1. Druck in folgender veränderter Form wiedergegeben: «Solche Schleifen bildet er einmal während eines sogenannten synodischen Umlaufes (Fig. 4). Das ist dasjenige, was wir zunächst für die Beobachtung eben die Merkurbewegung nennen können. Die übrige Bahn ist einfach, nur an einzelnen Stellen zeigt er eben diese Schleifen.» Diese Änderung entspricht der elementaren Astronomie, wird aber der Haltung des Vortragenden nicht gerecht. Darauf wurde zu Beginn der Hinweise schon kurz eingegangen. Neu zu berühren ist hier das moderne, aus Radarbeobachtungen gewonnene Ergebnis, das die Rotationsdauer von Merkur um seine Achse nicht, wie die alten Beobachtungen, insbesondere diejenigen Schiaparellis, ergeben hatten, gleich der siderischen Umlaufszeit von 88^d sei, sondern $^2/_3$ von 88^d. Die Schwierigkeit der teleskopischen Beobachtung war so groß, daß der Sachverhalt den früheren Beobachtern entgangen ist. Während nach Schiaparelli Merkur nach jedem synodischen Umlauf dasselbe Gesicht der Erde oder der Sonne zeigen sollte, ist das nur nach jedem dritten Umlauf einigermaßen der Fall. Die Radarbeobachtung hat sich so auch fotografisch bestätigt. – Es sei hier noch hervorgehoben, daß Hermann von Baravalle, ein Teilnehmer am vorliegenden Kurs, im «Sternkalender» 1937 der Mathematisch-Astronomischen Sektion am Goetheanum die Kurve der Merkurstellungen relativ zur untergehenden bzw. aufgehenden Sonne entworfen und daran die günstigen Beobachtungszeiten abgelesen hat. Die Baravallesche Kurve kann als eine späte Frucht des vorliegenden Kurses betrachtet werden. – Eine neue, einfache Methode zur Feststellung guter Merkursichtbarkeiten kann auf dem Wege über das «Oval» gewonnen werden. Dieses ist die Kurve, welche der Scheitelpunkt der Ekliptik im Verlaufe des Sterntages über dem Horizont beschreibt. Für die geographische Breite von Basel von 47,5° ist es folgende Kurve:

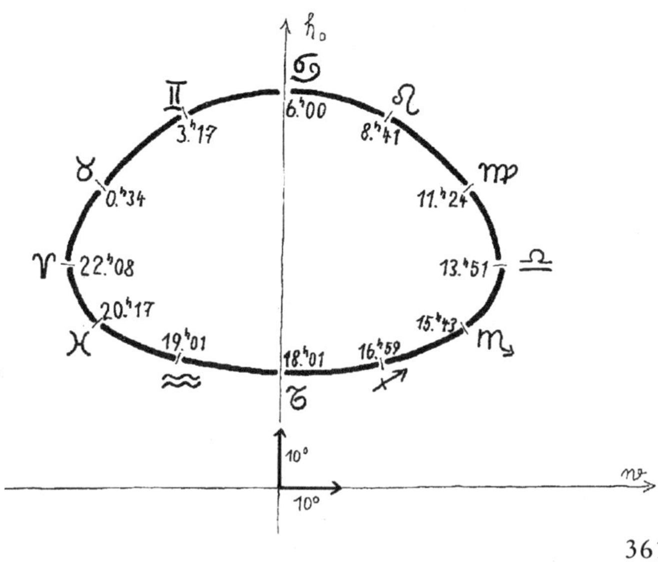

Die Kurve gibt z. B. am Ort ♊ an, wo der Beginn des Tierkreisabschnittes «Zwillinge» sich in dem Moment befindet, da er der Scheitelpunkt der Ekliptik ist. Man kann aus der Figur herauslesen: 65° über Horizont und auf dem Vertikal von 17° östlich der Mittagslinie. Das bei der Sternzeit 3^h17. Für gute Sichtbarkeit am Abend kommt es darauf an, daß in der Zeit großer östlicher Elongation des Planeten die Ekliptik bei Sonnenuntergang bzw. wenig später genügend *steil* über den Horizont aufsteigt. – Nun ist das Datum der größten Elongation Merkurs in den Ephemeriden verzeichnet, ebenso die Zeit des Sonnenuntergangs. Zu diesem Datum und dieser Uhrzeit kann auf der Sternkarte die Stellung des Himmels abgelesen werden und auf der Mittagslinie die Rektaszension der Sterne, welche im Moment durch diese Linie gehen. Diese Rektaszension ist aber die Sternzeit des Augenblicks. Was man nun dem Oval entnehmen kann, ist, daß für die Sternzeiten von 2^h bis 10^h die Ekliptik sehr steil steht. Es herrscht dann beste Merkursichtbarkeit. Ein Beispiel: 1985 besteht am 17. 3. eine östliche Elongation von 18°. Sonnenuntergang ist um 18^h38. Diese Zeit am 17. 3. eingestellt zeigt die Sternzeit von 5^h42 an, also eine ganz hervorragend steile Ekliptik und damit beste Merkursichtbarkeit. (Zur Theorie des «Ovals» vergleiche man die Darstellung im Heft 117 der «Beiträge zur Rudolf Steiner-Gesamtausgabe» von 1996.) Nun verschieben sich die größten Elongationen des Merkur von Jahr zu Jahr etwa um 18 Tage im Kalender nach rückwärts. 1988 ist die vorige Elongation auf den 26. 1. gerückt, und die Sternzeit ist 1^h10. Das ist keine sehr steile Stellung der Ekliptik mehr. Die Sichtbarkeit ist nur eine mäßige geworden. Das die früheste Sichtbarkeit von 1988. Die darauf folgende mit der Elongation vom 19. 5. ist noch etwas schlechter, nämlich mit der Sternzeit 11^h17. Sie rückt aber 1989 auf den 1. 5. vor und bekommt die Sternzeit 9^h42, also eine wesentliche Verbesserung. In den folgenden Jahren wird *diese* Sichtbarkeit zunächst noch besser, nimmt dann wieder ab usw. usw.

206 *Figuren 4-7:* Die Form der Schleifen, die unvertraut anmuten mag, geht sofort in vertraute Formen über, wenn Links und Rechts vertauscht wird. Dann zeigen auch die Pfeile im rechtläufigen Sinn. Die Umkehrung des Drehsinnes hat Gründe, über welche nichts gesagt wird. Sie kommt auch vor in der Eurythmie bei der Darstellung der «Zwölf Stimmungen», wo die Sonne bei jeder der 12 Strophen den ganzen Tierkreis durchläuft. Dieser ist im Uhrzeigersinn aufgestellt, und so bewegt sich auf der Bühne auch die Sonne (vgl. «Die Entstehung und Entwickelung der Eurythmie», GA 277a, 1982, S. 70). Als Rudolf Steiner bei einer Eurythmieprobe wegen dieses Umlaufsinnes gefragt wurde, antwortete er, der müsse so sein, denn es handle sich um eine Spiegelung (Mitteilung von Ilona Schubert). In diesem Zusammenhang sei noch hingewiesen auf die Spiegelung, in welcher die astrale Welt alle Dinge und Vorgänge zeigt, man vgl. etwa «Vor dem Tore der Theosophie», 2. Vortrag, GA 95.

211 *auseinandergehende ... Lemniskate:* Statt «ausgehende», nach Stenogramm.

212 *Moriz Benedikt,* Eisenstadt 1835–1920 Wien. Mediziner, Kriminalanthropologe.

212 *in die mathematischen Gebilde, die geometrischen Gebilde:* «Gebilde» statt «Gebiete», nach Stenogramm.

216 *da eben in ihren Scheinbildern:* «eben» statt «oben», gemäß Nachschrift.

219 *Figur 1:* Sie ist so zu verstehen, daß die Schleife in einer Ebene senkrecht zum Radius liegt.

229 *in der älteren Mysterien-Astronomie ... von drei Sonnen gesprochen worden ist:* Dies bezeugt Julianus Apostata in seiner «Rede auf den König Helios» (vgl. Anna Margaret Derbe, «Gestaltwandel im Geschichtswerden», Stuttgart 1979, S. 39ff.). H. P. Blavatsky geht in der «Geheimlehre», Bd. 3, Abt. XXIII, sowohl auf diese Anschauung im allgemeinen als auf ihren Vertreter Julianus Apostata näher ein. Man vgl. auch den nach dem vorliegenden Kurs gehaltenen Londoner Vortrag vom 24. 4. 1922 in «Das Sonnenmysterium und das Mysterium von Tod und Auferstehung», GA 211.

229 *die gegenwärtige Astronomie hat auch drei Sonnen:* Eine genauere Ausführung findet sich auf S. 307.

230 *durch ... Kombination der Mineralstruktur die Pflanzenstruktur zu gewinnen:* «zu gewinnen» ist ergänzt.

230 *generatio aequivoca:* Gleichbedeutend mit «Urzeugung».

232 *ein Gabelungsprozeß:* Ein solcher und der ideelle Punkt kommt schon vor in Goethes «Naturwissenschaftlichen Schriften». Siehe Hinweis zu S. 24, Band 1, S. 11 und die dazugehörige Anmerkung.

233 *Emil Selenka,* Braunschweig 1842–1902 München. Zoologe.

235 *Zitat des Archimedes:* Rudolf Steiner hat das Zitat Plutarch zugeschrieben. Die Stelle findet sich jedoch schon in der «Sandrechnung» des Archimedes. Ob auch Plutarch sie wiedergegeben hat, konnte nicht entschieden werden. Möglicherweise liegt eine Verwechslung vor mit einer andern Erwähnung des Aristarch durch Plutarch. Darüber berichtet Rudolf Wolf (Handbuch der Astronomie, Bd. 1, Zürich 1890, S. 536): «Zur Ergänzung des Berichtes von Archimedes ist zu erinnern, daß *Plutarch* in seiner Schrift ‹De facie in orbe lunae› erzählt, man habe daran gedacht, den Samier Aristarch als Religionsverächter vor Gericht zu stellen, da er den heiligen Weltherd verrücke, indem er, ‹um die Himmelserscheinung richtig zu stellen den Himmel stille stehen, die Erde dagegen in einem schiefen Kreise fortwälzen und zugleich um ihre eigene Achse drehen ließ.›»

Aristarch von Samos, lebte um 320–250 v. Chr.

Archimedes, lebte in Syracus 287–212 v. Chr. Bedeutender Mathematiker und Mechaniker. Gibt in der «Sandrechnung» an, daß die Zahl der Sandkörner, welche das Weltall des Aristarch zu umfassen imstande wäre, modern ausgedrückt 10^{63} sei.

235 *Plutarch,* 46–120. Griechischer Schriftsteller, Platoniker, Priester in Delphi. Von ihm stammt ein großes literarisches Werk, das reichen Aufschluß gibt über Persönlichkeiten und Anschauungen der Alten Welt. Vgl. zu Plutarch die Ausführungen des Kapitels «Mysterien und Mysterienweisheit» in «Das Christentum als mystische Tatsache ...» (1902), GA 8.

236 *die fünfte nachatlantische Kulturperiode:* Siehe Hinweis zu S. 147.

was für diesen Aristarch von Samos gilt, für viele Menschen gegolten hat: Es wird dazu gesagt, daß dies schwer durch äußere Dokumente zu belegen sei. Das Plutarch-Zitat weiter oben zeigt, wie Kräfte dahin wirkten, solche Anschauungen sich nicht ausbreiten zu lassen. Dennoch sind sie in Spuren vorhanden. Zunächst bei den Pythagoreern. Diese lehrten die Drehung der Erde um ihre Achse und ihre Bewegung um ein «Zentralfeuer». Eine bewegte Erde ist also kein für Griechen unmöglicher Gedanke. Dann bei Platon. Wohl liest man in den Geschichten der Astronomie, er habe die Aufgabe gestellt, die Planetenbewegungen durch gleichmäßige Kreisbewegungen darzustellen, was durch die großartigen Konstruktionen des Eudoxos und Aristoteles mit homozentrischen Sphären gelöst wurde. Doch berichtet R. Wolf (a.a.O.) über ihn: «Ob Aristarch ... Ideen weiter verfolgte, die schon *Platon* teils in seinem ‹Timaeus›, wo er die Achsendrehung der Erde andeutete, teils im höheren Alter, wo er nach Plutarch ‹die Erde nicht mehr die Mitte des Ganzen einnehmen ließ, sondern diesen Platz einem andern, besseren Gestirn einräumte›, schüchtern aussprach, weiß man nicht.» Weiter bemerkt Wolf, es sei auch nicht unbekannt gewesen, «daß die alten Ägypter die unteren Planeten für Trabanten der Sonne hielten.» Genau dieses behauptet nun, ohne Bezugnahme auf die Ägypter allerdings, der Platon-Schüler Herakleides von Pontus. Ja, dieser scheint noch weiter gegangen zu sein. Im Artikel «Astronomia» der Enciclopedia Italiana, welcher auf den Forschungen Schiaparellis fußt, wird ausgeführt, in der Zeit des Herakleides seien, durch ihn selber oder durch andere, auch die oberen Planeten zu Trabanten der Sonne gemacht worden, so daß damals schon das System des Tycho de Brahe konzipiert worden sei. Und auch den weiteren Schritt – den eigentlich heliozentrischen – habe Herakleides getan. So berichtet nämlich ein von Simplicius überliefertes Fragment, das allerdings in die philologischen Kontroversen hineingerät. – Bald nach Aristarch begründet der Chaldäer Seleukos von Seleukia den von diesem zunächst hypothetisch aufgestellten Gedanken. Dann aber geht seine Spur für Jahrhunderte verloren.

237 *Claudius Ptolemäus,* lebte 138–180 in Alexandrien. Sein Hauptwerk, von den Arabern «Almagest» genannt, entwickelt die von den Griechen erarbeitete Astronomie im systematischen Überblick, hauptsächlich fußend auf Hipparch (190–120 v. Chr.).

238 *daraus diese Bewegungen zusammensetzten:* «zusammensetzten» statt «zusammenrechneten», nach Stenogramm.

so unterscheiden sich diese zwei Kurven kaum. Es ist verschiedentlich bemerkt

worden, daß die Konstruktionen der Ptolemäer auf eine geometrische Weise der Beginn desjenigen sind, was die Reihenentwicklungen der Himmelsmechanik auf analytische Weise geben.

241 *König Alfons:* Alfons X. von Kastilien, Toledo 1223–1284 Sevilla. Sein Ausspruch: «Wenn Gott mich bei Erschaffung der Welt zu Rate gezogen hätte, so hätte ich es einfacher gemacht.» Alfons wurde mit dem Namen «der Weise, der Astronom» belegt. Er hat ein Kollegium von 50 arabischen, jüdischen und christlichen Astronomen gebildet, welches 1252 die sog. Alfonsinischen Tafeln herausbrachte, die maßgebende Ephemeride bis in die Renaissance hinein.

242 *Gleichungen:* Sie gelten für die oberen Planeten und bedeuten geometrisch, daß der Radius im Epizykel, der nach dem Planeten zeigt, immer die Richtung Erde-Sonne hat. Dies als Folge der fundamentalen Annahme von Ptolemäus, daß die Umlaufszeit im Deferent gleich der siderischen, diejenige im Epizykel gleich der synodischen sein soll (Almagest, 9. Buch, 6. Kap.): Beide Umlaufszeiten lassen sich direkt an den Erscheinungen bestimmen. Es ist also, geschrieben mit den Bezeichnungen des Mars, $x_3 = 360° : \text{synodische Umlaufszeit}$ $x' = 360° : \text{siderische Umlaufszeit}$, die beiden Zeiten in Tagen gerechnet. Nun hat die synodische Umlaufszeit mit der Sonne zu tun. Sie ist die Zeit, in welcher diese um volle 360° dem Planeten vorauseilt. x_3 ist also der Schritt, um welchen sich die Sonne im Mittel während eines Tages vom Planeten entfernt.

Analog ist x' der Schritt des Planeten gegenüber den Sternen, $x_3 + x'$ also der tägliche Schritt der Sonne gegenüber den Sternen, und das ist y. Die Gleichungen sind also richtig schon aus den Begriffen der siderischen und synodischen Umlaufszeit heraus. Dies zunächst ohne Bezugnahme auf Deferent und Epizykel. Betrachtet man jetzt diese, ausgehend z.B. von einer Konjunktion, wo Erde E, Sonne S, Mittelpunkt M des Epizykels und Planet P in gerader Linie stehen, so dreht sich die Richtung EM täglich um x', MP dreht sich um x_3, und zwar, nach Auffassung der Ptolemäer, vom Radius EM aus gemessen. Indem beide Drehungen im selben Sinn erfolgen, hat sich MP gegenüber den Sternen um $x' + x_3 = y$ gedreht, also gleich stark wie ES, und ES und MP sind dauernd parallel. Nach Ablauf der synodischen Umlaufszeit fallen ES und EP übereinander schon nach dem Begriff, aber es ist auch MP parallel ES und damit M in gerader Linie mit E, S, P. Die Konjunktionsstellung ist ganz zu sich zurückgekehrt, womit die innere Stimmigkeit der Ptolemäischen Annahmen sich bestätigt. Man vgl. zum ptolemäischen Weltsystem auch Elisabeth Vreede, «Astronomie und Anthroposophie», Dornach 1980, S. 64–81.

243 *Zusammenfassung der empirisch gegebenen Planetenorte:* Statt «Zusammenfügung ... Weltenorte», nach Stenogramm.

244 *«Rätsel der Philosophie»:* Siehe Hinweis zu S. 115.

245 *Walter Johannes Stein,* Wien 1891–1957 London. Ursprünglich Mathematiker, dann Schriftsteller philosophischer und historischer Richtung. Lehrer an der Waldorfschule.

246 *Galilei:* Siehe S. 18.

Kepler: Siehe S. 18. Sein Ausspruch: «Ja, ich bin es, ich habe die goldenen Gefäße der Ägypter geraubt, um meinem Gott aus ihnen ein Heiligtum zu errichten, fern von den Grenzen Ägyptens. Wenn ihr mir vergebt, werde ich mich freuen, wenn ihr zürnt, werde ich es tragen; – hier werf ich den Würfel und schreibe dies Buch für den heutigen wie den dereinstigen Leser – was liegt daran?» («Harmonices mundi», 1619, Vorrede zum 5. Buch. Übertragen von Max Caspar).

247 *daß man in Kreisform darstellt:* «in» statt «die», nach Stenogramm.

Newton: Siehe S. 22.

249 *Selenka:* Siehe S. 233.

253 *Das ist ... richtig ... gegenüber einer so progredierenden Erscheinung:* «progredierenden» statt «programmatischen» gesetzt.

257 *in verschiedener Substantialität durchdringt den Organismus, und das, was ...:* «das, was» statt «daß das» gesetzt.

259 *auf früherer Stufe als diejenige des Tieres:* «früherer» statt «höherer», nach Stenogramm.

260 *daß wir eben diesen ideellen Punkt bekommen:* Siehe S. 232.

wie der Vorgang vorgestellt werden muß: Siehe S. 139ff.

dem polarischen Gegenteil des tierischen Kopfes: So die Nachschrift und der 1. Druck. Das Stenogramm hat «Menschenkopfes» statt «tierischen Kopfes».

264 *Figur 8:* Die Aufstülpung rechts ist durch den Kursteilnehmer Dr. H. Poppelbaum bezeugt.

269 *gewaltige Deformation:* «gewaltige» statt «umgewandelte», nach Stenogramm.

270 *Wir haben ... auf die Cassinische Kurve hingewiesen:* S. 166ff.

273 *bei doppelt variablen Gleichungen:* Siehe S. 197f. und S. 212f.

Funktionen zugrunde legen: «Funktionen» geändert aus «Gleichungen» nach S. 213, wo es in diesem Zusammenhange heißt «... deren Funktionalität in sich selber eine Funktion darstellt».

274 *Gegenraum:* In den 30er Jahren begann George Adams (-Kaufmann) und, unabhängig von ihm, Louis Locher die Vorstellungswelt der projektiven Geometrie zur Interpretation verschiedener Angaben Rudolf Steiners heranzuziehen. (Vor allem auch der späteren Stelle in einer Fragenbeantwortung vom 12. April 1922, Den Haag, gedruckt in «Damit der Mensch ganz Mensch werde», GA 82, Dornach 1994. Eine vollständige Bibliographie findet sich bei Olive Whicher in «Projektive Geometrie», 1970 Stuttgart, Kap. IX.)

Das Gesetz der Dualität läßt einem jeden Gebilde aus Punkten ein ebensolches aus Ebenen entsprechen; z. B. entsprechen den Punkten einer Geraden, die Ebenen durch eine Gerade, den Punkten einer Ebene alle Ebenen eines Punktes. Einem Kubus, begrenzt von sechs quadratischen Ebenen, entspricht ein Oktaeder mit sechs vierkantigen Ecken, den acht dreikantigen Ecken des Kubus entsprechen die acht dreiseitig begrenzten Flächen des Oktaeders. Adams und Locher haben die anschauliche Ausgestaltung der konkreten Erfüllung eines «aus Ebenen bestehenden Gebildes» in ihren Werken ausgestaltet. Zwar ist die Idee von Räumen mit anderen Raumelementen als dem Punkt bereits im letzten Jahrhundert gebildet worden, hat aber nie ernste Beachtung für eine Beschreibung der Wirklichkeit gefunden. In späteren Veröffentlichungen nehmen Autoren wie Bernhard und Gschwind (Mathematisch-Astronomische Blätter – Neue Folge, Nr. 1 und Nr. 4, 2. Aufl. Dornach 1991 und 1996) darauf Bezug. – In der Schrift «Universalkräfte in der Mechanik» hat Adams seinen Ansatz einerseits in die theoretische Physik, anderseits in Gebiete der höheren Geometrie erweitert. Gschwind in Mathematisch- Astronomische Blätter Nr. 6 knüpft hieran und an die Grundaussagen Rudolf Steiners an.

278 *ich habe in andern Vorträgen öfter erwähnt:* Z. B. Vortrag vom 30. 12. 1917 in «Mysterienwahrheiten und Weihnachtsimpulse», GA 180.

282 *was da außerhalb dieses abstrakten Kreises:* «außerhalb» statt «innerhalb», nach Stenogramm.

eine kleine Sphäre: «kleine» statt «gleiche», nach Stenogramm.

285 *Zentren der Beobachtung:* Das Stenogramm hat «Bögen» statt «Beobachtung».

für planetarische ... Bewegungen: «planetarische» statt «phantastische», nach Stenogramm.

287 *Doppelsterne ... umeinander bewegen:* Nach solchen wurde systematisch und mit viel Erfolg gesucht, nachdem John Michell 1784 ausgesprochen hatte, daß es viel mehr nahe beieinander erscheinende Sterne gebe, als dem Zufall entspreche. Die Paare hätten also etwas miteinander zu tun. Es zeigte sich, daß sie sich umeinander bewegen. Diese Bewegung spiegelt sich wegen des Dopplereffektes im Spektrum. Solche Bewegungen im Spektrum kann man auch feststellen in Fällen, wo man es visuell scheinbar nur mit einem Stern zu tun hat. Man hat einen «spektroskopischen Doppelstern».

des Dopplerschen Prinzipes: Bezieht sich auf alle Wellenvorgänge. Für den Beobachter, der sich dem Ausgangspunkt der Welle nähert, erscheint ihre Frequenz erhöht, wenn er sich entfernt erniedrigt. Die Erscheinung ist alltäglich für die Höhe eines Pfeiftones von einem vorbeifahrenden Fahrzeug. Im Sinne der Wellentheorie des Lichtes mußte erwartet werden, daß die Spektrallinien eines Sternes gegen Blau verschoben sind, wenn der Stern sich der Erde nähert; gegen Rot, wenn er sich entfernt. W. Huggins hat 1867 solche Verschiebungen beobachtet und nach dem Dopplerschen Prinzip auf Annäherung bzw. Entfernung zurückgeführt.

287 *Christian Doppler,* Salzburg 1803–1853 Venedig. Physiker.

291 *bei der Kritik des Arbeitsbegriffes:* Z. B. Vortrag vom 11.8.1919 in «Die Erziehungsfrage als soziale Frage», GA 296.

294 *wenn in den allgemeinen Anthroposophischen Vorträgen immer betont werden muß:* Z. B. Vortrag vom 25.6.1918 in «Erdensterben und Weltenleben», GA 181.

Bewegung durch den Willen stehen in: «stehen» ergänzt.

braucht in psychologischer Beziehung: «psychologischer» gemäß Nachschrift und 1. Druck. Das Stenogramm hat «physiologischer».

296 *in unserem Forschungsinstitut:* Es wurde 1920 mit einer physikalischen und einer biologischen Abteilung im Zusammenhang mit dem wirtschaftlichen Zusammenschluß «Der Kommende Tag» in Stuttgart gegründet und ist in die Notlage der Inflationszeit der 20er Jahre hineingeraten. Es konnte später nur in kleinerem Rahmen am Goetheanum in Dornach fortgeführt werden.

in dem Wärmekurs: Siehe den Hinweis zu S. 160.

298 *außerhalb des Sonnenkernes:* «Sonnenkernes» statt «Sonnenkörpers», nach Stenogramm.

302 *die Dinge ... weiter durchzudenken:* Es ist beim Lesen zu bemerken, daß zwischen diesen und den darauf folgenden Worten eine Lücke ist. Das fehlende Stück bezieht sich auf eine Einzelheit, über welche am Vortage eine Diskussion stattgefunden hatte. Sei es, daß es als zu sehr von der Hauptsache wegführend erschienen ist, sei es, daß die Nachschrift hier als zu unvollständig und dunkel erachtet wurde, es ist beim ersten Druck, durch eine Fußnote gekennzeichnet, ausgelassen worden. Doch haben die knappen Worte einen präzisen und aufschlußreichen mathematischen Hintergrund und werfen ein neues Licht auf die im Zusammenhang des ganzen Kurses so bedeutsame Lemniskate. Man vergegenwärtige sich dabei, daß die folgenden Worte die Antwort sind auf eine am Vortage aufgeworfene Frage:

«Es hat einer der verehrten Zuhörer gestern eine sehr wichtige Bemerkung nach dem Vortrage gemacht, die wichtig ist aus dem Grunde, weil vielleicht eben gerade geglaubt werden könnte, daß sie einen gewissen Einfluß hat auf das Prinzipielle, das hier betrachtet worden ist. Das letztere ist nicht der Fall, sondern es liegt etwas anderes vor. Es ist nämlich dies: Der Herr hat mich aufmerksam gemacht, wenn man die Gleichung der Cassinischen Kurve nachrechnet, so bekommt man heraus, wie man die sogenannte Lemniskate eigentlich zu ziehen hat. Die Rechnung ergibt – ich konnte nicht anders, als dem Herrn Recht geben, als ich die Sache nachgerechnet habe – die Rechnung ergibt, wenn man dasjenige, was bei gewöhnlichen Koordinaten schwer festzustellen ist, in bezug auf diese Kurve mit Polarkoordinaten untersucht, daß man diese Lemniskate, von der ich gesprochen habe und die ein spezieller Fall der

Cassinischen Kurve ist – also, wenn ich hier diese besondere Form der Cassinischen Kurve zeichne (Fig. 1a) –, daß ich die Lemniskate nicht so ziehen darf

1a

1b

(wie eine Acht, Fig. 1a), sondern sie *so* ziehen muß (Fig. 1b). Das ist also dasjenige, was sich aus der Gleichung in Wirklichkeit ergibt. Dagegen hat es auf diejenigen Dinge, die wir hier auseinandergesetzt haben, keinen prinzipiellen Einfluß, weil die Sache sofort anders wird, wenn Sie sich vorstellen, daß ich diese Lemniskate nicht so zeichne, wie ich sie jetzt hier gezeichnet habe (Fig. 1b), sondern daß ich, während ich die Lemniskate zeichne, die Zeichnungsebene um die Achse der Lemniskate herumdrehe. Wenn ich also, während ich zeichne, um die Achse der Lemniskate herumdrehe, dann bekomme ich in der Tat diese Figur (1a) heraus.»

Erst jetzt erhalten die nun folgenden Worte ihren rechten Sinn. Aber wie sind die Dinge genauer zu verstehen? Es wurde gesagt, daß die Frage nur in Polarkoordinaten zu klären sei. In diesen schreibt sich, wenn man alle Längen mit dem längsten Radiusvektor der Lemniskate als Einheit mißt, ihre Gleichung: $r = (\cos 2f)^{1/2}$. Hier wird r imaginär, also aus dem Raum hinausgehend, wenn $\cos 2f$ negativ wird. Der Vorzeichenwechsel erfolgt an den Winkelhalbierenden der 4 Quadranten. r ist reell in den beiden Winkelfeldern, welche von der x-Achse halbiert werden, imaginär in den Feldern, welche die y-Achse durchsetzt. Da das reelle r immer als positiv genommen wird, sind die Kurvenpunkte mit $f = 45°-\ a$ und $f = 135° + f$ symmetrisch zur y-Achse. Zwischen 45° und 135° gibt es keine Punkte, ebensowenig zwischen –45 und –135°. Bei stetiger Zunahme von f verläuft die Lemniskate mit einem Knick gemäß Fig. 1b. Das etwa dürfte die am Vortag gemachte Bemerkung gewesen sein. – Die *Rotationslemniskate* wird nun am einfachsten, wenn man die Ebene der Lemniskate mit derselben Geschwindigkeit um den längsten Durchmesser der Lemniskate dreht, mit welcher sich der Radiusvektor in der Ebene dreht. Der Drehwinkel ist dann ebenfalls f. Die Projektion des laufenden Punktes auf die Ausgangsebene hat dasselbe x wie der entsprechende Punkt der Lemniskate in der Ausgangsebene. Das y jedoch erleidet den Faktor $\cos f$. Weil nun für reelle Punkte der Kurve $\cos f$ betragsmäßig nie kleiner als $\cos 45^0 = 0{,}707$ wird, weicht die Projektion der Kurve nie stark von Punkten der Ausgangslemniskate ab. Wohl aber in ihrem Verlauf. Denn $\cos f$ ist im 2. und 3. Quadrant negativ, und die Projektion der Rotationslemniskate verläuft achtförmig wie Fig. la, wenn die Lemniskate wie Fig. 1b durchlaufen wird, und umgekehrt. Ist bei der Lemniskate der Winkel im Kreuzungspunkt ein rechter, so bei der neuen Kurve $2\arctan(1:2^{1/2}) = 70{,}5°$.

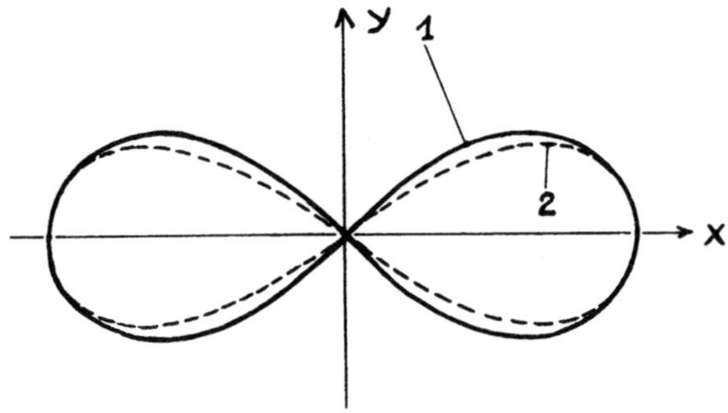

1 gewöhnliche Lemniskate 2 Projektion der Rotationslemniskate

302 *mit dieser räumlichen Zeichnung.* «räumlichen» ist ergänzt.

angedeutet, daß man ... mit Rotationskörpern zu tun hat: Siehe S. 198.

304 *denjenigen ..., den ich schon erwähnt habe:* Auf S. 230f.

der dem physischen Menschenbildungsprozeß: «physischen» ergänzt.

306 *Diese Kurve ... ist eindeutig zu bestimmen ... daß sie eine Rotations-Lemniskate ist:* Die Angaben zur lemniskatischen Bewegung haben viele Kommentatoren beschäftigt (siehe Literaturangaben weiter unten). Zum Sachlichen seien nur die folgenden Bemerkungen gemacht:

1. Versuch und Anschauung lehren rasch, daß eine *ebene* und *ruhende* Achterschleife (Lemniskate) *keine* Lösung der geometrischen Aufgabe besitzt: von zwei Punkten einigermaßen festen Abstandes so durchlaufen zu werden, daß die Visierlinie vom einen zum andern ein ebenes Strahlenbüschel ohne Rückläufigkeiten oder Stillstände durcheilt. Dies ist notwendig für Erde – Sonne.
2. Läßt man eine Bewegung der Lemniskate zu, steht man vor der Qual der Wahl; denn man denke das zuletzt genannte Strahlenbüschel, so kann man die Lemniskate mit 2 Freiheitsgraden um die Strecke Erde – Sonne schieben und (räumlich) drehen.
3. Es sind Ansätze mit mehr als einer Lemniskate von L. Locher (1), G. Adams, J. Schultz und anderen gegeben worden (2). Später haben G. Unger und H. Bauer weiterführende Beiträge gegeben (3).
4. Literatur:

(1) L. Locher-Ernst bei der Herausgabe der Vorträge «Der Mensch, eine Hieroglyphe des Weltenalls» (Gesamtausgabe unter dem Titel «Entsprechungen zwischen Mikrokosmos und Makrokosmos», GA 201, 1958, 2. Aufl. 1987) in den «Mathematisch-Astronomischen Blättern», Nr. 4 (Dornach 1942, vergriffen; siehe Lit. 3).

(2) In einem ebenfalls vergriffenen Bericht der Mathematisch-Astronomi-

schen Sektion am Goetheanum von 1967 wurden verschiedene Ansätze, speziell der von J. Schultz, durch S. Vetter referiert (siehe Lit. 3).

(3) In Nr. 121 der Mathematisch-Physikalischen Korrespondenz (Dornach 1981) sind Lochers und Schultz' Arbeiten erneut referiert, ein Ansatz von G. Unger mit einer räumlichen Lemniskate skizziert und eine ausführliche Arbeit zum Thema von H. Bauer abgedruckt. Dieser hat 1988 eine Schrift «Über die lemniskatischen Planetenbewegungen» im Verlag Freies Geistesleben, Stuttgar, herausgegeben.

(4) Es existiert in der Bibliothek der Mathematisch-Astronomischen Sektion am Goetheanum eine ausführliche Sammlung aller einschlägigen Vortragsstellen von Rudolf Steiner (ca. 100 Seiten). Eine Liste der Stellen kann bezogen werden.

307 *die Besselschen Gleichungen:* Sie heißen auch Besselsche «Reduktionen» oder «Korrekturen». Auf sie hat Rudolf Steiner wiederholt hingewiesen, wenn er die lemniskatische Sonnen- und Erdbewegung oder das 3. Kopernikanische Hauptgesetz besprach, außer in dem im Hinweis zu S. 43 genannten Vortrag vom 28. 9. 1919 z. B. auch in den Vorträgen «Soziales Verständnis aus geisteswissenschaftlicher Erkenntnis» (GA 191, 1989, S. 26). Diese Reduktionen enthalten verschiedene Bewegungen und Effekte, welche den scheinbaren Ort eines Sternes beeinflussen und welche Bessel auf eine für die praktische Astronomie rationelle Form gebracht hat. Es handelt sich durchwegs um kleine Größen, in welchen aber zum Ausdruck kommt, daß es in der Astronomie nichts Festes gibt und die Koordinatensysteme, durch die man sich orientiert, alle selber in Veränderung begriffen sind. Die bedeutendste dieser Änderungen ist die Präzession des Frühlingspunktes im Betrag von jährlich 50,4". Die andern sind periodisch, mit den größten vorkommenden Amplituden von 20,5" (Aberration), 17,2" (Nutation in Länge) und 9,2" (Nutation in Schiefe der Ekliptik) und den zugehörigen Perioden von einem Jahr bzw. 18²/₃ Jahren und 18²/₃ Jahren. Übersichtliche Aufstellungen und die praktische Handhabung enthalten die Astronomischen Jahrbücher.

307 *Friedrich Wilhelm Bessel,* Minden 1784–1846 Königsberg. Astronom, ursprünglich Kaufmann.

308 *in der Tagundnachtgleiche zusammenfällt mit der Zwischensonne:* «Zwischensonne» geändert aus «wahren Sonne». Es müßte sonst der Unterschied zwischen wahrer Zeit und mittlerer Zeit in der Tagundnachtgleiche verschwinden. Das ist nicht der Fall, sondern findet gegenwärtig (1997) statt am 16. April, 13. Juni, 1. September und 25. Dezember. Bei der Verwechslung von «Zwischensonne» und «wahrer Sonne» handelt es sich wohl um einen Schreibfehler oder Sprechfehler, denn ändert man das Wort, so hat man just die astronomische Definition der drei Sonnen (man vgl. etwa Rud. Wolf, «Handbuch der Astronomie», Bd. 2, Zürich 1892, S. 350, oder P. S. Laplace, «Exposition du Système du Monde», 3. Auflage Paris 1808, S. 15). Eine ausführliche Erklärung des Unterschiedes von mittlerer Zeit und wahrer Zeit findet sich im «Sternkalender 1946» der Mathematisch-Astronomischen Sektion am Goetheanum.

309 *Hälfte der Lemniskate … geht es weiter:* Die Nachschrift gibt diesen Satz mit einer andern Interpunktion: «… Hälfte der Lemniskate heraus: Erde, Sonne, Erde, Sonne, wenn die herumgegangen ist; dann geht es weiter.»

311 *Figur 6:* Im 1. Druck enthält die Figur links vom kleinen Pfeil zwei Zeichen, zuerst eine Art r, dann ein v. Die Meinung ist, daß das r durch das v hätte ersetzt werden sollen, was nicht richtig geschehen ist.

314 *Tycho de Brahe:* Siehe S. 39.

315 *in anderen Vorträgen erwähnt: Wir sind … in dem Zwiespalt:* Zum Beispiel in der Vortragsreihe «Die Brücke zwischen der Weltgeistigkeit und dem Physischen des Menschen», GA 202, besonders Vortrag vom 18.12.1920.

316 *habe bei andern Gelegenheiten davon gesprochen:* Siehe den vorigen Hinweis.

321 *die Geistigkeit des Astralischen:* Siehe in der «Geheimwissenschaft» das Kapitel «Wesen der Menschheit», vgl. Hinweis zu S. 107.

322 *Wir können … verfolgen imaginär:* Das Wort «imaginär» taucht hier unvorbereitet auf und bleibt isoliert und gleicht insofern einem Stenografie-Fehler. In den stenografischen Notizen ist die Stelle leider nur summarisch festgehalten und sie geben zur Frage keinen Aufschluß. Doch kann man durchaus der Meinung sein, daß «imaginär» wirklich gemeint war: Das Wort ist bis auf die rein schulmäßige Bemerkung S. 167 bisher nicht aufgetreten außer in der kurz vor der gegenwärtigen Stelle eingefügten «Parenthese», welche einen ganz neuen, geisteswissenschaftlichen Aspekt gibt, im übrigen aber in einer figurativen Form dem Imaginären die Dimension senkrecht zum Reellen zuordnet, ähnlich der Gauß'schen Darstellung. – Soll nun der Vektor a-b eine schiefe Komponente heraussetzen, so muß eine Wirkung quer zu seiner Richtung aktiv werden. In diesem Sinne kann das Wort gemeint sein. Seine Isoliertheit muß auch daran beurteilt werden, daß in die Vorträge nicht nur das hereinspielt. was von vornherein gesagt werden sollte, sondern auch die Fragen, welche bei den einzelnen Zuhörern sich einstellten. Die darauf bezügliche Ausführung auf der folgenden S. 376 ist hier sehr zu beachten: «Ich höre auf die Schwingungen im Seelenleben der Mitgliedschaft …».

323 *Ich habe … schon den Vergleich angeführt:* Auf Seite 183.

325 *komplizierte Funktionen sind:* «Funktionen» statt «Kurven», nach Stenogramm. Man vergleiche den zweiten Hinweis zu S. 273.

327 *Den planetarischen Körper … können Sie … so vorstellen:* «vorstellen» statt «darstellen», nach Stenogramm.

327 *was ich methodologisch schon angeführt habe:* Siehe S. 252.

331 *Wir können in Vorträgen, die demnächst … wiederum gehalten werden:* Dazu ist es nicht mehr gekommen.

332 *das Gedeihen unseres physikalischen … Forschungsinstitutes:* Siehe S. 296.

336 *mit einem Hochschulprofessor der Physik:* Es kann sich nur um Salomon Kalischer (Thorn 1845–1924 Berlin) handeln. In der damaligen Zeit hat nicht mancher Hochschulphysiker Goethes Farbenlehre herausgegeben, wohl aber Kalischer, zuerst 1878 in der Hempelschen Ausgabe von Goethes Werken, dann auch in der Sophienausgabe 1890–1906. Über die Korrespondenz zwischen Rudolf Steiner und Kalischer und die Begegnung der beiden im Goethearchiv vgl. den Artikel von Kurt Franz David in der Zeitschrift «Das Goetheanum», 1971, S. 281.

… uns auseinandergesetzt hatten … Bei der Goetheschen Farbenlehre …: Die Stelle könnte auch lauten: «… uns auseinandergesetzt hatten – er war ein strenger Newtonianer –: Bei der Goetheschen Farbenlehre …», doch fehlen hinreichende Anhaltspunkte.

337 *das Himmelssystem … nach dem Muster zu erklären:* Des sog. Plateauschen Versuches, auf Jos. Ant. Plateau (1873) zurückgehend. Diesen Versuch und die charakteristische Bemerkung dazu hat Rudolf Steiner in vielen seiner Vorträge erwähnt. Daß er den vorliegenden Kurs mit dieser Schilderung abschließt, gibt ihr einen besonderen Nachdruck. Sie enthält den zentralen Einwand gegen die Nebularhypothese, daß sie nämlich, abstrakt formuliert, gegen den Satz von der Erhaltung des Drehimpulses verstößt. Kant fußte auf Newton, und dieser hatte nicht erkannt, daß die von ihm aufgestellte Mechanik diese Grenze impliziert. Erst in der Zeit, als Kant schrieb, hat unter anderen Euler diese Konsequenz durchschaut und als «allgemeinen Flächensatz» ausgesprochen. Es ist unmöglich, daß der Urnebel, von welchem Kant ausgegangen ist, durch innere mechanische Wechselwirkung in Drehung geraten kann. Das Bewußtsein davon hat sich jedoch nur langsam ausgebreitet. So sieht man auch noch bei du Prel der Mechanik Dinge zugeschrieben, die sie nicht kann. Ein so gewiegter Kenner der Mechanik wie Laplace hat darum mit seinen Betrachtungen bei einem schon sich drehenden Urnebel eingesetzt. Wenn aber seine Begegnung mit Napoleon sich so, wie berichtet wird, abgespielt hat, dann hat er ein Wesentliches übersehen, als er auf dessen Frage nach der Rolle Gottes in dem ganzen System die Antwort gab: Sire, ich hatte diese Hypothese nicht nötig. – Laplace hatte, bewußt oder unbewußt, den «Herrn Lehrer» des Plateauschen Versuchs schon im voraus drehen lassen. Man vergleiche dazu S. 200 und den zugehörigen Hinweis.

337 *das nächste Mal wollen wir dann von anderen Gesichtspunkten … wiederum sprechen:* Dazu ist es nicht gekommen, wenigstens nicht in demselben Menschenkreis. Möglicherweise sind die «anderen Gesichtspunkte» eingegangen in den halböffentlichen Vortragszyklus «Der Entstehungsmoment der Naturwissenschaft in der Weltgeschichte und ihre seitherige Entwickelung» (GA 326), welcher zwei Jahre später in Dornach gehalten wurde.

NAMENREGISTER

* = im Text nicht namentlich erwähnt

ÜBER DIE VORTRAGSNACHSCHRIFTEN

Aus Rudolf Steiners Autobiographie
«Mein Lebensgang» (35. Kap., 1925)

Es liegen nun aus meinem anthroposophischen Wirken zwei Ergebnisse vor; erstens meine vor aller Welt veröffentlichten Bücher, zweitens eine große Reihe von Kursen, die zunächst als Privatdruck gedacht und verkäuflich nur an Mitglieder der Theosophischen (später Anthroposophischen) Gesellschaft sein sollten. Es waren dies Nachschriften, die bei den Vorträ gen mehr oder weniger gut gemacht worden sind und die – wegen mangelnder Zeit – nicht von mir korrigiert werden konnten. Mir wäre es am liebsten gewesen, wenn mündlich gesprochenes Wort mündlich gesprochenes Wort geblieben wäre. Aber die Mitglieder wollten den Privatdruck der Kurse. Und so kam er zustande. Hätte ich Zeit gehabt, die Dinge zu korrigieren, so hätte vom Anfange an die Einschränkung «Nur für Mitglieder» nicht zu bestehen gebraucht. Jetzt ist sie seit mehr als einem Jahre ja fallen gelassen.

Hier in meinem «Lebensgang» ist notwendig, vor allem zu sagen, wie sich die beiden: meine veröffentlichten Bücher und diese Privatdrucke in das einfügen, was ich als Anthroposophie ausarbeitete.

Wer mein eigenes inneres Ringen und Arbeiten für das Hinstellen der Anthroposophie vor das Bewußtsein der gegenwärtigen Zeit verfolgen will, der muß das anhand der allgemein veröffentlichten Schriften tun. In ihnen setzte ich mich auch mit alle dem auseinander, was an Erkenntnisstreben in der Zeit vorhanden ist. Da ist gegeben, was sich mir in «geistigem Schauen» immer mehr gestaltete, was zum Gebäude der Anthroposophie – allerdings in vieler Hinsicht in unvollkommener Art – wurde

Neben diese Forderung, die «Anthroposophie» aufzubauen und dabei nur dem zu dienen, was sich ergab, wenn man Mitteilungen aus der Geist-Welt der allgemeinen Bildungswelt von heute zu übergeben hat, trat nun aber die andere, auch dem voll entgegenzukommen, was aus der Mitgliedschaft heraus als Seelenbedürfnis, als Geistessehnsucht sich offenbarte.

Da war vor allem eine starke Neigung vorhanden, die Evangelien und den Schrift-Inhalt der Bibel überhaupt in dem Lichte dargestellt zu hören, das sich als das anthroposophische ergeben hatte. Man wollte in Kursen über diese der Menschheit gegebenen Offenbarungen hören.

Indem interne Vortragskurse im Sinne dieser Forderung gehalten wurden, kam dazu noch ein anderes. Bei diesen Vorträgen waren nur Mitglieder. Sie waren mit den Anfangs-Mitteilungen aus Anthroposophie bekannt. Man konnte zu ihnen eben so sprechen, wie zu Vorgeschrittenen auf dem Gebiete der Anthroposophie. Die Haltung dieser internen Vorträge war eine solche, wie sie eben in Schriften nicht sein konnte, die ganz für die Öffentlichkeit bestimmt waren.

Ich durfte in internen Kreisen in einer Art über Dinge sprechen, die ich für die öffentliche Darstellung, wenn sie für sie von Anfang an bestimmt gewesen wären, hätte anders gestalten *müssen.*

So liegt in der Zweiheit, den öffentlichen und den privaten Schriften, in der Tat etwas vor, das aus zwei verschiedenen Untergründen stammt. Die ganz öffentlichen Schriften sind das Ergebnis dessen, was in mir rang und arbeitete; in den Privatdrucken ringt und arbeitet die Gesellschaft mit. Ich höre auf die Schwingungen im Seelenleben der Mitgliedschaft, und in meinem lebendigen Drinnenleben in dem, was ich da höre, entsteht die Haltung der Vorträge.

Es ist nirgends auch nur in geringstem Maße etwas gesagt, was nicht reinstes Ergebnis der sich aufbauenden Anthroposophie wäre. Von irgend einer Konzession an Vorurteile oder Vorempfindungen der Mitgliedschaft kann nicht die Rede sein. Wer diese Privatdrucke liest, kann sie im vollsten Sinne eben als das nehmen, was Anthroposophie zu sagen hat. Deshalb konnte ja auch ohne Bedenken, als die Anklagen nach dieser Richtung zu drängend wurden, von der Einrichtung abgegangen werden, diese Drucke nur im Kreise der Mitgliedschaft zu verbreiten. Es wird eben nur hingenommen werden müssen, daß in den von mir nicht nachgesehenen Vorlagen sich Fehlerhaftes findet.

Ein Urteil über den Inhalt eines solchen Privatdruckes wird ja allerdings nur demjenigen zugestanden werden können, der kennt, was als Urteils-Voraussetzung angenommen wird. Und das ist für die allermeisten dieser Drucke *mindestens* die anthroposophische Erkenntnis des Menschen, des Kosmos, insofern sein Wesen in der Anthroposophie dargestellt wird, und dessen, was als «anthroposophische Geschichte» in den Mitteilungen aus der Geist-Welt sich findet.